室内环境健康指南

何　森　主编

中国建筑工业出版社

图书在版编目（CIP）数据

室内环境健康指南/何森主编. —北京：中国建筑工业出版社，2016.3
ISBN 978-7-112-19214-4

Ⅰ.①室… Ⅱ.①何… Ⅲ.①居住环境-影响-健康-指南
Ⅳ.①X503.1-62

中国版本图书馆 CIP 数据核字（2016）第 042071 号

　　本书试图从一个全新角度来看待室内环境健康问题，使用广义健康概念，涉及预防医学、人类工效学、健康心理学、建筑气候学、建筑材料学、美学等学科内容，从疾病预防、生理舒适、工作效率、心理保健等方面评价室内环境对建筑空间占用者健康的正面和负面影响，进而找到更好的环境设计和改善方案。

　　本书分为 7 章，第 1 章建筑性能评价，介绍以绿色建筑为代表的建筑评价体系，及地球资源和环境、健康促进概念；第 2 章环境健康学，介绍预防医学、人类工效学、健康心理学。这些学科给出了身心健康的评价参数；第 3 章建筑气候学，介绍气候分区与建筑特点，合理利用气候资源可以增加室内光、热舒适度减少能源消耗和设备维护；第 4 章绿色建材体系，介绍了绿色建材的特点及材料对建筑性能的影响；第 5 章建筑物理学，介绍了与建筑物理性指标有关的专业知识，并特别增加室内空气质量和用水质量内容；第 6 章室内环境健康评价，介绍使用卫生性、舒适性、美学、人类工效、心理健康指标对建筑环境评判的基本原则；第 7 章主动建筑体系，介绍欧洲 Activehouse 主动建筑体系主要内容和案例，供学习参考。

　　本书供节能人员、室内人员、环境人员和普通读者使用，并可供大中专院校师生参考。

责任编辑：吕　娜　郭　栋
责任设计：董建平
责任校对：陈晶晶　张　颖

室内环境健康指南
何　森　主编

*

中国建筑工业出版社出版、发行（北京西郊百万庄）
各地新华书店、建筑书店经销
北京科地亚盟排版公司制版
北京圣夫亚美印刷有限公司印刷

*

开本：787×1092 毫米　1/16　印张：20½　字数：474 千字
2016 年 4 月第一版　　2016 年 12 月第二次印刷
定价：**49.00** 元
ISBN 978-7-112-19214-4
（28467）

本书编委会

主　　编：何　森

参编人员：浦　实　郎宇福　田　波　殷明刚

　　　　　阮亚琼　赵金彦　臧海燕　郭成林

　　　　　陈　庆　刘志军　宋哈楠

序　言

由于社会分工越来越细，建筑领域的专家越来越专业化，他们从各自专业出发研究建筑节能、研究绿色建筑、研究健康舒适，盲人摸象的方法很难突破专业的局限性完整地认识世界，让建筑领域的专家从医学健康角度去评价和改进室内环境，综合考虑建筑的热、湿、光、声、美学对人体心理和生理的影响，是困难的。何森老师做到了，这基于他深厚的理论功底、丰富的实践经验和勤奋的学习能力。我认真拜读了他《室内环境健康指南》的初稿，对他的工作深深表达敬意。我和何森老师都是中关村绿色建筑创新技术联盟的发起者，关于绿色建筑的核心价值有很多共同的认识。

人们在谈论绿色建筑的时候，是不是片面地强调了建筑节能？很少有专家系统地阐述绿色建筑与建筑节能、健康舒适的关系，从事建筑节能的人总结了两句话：被动优先，主动优化。我总是感觉没有达到究竟的认识，于是我写了四句话：被动优先，主动优化，满足人性，亲近自然。绿色建筑、建筑节能和健康舒适密不可分，只有非常节能的建筑，才能够用很小的能耗代价实现较高的舒适度；只有绿色环保的建筑，才能保证身体健康。

中国传统文化提出了六根"眼、耳、鼻、舌、身、意"的概念，对应"色、声、香、味、触、法"六种感觉，好的建筑自然要让人的"六根"都舒适，用人的生理器官和心理感受来衡量建筑的好坏。满足人性，就是满足舒适健康的需要；亲近自然，就是实现人与自然的和谐。有观点认为舒适与健康是矛盾的，建筑太舒适了会让人体越来越不适应大自然，或许有些道理。但是，近50年来，中国人的健康水平已经发生了巨大变化，现在影响中国人身体健康的主要是心脑血管、肺癌等慢性疾病，这些慢性疾病与室内环境关系密切。建筑承载着人类从出生到死亡的全生命周期，健康舒适不仅是生理需求，还与生命安全有关，保障健康舒适应该是建筑的基本功能，是对老、幼、病、孕等体弱人群的保护。因此，我们应该树立健康管理的观念。

城市人群80％以上的时间待在室内，环境因素是影响人们健康的四项因素之一（其他三项为：人体基因、生活方式、医疗水平），因为行业壁垒，中国建筑环境并未与健康管理发生关联。"健康中国"已经成为十三五期间国家战略之一，《健康中国建设规划》将会实施，健康产业将进入快速发展期。中关村绿色建筑创新技术联盟利用平台优势先行一步，尝试用健康管理理论指导室内环境的设计和改善，把医学意义的健康舒适作为室内环境的主要目标，把室内环境改善变成健康管理的支撑性业务之一，让建筑起到健康促进功能，与卫生领域的行业合作，打造健康管理的完整产业链。

何森老师的《室内环境健康指南》应该是国内率先阐述健康与建筑相互关系的书籍，

在这个互联网⁺的历史时期，技术创新重要，商业模式创新更为重要，随着 2020 年小康社会的实现，健康概念必将对传统建筑行业带来革命性的影响。这本书的意义在于带给读者信息和启迪，以健康管理角度看待室内环境，对建筑领域的专家、医务工作者和普通居民都有科普指南意义。

朱江卫
中关村绿色建筑创新技术联盟理事长
2015 年 12 月 2 日
奥林匹克森林公园低碳馆

前　言

随着技术进步，建筑已经远远超出为人类庇护恶劣气候的作用，而成为人类所依赖的生活、工作和学习的主要场所。建筑物的设计、建造和运营维护不当会造成使用者安全危害、罹患疾病、心理障碍和幸福缺失，病态建筑综合症只是这个问题冰山的一角，建筑对健康更深层次的影响还远远没有了解深透。只要建筑产业不改变设计、建造和管理方式，不改变追求商业利益最大化的理念，那么就一定会有人成为不良室内环境的健康牺牲者。

通过对室内环境与建筑占用者疾病、舒适和工效关系研究的不断深入，发现许多不利问题都是由建筑设计缺陷所造成的。各专业单独设计，而各专业措施之间相互牵制，造成最终使用效果不能令建筑使用者满意。使用机电设备表面上可以解决环境设计问题，如增加照明灯数量来提高照度；使用空调来改变空气温度；采用鲜艳的材料来表现装饰效果，但却不愿考虑这些措施带来的不利后果，如人工照明的亮度和光谱无法和日光匹配，昼夜使用会造成人的生物周期紊乱；空调噪声会让人厌倦；来历不明的材料会释放有害物质（如甲醛）损伤肺器官。而城市中人在建筑中所花费的时间却越来越长，我们有1/3以上的时间花在自己或别人的办公室或学校内，有1/2以上的时间花在家里。如果可以更换室内环境的话，我们所受的气体污染会不会减少、我们工作和学习效率会不会提高、我们是不是可以睡得更香，我们心理能更健康吗？好室内环境不仅要能用仪器测量的物理量指标来评价，更要用建筑空间占用者的疾病减少、舒适增加、工作效率提高和心理健康程度来评价，这才是以人为本的设计理念，也是本书的出发点。

室内环境的健康促进是这样的：比起其他室内环境，人们在这里可以得到更多的阳光、更亲近自然、远离疾病源头、环境舒适美观、生活工作学习效率高、心理状态良好。也就是说，室内环境不再是影响身心健康的负面因素，而是促进健康的因素。所有这一切不再以物理量指标，如温度、湿度、新风量、人均面积作为评价条件，而是以减少还是增加空间占用者的健康价值来评价。建筑的价值会随着健康价值的提升而得到提升。

建筑节能是国家战略，但节能措施不能以降低空间占用者的疾病预防、舒适美学、工作效率和心理健康为前提。很多建筑为了提高物理性指标，采用人为控制的方法，如调低亮度、减少供热、停止新风而取得节能效果，却没有发现这样做会对空间占用者的身体健康、心理舒适和工作效率产生不利的影响，从全社会价值角度上看是得不偿失的。许多建筑材料中含有邻苯二甲酸酯类的增塑剂，其会在人体和动物体内发挥着类似雌性激素的作用，干扰内分泌、使男子精液量和精子数量减少、精子运动能力低下、精子形态异常，严重的会导致睾丸癌，导致男子终生不育。许多工作场合没有天然采光，常年处于人工照明条件下工作，工作人员往往出现心理郁闷、情绪低落等状态。建筑所有者和设计者不考虑使用者健康的设计脱离了建筑设计应以人为本的原则,将会对未来带来巨大的健康价值损失。以上这一切都是建筑物理控制指标的缺陷问题。

　　以健康为本的室内环境理念并不意味着与现有建筑标准体系相悖,而是对其进行创新。也就是需要在现有建筑体系之上实行健康促进工作,增加卫生(疾病预防)性、舒适(物理美学)性、工效(环境效率)性和心理(心理健康)性的评价内容,以便可以充分保证空间占用者的健康价值。健康的价值体现在健康生命质量、环境满意度和高工作效率上,其经济效益会远高于成本投入。比如威卢克斯中国有限公司在搬入按主动建筑体系设计的新办公楼之后,一年内的病假率降低了80%,仅凭这点就能带来良好的经济利益。以人为本的建筑环境不仅是建筑性能数值优异,而且其舒适度也是可以被该建筑空间内的人用眼、耳、口、心所能感受到的,许多成功的样板间已经证明了这一点。

　　过去50年中国死亡疾病模式发生了巨大变化,从以传染病为主转变成了以慢性疾病,如恶性肿瘤、脑血管、心脏病和呼吸道疾病为主。这些慢性疾病的原因在很大程度上取决于环境因素和我们自己的心理状态,这些因素我们可以用行动来改变的,也就是说在很大程度上健康掌握在我们自己的手中。本书试图从一个全新角度来看待室内环境健康问题,使用广义健康概念,涉及预防医学、人类工效学、健康心理学、建筑气候学、建筑材料学、美学等学科内容,从疾病预防、生理舒适、工作效率、心理保健等方面评价室内环境对建筑空间占用者健康的正面和负面影响,进而找到更好的环境设计和改善方案,可同时使用"正面清单"和"负面清单"方式,前者更多是用现有技术体系物理指标评价客观环境,而后者着力消除室内环境对占用者的主观不利感受,两者双管齐下达到最优的健康评价。期待本书今后能在健康环境具体实施工作中起到指南作用。本书分为7章,第1章建筑性能评价,介绍以绿色建筑为代表的建筑评价体系,及地球资源和环境、健康促进概念;第2章环境健康学,介绍预防医学、人类工效学、健康心理学。这些学科给出了身心健康的评价参数;第3章建筑气候学,介绍气候分区与建筑特点,合理利用气候资源可以增加室内光、热舒适度,减少能源消耗和设备维护;第4章绿色建材体系,介绍了绿色建材的特点及材料对建筑性能的影响;第5章建筑物理学,介绍了与建筑物理性指标有关的专业知识,并特别增加室内空气质量和用水质量内容;第6章室内环境健康评价,介绍使用卫生性、舒适性、美学、人类工效、心理健康指标对建筑环境评判的基本原则;第7章主动建筑体系,介绍欧洲Activehouse主动建筑体系主要内容和案例,供学习参考。

贴士:2014年欧洲民众健康调查

　　2014年,通过对欧洲奥地利、比利时、捷克、丹麦、法国、德国、匈牙利、意大利、荷兰、挪威、波兰和英国的12000名人士进行的调查,得到"健康住宅晴雨表"的调查结果。调查发现:

　　(1)欧洲人渴望健康住宅,35%的人士认为新鲜空气和日光对健康最重要;

（2）欧洲人需要新鲜空气和阳光以感受家的温暖，29％的男性、41％的女性认为如果搬到新的住宅中，室内空气质量和日光是最重要的；

（3）拥有健康住宅是一项被低估的，且未公开承认的公众健康因素；

（4）对健康住宅的关注和实际行动尚无连贯性，公众对健康住宅的认识还不够清晰；

（5）欧洲人愿意在健康环境方面采取行动的前提是：投入要有实际效果回报。

调查结论1：健康生活从家开始，健康因素的排列按下面的顺序：

（1）晚上睡好觉（居家生活）；

（2）住宅通风（居家生活）；

（3）多吃水果和蔬菜（摄入食物）；

（4）保证家中有充足的日光（居家生活）；

（5）花时间在户外活动（保持运动）；

（6）忌烟（摄入高热量食物）；

（7）经常锻炼（保持运动）；

（8）避免污染化学品（居家生活）；

（9）正确服用膳食补充剂（摄入食物）。

调查结论2：欧洲对不健康住宅的关注排名仅次于对疾病、压力和疲劳的关注。

调查结论3：健康住宅的责任人，排名顺序：业主、建筑师、建筑公司、建材商、法律、居住使用者、其他人。

调查结论4：欧洲人改善建筑环境的排名顺序是：住宅舒适度、能源成本、房间功能、日光量、住宅大小、室内空气质量、外部景观、建筑风格、建筑材料对室内环境的影响。

调查结论5：欧洲人的睡眠质量调查表明，16％～30％的就业人口患有失眠症。只有室内环境舒适才能睡个好觉，这包括新鲜空气、热舒适度、无噪声以及卧室完全黑暗。但调查表明，并非所有欧洲人都了解睡好觉对卧室环境有哪些要求。

调查结论6：超过三分之一的欧洲家庭中有人患有哮喘过敏症。但欧洲人似乎不太了解这些疾病与室内空气环境的关联，也不太了解室内环境健康的重要性。

调查结论7：欧洲人对能源成本的关注排名第二，仅次于住宅舒适度。

调查结论8：只有25％的欧洲人在建筑建造和改建时考虑对地球环境（环保和生态）的影响，是9项指标中最低的。

调查表明欧洲人改造住宅最关注的项目是：浴室（44％）、地板（39％）、厨房（39％）、建筑保温（38％）、墙壁（38％）、供暖（34％）、窗户（34％）、扩大建筑（20％）、空调系统（19％）。

（威卢克斯中国公司提供）

目　　录

第1章 建筑性能评价

建筑性能评价体系是一个评判标准，有评价体系后才能对不同建筑或不同建筑方案进行评判打分。评判可以在设计过程中进行，对不同的设计方案展现的性能进行比较，选择出最佳方案予以实施。也可以对既有建筑改造前后的性能进行评价，确定其改造效果。目前，世界上最流行的是绿色建筑评价体系，从"使用者"、"管理者"和"地球环境"三个维度出发，确定建筑的健康效果、资源消耗、生态影响各项评分。现有建筑体系均使用量化指标打分，因此评价体系采用计算和实测物理量指标作为评分依据，按项目总得分来评价一个建筑的总体水平（星级）。绿色建筑是一个综合评价体系，但不同国家处于不同的发展阶段，因此其对上述三项评分采取不同的权重系数，侧重使用者价值的重视"健康"，侧重社会资源管理的政府重视"节省资源"，而侧重地球生态的环保组织重视"可持续发展"。平行于绿色建筑评价体系，还有以使用者健康为主要要素的"健康建筑"评价体系，"健康住宅"评价体系等。本章节其余内容介绍了地球资源、生态环境保护和健康的一些概念，这些概念是绿色建筑体系的基础，希望这部分内容可以帮助对绿色建筑评价不熟悉的读者做一些基础解读。

1.1 绿色建筑评价体系

绿色建筑正在全球方兴未艾，世界各国目前都制定有自己的绿色建筑体系，其主要包括英国 BREEAM、美国 LEED、ENERGY STAR、中国绿色三星 ESGB、日本 CAS-BEE、德国 DGNB、法国 HQE、加拿大 GBTool、澳大利亚 NABERS、印度 GRIHA、阿联酋 Estidama、韩国 KGBC、西班牙 VERDE、新加坡 Green Mark、瑞典 ECB、中国香港 BEAM 以及中国台湾 Green Building Label 等。除此之外，还有欧洲的 Activehouse（见第 7 章）、美国的 WELL 等侧重于建筑使用者健康的建筑评价体系。

1. 中国绿色建筑体系

英国建筑研究院绿色建筑评估体系（BREEAM）始创于 1990 年，是世界上第一个也是全球最广泛使用的绿色建筑评估方法。2004 年，中国建设部发起"全国绿色建筑创新奖"标志着中国绿色建筑进入全面发展阶段。

2006 年，建设部正式颁布《绿色建筑评价标准》；2013 年，国务院转发发改委、住房和城乡建设部《绿色建筑行动方案》；2014 年，《绿色建筑评价标准》GB/T 50378—2014 发布，并于 2015 年 1 月 1 日起执行。由此标志中国绿色建筑进入快速发展期，同时绿色建筑评价标识项目数量始终保持强劲的增长态势。截止 2015 年 6 月，全国共评出

3194 项绿色建筑评价标识项目，总建筑面积达到 3.5 亿平方米。其中，设计标识 3009 个，占 94.2%，建筑面积为 3.37 亿平方米；运行标识 185 个，占 5.8%，建筑面积为 2194.8 万平方米。2015 年上半年绿色建筑标识 656 个，建筑面积 6820.7 万平方米，已远超 2014 年同期水平。

这期间，中国也出台了关于医院、工业、办公楼、学校等绿色建筑标准。值得说明的是《绿色建筑评价标准》GB/T 50378—2014 的评分方式是沿用的美国 LEED 标准。绿色建筑评价标准采用的是"量化评价"方法：除少数必须达到的控制项外，其余评价条文都被赋予了分值；对各类一级指标，分别给出了权重值。

《绿色建筑评价标准》GB/T 50378—2014 适用范围由住宅建筑和公共建筑中的办公建筑、商场建筑和旅馆建筑，扩展至各类民用建筑。对各评价指标评分，并以总得分率确定绿色建筑等级。标准指标包括：节地与室外环境、节能与能源利用、节水与水资源利用、节材与材料资源利用、室内环境质量、施工管理、运营管理 7 类。分为设计评价和运行评价。设计评价不随施工管理和运营管理二项评价。

绿色建筑分为一星级、二星级、三星级 3 个级别。7 项指标，每项得分为 100 分，再使用权重计算总得分，根据总得分确定绿色建筑的等级。每类指标的评分项得分不应小于 40 分，权重计算后的总得分在达到 50、60、80 分时被评定为一星级、二星级、三星级绿色建筑。

中国各省市的《绿色建筑评价标准》是根据当地的实际情况编制，但与国标相差不会太大。2008 年，中国绿色建筑评价标识仅有 10 个（全部星级总和）；从 2012 年起开始迅猛增加；直到 2013 年底，中国绿色建筑评价标识项目已有 1446 个。其中，仅有 85 个是运营标识。说明了国内绿色建筑存在的问题，实际上绿色建筑只做设计标识不做运营意义是不大的。中国现在有许多建筑同时做 LEED 和绿标认证。

2. 美国 LEED 体系

LEED（Leadership in Energy and Environmental Design），即"绿色能源环境设计先锋奖"，是美国绿色建筑协会（USGBC）设立并于 2003 年开始推行的绿色建筑的评价认证工具。

LEED 属于自愿采用的评估体系标准。此评级系统适用于商业建筑、公共建筑、住宅建筑以及社区开发，是目前在世界各国的各类建筑环保评估、绿色建筑评估以及建筑可持续性评估标准中，被国际公认为第三方绿色建筑最完善、最有影响力的评估体系。自推出之日起，LEED 评估体系已经逐渐进化成为符合市场需要的，满足各种建筑类型的，拥有领先科技的评级系统，它把建筑环境对自然环境和人类健康影响融入体系进行考核。由 USGBC 会员委员会、分委员会、工作组与美国绿色建筑协会会员共同开发，在 USGBC 会员投票通过之前，每次更新内容都将先递交给 LEED 指导委员会和美国绿色建筑协会董事会审阅，从而不断完善整个 LEED 体系，整个修正过程坚持透明、开放、合理包容的有效原则。

LEED 评级系统旨在促进现代化建筑建造逐渐向绿色建筑转型，实现以下七个目标：

改善全球气候变化（逆转全球气候变化趋势）；增强个人健康和福祉；保护并恢复水资源；保护、增强及恢复生物多样性和生态系统功能；促进可持续和可再生材料资源循环利用；构建绿色经济基础；增强社会公平、环境正义、社区健康及生活质量。

以上目标是 LEED 评级体系先决条件和得分基础。在 BD+C 评估体系中，主要先决条件和得分被分为以下几类：①选址与交通（LT）；②可持续场址（SS）；③节水（WE）；④能源与大气（EA）；⑤材料与资源（MR）；⑥室内环境质量（EQ）。

这些目标通过认证过程中的得分来完成，根据相对重要性和权重系数，授予系统中每个得分项一定的分数。最终得分设定为加权平均：对目标贡献最直接的得分项往往也是权重最大的。项目团队通过满足这些先决条件并获得足够的得分项取得认证，以综合得分方式来证明目标的实现。认证被评为四个等级（认证级、银级、金级、铂金级），以资鼓励团队取得更高的成就，从而朝着目标更快前进。

LEED 的设计是在应对市场竞争的同时，解决环境挑战。项目取得认证体现了项目的前瞻性、创新、环境管理以及社会责任。LEED 是帮助建筑业主和运营人员的一种得力工具，为建筑入住者提供健康室内空间的同时，既提高建筑性能又扭亏为盈。

通过参与 LEED，业主、运营人员、设计师以及建造者给绿色建筑行业带来有意义的贡献。通过记录并跟踪建筑资源使用，不断贡献越来越多的知识，改进快速发展的绿色建筑领域研究。这样一来，未来项目的建造将建立在今天成功设计的基础之上，并给市场带来创新。

LEED 认证过程开始于业主完成项目注册和选择相应认证系统（见评级系统选择）。接着，项目设计师试图达到所有先决条件和想要尝试获得的得分项要求。在所需资料递交后，项目将进入初步审阅和最终审阅。初步审阅给可获得得分项，某些达不到要求的得分项提供技术建议，而最终审阅则根据项目最终得分区间，LEED 认证结果分为四级：认证级（40～49 分）；银级（50～59 分）；金级（60～79 分）；铂金级（80～110 分）。

3. 美国 WELL 体系

"健康建筑标准"是一个注重性能的体系，用于计量、验证和监控影响人类健康和福祉的建筑环境特征，包括空气、水、食物、光照、健身、舒适和心灵。目前还在试用阶段，可用于商业、多户住宅和机构市场部门的新建工程和大型重建工程。

1）发展：通过多年向医学家精英和建筑行业从业者咨询，逐渐形成了"健康建筑标准"，它以医学研究为基础，这些医学研究证明了占用我们 90% 以上时间的建筑与我们的健康和福祉之间的关系对居住者的影响。"健康"制定了七个方面的性能要求，即空气、水、食物、光照、健康、舒适和心灵。

2）管理："健康建筑标准"由国际健康建筑协会（IWBI）管理。IWBI 是一个公益性公司（B 型公司），由一家健康房地产公司，即德洛斯创立，负责管理"健康建筑标准"，使其满足一项克林顿全球倡议行动倡议，使全世界都可以使用该标准。IWBI 将在方案全面公布之前，在 2014 年夏季对"健康建筑标准"进行一次透明的同业互查。

3）评估和认证："健康建筑标准"的认证由 IWBI 和绿色建筑认证协会（GBCI）同

3

时管理，GBCI还负责"LEED绿色建筑"的认证，它担任着IWBI的第三方稽核员。取得"健康"认证需要对空气和水质量等"健康建筑"特征进行现场的入住后审查，为了保持该认证有效，须每三年进行一次复审。

4）健康和绿色建筑："健康建筑标准"与"LEED（能源与环境设计先锋奖）绿色建筑评级系统"、"生态建筑挑战"等其他主流国际可持续建筑方案一致。"健康"使绿色建筑从业者将人类健康和福祉与可持续性融合在一起，创造既能使居住者受益，又能改善环境影响的建筑。

目前的"健康"试点项目包括位于海地太子港的威廉·杰斐逊·克林顿儿童中心。该儿童中心和孤儿院用克林顿总统的名字命名，将获得LEED铂金奖和"健康"认证。体现"健康"和LEED的一致性的近期的其他试点项目包括位于洛杉矶市中心的CBRE（世邦魏理仕）集团公司的新国际企业总部。CBRE的新总部于2013年11月揭幕，它将成为世界上第一个获得LEED金奖和"健康"认证的商业办公空间。

WELL就是为了人类健康而创的建筑标准，WELL立足于医学研究，探索建筑与其居住者健康和福祉之间的关系。WELL认证是与一流的医生、科学家和专业人士合作，经过7年严谨研究的成果，重点关注物理建造环境如何支持人类健康、生产效率、幸福与舒适，将设计建造中的最佳实践与有理有据的卫生和健康措施相结合。认证能让业主和雇主知道他们的空间在促进人类的健康和福祉。WELL是一套注重建筑环境中人的健康和福祉的系统。LEED与WELL在认证指标上有17%的重叠部分，LEED主要注重的是建筑本身的性能，比如节水、节能这些方面，但WELL更注重建筑是人在里面住、在里面用的时候，这个建筑怎样影响到人。WELL更多的是立足于医学研究机构，探索建筑与其居住者的健康和福祉之间的关系，其中达102项涉及空气、水、食物、光照、健身、舒适、心理健康等建筑环境特征的指标，都在其认证监测之列。

WELL建筑标准已开始进入中国，WELL建筑标准是在中国人民寻求改善生活品质，环保意识不断提升的时期被带到了中国，它是LEED、绿色三星和BREEAM等绿色建筑评级系统的强有力补充。

现今，世界正在面临着众多的健康挑战，不良因素正侵害着我们完好的身体、心理和社会生活福祉。当这些问题持续恶化，科学界有责任在考量人类健康问题与建筑环境之间的关系时做到更具有针对性。有关WELL标准中的102小项内容见表1.1-1。

WELL健康建筑评价特征和分项 表1.1-1

序号	特征	分　项
1	空气	1. 空气质量标准；2. 禁止吸烟；3. 通风效率要求；4. 减少VOC排放；5. 空气过滤；6. 微生物和霉菌控制；7. 建筑结构污染管理；8. 健康的进口；9. 清洁计划；10. 杀虫剂管理；11. 基础材料安全性；12. 潮湿控制；13. 空气吹扫；14. 空气过滤装置管理；15. 增大通风；16. 湿度控制；17. 直接排风；18. 空气质量监测和保存；19. 可开启窗户；20. 户外空气处理系统；21. 置换通风；22. 虫害管理；23. 空气净化；24. 燃烧最小化；25. 减少有害材料使用；26. 增加材料安全性；27. 抗菌表面；28. 易清洁环境；29. 清洁设备要求
2	水	1. 基础水质；2. 无机污染物；3. 有机污染物；4. 农业污染物；5. 水厂添加物；6. 阶段水质检测；7. 水处理设备；8. 饮用水质量改进

续表

序号	特征	分项
3	食品	1. 水果和蔬菜；2. 加工食品；3. 食物过敏；4. 洗手；5. 食物污染；6. 食品添加剂；7. 营养信息；8. 食品广告；9. 接触食品的安全材料；10. 盛器尺寸；11. 特殊饮食；12. 溯源的食品生产；13. 食品储藏；14. 食品生产；15. 专注的饮食环境
4	光照	1. 光照设计；2. 昼夜规律光设计；3. 防眩光控制；4. 防太阳眩光控制；5. 低眩光工作台设计；6. 颜色质量；7. 表面设计；8. 自动遮光和调光控制；9. 日光权；10. 日光模型；11. 日光透射区
5	健身	1. 户内健身通道；2. 奖励运动方案；3. 有组织的健身；4. 户外健身设计；5. 健身活动空间；6. 支持运动辅助设施；7. 健身设施；8. 适合运动家具
6	舒适	1. 残障人士可接受的标准；2. 工效学：视觉和身体；3. 外部噪声隔绝；4. 内生噪声控制；5. 热舒适性；6. 嗅觉舒适；7. 混响时间；8. 隔声罩；9. 吸声表面；10. 声障措施；11. 独立温度控制；12. 辐射热舒适
7	心理健康	1. 健康和保健意识；2. 一体化设计；3. 入住后调查；4. 美学设计Ⅰ；5. 亲近自然Ⅰ；6. 强适应性空间；7. 健康睡眠政策；8. 商务旅行；9. 工作地点的健康政策；10. 雇员家庭支持政策；11. 自体检；12. 压力和药物成瘾治疗；13. 利他主义；14. 材料信息透明度；15. 参加社会公正组织；16. 美学设计Ⅱ；17. 亲近自然Ⅱ；18. 创新设计点Ⅰ；19. 创新设计点Ⅱ

贴士：绿建之窗

绿建之窗（www.gbwindows.com.cn）是全方位服务于绿色建筑全生命周期的综合服务平台。平台从绿色建筑人才服务、绿色建筑咨询、绿色建筑系列（风、光、热、声）软件、绿色建筑材料技术推广等体系为设计单位、施工单位、开发商和广大绿色建筑爱好者提供绿色建筑全方位服务的专业服务。平台以推动绿色建筑文明、培养绿色建筑人才、普及绿色建筑技术为使命，全面协助中国绿色建筑落地实施。

（绿建之窗提供）

扩展阅读：英国建筑研究院办公楼

英国建筑研究院的环境楼（Environment Building）为办公建筑提供了一个绿色建筑样板。能源系统是设计师为一个尺度适中的办公建筑精心设计的，使之成为新一代生态办公建筑的模范之作。

它的每年能耗和CO_2排放性能指标定为：燃煤 $47kWh/m^2$；用电 $36kWh/m^2$；CO_2 排放量 $34kg/m^2$。舒适节能的暖通空调、通风与照明系统，该大楼最大限度利用日光，南面采用活动式外百叶窗，减少阳光直接射入，既控制

眩光又让日光进入，并可外视景观。采用自然通风，尽量减少使用风机。采用新颖的空腔楼板使建筑物空间布局灵活，又不会阻挡天然通风的通路。顶层屋面板外露，避免使用空调。白天屋面板吸热，夜晚通风冷却。埋置在地板下的管道利用地下水进一步帮助冷却。安装综合有效的智能照明系统，可自动补偿到日光水准，各灯分开控制。建筑物各系统运作均采用计算机最新集成技术自动控制。用户可对灯、百叶窗、窗和加热系统的自控装置进行遥控，从而对局部环境拥有较高程度的控制。环境建筑配备 $47m^2$ 建筑用太阳能薄膜非晶硅电池，为建筑物提供无污染电力。

旧建材在围护结构中的再利用：该建筑还使用了 8 万块再生砖；老建筑的 96％ 均加以再生产或再循环利用；使用了再生红木拼花地板；90％ 的现浇混凝土使用再循环利用骨料；水泥拌合料中使用磨细粒状高炉矿渣；取自可持续发展资源的木材；使用了低水量冲洗的便器；使用了对环境无害的涂料和清漆。

(http：//www.91jn.net/news/show.php？itemid＝64)

1.2　地球资源与环境

1. 太阳能利用

太阳辐射到地球大气层的能量仅为其总辐射能量的 1/22 亿，太阳照射到地球上的能量相当于每秒钟 500 万吨煤。地球上的风能、水能、海洋温差能、波浪能和生物质能都来源于太阳。地球上的化石燃料从根本上说也是远古贮存下来的太阳能。狭义太阳能指光热、光电和光化学直接转换，而广义太阳能所包括的范围则非常大。太阳能既是一次能源，又是可再生能源。太阳能资源丰富、免费使用、无须运输、对环境无污染。但太阳能有两个主要缺点：一是能流密度低；二是强度受各种因素的影响不能维持不变。两大缺点大大限制了太阳能的有效利用。

太阳辐射是指太阳向宇宙空间发射的电磁波和粒子流，是地球大气运动的主要能量源泉。到达地面的直接辐射和散射辐射之和称为太阳总辐射。世界气象组织 1981 年公布的太阳常数值是 $1368W/m^2$。地球大气上界的太阳辐射光谱的 99％ 以上在波长 $0.15\sim4.0\mu m$ 之间。大约 50％ 的太阳辐射能量在可见光谱区（波长 $0.4\sim0.76\mu m$），7％ 在紫外光谱区（波长 $<0.4\mu m$），43％ 在红外光谱区（波长 $>0.76\mu m$），最大能量在波长 $0.475\mu m$ 处。由于太阳辐射波长较地面和大气辐射波长（约 $3\sim120\mu m$）小得多，所以通常又称太阳辐射为短波辐射，而称地面和大气辐射为长波辐射。短波辐射和长波辐射在性能上有一定的差异。

在地球大气上界，北半球夏至时日辐射总量最大，从极地到赤道分布比较均匀；冬至时，北半球日辐射总量最小，极圈内为零，南北差异最大。南半球情况相反。春分和秋分时，日辐射总量的分布与纬度的余弦成正比。南、北回归线之间的地区，一年内日辐射总量有两次最大，年变化小。纬度越高，日辐射总量变化越大。如图 1.2-1 所示。

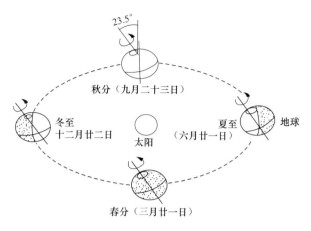

图 1.2-1　太阳与地球的位置关系

　　太阳辐射强度取决于太阳的高度角、日地距离、日照时间以及大气透明度。因为同一束光线，直射时照射面积最小，单位面积所获得的太阳辐射则多，太阳高度角越大，太阳辐射强度越大；反之，斜射时照射面积大，但单位面积上获得的太阳辐射则较少。不同地区的太阳辐射量每天、每月都有不同。大部分地区冬天的太阳辐射值要低于夏天，只有个别城市例外（见第 3.2 节）。根据全年的太阳辐射量绘制的太阳能资源地图对太阳能利用，包括冬季辅助供暖使用太阳能的潜力进行了展示。

　　根据中国太阳能资源分布图，从图中可以看出各地全年太阳能辐射总量。但其在 12 个月份中的分布是不均匀的，应根据在冬季和夏季辐射量及每天的太阳轨迹情况，对应建筑朝向位置确定合理的对应措施。

　　太阳辐射对地球有极大的直接或间接影响。其一是对地理环境的影响。直接的作用如岩石受到温度的变化影响而产生风化。间接的作用如地球上的大气、水、生物是地理环境要素，他们本身的发展变化以及各要素之间的相互联系，大部分是在太阳的驱动过程中完成的。地球表面按纬度划分为五带，不同地带获得的太阳辐射热量不一样。如热带在一年中太阳可以直射，获得的热量最多；寒带太阳高度很低，有长时间的极夜，因此获得的热量最少。但是对于整个地表来说，热量应该是平衡的，因而热量多余和热量不足的地方之间会发生热输送。因此在热量盈余的地方如赤道，温度并没有越来越高；热量亏损的地方南极和北极，温度也没有越来越低。由于气象作用，地球各地的表面和空气温度保持相对稳定。其二是太阳辐射为人类生产和生活提供能量。人们对太阳辐射作用最直接的感受来自于它是人们生产和生活的主要能源。如植物的生长需要太阳，工业上大量使用的煤、石油等化石燃料也是"储存起来的太阳能"由太阳能转化而来。太阳能可直接使用，如太阳能热水器、太阳房、太阳能发电、太阳能电池等。另外，地球上的水能、风能也来源于太阳。西藏拉萨市位于青藏高原上，地势较高、空气稀薄、天空云量少而辐射损失少，因此太阳辐射强度大、日照时间长，拉萨被称作"日光城"。而重庆因为其海拔较低、受地形的影响，盆地地理使水汽积聚不易上升。而西南季风越不过秦岭，只能把携带的水汽带给盆地。因此，重庆一年中阴雨天多、光照少，太阳辐射

7

能贫乏，被称作"雾都"。

太阳能包括两部分太阳热能和太阳光日照。有关技术内容可见在第 5.3 节和第 5.4 节内容。

扩展阅读：被动式太阳房

被动式太阳房是通过建筑朝向和周围环境的合理布置，内部空间和外部形体的巧妙处理，以及建筑材料和结构、构造的恰当选择，在冬季集取、保持、贮存、分布太阳热能，从而解决建筑物的采暖问题。太阳房采暖主要利用南坡屋面的铁板吸收太阳能，加热从屋外引进的冷空气，当通过屋顶最高处的玻璃板时，空气温度被大幅度抬升，将通气层内的热空气吸过来聚集到热气通道里，然后通过控制箱送到地板下面贮存起来，并从靠墙的地板风口流出来，太阳下山后，风扇会自动停止转动，控制箱内的风门会自动关闭，避免室外的冷空气流入室内，贮存在地板下的热量也慢慢释放出来，使室温下降速度减慢，使房屋尽可能多地吸收并保存太阳能，从而达到取暖的效果。

被动式太阳房是一种经济、有效地利用太阳能采暖的建筑，是太阳能热利用的一个重要领域，具有重要的经济效益和社会效益。它的推广有利于节约常规能源、保护自然环境、减少污染，使人与自然环境得到和谐的发展。被动式太阳房主要根据当地气候条件，把房屋建造得尽量利用太阳的直接辐射能，它不需要安装复杂的太阳能集热器。更不用循环动力设备，完全依靠建筑结构造成的吸热、隔热、保温、通风等特性，来达到冬暖夏凉的目的。因此，相对而言，被动靠天，亦即人为的主动调节性差。在冬季遇上连续坏天气时，可能要采用一些辅助能源补助。正常情况下，早、中、晚室内气温差别也很大。但是，对于要求不高的用户，特别是原无采暖条件的农村地区，由于它简易可行，造价不高，人们仍然欢迎。在一些经济发达的国家，如美国、日本和法国，建造被动式太阳房的也不少。中国从 20 世纪 70 年代末开始这种太阳房的研究示范，已有较大规模的推广，北京、天津、河北、内蒙古、辽宁、甘肃、青海和西藏等地，均先后建起了一批被动式太阳房，各种标准设计日益完善，并开展了国际交流与合作，受到联合国太阳能专家的好评。

(http://wiki.jxwmw.cn/index.php?doc-view-57630)

2. 一次和二次能源

一次能源是指自然界中以原有形式存在的、未经加工转换的能量资源。又称天然能源。一次能源包括化石燃料（如原煤、石油、原油、天然气等）、核燃料、生物质能、水能、风能、太阳能、地热能、海洋能、潮汐能等。一次能源又分为可再生能源和不可再生能源，前者指能够重复产生的天然能源，如太阳能、风能、水能、生物质能等，这些能源均来自太阳，可以重复产生；后者主要是各类化石燃料、核燃料，自然中用一点会少一点。20世纪70年代能源危机后，各国都非常重视不可再生能源的节约，并加快对可再生能源的研究与开发。

二次能源是指由一次能源经过加工转换以后得到的能源，包括电能、汽油、柴油、液化石油气和氢能等。二次能源又可以分为"过程性能源"和"含能体能源"，电能就是应用最广的过程性能源，而汽油和柴油是目前应用最广的含能体能源。生产过程中排出的余能，如高温烟气、高温物料热、排放的可燃气和有压流体等亦属二次能源。一次能源无论经过几次转换所得到的另一种能源，都统称二次能源。

二次能源亦可解释源自一次能源中，再被使用的能源，例如将煤燃烧产生蒸汽推动发电机，所产生的电能可是二次能源。或者电能被利用后，经由电风扇再转化成风能，这时风能亦可称为二次能源，二次能源与一次能源间必定有一定程度的损耗。二次能源和一次能源不同，它不是直接取自自然界，只能由一次能源加工转换后得到，因此严格地说，它不是"能源"，而应称之为"二次能源"。二次能源的产生不可避免地要伴随加工转换的损失，但是它们比一次能源的利用更为有效、更为清洁、更为方便。因此，人们在日常生产和生活中利用的能源多数是二次能源。电能是二次能源中用途最广、使用最方便、最清洁的一种，它对国民经济的发展和人民生活水平提高起着特殊的作用。

建筑中可能会使用到各种类型的能源，为保证合理性，当进行建筑能耗评估时，一般使用一次能源消耗数值。这就需要使用不同能源消耗的转换系数。建筑中使用的每种类型能源具有不同的转换系数，其取决于许多因素，如生产-传输-配电损失、与横跨整个产业链使用的自然资源结合。例如，大多数国家的电力转换因子数值范围在1.8～2.7，这意味着在建筑中使用的电能对应的是1.8～2.7倍高的一次能源消耗。而区域供热通常具有0.6～1.0的转换因子，其数值高低取决于资源组合中再生能源的含量。热电联产比单独的热和电生产具有更高的能源效率。

扩展阅读：地源热泵系统

地源热泵是一种利用土壤所储藏的太阳能资源作为冷热源，进行能量转换的供暖制冷空调系统，地源热泵利用的是清洁的可再生能源的一种技术。地表土壤和水体是一个巨大的太阳能集热器，收集了47%的太阳辐射能量，比人类每年利用的500倍还多（地下的水体是通过土壤间接的接受太阳辐射能量）；它又是一个巨大的动态能量平衡系统，地表的土壤和水体自然地保持能量接受和发散相对的平衡，地源热泵技术的成功使得利

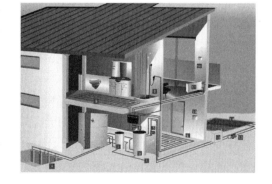

用储存于其中的近乎无限的太阳能或地能成为现实。地源热泵是陆地浅层能源通过输入少量的高品位能源（如电能）实现由低品位热能向高品位热能转移。

1）地源热泵技术属可再生能源利用技术。由于地源热泵是利用了地球表面浅层地热资源（通常小于 400m 深）作为冷热源，进行能量转换的供暖空调系统。地表浅层地热资源可以称之为地能，是指地表土壤、地下水或河流、湖泊中吸收太阳能、地热能而蕴藏的低温位热能。

2）地源热泵属经济有效的节能技术。其地源热泵的 COP 值达到了 4 以上，也就是说，消耗 1kWh 的能量，用户可得到 4kWh 以上的热量或冷量。

3）地源热泵环境效益显著。其装置的运行没有任何污染，可以建造在居民区内，没有燃烧，没有排烟，也没有废弃物，不需要堆放燃料废物的场地，且不用远距离输送热量。

4）地源热泵一机多用，应用范围广。地源热泵系统可供暖、空调，还可供生活热水，一机多用，一套系统可以替换原来的锅炉加空调的两套装置或系统；可应用于宾馆、商场、办公楼、学校等建筑，更适合于别墅住宅的采暖。

5）地源热泵空调系统维护费用低。地源热泵的机械运动部件非常少，所有的部件不是埋在地下便是安装在室内，从而避免了室外的恶劣气候，机组紧凑、节省空间；自动控制程度高，可无人值守。

由以上的特点可以看出，地源热泵的技术以后可得到广泛的应用。

(http://blog.sina.com.cn/s/blog_4c11b9cf010014jz.html)

3. 地球环境保护

全球气候变暖是一种自然现象。由于人们焚烧石油、煤炭等化石燃料，或砍伐森林并将其焚烧时，会产生大量的二氧化碳等温室气体。这些温室气体对来自太阳辐射的可见光具有高度透过性，而对地球发射出来的长波辐射具有高度吸收性，能强烈吸收地面辐射中的红外线，导致地球温度上升，即温室效应。而当温室效应不断积累，会导致地气系统吸收与发射能量不平衡，能量不断在地气系统中累积，导致大气温度上升，造成全球气候变暖现象。过去一个世纪地表年平均温度已经上升了 0.6℃。如果温室气体排放量按照现在的速度继续递增，则未来 100 年气温还会再升高 1～3℃。全球变暖可能带来的问题包括：旱灾加剧、冰原消失、墨西哥洋流的减弱、疾病流行等，会对经济和社会将造成巨大的损失。

2014 年，人类 8 个月消耗地球 12 个月才能生产的化石资源，已经产生地球资源的不平衡。建筑建设和使用的过程中会导致各种排放物释放到空气、土壤和水中，对环境具有不同的负面影响。目前，约有 33％的全球温室气体排放归咎于建筑领域的人类活动。解决气候变化问题是人类所面临的最大环境挑战。有足够的科学证据表明大气中温室气体浓度的增加会导致地球表面温度的升高，产生社会、环境和经济影响。这要求全球努力减少温室气体排放、提高环境效率。

环境保护一般是指人类为解决现实或潜在的环境问题、协调人类与环境的关系、保护人类生存环境、保障经济社会的可持续发展而采取的各种行动的总称。环境成本又称环境降级成本，是指由于经济活动而造成的环境污染，使环境服务功能质量下降的代价。环境降级成本分为环境保护支出和环境退化成本，环境保护支出指为保护环境而实际支付的价值，环境退化成本指环境污染损失的价值和为保护环境所支付的价值。

相关环境挑战中，温室气体并不是唯一对环境有害的释放气体。环境负荷由 5 个不同类别的排放（当量）来描述，全球变暖潜能 CO_2 当量、臭氧消耗 R_{11} 当量、光化学臭氧形成潜势 C_3H_4 当量、酸化潜势 SO_2 当量、富营养化 PO_4 当量。除此之外，一次能源消耗也是环境评估的一部分。

1）全球变暖潜能值（GWP）：即所谓的温室气体的对流层中的积累，导致红外辐射从地球表面的反射增加。由此地球地表的温度上升。这种现象被称为"温室效应"，影响人体健康、生态系统和整个社会。这个值是将全球变暖潜能群体中所有气体作用换算成二氧化碳（CO_2）的作用影响。

2）臭氧消耗潜能值（ODP）：臭氧（O_3）是存在于平流层（10～50km 高度）中的微量气体，其吸收太阳紫外线辐射。然而人类排放的某些气体，如卤代烃，会作为催化剂降解臭氧，使之变为氧气，导致平流臭氧层变薄。由此透过大气层的紫外线 UV-B 辐射增加，增大对人类健康、陆地和水生生态系统的潜在危害，导致如 DNA 损伤、癌症（特别是皮肤癌）增多和刺激眼睛、农作物减产和浮游生物减少。臭氧消耗潜能指各种消耗臭氧消耗气体的组合影响，换算成 R_{11}（三氯甲烷中 CCl_3F）的影响。

3）光化学臭氧生成潜力（POCP）：臭氧在对流层（0～15km 的高空）中处于高浓度时，即夏季烟雾，是对人体有毒、也可能会损坏植被和建筑材料。在太阳辐射下暴露，氮氧化物、碳氢化合物和对流层中的臭氧形成复杂化合物。这一过程生成光化学氧化物。氮氧化物和碳氢化合物由大气中的部分燃烧所产生。碳氢化合物也可以由汽油燃烧或使用溶剂产生。臭氧生成潜势用甲基乙炔（C_3H_4）影响评价。

4）酸化潜力（AP）：酸性土壤和水是空气污染物酸化转化的结果。主要酸化污染物是二氧化硫（SO_2）、氮氧化物（NO_x）及对应酸（H_2SO_4 和 HNO_3）。这些气体在发电站和工业建筑、住宅、汽车和小型消费者的燃烧过程中产生的。酸化对植被、土壤、地下水、地表水、生物有机体、生态系统和建筑材料具有广泛的影响，导致森林减少和酸雨。酸化潜力是指所有物质组合作用，用二氧化硫（SO_2）影响评价。

5）富营养化（EP）：水体富营养化是指过量营养，其表示一个生态系统的营养成分和营养丰富的浓度导致物种组成和生物质增加参量出现不希望发生的变化。主要营养素指氮（N）和磷（P）。这些物质包含在化肥、发动机产生的氮氧化合物、生活污水、工业废物和废水中。过营养化土壤中的植物表现出组织弱化和缺乏对环境变化的抵抗力。在水生生态系统中，生物质生产增加有可能导致水中含氧量的减少，这是生物质在分解过程中需要额外耗氧分解所造成的。这会导致鱼类和水中生物的死亡。此外，高浓度硝酸盐会使地下水和地表水无法作为饮用水使用，因为硝酸盐反应会成为亚硝酸盐，后者对人类有毒。富营养化的物质组合以磷酸盐（PO_4^{3-}）的影响评价。

建筑行业对环境负荷的影响由生命周期评价 LCA 完成。LCA 指对一个产品系统的生命周期中输入、输出及其潜在环境影响的汇编和评价，具体包括互相联系、不断重复进行的四个步骤：目的与范围的确定、清单分析、影响评价和结果解释。生命周期评价是一种用于评估产品在其整个生命周期中，即从原材料的获取、产品的生产直至产品使用后的处置，对环境影响的技术和方法。

6）可回收和再使用的材料：产品报废后并不意味着其所有零部件都成为废品，而是还有相当一部分可以回收和重新使用。产品的可回收性分为两部分：一个是零部件回收利用；一个是拆解材料的再使用。如果产品设计时没有考虑其回收性，回收就会变得困难，因而导致资源和能源的大量浪费，对生态环境产生污染。产品的可回收性设计主要包括可回收材料及其标志、可回收工艺及方法、可回收的经济性、可回收产品的结构等几方面的内容。在进行产品设计时充分考虑其零件材料的回收可能性、回收价值大小、回收处理方法、回收处理结构工艺性等与回收性有关的一系列问题，以达到零件材料资源和能源的最充分利用，对环境污染最小。

使用可持续的材料是在欧洲越来越重要的考虑因素，例如在"欧盟资源效率路线图"中，2020 年新建和改造建筑所设定的目标是"建筑和基础设施的改造和新建将置于高资源效率下，70％的非危险建筑垃圾将被回收利用"。

按质量计的成分回收是指再生材料在产品中或重新使用产品中的比例。回收材料是原废弃材料，其已经被再加工成最终产品或用于一个最终产品的组分中。它可以是用于其他用途，而再利用意味着一个产品或组件未被浪费，而其再次被使用时无须生产过程。

要完成上述任务，重要的建筑设计时评估再生材料含量和控制采购过程。这些因素被看作是社会的主要发展方向。可持续材料的法规对材料采购有具体要求。

扩展阅读：宁波博物馆

宁波博物馆是著名建筑设计师王澍的作品，其坐落于远山围绕的平原当中，而这里却也早已经留有城市发展的痕迹。根据总体规划，建筑师要将他的设计变成一个独立的生命体，于是整座建筑依照中国传统的思维模式被设计成一座人工山体。建筑的下半段是一个简单的长方形，随着山体的上升，上半段开列为类似山体的形状。人们从中间一个扁平的、跨度30m 的穿洞进入到馆内部。内观整个结构，包括三道有大阶梯的山谷，两道在室内、一道在

室外；四个洞，分布在入口、门厅和室外"山谷的峭壁"边侧；四个坑状院落，两个在中心、两个在幽深之处。山势连绵的地形特点得以凸显。馆内的小径从地面开始向上延伸，最终如迷宫般交错在一起，将各个公共空间紧密连接在一起。这种设计顺应了一直不确定的展览内容，而整个建筑不论内外都是由竹条模板混凝土和两种以上回收旧

砖瓦混合砌筑的墙体包裹而成的。回收旧砖瓦来源于周围数十个旧村落改造的拆解。博物馆
介于浑然天成和人工雕琢之间，遗世独立却又朴实无华，向人们展示着群山的本色。建筑的
北翼浸在人工开掘的水池中，郁郁葱葱的芦苇覆盖整个河堤。水流漫过中段入口处的石坝，
最终渗入大片的鹅卵石滩中。建筑的中部隐藏着一片开阔的平台，透过四个形状不同的裂
口，人们可以在此远眺城市、稻田和远方的山脉。

(http://blog. sina. com. cn/s/blog_63f603b701011b11.html)

4. 水资源利用

饮用水是地球上有限的资源，地球上的水大部分是盐水，只有不到 1% 的水是可供饮
用消费的，而其中的 2/3 淡水还被封存在极地冰盖中。并且，并非是所有淡水都可饮用，
许多地表面淡水甚至地下水在没有经过处理去除化学和生物污染物之前是不宜饮用的。
保护地球的饮用水资源非常重要。

目前，全球饮用水资源的枯竭和稀缺在不断升级，节省水消耗是日益重要的环保因
素。由于水资源短缺压力在全球范围内不断增加，水价将不断提高。建筑一次用水量最
小化将是一个从短期到长期，在生态和经济方面的明智决定。

减少一次性水消耗的措施包括：节约用水、减少一次水资源消耗、提高水资源使
用效率。在以下三方面进行控制：减少用量、水质替代和再循环利用。减少用量措施
包括：使用低流量的淋浴头、低流量水龙头、低流量抽水马桶、低耗水洗衣机、使用
易于清洁表面材料制作的家具、热水循环、智能控制热水供应等。水质替代措施包括：
收集雨水用于厕所、收集雨水用于洗衣、收集雨水用于灌溉、收集雨水用于洗车等。
再循环使用措施包括：使用灰水（一次水后回收的水）用于厕所、使用灰水洗衣、使
用灰水灌溉、使用灰水洗车、灰水中的热回收、使用黑水（灰水回收水）用于厕所等。

所有具有成本效益、能提高用水效率的措施应在建筑设计之初就落实到位，以便在
使用中发挥最大的效能。

扩展阅读：住宅节水器具的选择

1）节水型龙头：通常一个普通龙头的流量多大于 0.20L/s（即每分钟出水量在 12kg
以上），节水龙头流量为 0.046L/s（即每分钟出水量只有 2.76kg），一年能节水 3～4t。

2）节水型便器：对于卫生间用水，用 1L 水就意味着排放 1L 的污水。安装 4L 坐便
器，将比普通 6L 马桶每年节水 33%，同时可减少同量的污水排放。

3）节水型淋浴器：节水型淋浴器与传统手持花洒比较，可以节省 30%～70% 的水，
普通家庭每年可以节省 50000L 以上的热水。

4）节水型洗衣机：一般节水型洗衣机与原有洗衣机型相比，节水达 40% 以上。

5. 人类活动对自然环境的影响

人类出现几百万年以来，在生产力低下的年代，地球上生活的人类都是依仗自然环境生

13

存和繁衍的，环境变化的大部分与人类活动都没有关系。而在工业革命之后，以人居、营建、交通和电器为代表的人类活动对自然产生极大的影响，一是向自然索取资源和能源，享受生态系统提供的生态服务，向环境排放废弃物和无序能量对环境产生不良影响；二是自然环境出现对人类生存发展的制约因素、极端天气、环境污染和生态退化，其对人类生存环境产生越来越大的负面影响，见表1.2-1～表1.2-6。自然环境的变化也会改变人类的生活方式，自然环境恶化将迫使人类在人工环境方面花更大的代价；自然环境恶化还意味着对人类健康的危害，各种污染物的泛滥横行，将使人们防不胜防；自然资源从富裕到稀缺，将使我们在未来付出更高的资源成本。人类已经到了发展的临界点，向大自然无限制索取的时代已经过去，未来人类应该节制消费自然资源，应该与自然环境和谐相处，让地球环境可以持续发展。

人类活动对环境日渐加剧的影响 表1.2-1

人类活动	环境影响
急剧增长的人口加速农业、工业化和城市化发展	资源被过度开采（可再生资源变成为短缺资源），环境变化（如：滥伐林木、矿场、垦荒、填海造地、城市基建等），生物的生存环境受到破坏，并导致严重的污染问题
把自然环境转变供农业、工业和城市建设用的土地	
过度开采和利用天然资源，以提高生活品质	
把农业、工业和家居废物废弃到自然环境中	

自然资源和其过度开采 表1.2-2

自然资源	人类从自然环境获取供日常生活所需的物资
过度开采自然资源	过量使用自然资源，最终可能导致资源耗尽

过度使用化石燃料带来的不良影响 表1.2-3

	影 响
产生各种污染物	化石燃料燃烧产生空气污染物
	空气污染物包括一氧化碳、二氧化碳、氮氧化物、氧化硫和碳氢化合物
	污染物污染湖泊和河流、降低农作物产量、腐蚀建筑物、引发温室效应
意外产生的环境污染	由油轮或输油管，把原油运送往世界各地
	如在运送途中发生意外，原油泄漏会严重污染环境、地下水和海洋

环境污染 表1.2-4

污染	因人类活动而对自然环境的物理、化学及生物特征上的有害改变
污染物	任何导致污染的物质
污染的来源	家居废物、农业废物或工业废物，或热能和声音等能量

工业废物的影响 表1.2-5

	人类活动	影响
化学品	制革厂、漂染厂、电镀厂和化学工厂会释放出废物到河流或海洋中	包含不同的污染物，例如染料、清洁剂、氧化物和重金属有害离子（例如：锌、铜、铅和水银化合物）；虽然这些化学废料浓度不高，但会在生物体内及食物链中积累；人类进食了受污染的海产后，重金属离子便会积累在不同器官中（包括肾脏、肝脏、骨骼和脑）；高水平重金属会导致中毒，其症状包括口齿不清、麻痹、不断颤抖和肾衰竭等

续表

	人类活动	影响
原油泄漏	运输途中原油意外漏出进入海洋，原油在海面漂浮	照射到水中的阳光减少，降低水中植物的光合作用速度
		阻止氧气在水中扩散，油面下的水会缺氧，海洋生物会窒息致死
		原油粘住海鸟的羽毛，羽毛会失去保暖的作用，海鸟亦因而无法飞行觅食
		原油含毒素，被鸟类吞食或皮肤吸收，导致死亡
	泄漏原油进入地下水	污染珍贵的地下水源，使地下水无法饮用
热水	水是发电厂和工厂常用的冷却剂，工厂往往直接把热水排放到河流或大海	高温水溶解氧少，而生物代谢率因水温高而上升，降低水中的溶解氧量，生物会因窒息而死亡

噪声对人类健康的影响 表 1.2-6

噪声来源	空调机、道路交通、打桩机、风钻和工厂里的各种机器运行
对人类的影响	长期处于超过 50dB 噪声环境，会引起烦扰和精神疲惫等症状
	长时期受高声量的噪声影响，会导致失聪

20 世纪 70 年代能源危机后，全世界开始注重建筑系统节能。20 世纪 90 年代后，人类开始认识到地球环境恶化将导致灾难性后果，开始考虑经济、社会发展与人居要求和环境保护之间的关系，提出"绿色建筑"的理念。

"绿色建筑"是以人为本的设计理念和实现目标。建筑的第一要素是保证人类的健康，不是消耗大量资源、能源及排放大量污染与自然隔绝的人工环境，而是尽量利用自然条件、与自然和谐发展。建筑设计和使用的策略应该是减少资源、能源消耗和排废，运用适宜的工程技术手段创造现代社会健康、舒适和节能的人居环境品质。

1.3 室内环境健康促进

人最宝贵的是生命，最有价值的是健康。现代意义上的健康不再是不患疾病，而是指一个人在身体、精神和社会等方面都处于良好的状态。传统的医疗服务系统主要关注人们生病之后的健康恢复。而随着 20 世纪后糖尿病、心血管病和癌症等慢性病成本和负担的日益增加，人们逐渐转向以健康方式为中心的健康管理。健康管理是指一种对个人或人群的健康危险因素进行全面管理的过程。其宗旨是调动个人及集体的积极性，有效地利用有限的资源来达到最大的健康效果。

健康管理的目的是健康促进。健康促进是 1986 年 11 月 21 日世界卫生组织在加拿大的渥太华召开的第一届国际健康促进大会上提出的，是指运用行政的或组织的手段，广泛协调社会各相关部门以及社区、家庭和个人，使其履行各自对健康的责任，共同维护和促进健康的一种社会行为和社会战略。美国健康促进杂志对健康促进的表述为，"健康促进是帮助人们改变其生活方式以实现最佳健康状况的科学。最佳健康被界定为身体、情绪、社会适应性、精神和智力健康的水平。生活方式的改变会得到提高认知、改变行为和创造支持性环境三方面联合作用的促进。三者当中，支持性环境是保持健康持续改善最大的影响因素。"图 1.3-1 是健康管理与健康促进的关系。

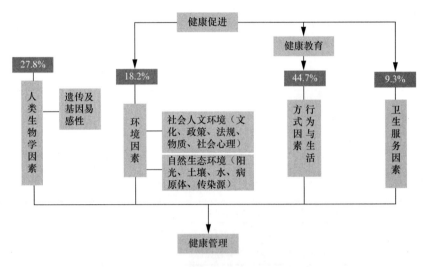

图 1.3-1　健康管理与健康促进

图 1.3-2 从个人和环境的角度给出了健康状况的影响因素，而健康促进就是采取合适的干预措施，以便可以把空间占用者的健康状态和工作结果一起最优化。

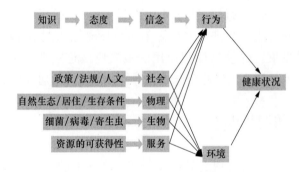

图 1.3-2　健康状况影响因素

研究发现，健康的人对健康的理念集中在以下方面：

（1）生理方面，状态良好，有活力；

（2）心理方面，快乐、活泼、心理感觉良好；

（3）行为方面，饮食、睡眠适中；

（4）未来结果，更长寿；

（5）减少不适，没有不舒服、没有疾病、没有不良症状。

卡尔南发现，人的健康模型有正面和负面两个：正面的定义包括精力充沛、充足锻炼、感觉良好、饮食健康、体重适中、有积极的未来展望和良好的生活等；负面的定义包括没有感冒咳嗽、每天睡眠好、很少去看病、体检结果正常等。但在一般人的认识中，健康通常被认为是来自体内的，而疾病则被看成是外部因素的结果。

对应图 1.3-1 相关健康四项内容，所采取的健康管理措施是：

（1）通过定期体检和 DNA 检查确定身体现状及遗传基因的影响，以便依据不同人采取不同措施；

（2）通过环境保护和建筑健康环境建设达到健康促进的目的；

（3）通过健康教育建立良好的健康观念，减少吸烟、营养过剩等不健康行为，增加运动、合理饮食等健康行为；

（4）医院卫生等服务机构提供医疗和保健服务。健康管理是以整个生命周期为过程，集合众多专业服务的产业链，随着对健康价值认知度的提高，健康产业链在未来将有巨大的发展空间。

人类生存和活动很大程度上在建筑内部进行，日常生活中无时无刻不受到建筑环境的影响。建筑环境的好坏在一定程度上决定了空间占用者的身体健康、心理舒适和工作效率高低。研究表明，儿童在缺乏阳光的环境中学习，学习效率会明显低于阳光充足的环境。在室内空气质量差的环境下生活的儿童，其肺活量明显低于空气质量好环境下的儿童。而儿童肺活量低会导致运动能力差，容易发生呼吸道疾病，会影响一生的体质。以建筑环境与个人的、遗传的和行为因素各个方面的相互作用为基础，用以塑造建筑环境的整体健康和保健。从健康角度出发，研究人类和建筑环境之间的相互作用，这些相互作用不但决定了人们的身体健康，也影响人们在建筑内的行为方式。因此，健康促进应该成为室内环境健康评价的主要参数。

孩子在学习过程中会常常喊"累"，此时家长最关心的是孩子的营养。而过一段时间，孩子的眼睛会觉得模糊看不清楚，需要配眼镜。此时，才发现孩子说的"累"原来是眼睛疲劳，而之前是误解了孩子，耽误了改正环境照明亮度的时间，使孩子终生依赖眼镜，造成不可改正的后果。在现代室内环境中极少会出现肺结核、痢疾等传染疾病，但与此同时肺癌、白血病的发病率却在不断攀升，慢性非传染疾病的发生率也在升高。虽然医学技术在不断进步，中国人均寿命也有所增加，但由于各种原因生理器官功能随年纪增加的下降没有改变甚至有所增加，造成生命质量较差，特别是老年人承受很多疾病痛苦。这一切很大程度与建筑室内环境相关，室内环境不良的光、声、热、湿和空气污染累积作用（暴露率）对器官功能衰减有直接影响，而且这一切是不可逆的，药品和手术治疗都只能阻止器官功能变得更差而不会增加器官功能。上述情况下，建筑已经成为危害健康的杀手，成为阻碍人们健康的障碍。必须从健康管理的角度出发重新定义建筑的价值，让健康促进成为建筑的最主要评价指标。而健康促进是整个生命周期的连续行动，健康环境的意义有两个：一是降低对人体生理器官有害的环境参数（如噪声、过亮的光、潮湿、甲醛）；二是使环境对人体健康、感受和效率更有利，如合适的照明亮度既能减少眼睛疲劳也能提高工作效率。

建筑环境中，经常会出现造成对身体健康损害和心理不舒适的影响，比如学习环境中光源或照明有问题就会造成儿童近视眼，对一辈子的健康产生负面影响；而由于装修中使用了很多的含挥发污染物（甲醛、TVOC 等）材料，会使儿童增加患白血病的概率；潮湿的环境会增加慢性疾病复发的可能。另外人们无法在有异味的房间内集中精力工作，无法忍受环境中噪声的侵扰。这些不良的环境会严重影响人们的心理感受，降低学习和工作效率，长期存在会导致空间占用者出现精神疾病。这些问题的根源都是室内环境问题，但是大部分情况下，都不是从健康角度来看待的，而是以供应商或服务商提供的"验收标准"为接收依据，直到有人不能忍受为止。而解决问题的方法也只是，头疼医头脚疼医脚，只能在表面上改善，或者一项改善以牺牲另一项性能为代价（如用臭氧消除甲醛），而不是从根源上消除。这一切都指引人们关注环境健康。

建筑环境的健康指标表现在以下几个方面：

（1）减少室内环境因素引起的疾病和/或机能降低，促进器官健康发展（保健）；

（2）提升对环境的舒适满意度，产生良好的环境氛围；

（3）消除对工作和学习的环境制约因素，提高工作和学习效率；

（4）人体工学和智能控制的介入使生活、工作和学习更加便利；

（5）心理健康，使空间占用者的整体健康水平处于良好状态；

（6）上述目标合理消耗能源（节能）。标准建筑通常把光环境、声环境、热湿环境、室内空气质量和便利性（无障碍、人体工学和智能）的单独控制，而没考虑不同措施之间会出现相互负影响的情况。

健康环境就是在建筑环境设计和实践中，把建筑空间占用者的整体健康放在第一位，以生理学、预防医学、健康心理学、人类工效学和美学等研究成果为基础，给建筑套上了保护罩，促进人类的健康、保健和舒适，也提高人在建筑内的工作和学习效率。通过健康环境开发可以创造一个有助于改善建筑空间占用者营养、健身、情绪、睡眠模式和行为的建筑环境；通过实施更健康、更积极的生活方式和减少接触有害化学品和污染物机会的策略、方案和技术，可以整体或部分实现上述目标。通过把健康和保健视为设计、施工、技术和计划决策的重心，将把我们的住宅、办公室、学校和其他室内环境转变为对人类健康和保健有利的空间，成为幸福之地。通过健康促进使室内环境指标有利于空间占用者的健康，而不是损害他们的健康。无论是住宅、学校还是办公场所，其室内环境的营造应按健康促进的理论与实践进行，使其有利于预防疾病、舒适审美、提高工效和心理健康。无论是建筑的所有者、空间占用者，还是设计师都应该按健康促进的方式来对待室内环境，通过全体单位和人员的集体努力去创造健康、美好、让空间占用者满意和充满生活热情的室内空间环境。

实际上，建筑环境物理指标只是健康环境的必要条件而不是充分条件，也就是说以物理参数为验收标准的传统建筑环境并不能保证环境健康性，保障空间占用者的满意度。无论是新建筑的设计，还是既有建筑的改善，目前条件下系统验收工作都是用物理数据衡量验收，其特征是系统运行后可以达到设计条件物理参数（如温度、新风量），但这个参数是否会满足使用者的主观感受则无法评判。而在健康环境的设计和验收中应根据建筑环境对使用者的心理应激影响，使用空间占用者或测试人员的主观感受进行评判，以足够大的满意率作为最终接受标准。

现代人 80% 以上的时间在建筑内渡过，通过研究人—建筑—自然环境三者之间的关系了解人在生存、生活和生产过程需要何种室内环境，掌握室内环境形成的特征和影响因素，通晓改变或控制室内环境的基本原理与方法，可为创造有益健康的人工环境提供理论基础。建筑环境的研究方法可分为两大类：一类是针对环境宏观参数进行研究；另一类是针对环境的场参数进行研究。随着计算机技术、测试仪器和测定技术的发展，实验方法研究建筑环境的范围不断得到扩大，研究方法内涵也不断地得到加深，呈现多样化和复合化。健康环境也是可以使用科学方法进行衡量的，可以建立起一整套的技术体系，用于新建或既有建筑。最近十年，绿色建筑标准和标准制定组织已经大步进入建筑行业的市场中，绿色建筑和环保建筑实践在全球得到快速发展。同一时间内，增进人类健康和福祉的策略也对建筑体系的演变起到一定的作用。将人类健康和舒适放在建筑实践面前，彻底改变建筑的时代即将到来，这不仅利于整个地球可持续，更有利于人类自身。

扩展阅读：健康中国 2020

2008 年，为积极应对我国主要健康问题和挑战，推动卫生事业全面协调可持续发展，在科学总结建国 60 年来我国卫生改革发展历史经验的基础上，卫生部启动了"健康中国 2020"战略研究。该研究系统深入研究了对推动卫生改革发展和改善人民健康具有战略性、全局性、前瞻性的重大问题，取得了一批富有理论创见和实践价值的研究成果，在深化医药卫生体制改革、研究编制卫生事业发展规划方面发挥了重要的作用，不仅极大地丰富和发展了中国特色卫生改革发展理论体系，更有力推动了卫生改革发展实践。

"健康中国"战略是一项旨在全面提高全民健康水平的国家战略，提出"到 2020 年，主要健康指标基本达到中等发达国家水平"。《"健康中国 2020"战略研究报告》包括总报告以及 6 个分报告，总报告主要阐述了我国卫生事业发展所面临的机遇与挑战，明确了发展的指导思想与目标，提出了发展的战略重点和行动计划以及政策措施等。

研究报告的六个分报告为：

（1）促进健康的公共政策研究；

（2）药物政策研究；

（3）公共卫生研究；

（4）科技支撑与领域前沿研究；

（5）医学模式转换与医药体系完善研究；

（6）中医学研究。

"健康中国 2020"战略研究提出了"健康中国"这一重大战略思想，为把提高人均预期寿命纳入"十二五"国民经济和社会发展主要目标体系提供了重要循证依据，为实现卫生事业发展和国民健康水平提高提供了重要抓手，对科学制订中国中长期卫生发展战略目标和战略步骤意义重大。"健康中国 2020"战略研究构建了一个体现科学发展观的卫生发展综合目标体系，将总体目标分解为可操作、可测量的 10 个具体目标和 95 个分目标。这些目标涵盖了保护和促进国民健康的服务体系及其支撑保障条件，是监测和评估国民健康状况、有效调控卫生事业运行的重要依据。

（百度百科）

贴士：中国首座主动式建筑——威卢克斯中国办公楼

　　威卢克斯中国总部办公楼坐落于河北省廊坊市开发区，建筑面积 2080m²，按主动式建筑体系进行设计和建造，于 2013 年投入使用。是一座集管理、销售、技术等于一体的办公建筑。它在改善工作环境的同时，最大限度地降低了对环境的影响。

威卢克斯中国总部办公楼全景

　　设计的宗旨是致力于打造一个最佳舒适性的办公空间，将健康的室内气候、能源效率，以及威卢克斯实现自然采光和通风的产品呈现给大家。这要求深厚的工程造诣和丰富的建筑经验。

　　"立面设计是低能耗建筑物的关键。从中，您需要找到采暖、制冷和采光的完美平衡。"艾默里克·诺韦尔（Aymeric Novel）主要负责威卢克斯中国总部的采暖、通风和空调系统设计。他非常关注建筑物在能源效率中的重要作用，这需要"智能"的立面设计和门窗布局，从而在冬季被动式太阳能供暖、夏季遮阳、日光捕获和自然通风中间找到制衡点。

　　巧思设计的建筑立面和地下空间，由 296 樘威卢克斯窗组成的多条采光带，这无疑成为新办公楼的外在亮点。此外，建筑中庭位置采用 VMS 商用天窗系统，加速室内的自然通风换气。从内部看，大量窗户的应用带来了充裕的日光，创造独特的工作环境。在工作时间，我们几乎不需要使用人工照明。

　　建筑立面采光带，下排窗可手动操作，上排高位窗则采用智能传感器控制，根据室内空气质量和温度自动开关。所有窗户都配有室外遮阳帘和室内全遮光帘，可以根据室内温度及光照要求自动响应控制，起到避免阳光直射和隔热的作用。窗户与采暖、通风和空调系统在技术上的完美结合，缔造出无比舒适的室内环境。

　　威卢克斯中国总部利用采光系数（DF）作为衡量室内采光性能分析的标准。采光系数是常见易用的参数，用以衡量室内的日光量。采光系数是指室内工作平面上的照度与同一时间全阴天室外漫射光所产生的照度的比值。采光系数越高，则室内的日

威卢克斯办公楼二层中庭采光

光越多。平均采光系数达到 2% 或以上时，室内采光就足够了。室内的平均采光系数如果达到 5%，则可称为采光极佳。

借助《VELUX Daylight Visualizer》可视化自然采光分析软件，使用计算机模拟光照完成采光系数分析。下图展示各楼层的采光系数水平和屋顶窗户带来的影响。在室内环境方面，设计者做了大量细致的研究工作，针对当地气象特点制定了合理的围护（热工）结构、被动措施和机电系统，以达到实际使用中的健康、舒适和节能效果。

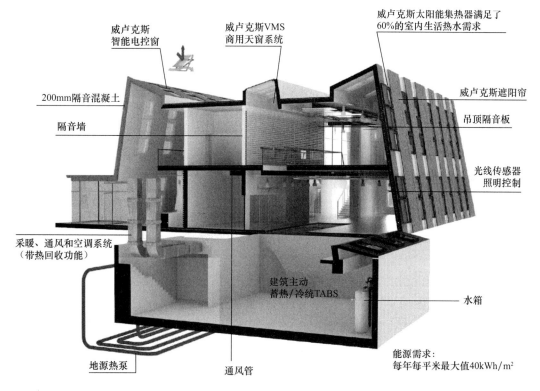

能源设计分析图

廊坊的气候寒冷、干燥，这是一种不利于低能耗的气候环境。诺韦尔（能源工程师）面临的挑战可远不止这些。"作为办公空间，建筑物的内部热增量是确定冷热负荷中起着重要因素。为达到满意效果，我们采用了一系列节能技术。"

1）建筑主动蓄热/冷系统：这是一种在混凝土板中嵌入水管道的采暖/冷网络系统。结合地源热泵和室外风机组（风量可变），建筑蓄热/冷系统能创造舒适室内气候并且可以大幅度节能。

2）高效保温隔热且不透风的围护结构有效降低了冬季的热损失。高密度岩棉保温地板：250mm 厚；屋顶：300mm 厚；墙体：250mm 厚。

3）基于二氧化碳智能控制的通风系统。

4）使用 VMS 模块化天窗系统和太阳能动力窗、智能电控窗。

5）太阳能集热器，用于室内生活热水供应。

6）智能控制的室内外遮阳帘，隔热效果极佳，减少炎热天气的制冷耗能。

7）热泵：利用土地热能，对建筑进行制冷或供暖。

8）虽然建筑蓄热/冷系统绝大部分设备都是隐藏的，但是其在能源效率方面的作用却不容小觑：监测：设立监测系统，采集了大量详细的能耗数据，进行分析实施节能措施。该项目设计能耗40kWh/（m² · a）。

为优化办公楼的性能，工程师采集了大量详细的能耗数据，并进行分析。整栋办公楼对能耗设备实施了个别监控。辅助计量器用于定期分析，检测可能的不足，并据此进行微调。办公楼前台放置了能源检测控制中心，屏幕上显示了关键的能源数据。员工和访客可随时跟踪建筑物的能源表现。2014年12月28日～2015年1月7日，受住房和城乡建设部的委托，中国建筑科学研究院环境与能源研究院，对威卢克斯办公楼进行了外墙、屋面、外窗、建筑整体气密性、室内环境及空调通风系统性能等多项综合检测。50Pa压力下的气密性为0.78～1.1h⁻¹；大楼墙体的平均保温系数，达到0.23W/（m² · K）；大楼的采光系数，一楼平均8%，二楼平均11%，而国家标准要求值是3%。实地检测数据表明，整个大楼的实际年全部总电耗水平，包括取暖、制冷、设备、照明等所有项目，约为33kWh/（m² · a），这个数值只相当于国内同类型公共建筑总能耗的1/5左右。

（威卢克斯中国公司提供）

本章参考文献

1.《绿色建筑评价标准》GB/T 50378—2014. 北京：中国建筑工业出版社，2014

2. International Well Building Institute. The WELL Building Standard, Delos Living LLC, 2014

3. The Activehouse Alliance. Activehouse—the Specifications for residential buildings, 2nd. 2013

4. The Activehouse Alliance. ACTIVE HOUSE—the guidelines, 2015

5. 威卢克斯. 中国首个 ACTIVE HOUSE 建筑实践——威卢克斯（中国）有限公司办公楼，内部资料，2014

6. 国家住宅与居住环境工程技术研究中心. 深圳华森建筑与工程顾问有限公司. 住宅健康性能评价体系（2013版）. 北京：中国建筑工业出版社，2013

第2章　环境健康学

目前，中国致死疾病前十位都是慢性疾病。其中，前四位恶性肿瘤、脑血管病、心脏病、呼吸系统疾病占据了 75％以上。曾经是巨大威胁的传染病已得到有效控制，而上述慢性疾病的发生大部分都与传统公共卫生关系不大，很大程度上与个人健康行为有关。因此，与其坐等慢性病发病后再作治疗，不如加强健康认知，采取良好的健康行为，减少生活或工作中的健康损害，避免患上疾病。城市人 80％以上的时间在室内环境中度过，良好的室内环境应该对人的健康起到促进作用，应该在疾病预防、舒适愉快、人机工效、心理健康四个方面提高室内环境质量，这是以人为本建筑的未来发展方向，也是老建筑性能改善的重点方向。

按现代医学理论，身体和心理在很大程度上是相互关联的，通过研究健康与建筑环境诸多因素之间的关系，可以找到疾病或不健康的环境根源。无论是生理学所研究的疾病原理，预防医学所揭示的室内污染与疾病的关联，人类工效学表明的环境对工作学习效率的影响，还是健康心理学所确定的心理行为对健康状态的作用，都表明建筑环境与健康的关系应该建立在科学的基础上，应该有因果关系，并能够在实际情况中调节。例如：医学研究已经找出影响人们健康睡眠的主要因素，因此设计者可以通过对建筑环境的设计和控制，确定建筑朝向、环境温度、房间亮度、声环境等，达到健康睡眠的最佳环境条件。而采用病理学研究的方法可以确定环境致癌物质的限值，以便在实际使用中杜绝超量使用有污染的建筑装饰材料。从预防的角度，还可以找出环境照明不佳与儿童近视眼发病率的关系，这样就可以通过改善环境照明条件来减少儿童近视眼的发病率。依靠生理学和预防医学可以制定如限制使用含有害物质的材料、保证空气和水的质量、防止建筑内产品有害物质、防止在系统维护过程中产生有害成分；依靠建筑物理和美学可以合理利用阳光，达到光舒适、声舒适和热湿舒适，建筑装饰达到较高的美学效果；使用人类工效学可以实现无障碍环境、提供环境工作和学习效率、确定适合尺寸的空间、合理的设施和设备、减少职业疲劳；使用健康心理学可以提升健康认知、通过体检和监测关心健康、亲近自然、做好压力管理降低疾病风险、合理享用食品及进行健身等。

现代人类的健康含义是多元的、广泛的，包括生理、心理和社会适应性三个方面。其中，社会适应性归根结底取决于生理和心理的素质状况。心理健康是身体健康的精神支柱，身体健康又是心理健康的物质基础。良好的情绪状态可以使生理功能处于最佳状态，反之则会降低或破坏某种机能而引起疾病。身体状况的改变可能带来相应的心理问题，生理上的缺陷、疾病，特别是痼疾，往往会使人产生烦恼、焦躁、忧虑、抑郁等不良情绪，导致各种不正常的心理状态。作为身心统一体的人，身体和心理是紧密依存的两个方面。环境健康学就是在生理和心理两个方面研究人-设备-室内环境的相互关系，找出促进健康的方法。

通过环境健康学，对室内环境的评价由独立的物理指标（如亮度、噪声、温度、湿度、通风量等）变成了与人的当前和未来健康密切相关的卫生性（疾病预防）、舒适性（整体的生理和心理评价）、工效性（工作、学习和管理效率）、保健性（心理健康）的相关指标，这样就是以人为本的建筑，其大大提高了建筑空间占用者的健康福祉水平。

2.1　预防医学

生理学是以生物机体的生命活动现象和机体各个组成部分的功能为研究对象的一门科学。生理学明确各系统的功能，而这些系统功能出现效能下降将导致不健康或疾病。室内环境对生理学各系统的影响关系是健康环境的基础研究内容。生理学所研究人体中的各个功能系统的构成和功能实现的原理，包括以下系统：

1. 心血管系统

由心脏、血管和血液组成。它的主要功能是输送营养，并清除人体组织的废物。但是压力、不健康的饮食和生活习惯选择以及接触环境污染物，可能对心血管健康造成不良影响，形成可能降低生活质量的慢性疾病。

2. 消化系统

由口腔、食管、胃、肠道和可以产生消化激素和消化酶的辅助器官（肝脏和胰腺）组成。这个系统非常复杂，负责营养分解、吸收和同化。另外，消化道是体内微生物最多的地方，可以帮助消化，有助于免疫健康。不良的饮食习惯、压力和我们食用食物中、手所接触表面上的细菌和环境中的污染物会损害这些主要功能。

3. 内分泌系统

由分泌激素的腺体组成。激素是调节生长发育、免疫、新陈代谢、生殖、情绪和消化等的化学物质。压力、环境污染物和当今许多食物、产品都含有可能扰乱内分泌系统功能，造成各种健康问题的化学物质。

4. 免疫系统

是一个复合群体，由内部和外部疾病的防御系统、产生抗体的特殊细胞、蛋白质、组织和器官组成。它会受到毒素、睡眠质量差、营养差和压力过大等累积作用影响。若其不能保持正常的免疫功能，则可能会提高细菌和病原性病毒造成的感染发病率，引发关节炎、糖尿病、心血管疾病、呼吸道疾病，甚至会引发癌症等慢性疾病。

5. 皮肤系统

由皮肤、毛发和指甲构成。皮肤系统是抵御伤害和感染的第一道防线。它可以保护内部器官不受影响，避免失水、调控体温、保护人体不受外界病原体和有害毒素的影响。皮肤中还寄存了大量共生微生物，它们产生一个保湿层，有利于免疫功能。

6. 肌肉系统

支撑着人体身姿、稳定关节和负责活动，通过肌肉收缩产生热量。平衡的饮食和健身运动可以保证肌肉获得正常运动和发挥作用所需的营养，在很大程度上影响肌肉健康。

7. 神经系统

被细分为中枢神经系统和末梢神经系统，其中中枢神经系统由大脑和脊椎组成，而末梢神经系统由穿过整个身体的神经组成。神经系统是身体的主要控制中心，直接或间接地控制人体的所有内部功能，可以与外部世界做出感应并相互作用。神经系统负责思考、语言、情绪和人性。

8. 生殖系统

由大脑的特别结构、特殊激素和男性及女性的各种性器官组成。生殖系统的重要性要高于其繁衍、抚育后代的能力。系统影响着人体的生长发育、成熟和情绪。

9. 呼吸系统

由口腔、鼻子、隔膜、深达肺部的气管和气路组成。呼吸系统为人体组织提供氧气，并排除人体组织产生的二氧化碳。

10. 骨骼系统

不仅能提供人体支撑和活动，还能保护器官不被损伤、储存矿物质、形成血球细胞、协助激素调节。骨骼系统与肌肉系统密切相关。与肌肉系统相同的是，骨骼健康在很大程度上受恰当的营养和安全的身体活动所影响。

11. 泌尿系统

由肾脏、输尿管、膀胱和尿道组成。泌尿系统有大量重要功能，包括毒素过滤、血液 pH 值和电解质平衡、血压保持，即通过尿液排出废物。肾脏属于敏感器官，可能因为接触毒素、长期的高血压或大量饮酒、服药或适用含糖量高的食物而受损。

建筑环境中的因素对各器官功能水平有正面或负面作用。身体系统与环境的关系见表 2.1-1。

身体系统与健康关系表　　　　　　　　　　　　　　　　　　　　　　表 2.1-1

系统	内　　容
心血管	压力、营养、健身和环境污染物对心血管健康影响很大。环境"舒适"可减轻压力，帮助限制体内的有害激素水平。健康的饮食和积极的生活方式可以控制体重、强健心脏肌肉。消除直接损坏心脏和血管的空气中的环境污染物，例如烟草和挥发性有机物等，可有助于心血管健康

续表

系统	内　　容
消化	建筑健康环境支持减少对消化健康有不良影响的因素。环境"舒适"可以减轻影响微生物组健康和功能的压力。恰当的饮食有助于限制可能造成消化不良和过敏反应的有害毒素和物质的消耗。表面处理有助于预防细菌和毒素通过食物进入消化系统
内分泌	建筑健康环境旨在尽量减少接触内分泌系统干扰因素的机会。环境"舒适"可以减轻压力、减少可能造成慢性疾病的潜在有害激素水平。消除环境污染物可以减少与多种干扰功能内分泌调节的毒素和化合物的接触
免疫	建筑健康环境旨在提高和增强免疫健康。无毒材料的使用减少了接触可能削弱免疫功能化学品的机会。水和空气过滤系统限制了接触细菌、病原性病毒和过敏源的机会。"健康"设计用于减轻压力、改善营养和健身,这有助于增强免疫功能
皮肤	建筑健康环境要求建筑材料不得含有可能被人体最外层吸收的有害毒素,所以它有助于保持皮肤系统的完整性
肌肉	建筑健康环境旨在支持或增加健康的身体活动和更健康的饮食的机会。为此,工效学设计被用于减少韧带拉伤和肌肉受伤的机会。其他包括更多身体活动机会的体育设施
神经	建筑健康环境非常重视各种干预,支持神经和认知功能。日光可以促进生理节律的调节、控制睡眠和觉醒周期。减少空气和水中的环境毒素会降低接触影响认知健康和表现物质的机会。通过提供充足的营养和身体活动水平、改善睡眠和减少压力,促进神经健康
生殖	建筑健康环境旨在帮助保持生殖健康。恰当的饮食和身体运动是健康的两个重要因素。除此之外,还要避免接触到影响生殖健康的毒素
呼吸	建筑健康环境能够提高所吸入空气的质量、减少接触霉菌和细菌的机会、增加健身机会,从而有助于保持良好的呼吸系统功能。清除空气中的颗粒物,有助于减少肺部损伤。消除霉菌和细菌可以降低感染和过敏反应的发生率。"健身"旨在帮助改善呼吸,增强呼吸系统的整体健康
骨骼	建筑健康环境以全面设计和工效学的最新研究为基础,旨在改善身姿、减少身体紧张。通过健身和营养指导,旨在提高骨骼系统健康和功能水平
泌尿	建筑健康环境能够减少压力、减少接触毒素和感染性病原体的机会,从而有助于支持泌尿健康。"舒适"旨在减少压力,预防对泌尿功能有不良影响的高血压和激素水平。减少毒素和病原体有助于限制尿路感染和其他严重疾病的发病率

化学污染物对身体的危害已经被生理学所证实,以苯为例,国际癌症研究中心(IARC)已经确认苯为致癌物。苯通过呼吸道(47%~80%)吸入、胃肠及皮肤吸收的方式进入人体。一部分苯可通过尿液排出,未排出的苯则在肝中细胞色素 P450 单加氧酶的作用下被氧分子氧化成环氧苯。环氧苯与它的重排产物氧杂环庚三烯存在平衡关系,这是苯代谢过程中产生的有毒中间体。接下来还有三种代谢途径:与谷胱甘肽结合生成苯巯基尿酸;继续代谢成苯酚、邻苯二酚、对苯二酚、偏苯三酚、邻苯醌、对苯醌等,最后以葡萄糖苷酸或硫酸盐结合物形式排出;以及被氧化为己二烯二酸。苯的代谢物进入细胞后,与细胞核中的脱氧核糖核酸(DNA)结合,会使染色体发生变化,比如有的断裂、有的结合,这就是癌变(因为染色体是遗传物质,它控制着细胞的结构和生命活动等),长期如此,就会引发癌症。

长期接触苯会对血液造成极大伤害,引起慢性中毒,引起神经衰弱综合症。苯可以损害骨髓,使红血球、白细胞、血小板数量减少,并使染色体畸变,从而导致白血病,甚至出现再生障碍性贫血。苯可以导致大量出血,从而抑制免疫系统的功用,使疾病有机可乘。有研究报告指出，苯在体内的潜伏期可长达 12～15 年。妇女吸入过量苯后，会导致月经不调达数月，卵巢会缩小。对胎儿发育和对男性生殖力的影响尚未明了。孕期动物吸入苯后，会导致幼体的重量不足、骨骼延迟发育、骨髓损害。对皮肤、黏膜有刺激作用。以上知识对于辨明污染症状避免减少接触，以及确定受到污染后的处理措施是十分有用的。

DNA 是人体内的遗传物质，它本身是一种名为脱氧核糖核酸的化学分子，可以组成遗传指令、引导生物发育和生命机能运作，通常称之为"基因"。但是，DNA 并不像人们想象中的那样稳定，也不是处于"真空"中，而是在紫外线、自由基以及外部条件的影响下会发生损伤。表面上看起来，人类处于一个看似安全的环境中，然而，每天人体中的 DNA 都受到来自外界的重重杀机：化学反应、宇宙射线、温度变化、紫外线、放射性辐射、环境污染，这些因素都会对 DNA 分子造成严重的破坏。除外界伤害，还有一些内部程序错误。当人体中的细胞增殖时，细胞中的 DNA 增加一倍，然后再均分，这个过程称之为"DNA 复制"。然而，当复制次数过多后，会增加 DNA 出错的概率，而产生突变、受损、错配，此时极易引发一些遗传性疾病、恶性肿瘤甚至抑癌基因的突变，而导致细胞转化、恶变，形成癌症。

有研究表明，抽烟会影响细胞中的 DNA，也会影响 DNA 修复系统的蛋白质，从而抑制多种 DNA 修复，导致肿瘤发生。DNA 修复系统的缺陷还会导致神经退行性疾病，例如老年痴呆、衰老等。室内环境中的一些因素，如空气污染物和环境激素也会影响 DNA 修复系统，因而对人类健康产生不利的影响。

预防医学是以人群为主要对象，以环境-人群-疾病的模式来分析疾病在人群中的分布，研究不同环境因素对人群健康影响及流行疾病发生、发展和流行的规律，探讨改善和利用环境因素来改变不良行为生活方式，减少健康危险因素，制定合理利用卫生资源的策略和措施，以达到预防疾病、促进健康的目的。其主要技术工具包括流行病学调查，找到影响疾病的原因；毒理学研究，找到影响疾病或健康的剂量。预防医学的最终目的是控制关键点，做好预防工作，把潜在疾病和健康损害消灭在出现之前。

健康不只是没有疾病和虚弱，还要包括在身体、精神和社会适应方面的完好状态。身体健康指机体结构完好和功能正常；精神健康指心理健康，包括正确认识自我、正确认识环境和及时适应环境三个方面。从健康到疾病是一个连续发展的过程，正常和异常的界限值往往不是一个点，而是一个范围。如果以正常作为健康、异常作为疾病的判断标准，那么在同一个人身上健康和疾病是可以共存的，即使人的主观感觉和功能指标都处于最佳状况，也可能潜在存在某种疾病的客观体征，因为指标的变化是一个连续的过程。

室内空气中可检测出的污染物达 3000 多种，其中致癌物质 20 多种。68% 的人体疾病都与室内空气污染有关。室内空气污染与疾病的关系属于预防医学的研究范畴。通过医院体系，对多地的疾病情况进行监测，当发现某地有些疾病与其他地区有明显差异后，通过数据分析确定导致差异的主要原因。如对幼儿肺活量的调查发现，城市幼儿的肺活量要低于农村同龄幼儿的 15% 以上，经过数据分析处理发现，这种差异与两地间的室内空气污染浓度差有明显的关联。

加拿大和美国通过 16 年研究发现，人如果长期暴露在 PM2.5 之下，PM2.5 浓度每增加 $10\mu g/m^3$ 时，肺癌的死亡率就会提高 8%。而中国的 PM2.5 浓度要比美国至少高 $30\sim100\mu g/m^3$，统计数据表明中国是世界上肺癌死亡率最高的国家。而发病率与人们在污染中的总暴露率有关，学校、办公室和家是人们停留时间最长的室内场所，因此其污染程度直接影响人们的疾病发生率。同样污染条件下，按体重计算儿童的呼吸量比成人高 50%，因此儿童健康需要更低的污染环境。

$$肺癌发病率 \propto 污染暴露量 = 污染浓度 \times 呼吸量 \times 暴露时间$$

慢病，慢性非传染性疾病（Non-communicable Chronic Disease，NCD）指长期的、不能自愈的和几乎不能被治愈的疾病。所涉及的慢病重点是指那些发病率、致残率、死亡率高和医疗费用昂贵的，具有明确预防措施的疾病。主要指心脑血管疾病、恶性肿瘤、糖尿病、慢性阻塞性肺部疾病、精神心理性疾病等一组疾病。慢病的发生与吸烟、酗酒、不合理膳食、缺乏体力活动、环境污染、精神因素等有关。慢病具有病程长、病因复杂、迁延性、无自愈和极少治愈、健康损害和社会危害严重等特点，是全球的一个重要公共卫生问题。环境污染对慢病的影响是建立在污染暴露量基础之上的，长时间的污染暴露会增加慢病的发生率。

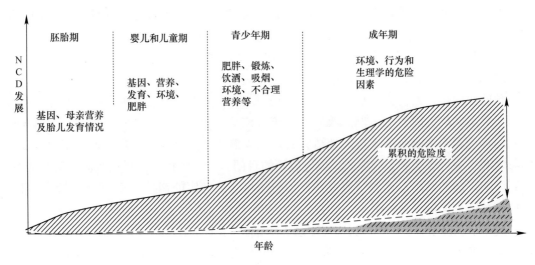

图 2.1-1 慢性非传染病的预防策略：生命全程方法

慢病的危险度在全生命周期中随着年龄增长而增加，如果以前的环境健康、行为健康可以减少到现在的危险积累程度，也就是说健康是一辈子的事，现在对健康的损害会在未来偿还。因此，一定要树立良好的健康观念，从小就重视健康，减少危险积累，这样可以提高未来的生命质量，保持一生一世健康和幸福。

空气污染物根据危险程度分四类：致癌性、致生殖细胞突变、发育毒性（致畸性）、器官/细胞病理学损伤。前两类伴有遗传物质损伤，毒物浓度无最低限值；后两类有毒物浓度最低限值。室内空气污染导致的健康问题分为两类：重大健康影响和一般健康影响。因此，在室内环境中应根除这类污染物的污染源，以杜绝其对人的危害。

室内空气污染物和材料中含的有害物质会导致产生重大疾病和一般健康影响。重大疾病有以下几类：白血病、哮喘、慢性阻塞性肺部疾病和其他重大疾病等。

1）白血病：室内主要污染物醛类和苯系物都可以在低浓度水平导致白血病；

2）哮喘：哮喘是终生疾病，近40年哮喘发病率和死亡率在全球持续增加，室内空气污染是主要原因。其发病特点：发病率逐年上升；发达国家高于不发达国家；城镇高于乡村，富人高于穷人；

3）慢性阻塞性肺部疾病：呼吸系统疾病中最常见和最难治疗的疾病之一。在中国其死亡率居呼吸道疾病中的首位，达22.7%；

4）其他重大疾病：不孕和流产、老年痴呆、糖尿病、肥胖症和动脉粥样硬化等。

一般健康影响有以下几类：多重化学敏感症、不良建筑物综合症、室内环境相关过敏类疾病、空调综合症、加湿器病等。

1）多重化学敏感症：环境化学物的摄入方式多，成分不明确，病情涉及免疫毒性，严重者可能失去工作能力；

2）不良建筑物综合症：主要表现为眼鼻咽喉刺激症状、神经衰弱和全身不适（神经毒性），离开建筑物后症状减弱或消失；

3）室内环境相关类过敏疾病：如过敏鼻炎、过敏性皮炎等；

4）空调综合症：由于房间安装空调导致室内空气质量恶化，引起人体出现异常临床表现，主要表现是：疲乏、头疼、胸闷、恶心，甚至呼吸困难和嗜睡；

5）加湿器病：源于湿膜加湿器被生物污染由气流传播到室内。

室内生活和工作环境是人类生存的必要条件，室内空气质量的好坏直接影响到人体健康。室内环境因素通过介质的载体作用，构成室内环境介质的组成而直接或间接对人体起作用。预防医学研究室内环境对人群健康的影响及其发生、发展、分布和控制规律，为评价室内环境影响因素，制定室内环境质量标准和室内环境保护措施提供了科学依据。

人们无法从透明度、气味或颜色上区分是污染还是纯净空气。当看到雾霾、闻到气味和看到颜色变化时，空气污染浓度已达到健康浓度值的10倍甚至1000倍，人天然缺乏对低浓度空气污染的敏感度。人们不能直接感觉空气质量，感觉的只是污染空气造成的不良结果，如灰尘在墙上留下的痕迹；桌子和家用电器上的落灰；眼睛和嗓子发痒；皮肤无名过敏；老人和小孩感冒不断；慢性呼吸道疾病及肺癌；慢性心脏病等。一开始可能无法确定产生原因，而离开污染环境后，症状就会减轻或者消失。类似图2.1-1，污染的危害是随时间累积的，是不会消除的，即使现在不发病也会损害未来的健康。

图2.1-2为不同大小颗粒物可达到呼吸器官的深度。从此图可以看出，PM2.5可以进入肺部器官对其造成伤害，因此预防医学给出了危害人体健康的PM2.5浓度值。人们可以通过现场检测仪掌握环境中PM2.5的实时浓度数据，以便可以及时采取措施保护自己。不同颗粒直径在空气中飘浮到降落的时间见表2.1-2。可以看出，

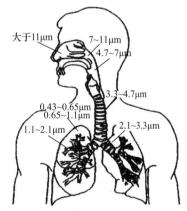

图2.1-2 颗粒物大小与吸入深度

当颗粒直径小于 $1\mu m$ 后，颗粒物很难沉降，将长时间飘浮在空气中，更容易被肺部吸入，危害健康，因此 PM2.5 的危害明显高于 PM10。

不同直径颗粒物降落时间　　　　　　　　　表 2.1-2

直径（μm）	200	120	60	30	15	8	4	2	1
降落时间	2.5s	10s	50s	150s	10min	40min	3h	8.5h	长时间

中国城市大气污染在世界首屈一指，2011 年 1082 个世界城市大气污染排名，中国最好的城市海口排名 814，北京排名 1035。目前，4/5 城市达不到新颁布的大气环保标准，长三角、珠三角、京津冀灰霾天数占全年的 $30\%\sim50\%$。

室内空气污染会造成或诱发以下疾病：

（1）人体呼吸道疾病；

（2）室内空气引起的过敏症；

（3）各种癌症和生殖系统疾病；

（4）感官及神经系统疾病；

（5）心脏及其他疾病。

直到 20 世纪 70 年代，空气污染暴露率（超标浓度×超标时间累积）与相关疾病的关系才被揭示出来。一般，空气污染会导致敏感（虚弱）人群的即刻发作，而对健康人群则是慢慢地侵蚀。随着时间增加，污染暴露率积累增加，慢性疾病在轻微污染持续几年或十几年后才开始发作。因此，消除室内空气污染不是一阵子的事，而是一辈子的事。大多数的慢性非传染病都与人体在污染环境下的暴露率有密切的关联，鉴于这些病在目前是无法直接治愈的，保守治疗也需要昂贵的医药费，因此最佳的对策就是从根源上入手，减少室内外环境中的致病因素，也就是环保和保健措施。因此，室内空气污染是在疾病预防控制榜上排在第一位的，其他上榜的还有饮用水质量、食品质量、室内材料中有害物质含量、产品副作用和不良环境维护管理等。

由于人每天的 80% 以上时间在室内渡过，因此室内环境对健康是有很大影响的。近视眼的发病率明显与环境亮度不恰当有关。潮湿也会引起一些慢性疾病的复发。因此，必须按健康要素对环境参数进行要求，以减少环境对健康的负面影响。首先，就要研究环境中对健康不利的因素。光源质量、噪声和湿度不当（潮湿、干燥）会导致对身体的损害，应该在疾病预防方面予以控制。

湿度是表示大气干燥程度的物理量。在一定的温度下在一定体积的空气里含有的水汽越少，则空气越干燥；水汽越多，则空气越潮湿。空气的干湿程度叫作"湿度"。在此意义下，常用相对湿度、绝对湿度、比较湿度、混合比、饱和差以及露点等物理量来表示。医学上空气的湿度与呼吸之间的关系非常紧密。在一定的湿度下氧气比较容易通过肺泡进入血液。一般，人在 $45\%\sim55\%$ 的相对湿度下感觉最舒适。过热而不通风房间里的相对湿度一般比较低，这可能对皮肤不良和对黏膜有刺激作用。湿度过高会影响人调节体温的排汗功能，人会感到闷热。总的来说人在高温低湿度的情况下（比如沙漠）比在温度不太高但湿度很高的情况下（比如雨林）的感觉要好。相对湿度通常与气温、气压共同作用于人体，现代医疗研究表明，对人体比较适宜的相对湿度为：夏季室温 25℃时，相对湿度控制在 40％～50％比较舒适；冬季室温 20℃时，相对湿度控制在 30％～40％。

在任何气温条件下，潮湿的空气对人体都是不利的。如在低温时，潮湿加大了空气对热的传导作用，使体热大量散失，故在低温潮湿的情况下，机体更易受寒冷的损害，易发生风湿病和支气管炎。此外，潮湿环境对结核病、肾脏病、风湿性关节炎、慢性腰腿痛等病患者都有不良的影响。长期生活在潮湿环境中，对神经系统会有不利的影响，人们会感到无精打采，萎靡不振。此外，潮湿还会增加患病的可能。如在低温时，机体更易受寒冷的损害，易发生风湿病和气管炎。此外，潮湿环境对结核病、肾病、冠心病、慢性腰腿痛等病患者都有不良影响。在夏季炎热的环境中，相对湿度太大（大于 80％）不利人体蒸发散热。科学实验表明，在气温日变化大于 3℃、气压日变化大于 1000Pa、相对湿度日际变化大于 10％时，关节炎的发病率会显著增高。湿度过高会使以下疾病发生。

呼吸道过敏症：空气过于潮湿，有利于一些细菌和病菌的繁殖和传播，潮湿的环境最容易产生霉菌，而霉菌吸入肺部，容易引起肺炎或肺部真菌病。霉菌及其代谢产物通过各种渠道进入人体，还会引发过敏性支气管炎、支气管哮喘、花粉病、皮炎等，或使原有的过敏性疾病复发。睡眠环境如果很潮湿，会引起失眠多梦，而且睡眠状态下，人体抵抗力比较弱，这个时候更容易被因为潮湿环境下而快速孳生的细菌所侵害，引发更多的其他疾病。天气冷的冬天再遇上潮湿，就感觉冷到了骨头里。

心脑血管病：多雨季节的气压、气温、空气湿度等气象要素变化较大，容易导致人体植物神经功能紊乱、血管收缩、血流受阻、血压上升、心肌耗氧量增大、心脏负荷加重，从而诱发心肌梗死、脑中风等心脑血管病。

皮肤疾病：潮湿的环境会让湿疹、皮炎以及一些真菌类的疾病如皮癣、手足癣的发病率提高。温暖潮湿的环境有利于霉菌的生长繁殖，特别是原来在人体皮肤上处于"休业"状态的霉菌会"死灰复燃"，在脚趾等部位蔓延，引起皮肤癣病。脚癣如不及时治疗，还会向身体其他部位传染，变成体癣、股癣、手癣、花斑癣。研究表明，霉菌还会在人体内生长繁殖，引起霉菌性肺炎等病。

关节疼痛、风湿：长期待在潮湿的环境里，对人体的健康会有很大的影响，轻者会感到特别不舒服、头痛、发烧，重者容易引起风湿性疾病。对于本身就有关节炎的人来说，潮湿的环境会引起关节痛，加重病情。

临床医生们发现，在天气潮湿的季节中，人极易患头痛、胃溃疡、皮疹和风湿性关节炎、心脏病等。湿度过高会使人感到憋闷不爽，夏天"三伏"时节，由于高温、高湿、低气压的作用，人体汗液不易排出，出汗后不易被蒸发，因而使人感到烦躁、疲倦、食欲不振，容易诱发胃肠炎、痢疾等病，甚至会导致某些行为改变。日常生活中，涉水淋雨、久卧湿地或屋室潮湿，空气湿度大，对于老弱病残者都会招致疾病。居住环境背阴终日不见阳光，整体环境潮湿，衣物容易发霉，空间中弥漫着一股霉味。衣服洗后干得很慢。雨季的时候顶棚上有水雾，夏季三伏时节，由于高温、低压、高湿度的作用，人体汗液不易排出，出汗后不易被蒸发掉，因而会使人烦躁、疲倦、食欲不振。

而湿度太低时，可引起上呼吸道黏膜干燥，令人不舒服。干燥的空气容易夺走人体的水分，此时黏膜变干，出现口渴、声哑等现象，严重时会出现鼻腔出血、嘴唇开裂。气管炎、支气管炎、肺炎、肺脓肿、肺结核、支气管哮喘等较严重的呼吸道疾病对居室环境都是敏感的。湿度偏低，常常会导致病情加重。空气干燥还会使表皮细胞脱水，角化加快，皮脂腺分泌减少，皮肤因此变得粗糙起皱、开裂，有关研究者认为干燥（湿度低）是我国北方干燥地区妇女的皮肤不如江南妇女那么细腻、光洁的主要原因。湿度过低不仅使流感病毒和致病力很强的革兰氏阳性菌繁殖速度加快，而且易使其随粉尘一起扩散，导致各种传染病发病率显著增高，哮喘、支气管炎的发作次数明显增加，这一点在低湿的冬季尤为突出。湿度过小时，蒸发加快，干燥的空气容易夺走人体的水分，使皮肤干燥、鼻腔黏膜受到刺激，所以在秋冬季干冷空气侵入时，极易诱发呼吸系统病症。湿度过小时，因上呼吸道黏膜的水分大量丧失，人感觉口干舌燥，甚至出现咽喉肿痛、声音嘶哑和鼻出血，并诱发感冒。

不仅如此，相对湿度与建筑、纺织、国防、运输、储藏等都有着密切关系，许多现代化工业生产、工厂车间、实验室等都需要较稳定的温度和相对湿度。过干或过湿都会影响产品的工艺和质量。湿度过高会使许多金属生锈，很多产品很快发霉，湿度过低还会使工厂车间发生爆炸事故。如果一座建筑内的温度不一样，那么从高温部分流入低温部分的潮湿的空气中的水就可能凝结。在这些地方可能会发霉，在建筑设计时必须考虑到这样的现象。科学测定，当空气湿度大于 65％或小于 40％时，病菌繁殖孳生最快，当相对湿度在 45％～55％时，病菌死亡较快。图 2.1-3 给出了建筑中最适宜的湿度范围。

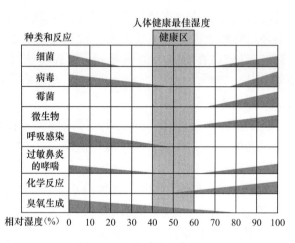

图 2.1-3　合适的湿度范围

研究表明，湿度过大时，人体中一种叫松果腺体分泌出的松果激素量也较大，使得体内甲状腺素及肾上腺素的浓度就相对降低，细胞就会"偷懒"，人就会无精打采，萎靡不振。长时间在湿度较大的地方工作、生活，还容易患湿痹症；此外，空气湿度过大或过小时，都有利于一些细菌和病毒的繁殖和传播。夏季三伏时节，由于高温、低压、高湿的作用，人体汗液不易排出，出汗后不易被蒸发掉，因而会使人烦躁、疲倦、食欲不振。人体致死的高温指标与空气湿度也有很大关系。当气温和湿度高达某一极限时，人体的热量散发不出去，体温就要升高，以致超过人体的耐热极限，人即会死亡。因此，我国规定室外灾害性天气标准为，长江以南最高气温高于40℃，或者最高气温达35℃，同时相对湿度大于60%；长江以北地区最高气温达35℃，或者最高气温达30℃，同时相对湿度大于65%。

从目前的情况看，除了照明亮度和不均匀外，光源频闪和过强蓝光对视觉影响很大，容易产生视疲劳和生理及心理损伤发生。

光源频闪就是光源发出的光随时间呈快速、重复的变化，使得光源跳动和不稳定。频闪与电光源的技术品质有直接关系。产生频闪的技术机理，既有供电电源的因素，也有电光源技术性能落后的因素，以及照明设计不合理的因素等，并且可能是诸多因素综合作用的结果。而本书仅从常用电光源技术性能的角度进行分析。光源频闪对人的视觉系统有刺激作用，会产生不舒适的感觉。人们长期在闪烁的光线下工作或生活，很可能会影响视觉系统的生理卫生和心理卫生。这种刺激作用或影响的严重程度与光源闪烁的强度、频率、持续时间以及使用时间长短有关。影响往往是缓慢的，因此长期以来没有引起人们的足够重视。电光源的频闪与频闪效应，给工作和生活带来了严重的危害。其危害包括：

（1）损伤视力。近些年来，有频闪的光源普遍应用于家庭、学校、图书馆等，成长中的学生受害最大。在频闪环境下读书，许多青少年表现出视力明显下降、近视眼显著增多的情况。

（2）危害身体健康。频闪效应会引发视觉疲劳、偏头痛。如在采用直管型（电感式）日光灯照明的流水线上操作工，很容易因视觉疲劳、眼花，引起偏头痛，产生定位困难的情形，造成生产效率低下。

（3）错觉错误。当电光源的频闪频率与运动（旋转）物体的速度（转速）成整倍数关系时，会出现运动（旋转）物体静止、倒转、运动（旋转）速度缓慢等视觉错误，以及其他危害。图2.1-4是频闪风险控制线，应以此来选择合适光源，避免频闪危害。

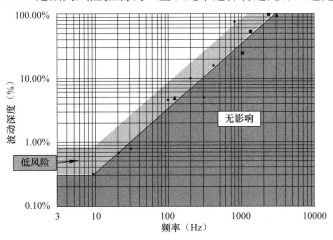

图 2.1-4　频闪风险控制

光源对健康的影响主要体现在两个方面，一个是光谱中蓝色部分对生物钟时律的影响，蓝光的波长在 450nm 左右，正好与人体的生物钟时律的视觉有关，它会使人分泌褪黑色素抑制剂。而褪黑色素的减少会使人兴奋不入眠，长此下去会影响人的免疫机制。图 2.1-5 给出富蓝 LED 白光光谱曲线与昼夜节律灵敏度曲线，其中人的明视觉灵敏度曲线主要是在光谱的绿色和黄色部分，用细实线描绘；与人体昼夜节律相关的人体退黑色素抑制剂的分泌随光谱的影响用虚线表示，它的 460nm 最敏感波长与氮化镓基的 LED 的蓝光波长基本吻合。一个典型的 5500K 富蓝 LED 白光发射的光的颜色是用粗线描绘，该光源发出光的最大光谱能量在 460nm 区域，正好与昼夜节律曲线波形相吻合，因而将影响人体正常的按日出而作、日落而息的生物钟时律。因此必需限制 500nm 以下的蓝光能量，从而减少其对人体生物钟时律的影响。高色温的 LED 灯具会影响人体正常的生物钟时律，因此夜晚使用高色温 LED 台灯是不适宜的，尤其是处于生长发育关键时期的中小学生。因为中小学生的眼睛尚未发育完成，视觉通道的通透性比成人好许多，更容易遭受视觉危害，而视网膜黄斑区的任何疾病退化都是不可恢复的。而且台灯照度通常在 500lx 或更高，且一次使用时间较长，因此人们尤其是青少年晚间不宜使用高色温的 LED 台灯。高色温对人体生物钟的影响也被称为"富蓝化"，它直到最近几年才开始发现并开始进行研究。

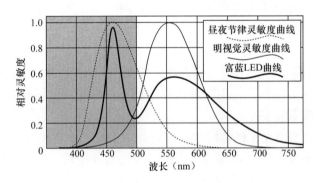

图 2.1-5　不同光源蓝光强度

光处于紫外或者近紫外时其光子能量大易引起光化学反应，会致使细胞结构重组或者 DNA 损坏。蓝光对于人眼透射率高，而人眼中感光器和视网膜外表面的细胞层在紫外区和蓝光区都存在吸收峰，这段波长的紫外线和蓝光对人眼的潜在危害很大。而蓝光危害目前认为有两种机理：一种是视网膜的感光细胞吸收蓝光使得其能不断接受光子，造成细胞氧化损伤。并使得具有光毒性的褐脂质增加，造成细胞死亡；另一种是褐脂质的基团与褐脂质都具有光毒性并吸收蓝光产生氧自由基，使细胞内溶酶体失活，造成细胞死亡。国际电工组织已经注意到不同频率的光对研究的危害作用，在《灯和灯系统的光生物安全性》IEC 62471 相关条文包含了灯或灯系统的安全等级划分方法和光生物安全性的测量等内容，提供了综合测量和评估照明产品光辐射安全性的准则。

"富蓝化"和蓝光危害的照明影响并不是 LED 照明产品才有的，在之前的某些金卤灯和某些荧光灯早就存在。蓝光是组成白色光的重要组成部分，所以在正常情况下滤掉蓝光的说法是片面的，而按人的生物钟时律选择的合适光照光谱和亮度才是正确的。为了避免因使用高色温富蓝光 LED 照明产品对人体健康存在不利影响，室内 LED 照明产品的色温不宜超过 4000K，而同时显色指数应达到 80 以上。室内照明应避免使用色温 5000K 及以上的 LED 照明产品。目前，《灯和灯系统的光生物安全性》GB/T 20145—2006 把蓝光对于视网膜的危害分为 4 类：无危险、低危险（1 类）、中度危险（2 类）和高度危险（3 类）。在普通情况下室内只允许使用蓝光危害分类在 1 类及以下的照明产品。对于特殊人群（糖尿病人和光敏药物影响的人）或者处于特殊体位（例如婴幼儿）能直视的灯，则应该使用无危害的照明产品。目前，推广低色温 LED 产品技术和成本上已经完全可行。

噪声级为 30～40dB 是比较安静的正常环境；超过 50dB 就会影响睡眠和休息。而若休息不足，疲劳就不能消除，正常生理功能就会受到一定的影响；70dB 以上噪声会干扰谈话，造成心烦意乱、精神不集中，影响工作效率，甚至发生事故；长期工作或生活在 90dB 以上的噪声环境时，会严重影响听力并导致其他疾病的发生。

听力损伤有急性和慢性之分。接触较强噪声，会出现耳鸣、听力下降，但只要时间不长，一旦离开噪声环境后，很快就会恢复正常，这称为听觉适应。但如果接触强噪声的时间较长，听力下降就会比较明显，而离开噪声环境之后，需要几小时，甚至十几到二十几小时的时间后，才能恢复正常，这称为听觉疲劳。这种暂时性的听力下降仍属于生理范围，但有可能会发展成噪声性耳聋。如果继续接触强噪声，听觉疲劳不能得到恢复、听力会持续下降，最终会形成噪声性听力损失，成为病理性改变。噪声对身体和心理的危害分类如下：

1）噪声引起的听力损伤

噪声伤害耳朵感声器官（耳蜗）的感觉发细胞，一旦感觉发细胞受到伤害，则永远不会复原。感觉高频率的感觉发细胞很容易受到噪声的伤害，一般人听力受到噪声伤害后没有做听力检验往往是不知觉的。直到听力丧失到无法与人沟通时才发现，但此时想恢复听力却为时已晚。早期听力的丧失以 4000Hz 最容易发生，发生后病患者无法听到轻柔高频率的声音，而其他频率的听力丧失也会渐进性发生。

2）噪声引起的身体伤害

唾液分泌减少、胃蠕动频率及幅度增加、心脏悸动量减少（心理压力减少的表现）、血管收缩、动脉末梢的血液阻力增大、脉冲波增加、呼吸加快（新陈代谢加快）、颅内液压增高、脑电波频谱中低频成分加大、大脑皮层功能受到抑制、大脑下皮层功能受到刺激、瞳孔扩大、内分泌系统反应等。急性噪声暴露常会引起高血压，在 100dB、10min 噪声条件下，肾上腺激素分泌会升高，交感神经会被激发。对中国城市噪声与居民健康的调查表明：地区噪声每上升 1dB，高血压发病率就会增加 3%。噪声令人体肾上腺分泌增多心跳加快、血压上升，容易导致心脏病复发。同时，噪声也会可使人唾液、胃液分泌减少，胃酸降低，从而患胃溃疡和十二指肠溃疡。

3）噪声对神经系统的影响

表现为以头痛为主的神经衰弱症状群，脑电图有改变，如节律改变、波幅低、指数下降、植物神经功能紊乱等；心血管系统则出现血压不稳、心率加快、心电图有改变等状况；胃肠系统会出现胃液分泌减少，蠕动减慢，食欲下降；内分泌系统表现为甲状腺功能亢进、肾上腺皮质功能增强、性机能紊乱、月经失调等。噪声影响人的神经系统后，会使人急躁、易怒。

4）噪声对睡眠的影响

有高达 28% 的人认为，噪声影响睡眠。噪声的恶性刺激严重影响睡眠质量，并会导致头痛、头晕、失眠、多梦、记忆力减退、疲倦、注意力不集中等神经衰弱症状和恶心、欲吐、胃痛、腹胀、食欲呆滞等消化道症状。营养学家发现，噪声会使人体中的维生素、微量元素、氨基酸等必需的营养物质消耗量增加。

5）噪声对心理的影响

在高频率噪声下，一般人都有焦躁不安症状、容易激动的情形。噪声越高的工作场所，意外事件越多，生产力越低。受到噪声干扰后，会出现厌烦的感觉、易怒，不能集中精力从事脑力劳动，课堂讲课或做报告接收的信息量降低，工作能力受损，容易产生昏昏欲睡。

扩展阅读：甲醛与儿童白血病

医学界普遍认为，除了家族遗传，家装带来的甲醛污染是儿童白血病的重要诱因之一。也就是说甲醛诱发白血病。北京儿童医院小儿外科经半年调查发现，在问诊过的白血病孩子当中，近 90% 的孩子家中近期都曾经装修过。一份统计也表明，在一家儿童医院血液病研究所 10 年收治的白血病患儿中，有 46.7% 的孩子家里在发病前半年内进行过装修。

处在快速成长发育期的婴幼儿甲醛量暴露量是成人的两倍，对空气中其他污染物摄入量也比成人更大。儿童医学教授介绍，由于儿童自身的免疫系统成长发育不完善，他们对甲醛比成人更敏感。长时间处于室内的孩子爱揉眼睛、打喷嚏、烦躁不安，甚至身上出现一些红斑、肿块，这些往往是室内空气中甲醛含量超标引起的过敏反应。甲醛还会导致其他不良反应，统计数字表明：新居装修后，头痛、头晕、乏力、睡眠不好的占30%；有皮肤性黏膜刺激症状的占 30%～40%；有胸闷、喉部问题的占 30%～40%；鼻炎占 40% 左右；致癌的占 10%，甲醛污染的可怕让人不寒而栗。

(http://www.eiafans.com/thread-369872-1-6.html)

扩展阅读：PM2.5 对健康的危害

人类在呼吸的过程中，直径 5μm 以上的颗粒可以到气管支气管；但是 5μm 以下的，特别是 1～3μm 的颗粒，就会进入肺泡里，肺泡在进行气体交换的同时，这些颗粒被巨噬细胞吞噬，而永远停留在肺泡里，或者溶解在血液，随血液循环到达全身各处。当污染较轻时，首先对易感人群，即儿童、老人、呼吸性疾病及心血管疾病患者产生影响，随着雾霾的增加污染也不断增加，继而影响到全体人群。

由于PM2.5表面极易吸附有机化合物，如多环芳烃容易吸附在粒径在5mm以下的颗粒物上，大颗粒物上的多环芳烃很少，也就是说，空气中细颗粒物越多，我们接触致癌物，多环芳烃的机会就越多。

PM2.5还会与身体中的血红蛋白相结合，从而影响血液的输送，甚至引起充血性心力衰竭和冠状动脉等心脏疾病，每个人每天平均要吸入约1万升的空气，这些颗粒通过支气管和肺泡进入血液，进入肺泡的微尘可迅速被吸收，不经过肝脏解毒直接进入血液循环分布到全身，其中的有害气体、重金属等溶解在血液中，对人体健康的伤害更大。其次，会损害血红蛋白输送氧的能力，丧失血液。对贫血和血液循环障碍的病人来说，可能产生严重后果。例如可以加重呼吸系统疾病，甚至引起充血性心力衰竭和冠状动脉等心脏疾病。总之这些颗粒还可以通过支气管和肺泡进入血液，其中的有害气体、重金属等溶解在血液中，对人体健康的伤害更大。人体的生理结构决定了对PM2.5没有任何过滤、阻拦能力，而PM2.5对人类健康的危害却随着医学技术的进步，逐步被认识到。

在欧盟国家中，PM2.5导致人们的平均寿命减少8.6个月。而PM2.5还可成为病毒和细菌的载体，为呼吸道传染病的传播推波助澜。目前国际上主要发达国家以及亚洲的日本、泰国、印度等均将PM2.5列入空气质量标准。中国工程院院士、中国环境监测总站原总工程师魏复盛研究结果还表明，PM2.5和PM10浓度越高，儿童及其双亲呼吸系统病症的发生率也越高，而PM2.5的影响尤为显著。

《整体环境科学》（Science of Total Environment）增刊上登过北京大学医学部公共卫生学院教授潘小川及其同事一项新发现：2004～2006年期间，当北京大学校园观测点的PM2.5日均浓度增加时，在约4km以外的北京大学第三医院，心血管病急诊患者数量也有所增加。虽然PM10和PM2.5都是心血管病发病的危险因素，但PM2.5的影响显然更大。

世界卫生组织在2005年版《空气质量准则》中也指出：当PM2.5年均浓度达到每立方米35μg时，人的死亡风险比每立方米10μg的情形约增加15%。一份来自联合国环境规划署的报告称，PM2.5每立方米的浓度上升20μg时，中国和印度每年会有约34万人死亡。

(http://baobao.sohu.com/20100105/n269385837.shtml)

2.2 人类工效学

人类工效学也称人机工程学，研究人—机—环境的关系。其中，人指操作者或使用者；机泛指人操作或使用的物，可以是机器，也可以是用具、工具或设施、设备等；环境是指人、机所处的周围环境，如作业场所和空间、物理化学环境和社会环境等。

室内环境是人们生活、学习、工作和休闲的地方，在环境的空间中还存在家具、电器、设备系统、控制等多个为人服务的产品和设施（人机系统），这些也是室内环境的一部分。这些产品和设施的使用情况对生理、心理状态有不同程度的影响，也就是对健康有影响。人类工效学是以人的生理的、感知的、社会的和环境的因素为依据，研究人与人机系统中其他元素之间的相互联系，为创造健康、安全、舒适、协调的人-机-环境系统提供理论和方法的学科。人类工效学主要研究以下问题：

(1) 对某项工作（或学习、睡眠等行为），什么样的环境条件会达到最高的效率（效果）；

(2) 室内环境中的空间布置和产品尺寸如何适用人体尺寸；

(3) 工作和生活所使用的产品是否符合人体特性，达到安全、舒适、健康的要求；

(4) 对环境内相关设备和系统的控制是否能操作便利、达到最佳系统效率。

建筑的基本功能是为内部人员提供室外气候庇护，提供一个健康、舒适的环境，以便更好地生活和工作。但这种说法过于简单而具有营销欺骗性，"健康、舒适的环境"并不是可以轻易确定或实现的。首先，健康和舒适是一个以建筑空间占有者的生理学和生理学范畴描述的内容，而不仅是物理参数指标。舒适的评价由占用者的感受和应激影响确定，而在生理和心理上是无法测量真正的"舒适"状态的，因此只能列出每一项不舒适条件，在实际中逐一克服提高舒适度。从这个观点看，舒适不能完全用物理参数指标描述。

在一个适宜的环境内工作，工作者的情绪高涨，有激情、乐于工作，工作效率高；而在一个不适宜的环境内工作，工作者会觉得有压抑感，不愿意积极工作，混工作时间，对工作内容敷衍了事，工作拖拖拉拉。不适宜的原因除工作者本身的工作态度外，室内环境问题，如异味、光线不舒适、噪声、冷暖不合适、办公家具不符合人类工效学、环境配色不合理等，都会产生造成工作者的心理不舒适，因而影响其工作积极性和工作效率。

在一个舒适的环境内生活，人可以睡个好觉，保持最佳的体力状态和积极情绪。合理选择房间内表面材料的颜色和光反射率，每天人可以按自然规律在室内获得日光照射，调整昼夜节律。窗户位置和室内表面材料选择正确，就不产生眩光，影响光舒适。根据使用功能确定房间的朝向位置，则可以在全年更多时间内得到自然舒适。正确选择建造材料和围护结构，会使建筑的蓄热性能与当地气候产生良好互补，使室内温度稳定，减缓室外昼夜大温差变化产生的不良影响。

舒适性就是用生理学和心理学技术研究人的生理系统功能和心理状态，找到达到舒适区间的关键物理学指标。也就是说，环境舒适研究一是寻找达到舒适的环境物理参数，二是确定有哪些不舒适情况可能存在。借助舒适研究结果，设计师可以采用新技术方法，以空间占用者的生理舒适感受、心理满意度为评价标准，以空间占用者的工作情绪和工作效率作为目地，来确定和调整环境物理参数。

室内环境舒适性包括：基于新陈代谢的热湿舒适，基于眼睛和皮肤的阳光照射（见第 2.3 节），基于眼睛感受的照明光舒适，基于耳朵的声舒适和基于嗅觉并对各个生理系统有影响的空气质量。不同人群使用（成年人、儿童、老人）对环境的要求是有差异的，因此舒适性描述是一套整体的满意度指标而不是单独的物理参数（温度、湿度、照度等）。物理参数只是实现舒适性过程的一个调整量，最终的舒适性是受个人差异影响的，但其总水平是可以在统计学上确定的。应在环境系统的设计中保留一定的控制调节范围，以满足不同使用者的偏好要求。

人的效能主要是指人的作业效能，而人按照一定要求完成某项作业时表现出的效率和成绩。人的作业效能由其工作的效率和量来衡量。一个人的作业效能决定于工作性质，人的能力，工具和工作方法，同时决定于人、产品、环境这三个要素之间的关系是否得到妥善的处理。下面所谈论环境舒适和作业空间都属于环境范畴，确定其最适合的指标范围。

2.2.1　热舒适

人是一种高度复杂的恒温动物，体温一般维持在 36.5℃ 左右。如果不能维持正常的体温范围，则各功能器官就不能正常工作，导致机体失去功能，直至产生生命危险。人对热冷的感觉是由体表热冷细胞感知的。冷和热各有分别的感知细胞。冷感知细胞分布多，因此对冷的感觉反应较快，对热感觉反应较慢。人体对热环境有适应性的生理反应、生理调节。当体内温度升高时，血液循环和心跳加快，皮肤表层血管膨胀，分泌汗液蒸发降温。体内温度降低时，皮肤表层血管收缩，以防止热量散失。在环境条件超过自身调节能力的情况下，就需要采用行为调节，如穿衣、开窗、开冷暖器等进行控制，见图2.2-1。

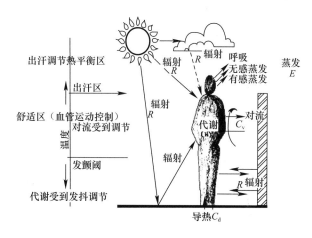

图 2.2-1　人体热平衡关系图

热舒适的生理学原理是，人体是时刻处于新陈代谢之中，新陈代谢的过程除提供躯体营养和能量外，也会产生废弃的副产品，如热、二氧化碳和水分等。所产生的热与运动量的强度有关，运动量越大，产生的热量就越多。热量必须及时排出，以保证作为温血动物最主要的特征，体温恒定。建筑内的表面温度、空气温度、空气湿度、风速都对散热有影响，而衣着多少也影响散热量。因此，是否能达到热舒适，主要受这六个因素的影响。也就是说，可以通过对建筑环境的改变调整人体感觉的热舒适程度。

人体体内不断新陈代谢，不断发出热量。但热量随活动量不同而不同，睡觉时产生 70～80W、坐着休息时产生 100～150W、走动和轻劳务时产生 200～300W、运动时可产生超过 1000W 的热量。如果这种热量不能通过传导、对流和辐射而即时散热，那么人体温度就会升高，从而感到不同程度的热。如果这种热量小于通过传导、对流和辐射的散热量，人体温度就会下降，从而感到不同程度的冷。如果散热不能正常进行，人的体温就会继续升高，当体温升高到 40℃ 时，头脑开始不清楚；42℃ 时，皮肤有疼痛感。在低温环境下，当体温下降到 33℃左右，开始寒颤；28℃开始失去知觉。而人体在干燥的空气中，可以靠出汗维持生存，当空气温度 71℃时可以承受 1h、82℃时可以承受 49min、93℃可以承受 33min、104℃可以承受 26min、116℃时尚能呼吸。因此，人体更适应热带气候，但湿度过大（＞70%）会影响舒适感受。

所谓热舒适，就是指人体感觉既不热也不冷的状态。而热舒适环境就是人在心理状态上感到满意的热环境。人体热平衡方程：体内热量的积蓄＝人体得热－人体散热

$$\Delta q = q_{\mathrm{m}} \pm q_{\mathrm{c}} \pm q_{\mathrm{r}} - q_{\mathrm{w}}$$

式中，Δq 为人体得失热量；q_{m} 为人体新陈代谢产生热量；q_{c} 为对流换热；q_{r} 为辐射换热；q_{w} 为人体蒸发散热、汗液蒸发和呼吸散热。

人体得失热量平衡（＝0）是热舒适的必要条件，而要想实际感到热舒适，还要满足充分条件，即按正常比例散热。也就是说，由于外部环境引起的传导、对流和辐射热量损失不按正常比例，也会产生不舒适感。

由于在心理上只能辨别七个层次，因此热舒适的指标也被划分为：冷、凉、舒适的凉爽、舒适、舒适的温暖、暖、热七挡。国际标准化组织（ISO）根据丹麦工业大学芬格教授的研究成果制定了 ISO 7730 标准，《适中的热环境——PMV 与 PPD 指标确定及热舒适条件确定》。在 ISO7730 标准中，以 PMV-PPD 指标来描述和评价热环境。该指标综合考虑了人体活动程度、衣服热阻（衣着情况）、空气温度、空气湿度、平均辐射温度、空气流动速度 6 个因素，以满足人体热平衡方程为条件，通过主观感觉试验确定出的绝大多数人的冷暖感觉等级。上述标准形成了以后舒适性热环境设计的依据。热舒适是人对周围热环境所做的主观满意度评价（ISO 7730）。分析某一热环境是否舒适有三个方面：

（1）物理方面：根据人体活动所产生的热量与外界环境作用下穿衣人体的失热量之间的热平衡关系，分析环境对人体舒适的影响及满足人体舒适的条件；

（2）生理方面：研究人体对冷热应力的生理反应如皮肤温度、皮肤湿度、排汗率、血压、体温等并利用生理反应区分环境的舒适程度；

（3）心理方面：分析人在热环境中的主观感觉，用心理学方法区分环境的冷热与舒适程度。由于影响人体热舒适的因素与条件十分复杂，从 20 世纪 20 年代起经过大量的实验研究，综合不同因素的相互作用，已陆续提出若干评价热舒适的指标与热舒适范围。

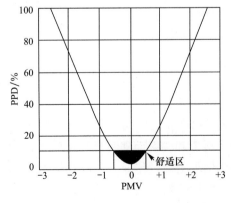

图 2.2-2　舒适感与满意度的关系

通过对上面公式的求解，可以得到与生理特征相一致的舒适指数描述值 PMV。当 PMV 小于 0 表示处于冷状态；而大于 0 则表示处于热状态；当 PMV 在＋0.5～－0.5 之间时，被认为是舒适的，此时不满意率为 10%。这种舒适也同样可以用对环境的不满意度 PPD 来表示，这个数值表示了对环境不满足的人数百分比。图 2.2-2 是 PMV 与 PPD 之间的关系曲线。室内热环境除了按温度和湿度设计外还可以按热舒适度设计时，首先对环境提出 PPD 要求，然后确定 PMV 的

范围，接着确定人体活动状态（散热量数值）和穿衣情况，生理反应见表 2.2-1，最后是对室内环境确定其室内温度、相对湿度、平均辐射温度和气流速度的控制范围。

舒适值、热感觉和生理反应 表 2.2-1

PMV	−3	−2	−1	0	+1	+2	+3
热感觉	冷	凉	稍凉	中性舒适	稍暖	暖	热
生理	很冷，出现寒颤	局部感冷，需加衣	感凉，局部关节难受	感觉适宜，皮肤干燥	感热，皮肤发黏湿润	手、额、颈部见汗	见汗滴

一般情况下，可以直接采用测试热舒适系统现场的室内干球温度、相对湿度、风速等热环境参数，再结合以问卷方式和 7 级热舒适指标，来调查记录居民的热感觉，得出热环境分布情况。由于人的个体差异，一种 100% 满足所有人舒适要求的热环境是不可能存在的。因此，任何室内气候必须尽可能地满足大部分人群的舒适要求。人的主观适应性可以被认为是产生实验室研究和实地测试的结果差异的一个主要原因，这种适应性包括生理的、行为的，最主要是心理上的适应性。人体热感觉及热舒适性分析如下：

1）温度与人体热舒适的关系

研究显示，室内最适宜的温度是 20～24℃。在人工环境下，冬季温度控制在 16～22℃，夏季控制在 26～28℃时，能耗比较经济，也能保证舒适。室内温度连续低于 16℃时，人手指表面的温度会低于 25℃，无法正常使用。根据调查研究表明：空气温度在 25℃ 左右时，脑力劳动的工作效率最高；低于 18℃或高于 28℃时，工作效率会急剧下降。35℃时的工作效率只是 25℃时的 50%；10℃时的工作效率只有 25℃时的 30%。

2）相对湿度对人体热舒适的影响

舒适温度区（干球温度 16～25℃）内，相对湿度在 30%～70% 范围内变化对人体的热感觉影响不大。一般认为，最合适的相对湿度范围是 50%～60%。室内湿度过高或过低，会加速细菌、霉菌及微生物的繁殖，导致室内卫生水平降低使人易患呼吸道、消化道及各种过敏性疾病。室内湿度过低，人对疾病的抵抗力降低。

3）风速对人体热舒适的影响

室内环境的通风换气产生空气流动，合理的空气流动速度范围为达到良好的室内空气质量。一般情况下，令人体舒适的气流速度应小于 0.3m/s。而夏季广州、上海等地实测表面，室内风速在 0.3～1m/s 时，多数人会感到愉快。冬季的气流速度则需要低一些。

4）热辐射对人体热舒适的影响

平均辐射温度是一个复杂的概念，与人在室内所处的位置、着装及姿态有关，是室内热辐射指标之一，它取决于空间周围表面温度。另外，热辐射具有方向性，因此在单向辐射下，只有朝向辐射的一侧才能感到冷或者热，如果一侧过热或过冷，人体也是无法感到热舒适。可以通过改善围护结构热工性能来提高热舒适水平。

5）人体的新陈代谢率

新陈代谢是一切生物体所共有的基本生理特征，也是人体生命活动的基础。新陈代谢就是有机体生命活动产生的吸收、变化、储存与排泄等过程的总和，人体进行一般的活动需要消耗能量，人体的能量代谢是与活动强度成正比的。新陈代谢率以人体表面每平方米散发的热量衡量，见表 2.2-2。

人体散热量与活动量关系 表 2.2-2

活动类型	W/m²	Met	活动类型	W/m²	Met
睡眠	40	0.7	步行 0.9m/s	115	2.0
躺着	46	0.8	步行 1.2m/s	150	2.6
静坐	58.2	1.0	步行 1.8m/s	220	3.8
站着休息	70	1.2	步行 2.4m/s	366	6.3
静坐阅读	55	1.0	网球	210～270	3.6～4.0
办公室工作	65	1.1	跳舞	140～255	2.4～4.4
整理文件	80	1.4	体操	125～235	3.0～4.0
偶尔走动	123	2.1	上楼	233	4.0
做饭	95～115	1.6～2.0	下楼	707	12.1

6）衣服热阻

服装具有热绝缘性能，所以服装可以调节人体的热损失以及热舒适。服装具有热绝缘性能，可以减小人体的热损失，从而影响人的热舒适。服装的热绝缘程度取决于式样、合适体型情况，数量、织物以及被服装所覆盖的身体面积等。衣服的热阻用 clo 值来表示，皮肤表面温度与环境校正黑球温度存在 1℃温差下，服装或空气层允许通过对流和辐射进行 6.48W/m² 的热交换时的热阻为 1clo。因此，当身体外部空气或表面温度高时，则衣服表面与外部空气之间的温度差减少，为保证足够的散热量就需要穿低热阻的衣服，以增大散热量。裸体时，衣服热阻为 0。

改善室内热环境并提高人体热舒适的措施：要使人们真正处于舒适的室内环境中，应使人体按正常比例散热，即辐射散热应占总人体散热量的 45%～50%，对流散热约占 25%～30%，而呼吸和无感觉蒸发散热约占 25%～30%。这就要求，在建筑设计过程中充分重视室内空间质量和功能分区问题，注意室内的防热处理，充分利用有利的环境因素而防止不利的环境因素，创造舒适的室内热环境。还要求，空调系统设计时慎重选择空调室内设计温度并进行合理的气流组织。防热途径有室内外环境绿化、窗户遮阳（内、外遮阳）、自然通风和外围护结构的隔热等防热措施。个体可通过改变着衣量、开关窗户、启停风扇和空调采暖设备及改变温度、风速等个人行为调节措施来改变环境舒适度及个人热舒适感。个体还可从生理上和心理上适应某一热环境。

即使满足了上述的舒适条件，也还是会存在热不舒适的。ISO 7730 标准有针对这些不舒适情况的具体技术要求，这种热不舒适在几个方面存在：人体不同位置的温度差；紊乱气流；内表面温度过高或过低。这些也是需要在实际环境中要解决的问题。图 2.2-3 为风速引起的不满意度（局部不舒适），图 2.2-4 为辐射温度不均匀引起的不满意度（局部不舒适）。

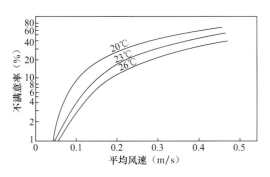

图 2.2-3 风速引起的不满意度

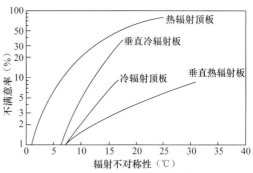

图 2.2-4 不均匀辐射引起的不满意度

图 2.2-5 为空气温度沿高度不均匀分布引起的不满意度。因此在达到总体舒适度水平的同时，也要注意消除局部不舒适的因素，提高空间占用者的满意比例。

应激概念可以用来解释环境应力对劳动效率的影响。相同的环境应力可能会提高某些工作的劳动效率，但却会降低另一些工作的劳动效率。某种工作的最高效率出现在中等应激水平上，因为在较低应激水平上，人

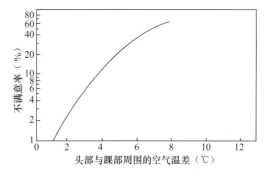

图 2.2-5 空气温度分布均匀引起的不满意度

尚未清醒到足以正常工作，而在较高应激水平上，由于过度激动，人不能全神贯注于手头的工作。因此，效率和应激呈一个倒 U 关系。其中，最佳应激水平 A1 与工作的复杂程度有关。图 2.2-6 为工作效率与温度的关系，左侧为简单工作，而右侧为复杂工作，两者的应激温度是不相同的。

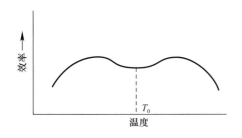
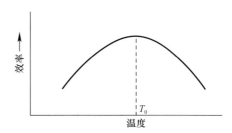

图 2.2-6 工作效率与温度的关系

实验研究发现，脑力工作的工作效率在标准有效温度 33℃（空气温度 33℃、相对湿度 50％、穿薄衣服）以上时开始下降。研究表明，在偏离热舒适区域的环境温度下从事体力劳动，小事故和缺勤的发生概率增加，产量下降。当环境温度超过有效温度 27℃时，需要运用神经操作、警戒性和决断技能的工作效率会明显降低。非熟练操作工的效率损失比熟练操作工的损失更大。图 2.2-7 给出了气温对工作效率与相对差错率的影响。

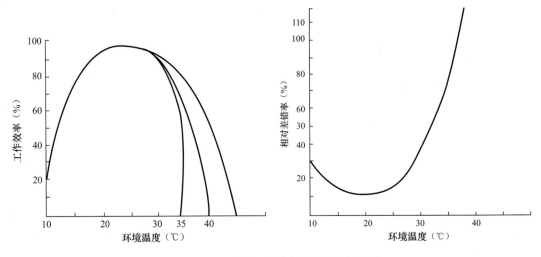

图 2.2-7　温度对工作效率和误差率的影响

生理适应指长期暴露在热环境中人体热应力的逐渐减小的一种生理反应，它包括基应性和环境适应性。心理适应指根据过去的经历和期望适时改变现在的热环境期望值。如奥利克莫斯发现热舒适区的室内温度统计中值（T_n）与每月室外平均温度（T_m）有关：

$$T_n = 17.6 + 0.31 T_m$$

对理论上未达到舒适标准的某一热环境，个体换一种心态去评价和感受也许会觉得舒适。热舒适并不是完全靠空调系统实现的。实际上，建筑热工、被动措施可以在很大程度上达到自然热舒适的条件，而无须使用需要能耗的暖通系统。

暖通系统的作用是弥补由于自然和使用条件限制，而无法达到自然热舒适的时间中的舒适参数保证。暖通设计师应高度重视室内气流组织，积极采纳各种新型空调方案，例如：置换式空调、工位调节、背景空调与桌面空调相结合、椅下低速送风及地板送风等等，当然某些空调方案只适合于特定的建筑类型和房间功能，设计师们应慎重选用。研究人员应该更多地适时调查用户室内热环境和热舒适性情况，为今后建筑环境设计的改进和优化提供依据。

2.2.2　光舒适

在现代室内空间环境中，光环境有着重要的作用，光是视觉感知的基础，在有光的环境中，人们才能感知客观物质世界，没有光就没有一切。光使我们感受色彩的冷暖、判断空间距离的远近、辨别物体的大小、物体表面粗糙度、空间"广阔"与"封闭"的体验等，这些感受是通过视觉作用于人的感知系统所产生的反映。同时，也是室内环境设计的重要美学因素，光环境设计具有技术性、艺术性和心理因素的综合性特征。光环境是现代建筑与室内空间设计中的一个重要组成部分，随着人们对生存环境质量要求的日益提高，人类对室内光环境的舒适性有更多的需求。

图 2.2-8 表示从水平或垂直的角度，人的视野范围和适宜角度。这个表对于环境空间设计很有帮助，当环境设计得当时，人们的眼睛可以清晰、舒适地辨识事物和环境；反之，则会容易出现疲劳等不适症状。

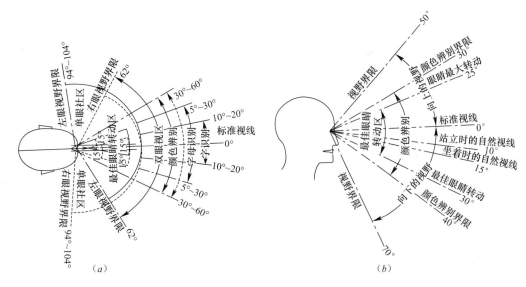

图 2.2-8　眼睛的视觉范围

1）光在生理和心理上的重要性

人用眼睛感觉光，但不好的光环境会造成眼睛疲劳、功能退化，这是要在生理学和预防医学的角度上避免的。儿童近视的主要原因就是光环境不良条件下的用眼过度。

人体具有生物时钟，阳光照射可以改变人体中生物激素的浓度，唤醒或调整生物钟在不同时间的生理机能。办公环境中采用阳光照明可以提高工作效率，研究表明有充足阳光的教室中学生的学习记忆力要比人工光源照明教室中的学生高 30％以上。环境中有充足和均匀的日光照射对健康有重要促进作用。而采用电光源照明时，亮度和均匀度应符合心理舒适标准。

2）光环境的明视性特征

人的生活、工作离不开良好的照明。光的明视性与诸多照明因素相关，例如光的照度、照明均匀度、光的方向、眩光等。

工作面光照的明视性：工作环境中，工作面的照度直接影响视觉的明视性，照度会影响人的视觉辨别信息的能力，人的视力是随着照度的变化而变化的。要保持良好的视觉观察力就必须具备有效的照度，通常人们在做比较精细的工作时，工作面要求较大的照度，而比较粗放的工作则对照度的要求不那么高。观察动态的物体时就要求有较高的照度，观察静止的物体时照度要求低些，精细视觉工作对照度有较高的要求。

眩光与视觉舒适性：当照度的水平越过视觉感知的临界视力时，会影响人的正常视力，产生"眩光"现象，俗称"刺眼"。产生眩光的因素主要有两种：第一种是直接的发光体产生的眩光，例如在日常生活中直视太阳或夜间行车前方照来的车灯光；第二种是由于间接的反射面产生的眩光，例如反射率较高的白色平滑墙壁、洁白的纸张，在光的照射下由于其表面反射率较高的原因，会产生较强的眩光。

眩光对人的视觉舒适性影响较大，如果工作面反射产生眩光，会使视觉模糊不清，并且容易造成人的视觉疲劳，降低工作效率，容易造成眼部疾病，因此室内工作面的照度应保持在一个舒适的范围，这就要求在光环境设计中注意合理地分布光源，控制好光线照的方向，灯具不要安装在视野范围内，避免光直接射入人的眼睛。尽可能采用间接照明，即利用反射光和漫反射光对工作面进行照明。以上手段都可避免眩光对人眼睛的影响和清除眩光。并且间接照明也可消除物体的阴影，保证视觉对物体的明视性。

3）光的观赏性特征

（1）光的背景：在商业展示设计中，为取得良好的展示效果，通常依靠控制光的光束、角度、照度，将背景前的商品突显出来。在影剧院中，将灯光集中到舞台的主体对象上，在环境照明的衬托下，烘托出要表达的主要对象及环境气氛。对博物馆的文物进行照明时，采用集中的漫射光，把光影层次丰富的文物从平淡的背景中分离出来。这些都是以视觉兴趣为目的的光照手法，从审美角度讲，这种在光作用下的物体与背景的关系具有较高的观赏性，形成主次关系，营造出空间的意境。

（2）光与空间界面：在对室内空间界面设计时，光的作用不可忽视。例如：在大厅的照明设计中，将投射灯有节奏的扇形光束投射到界面上，能加强空间界面的立体感，使空间界面轮廓清晰，空间界面要获得理想的投影效果，应严格控制投射灯具的数量与角度。例如：对线性材料造型结构，通过光照将它的阴影投到界面上，在平淡的界面上所得到的形状，其阴影效果表达的非常清晰，也具有较好的观赏性，但如果几种阴影重叠在一起或是界面图案较为复杂的话，投影会显得杂乱，同时也削弱了视觉的观赏性。

（3）光与材质纹理：现代室内设计在材料的运用上采用不同的纹理的装饰材料，增强触觉的视感。纹理是指材料表面的特殊质地。在室内空间界面上经常采用不同纹理的材料进行装饰，满足人的心理感受，如大理石、天然木材丰富的纹理，使人有回归自然的感受，纤维纹理有柔软温和的感受等。然而，空间界面在没有良好的光环境下是单调的，再好的材料效果也无法被感知，材料表面的特殊质地、特征无法表现出来。只有具有了良好的光照条件，才能在光作用下表现出材料的色彩效果，反映出材料表面的纹理特征。

（4）光的显色性：光源对物体的显色能力称为显色性。光源显色性能越高，物体表面颜色越真实。在商业室内空间设计中十分重视光的显色性，商业空间是人们购物活动的主要场所，其光照环境的合理性不仅影响到商家的利益，更重要的是影响到消费者的购物心理。因同一颜色的物体在不同的光源下会使人眼产生不同的色彩感受。光色会影响人们对物体本来色彩的辨认，影响人们对物体的印象。日光是物体色彩还原的最佳光源。显色性最接近自然状况下的物体所呈现的色彩，然而在现代高层建筑中商场与超市，能接触自然光的可能性少之又少，因而人造光源照明的显色性尤为重要。在商业室内空间设计中照明光应尽量还原商品本来的色彩，如：肉食、蔬菜等光照明应根据其不同的色彩，采用淡黄色的光使肉食、蔬菜等显得更新鲜、翠嫩，给消费者一种良好的印象。

光环境的舒适性不仅仅是单一技术方面的问题，而是基于技术、艺术及人的心理感受三方面的综合性问题，这三方面也是人们对光环境舒适性评价标准的取向。光环境的设计在满足照度、均匀度、控制眩光的产生时，合理地选择光源类型，特别是优先采用日光照明，其目的是创造良好的视觉环境，满足人对光环境的舒适性要求。

关于照明台灯舒适性的一些问题：

（1）台灯的摆放位置。应注意不能放在人的正前方，以免在纸上产生反射眩光（台灯位于正前方的摆放位置的例子见图 2.2-9）。台灯的摆放位置还应注意避开手的遮影（如右手写字，台灯宜放在左侧）。

（2）桌面材料及其颜色。采用反射比在 30%～70% 的淡色无光泽材料制成（桌子不宜用黑色或深色且不宜有光泽）。台灯放置的桌面应是淡色的，与阅读材料颜色相近，书桌不应使用玻璃桌面。作业-背景亮度比取决于正常作业面与背景工作面之间的亮度差。对于长期的纸面工作要减少视觉疲劳，中等-亮的色调的亚光工作面（图 2.2-10）能提供柔软、舒适的背景。而黑暗的工作面，第一印象引人注目，但纸作业面与工作表面背景之间会形成强烈的亮度比，长期的纸面工作很可能会导致视觉疲劳（图 2.2-11）。有光泽的工作面将灯具、顶棚和墙亮度反射回使用者，可能产生光幕反射，而反射眩光会使人分心或讨厌（图 2.2-12）。

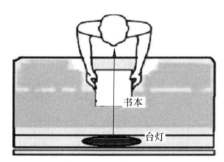

图 2.2-9　台灯的正确位置

图 2.2-10　对比合适的书和书桌

图 2.2-11　对比不合适的书和书桌

图 2.2-12　桌面过亮不适合阅读

（3）作业面与周围以及环境的亮度比。为营造舒适的照明环境，台灯工作时，IES-NA 推荐周围和作业照明方案如下：在桌子的前面或侧面使用直接照明/间接照明的壁灯或低亮度顶棚安装式灯具。办公室读写作业照明环境下 VDT 工作站推荐的最大亮度比见图 2.2-13。

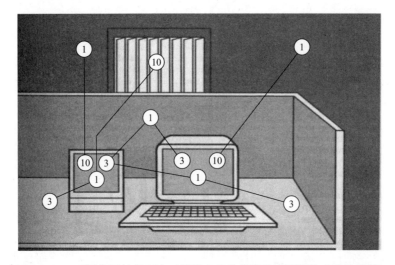

图 2.2-13　不同位置的亮度比（括号内的数值是连线两端的亮度比限值）

2.2.3　声舒适

人生活在一个声音的世界里，但声音过大或者没有规则，往往会成为噪声。按照国际标准，在繁华市区，室外的噪声白天不能超过 55dB，夜间不能超过 45dB；一般居住区，白天不能超过 45dB，夜间不能超过 35dB。人若长时间接触噪声，会产生不良反应并可能诱发"噪声病"，对听觉器官产生器质性损害，让人在心理上产生厌倦情绪，带来一些生理和心理症状问题，比如失眠、神经衰弱、植物神经功能紊乱、血压不稳等。遭受噪声影响的人往往会产生烦躁不安、容易疲乏、注意力不易集中、反应迟钝等综合病症。

产生噪声的原因是噪声源，噪声源可以在室外也可以在室内。复杂的噪声源会同时产生低频振动问题，使问题复杂化。声环境舒适的问题有两类：一是将噪声源对环境的影响降低到可接受范围；二是使室内正常的音频（说话、音乐等）有更好的效果。

声环境舒适控制措施包括：降低噪声源的音频和振动强度；阻止噪声传播（隔声）；消除声音的反射影响（吸声）；提高音质效果（频率效应、混声时间等）。如果你的家临街，最好将临街的普通窗户换成隔声窗户，最好的隔声窗户隔声量可达 50dB 以上。房门的隔声效果主要取决于门内芯的填充物。内芯填充纸基的模压隔声门，能达到 29dB 的隔声效果。而内芯使用优质刨花板的门，隔声效果能达到 32dB。实木门和实木复合门，密度越高、重量越沉、门板越厚，其隔声效果越好。若是门板两面刻有花纹，比起光滑的门板，能起到一定吸声和阻止声波反复折射的作用；四周有密封条的防火门，也具有良好的隔声效果。另外，门套和门之间的安装也是决定隔声效果的关键。门套和门都应由有经验的专业人员安装以保证良好的隔声效果。

当行走在坚硬的强化复合木地板上时，往往会发出较响的声音，尤其在夜间会让人感到十分不适。为此可采用静音软木地板等措施，使地板具有隔绝撞击声（楼板隔撞击）的更好功能。

过于光滑的墙面和地面会反射声音，而采用壁纸、"软包"装饰，或使用文化石等装修材料，可将墙壁表面弄得粗糙一些，会使声波产生多次折射，从而减弱噪声。大户型的住户，可加装一层石膏板来降低噪声；小户型的住户，先使用实木按不等距呈几何图形分隔墙壁，再用软木覆盖墙面。

家中摆放的家具数量要适中，木质纤维家具有多孔性，能吸收噪声。不同木质的吸声程度不同，较松软的木质吸声更多，如松木。还要注意，橱柜的拉门和书桌的抽屉，其五金件最好采用静音的，使抽拉时没有噪声。将书柜放置在与邻居家相邻的墙壁前，可以适当阻隔邻居家传来的声响。

布艺的吸声效果明显，所以使用布艺来消除噪声也是较有效的办法。试验表明，悬垂与平铺的织物，其吸声作用和效果是一样的，如窗帘、地毯等，而窗帘的隔声作用最为显著。

家用电器是家中主要的噪声来源，因此要注意选用静音家电用品。在选择空调、冰箱、洗衣机、吸油烟机时，购买时最好把工作噪声高低作为选择标准之一，尤其是设置在卧室和客厅的空调。

合理使用音乐可提高环境声舒适，音乐可以让身体放松、纾解压力；音乐可以增强记忆力与注意力；音乐可以帮助入眠；音乐的旋律可以使婴儿不再哭闹不安；音乐可以在一定程度上削减噪声的不良影响。

2.2.4 作业空间和工作疲劳

人类工效学在室内环境设计中应用方面如下：

（1）确定人和人际在室内活动需要空间的主要依据：根据人体有关计测数据，确定人在尺度、动作域、心理空间以及人际交往的空间需求，以确定其适合空间范围。

（2）确定家具、设施的形体、尺度及其使用范围的主要依据：家具设施为人所使用，因此它们的形体、尺度必须以人体尺度为主要依据；同时，人们为了使用这些家具和设施，其周围必须留有活动和使用的最小余地，这些都要求由人类工效学予以解决。

（3）提供适应人体的室内物理环境的最佳参数：室内物理环境中热环境、声环境、光环境、辐射环境等在室内设计时都需要相关的参数作为设计依据。

（4）视觉要素的计测为室内视觉环境设计提供科学依据：人眼的视力、视野、光觉、色觉是视觉的要素，人类工效学通过计测得到的数据，对室内光照设计、室内色彩设计、视觉最佳区域等提供了科学的依据，改善室内环境中人的心理与行为效果。

1）人体构造：与人类工效学关系最紧密的是运动系统中的骨骼、关节和肌肉，这三部分在神经系统支配下，使人体各部分完成一系列的运动。骨骼由颅骨、躯干骨、四肢骨三部分组成，脊柱可完成多种运动，是人体的支柱，关节起骨间连接且能活动的作用，肌肉中的骨骼肌受神经系统指挥收缩或舒张，使人体各部分协调动作。

2）人体尺度：人体尺度是人类工效学研究的最基本的数据之一，见图 2.2-14。

3）人体动作域：人们在室内各种工作和生活活动范围的大小，即动作域，它是确定室内空间尺度的重要依据因素之一。以各种计测方法测定的人体动作域，也是人类工效学研究的基础数据。如果说人体尺度是静态的、相对固定的数据，人体动作域的尺度则为动态的，其动态尺度与活动情景状态有关。

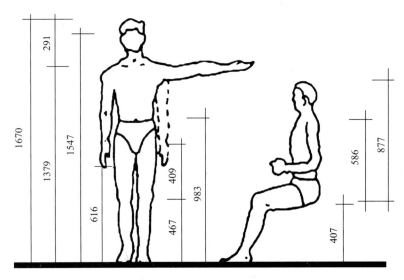

图 2.2-14　人体测量数据

人、物体、环境是密切地联系的一个系统，运用人类工效学可以主动、高效率地支配生活环境。2003 年来，人类工效学在室内设计方面的应用得到快速发展，以人为主体，运用人体计测、生理、心理计测等手段和方法，研究人体结构功能、心理、力学等方面与室内环境之间的合理协调关系，以适合人的身心活动要求，取得最佳的使用效能，其目标应是安全、健康、高效能和舒适。人类工效学与有关学科以及人类工效学中人、室内环境和设施的相互关系。以下是室内环境中人们的心理与行为方面的几个例子：

1）领域性与人际距离

人在室内环境中的生活、生产活动，总是力图其活动不为外界干扰或妨碍。不同的活动有不同的生理和心理范围领域，人们不希望轻易地被外来的人与事情打扰。人际接触根据不同的接触对象和场合，距离上有所差异，其可分为：密切距离、人体距离、社会距离、公众距离。不同民族、宗教信仰、性别、职业和文化程度等因素影响人际距离有所不同。

2）私密性与尽端趋向

领域性主要在于空间范围，而私密性更涉及在相应空间范围内包括视线、声音等方面的隔绝要求。私密性在居住空间中的要求更为突出。

3）依托的安全感

对生活、活动在室内的人们来说，从心理感受角度来看，并不是越开阔、越宽广越好。在大型室内空间中，人们更愿意有所"依托"物体，如在火车站和地铁车站的候车厅或站台上，个人更愿意待在柱子边，人群相对散落地汇集在厅内、站台上柱子的附近，与人流通道保持适当距离。这是因为在柱边人们感到有了"依托"，具有安全感。

4）从众与趋光心理

从公共场所内发生事故时，人们往往会盲目跟从人群中领头几个急速跑动的人的去向，不管其去向是否是安全疏散口。而当火警或烟雾在建筑内弥漫时，人们无心注视标志及文字的内容，甚至对此缺乏信赖，直觉地跟着领头的人跑，以致影响人群流向，这就是从众心理。相似的是，人们在室内空间中流动时，也具有从暗处往较明亮处流动的趋向，因此紧急情况时光语言引导优于文字引导。

5）空间形状的心理感受

由各个界面围合而成的室内空间，其形状特征常会使活动于其中的人们产生不同的心理感受。著名建筑师贝聿铭曾怎对其具有三角形斜向空间的华盛顿艺术馆新馆作品，有过很好的论述：三角形、多面点的斜向空间会给人以动态和富有变化的心理感受。

作业范围可分平面作业范围和主体空间作业范围。室内环境一般为平面作业范围，也就是在静态的测量条件下，讨论人在活动时，手、脚的活动区域问题。最典型的平面作业面范围，就是人坐在工作台前，在水平台面上运动手臂所形成的运动轨迹。如桌子工作台等。而立体作业范围指人在动态条件下，讨论做的复合动作，形成的空间活动区域的问题。如工人的操作等。

作业与姿态有着非常密切的关系。作业时的准确操纵能力、视角、活动空间等问题与作业面的布置关系是研究的重点之一。人在工作中所需要的活动空间，加上机器，设备，工具及被加工所占的空间统称为工作地，工作地设计的任务就是使机器、设备、工具等根据人的操作要求进行空间布置，达到舒适，方便，提高工效的目的。工作地的设计包括工作高度的设计、座椅的设计，达到空间等多方面的内容，工作地设计与人体测量学是密切相关的。图 2.2-15 是阅读用椅和休息用椅的最佳外形尺寸，可以看出根据使用目的不同，其外观形状也有所不同。

工作高度通常是指人的手在工作时相对于地面的高度。工作高度太低时，人的视力受到影响，进而影响工作效果。若工作高度太高了，人在工作中不得不抬高手臂，这又会使肩膀疼。因此，设计合理的工作高度十分必要。最优的工作高度不是固定的，因为工作高度不仅随着人的实际尺寸的不同而变化，而且也与人的姿势和工作性质有关。

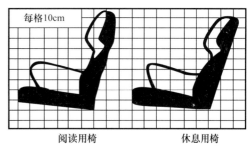

图 2.2-15 阅读用椅和休息用椅的最佳外观尺寸

活动空间在这里是指人的身躯基本不动的情况下手或脚可达到的区间。人们坐着工作时，最重要的设计尺寸是工作桌面与椅子坐面之间的距离。格朗金在一项研究中发现，一般的办公室工作人员比较喜欢的桌椅之间的距离是 27～30cm。一般来说，人手在工作面上的水平工作范围对我们来说才是最重要的。理想的工作范围是以两个肩膀为支点，以 35～45cm 为半径的两个半圆之内，其次是以 55～65cm 为半径的两个半圆。为作业者提供舒适的椅子，可以大大减轻人们的疲劳程度，提高工作和学习效率，因此人们对座椅的设计进行了大量的研究，以减轻腿部负荷，减少能量消耗。

根据实验得出，合适的座椅座高应等于小腿窝高加上 25～35mm 的鞋跟厚，再减去 10～20mm 的活动余地，即：座高＝小腿窝高＋鞋跟厚－适当间隙。座位的宽度应能使臀部完全受到支撑，一般以人的平均肩宽尺寸再适当放宽些，即：座宽＝人体肩宽＋冬衣厚度＋活动余量。一般扶手高度在座面以上 200～240mm 左右，角度可随座面角度而倾斜。休息用椅由于靠背长度增加，故其倾角也随之增大；工作用椅则应当减小倾斜度，以增大活动范围，提高工作效率。两者之间的差异可见图 2.2-15。

屏幕显示的内容：

（1）屏幕显示与纸上显示；

（2）屏幕显示与视觉疲劳，例如字幕清晰度和光量对比度；

（3）屏幕显示的信息量和方式。屏幕显示相对于书面显示的一个最大的优点是它可以随时对一些信息加亮，使某些信息更加突出，引起读者的注意。

对疲劳给出一个精确的定义是困难的，一般来说，疲劳伴随着下列特征：

（1）主观上不愿意工作，无精神，身体不适应，头晕，头疼，控制意志的能力降低，注意力分散等；

（2）在生理和心理方面，思维变呆板，警觉性降低，反应速度减慢，行动减慢，力量减弱等；

（3）表现在工作上，实际作业率降低，工作速度减慢，工作质量差等。

疲劳发生的原因和机理：

（1）过大的体力或脑力负荷（休息时间的分配方式）；

（2）环境因素（比如工作地设计不合理）和工作单调；

（3）人的生理节奏（工作的安排与人的生理节奏相矛盾容易产生疲劳）；

（4）个人的生理，心理特性（例如身体素质，心情等）；

（5）疾病和营养不良。

其中，属于人机工程部分的包括：

（1）劳动姿势与体位选择不合理；

（2）生产设备与工具设计不合理，不能减轻劳动强度和人的紧张情绪；

（3）人机界面设计不合理不符合人的感觉功能和心理特点；

（4）未按生物力学原则合理使用体力；

（5）工作空间过小。

疲劳有某些规律：

（1）疲劳可以恢复；

（2）疲劳有一定的累积效应，如果不能及时消除疲劳，可能会导致身体器官出现不良影响；

（3）人对疲劳有适应能力；

（4）疲劳对生理周期有影响；

（5）环境因素对疲劳有影响。

降低作业疲劳的措施有：

（1）搞好人机界面的设计布置；

（2）做好工作空间的大小及照明条件设计；

（3）做好工作台面与座椅的形状、尺寸大小及容膝空间大小设计。

扩展阅读：新型公共木椅

公共木椅是人们生活中很常见的设施，使用功能是为来往的人暂时性的休息提供方便，同时又不希望人在上边停留的时间过长。因此，要在人机工程学基础上确定木椅的尺寸，以达到上述目标要求。如下图所示，与其他的公共椅子相比：

1. 该木椅的优点是采用天然木材，更贴近生活，形体流畅，造型优美，整体充满了"e 时代文化"，即充满了现代感的同时又融入了古朴厚重、回归自然的纯朴气息。

2. 减轻了整体的重量，同时节约了木材，方便运输，节约运力，使外观更加简洁，线条充满柔和的变幻美。

3. 空间的增加增强了呼吸感，镂空的图案让人充满的想象力和轻松愉快的心情。

4. 增加了服务面积和空间，呈现出来的小平面可以用作副座面，尽管座面的宽度只有180mm，但也可以为劳顿的过客提供暂时性的休息。

5. 在色彩的改进上，由于色彩对人的心理和生理产生影响，不同的消费群体对色彩的偏好（年龄差异、地域差异、性别差异等）均有所差异，家具的具体使用环境以及设计形态的表达都是家具设计中色彩确定的影响因素。此款座椅的形态设计表达了一种时尚前卫的设计理念，因此亮丽的颜色能更好地诠释其内涵；公共座椅的受众人群较为宽泛，所以不能单纯地去迎合某一特定人群而确定，因此需要根据具体的使用环境来具体确定色彩方案，譬如古朴的灰色、调皮的橙色、浅黄等，可分别适合不同的使用环境。

(http://wenku. baidu. com/view/be9ff536a32d7375a41780bb. html? from＝search)

扩展阅读：白领办公环境满意度及影响调查

由飞利浦照明联合复旦大学电光源专家共同开展的"白领办公环境满意度及其影响"调查日前正式发布研究报告，95％的受访白领认为不合适的灯光照明会引起眼睛不适，主要表现在眼睛疲劳、眼睛干涩和视力模糊；31％的受访白领也认为不合适的照明也会引起工作效率的下降。

该项目通过对北京、上海、成都和深圳四个城市的 90 多家公司及其员工的入户调查发现，包括办公空间、灯光、温湿度和噪声等办公环境及灯光效果对员工的工作情绪乃至公司喜好度和忠诚度都有显著的影响。这一调查结果，将都助公司管理层意识到如何改善自己的办公环境从而令员工愉快而高效地工作，也将为办公室室内设计及照明设计提供有意义的参考信息。

此外，该调查报告还显示，受测的白领工作台的照度仅略高于其建议的普通办公室照度标准；在办公室不同位置工作台照度相差较大，呈现不均衡性，最高照度可为最低照度的 9 倍之多；23％的受测白领工作台在相应的视觉角度内出现眩光以及 4％的白领工作台会出现频闪现象，并有 25％的白领希望在办公室照明中增加更多的自然光线。

(http://tech.hexun.com/2012-01-21/137465129.html)

2.3　健康心理学

心理学是研究人类心理现象、精神功能和行为的科学，包括基础心理学与应用心理学。心理学涉及知觉、认知、情绪、人格、行为、人际关系、社会关系等多个领域，也与日常生活的家庭、教育、健康、社会等发生关联。基础心理学研究的目的是描述、解释、预测和影响行为，而应用心理学的目的还要提高人类生活质量。健康心理学是应用心理学之一，其研究认知、情绪、意志等心理活动与生理健康、亚健康和疾病之间的关系。健康心理学属于应用心理学范畴。

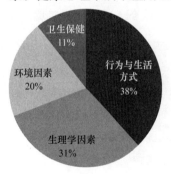

图 2.3-1　疾病原因比例

19 世纪的生物医学模型认为：引起疾病的原因是病毒入侵身体而引起体内身体变化。疾病是病菌在体内的异常变化，应采用接种疫苗、外科手术、化学疗法、放射疗法等医疗方法对应。而健康与疾病之间不存在联系，心理与身体是相互独立的，疾病对心理有影响，但并非由心理原因所引起。

20 世纪后的健康观是心身医学，认为被压抑的情感可以通过躯体问题表现出来。因此在疾病发生过程中，心理与身体均有影响。心理因素不仅可能由疾病引起，而且也可能是疾病产生的原因。疾病原因比例见图 2.3-1。

健康心理学主要通过以下几方面来达到理解、解释、发展以及验证理论的目的：

1）评价行为在疾病病因学中的作用

冠心病与吸烟、饮食和缺乏锻炼等行为有关；许多癌症与饮食、吸烟、酗酒和不参加体检或健康检查有关；中风与吸烟、高胆固醇和高血压有关；意外事故常与酗酒、吸毒和粗心驾驶有关。

2）预测不健康的行为

吸烟、酗酒和高脂饮食与人的信念有关；对健康和疾病的信念可以用于预测行为。

3）评价心理和生理的相互影响

压力体验与评价、应对和社会支持有关；压力常引起哪些容易使疾病激发和恶化的生理变化；焦虑可以使疼痛感加剧，而转移注意力则可使其减轻。

4）认识心理因素在疾病体验中的作用

认识疾病的心理后果有利于减轻一些症状，如疼痛、恶心和呕吐；认识疾病的心理后果有利于缓和一些心理症状，如焦虑和抑郁。

5）评价心理因素在疾病治疗中的作用

如果心理因素是疾病产生的重要原因，那么它在疾病治疗中有重要作用；改变行为和减轻压力能降低心脏病发作的机会；针对疾病心理后果的治疗对寿命有一定的影响。

健康心理学的另一个目的在于将理论应用于实践：

1）促进健康的行为

认识行为在疾病中的作用能使人们更加关注不健康的行为；认识能预测行为的信念可以使人们更加重视这些信念；理解信念有助于人们改变这些信念。

2）预防疾病

改变信念和行为可以防止疾病发生；转化压力可以降低心脏病发作的风险；对疾病进行行为干预（如心脏病后戒烟）可以防止疾病进一步恶化；加强对健康专业人员的训练以提高他们的沟通技能并实施干预，有助于预防疾病发生。

图 2.3-2 表示人的健康与生理、环境、生活方式和行为、卫生服务四大要素之间的关系。本章节讨论第三部分，也就是针对具体室内环境下方式与行为对健康的影响，以及积极应对策略。

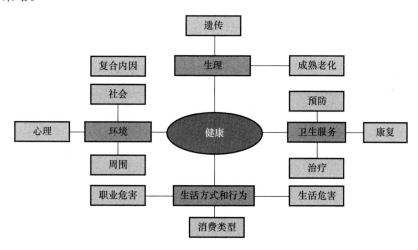

图 2.3-2　个体健康相关因素

健康心理学研究的范围很广泛，但本章节只是针对建筑室内环境相关的内容。包括自然环境对身体的影响、健康认知和行为、心理压力管理。按照心理学理论，其心理作用离不开外界刺激，外界刺激内容见图 2.3-3。

生物激素，也称荷尔蒙对机体的代谢、生长、发育、繁殖、性别、性欲和性活动等起重要的调节作用。就是高度分化的内分泌细胞合成并直接分泌入血的化学信息物质，它通过调节各种组织细胞的代谢活动来影响人体的生理活动。由内分泌腺或内分泌细胞分泌的生物激素，在体内作为信使传递信息，它是人类生命中的重要物质。生物激素按

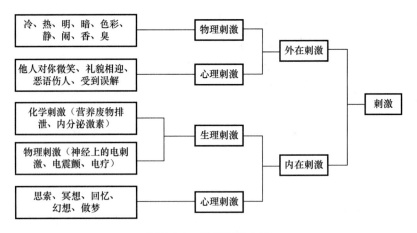

图 2.3-3　外界刺激内容

化学结构大体分为四类：第一类为类固醇，如肾上腺皮质激素（皮质醇、醛固酮等）、性激素（雌激素、孕激素及雄激素等）；第二类为氨基酸衍生物，有甲状腺素、肾上腺髓质激素、松果体激素（褪黑素）等；第三类激素的结构为肽与蛋白质，如下丘脑激素、垂体激素、胃肠激素、胰岛素、降钙素等；第四类为脂肪酸衍生物，如前列腺素。心理对躯体器官的影响主要是通过改变人体生物激素的浓度实现的。

从生理感受到心理感受存在如图 2.3-4 的关系，逐步升级，进而对情绪和行为产生影响。存在 7 种消极的情绪，恐惧、仇恨、愤怒、焦虑、嫉妒、自卑和抑郁。而环境刺激物如具有超负荷、冲突、不可控制性三个基本特点，就可能成为一个应激源。超负荷指的是刺激的强度超过个体的正常承受水平；冲突是指刺激物引起两种或两种以上的矛盾情境，主体难以抉择；不可控制性是指刺激物不随人们行为而变化和转移，因此引发主体恐惧、紧张的心理。心理因素变化（如压力）通过产生儿茶酚胺激活交感神经系统，引发如心率、出汗和血压的变化，并通过产生皮质醇激活下丘脑垂体肾上腺皮质通路。这些变化可以直接对健康和疾病产生影响。在环境中有令人厌恶而不能预测和控制的因素时，如不适的温度、噪声、音乐、照明和颜色等时，就会给心理、精神和情绪带来不利的影响。因此，室内舒适不光是指在身体生理上的冷热平衡，还表现在心理状态上的无应激压力。只有同时满足了生理和心理的条件，才能达到真正的舒适。要克服环境中存在的应激源不利影响，需要从健康心理学的角度分析和解决。

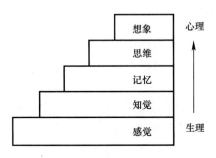

图 2.3-4　从生理到心理认知

地球上的所有动物都有一种叫"昼夜节律"，也就是从白天到夜晚的一个 24 小时循环节律，比如一个光—暗的周期，与地球自转一次吻合。例如人体的体温在 24 小时内并不完全一样，早上 4 时最低，18 时最高，相差在 1℃以内。昼夜节律受大脑的下丘脑"视交叉上核"（SCN）控制。和所有的哺乳动物一样，人类大脑中 SCN 所在区域也正处在口腔上腭上方，人们有昼夜节律的睡眠、清醒和饮食行为都归因于昼夜节律的作用。人类的昼夜节律与时钟并不同步，人类昼夜节律每天会慢 18min。昼夜节律的正确调整需要外界因素，特别是阳光因素作用。人们被来自太阳的光线包围，人身体本能地与每日循环、变化的自然环境相互联系。循环暴露在白天日光亮度与夜间黑暗之中，环境对人体生理系统有强烈的影响，阳光作用像生物激素，影响睡眠/唤醒周期、情绪、生产率、警觉性和幸福感受。图 2.3-5 表示激素褪黑素和皮质醇的产生量与时间关系。保持正确的昼夜节律对于人生理健康（减少疾病）和心理健康（情绪和状态）有重要的作用。

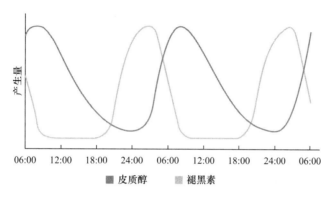

图 2.3-5　褪黑素和皮质醇产生量与时间的关系

当生物节律与白天时间安排不符时，身体将强迫人们睡觉。社会性时差通过比较工作日和休息日的睡眠时刻来测量。绝大多数人工作日睡眠时刻比休息日早 1~2 小时，然而有些人由于工作需要或习惯，会把这个时间延长到 5h。得不到早上阳光的唤醒会使社会性时差不能消退，这会使得体内昼夜节律越来越迟，有些人的社会性时差永远无法修正。

失眠人更容易在数年后患上精神抑郁症。而且社会性时差和抽烟之间存在重大关联。在无社会性时差人群中，抽烟者的比例为 10%；而在工作日和睡眠日睡眠时间相差 4h 以上的人群中，吸烟比例则高达 80%。据统计，约有 16%~30% 的工作人口患有失眠症。夜晚睡眠不佳将降低白天的工作表现，降低工作效率。失眠也会增加病假率，失眠者病假率是健康睡眠者的 1.4 倍。

白天工作区域的光强度通常在 300~500lx，满足视觉需求、舒适度上判断照明的水平，事实上人类的视觉系统在低至 300lx 的室内照明条件下感觉最为舒适。试验表明，60% 的受试者选择低于 500lx 的办公室环境，无人选择接近达到昼夜节律效果的光照度。但对唤醒水平来讲却是不够的，因为只有 1000lx 以上的照明强度的白光才能对褪黑素起到抑制作用。美国照明专家雷亚指出，在纬度高的地区日光照射量最低的冬季，约 10% 的人口患有某种程度的季节性抑郁症，这可能与长时间处于室内建筑有关。

光谱敏感性和光线需求位置是视觉系统和昼夜节律系统的重要点。对后者而言，重要的是眼睛中的光照度，而非桌面上的光照度。这点很重要，因为在房间内，与水平表面（桌面）相比，垂直表面（如眼睛）通常更容易从窗户接受阳光，然而对于安装在顶棚或悬挂灯的光线而言，桌子上的照度为 500lx 时，眼睛接受的照度可能仅为 100~200lx。此外，白天视觉系统对绿光和黄光最为敏感，但昼夜节律系统在波长蓝光范围内达到顶峰，单色绿光/黄光对昼夜节律的影响仅为单色蓝光的 10%。即使电光源也能达到日光一样的照度，但由于光谱差异，阳光的作用是白炽灯的 $2.2 \sim 2.8$ 倍。

人体中生物激素浓度会受环境因素、心理活动的影响而改变。环境因素，如阳光、噪声等会影响人体生物激素浓度因而会影响人的情绪、导致人的机体性能高低变化、影响人的行为方式、改变工作和学习效率。对人的生理和心理健康有正面影响的良好室内环境的物理参数应该被定性和定量化，以便可以在新建筑和既有建筑改造中使用。办公室和教室因充足、愉悦的视野（远处的植被、人类活动和自然风景等）使人受益多多。对美国加州 8000 名小学生的研究表明，良好的视野可显著提高学习成效。对美国能源部两栋建筑物 2000 名员工的调查也表明，在工作区域范围内有窗口视野的员工患病态建筑综合征的比例比无视野的员工低 $10\% \sim 20\%$。

对住宅业主的调查也表明，可以看到自然风景的居民都比较幸福，而且对自己的家也更为满意。对老年退休妇女的研究，相比看不到自然风景的居民，看到自然风景的居民的血压和心率更低。2000 年在一个住宅区进行了"居家有自然相伴"的研究，邀请有孩子的家庭到可以看到更多绿色空间风景的公寓居住。搬家后 4 个月，父母表示与之前相比，孩子们的注意缺乏紊乱（ADD）症状明显减少。

应激是机体在各种内外环境因素及社会、心理因素刺激时所出现的全身性非特异性适应反应，又称为应激反应。这些刺激因素称为应激源。应激是在出乎意料的紧迫与危险情况下引起的高速而高度紧张的情绪状态。应激的最直接表现即精神紧张。指各种过强的不良刺激，以及对它们的生理、心理反应的总和。应激反应指所有对生物系统导致损耗的非特异性生理、心理反应的总和。应激或应激反应是指机体在受到各种强烈因素（应激源）刺激时所出现的非特异性全身反应。应激也称为"（精神）压力"。

压力是人与环境之间的相互作用。包含生物化学的、生理的、行为的和心理的，压力具有伤害性、损伤性和具有积极的、有益的两个方面。压力源可以是短期的也可以是长期的。自我控制压力：

（1）自我能效，一个人对自己能完成某件事情的自信感。可以通过免疫抑制和生理变化-血压、心率和压力激素等的变化，自我效能调节压力；

（2）耐性，信念控制、接受挑战和承诺；

（3）控制，对压力的反应。压力的生理变化是通过激素产生作用，对免疫系统有影响。心理状态与免疫力有关，情绪、信念、情绪表达和压力对免疫力的作用有影响。积极的情绪与较好的免疫功能相对应；信念对疾病和康复都有直接作用；不表达情绪对健康是有害的，尤其是压力情绪下的消极情绪。

健康心理学还研究人们对于健康认知和行为的对应关系。1987 年，温斯坦提出不切实际的乐观理论，认为人们不健康的行为持续存在的一个主要原因是对风险和易感性的不准确感知，即他们不切实际的乐观。出现这种情况的主要原因有：

（1）缺乏健康问题的个人体验；

（2）相信健康问题可以通过自身行为预防；

（3）认为健康问题如果现在没有出现，将来也不会出现；

（4）认为健康问题是偶发的。

采用上述理论可以解释中国室内装修污染现实窘境。2014 年 5 月，中国建筑装饰协会发布了一年内对家居环境和室内装饰材料的抽样检测数据，数据显示有 70%～80% 的新装修的房子甲醛超标，检测最高浓度超国家标准 4.2 倍。TVOC（总挥发性有机化合物）超标比例为 75%，检测最高浓度超国家标准 5 倍。室内空气污染程度一般比室外空气污染程度重 2～3 倍，严重情况下甚至高达 100 多倍。而与此同时，装修前绝大多数的中国业主都知道装修污染（甲醛）的危害性，也知道其根本原因是不良的装饰材料和工艺所造成的，但是业主仍然在室内环境污染控制上具有不切实际的乐观态度。

业主在装修中往往忽视让自己风险增加的行为（不重视材料和家具的污染释放性），而主要强调他们减少风险的行为（相信装饰公司和材料、家具厂家的宣传和口头承诺）；同时倾向于忽视他人减少风险的行为（由于价格原因不接受环保装饰公司和环保材料）；这种选择性因自我中心而变得更加严重（相信自己有知识有能力控制结果）。因此，前期重视不够和装修中监管不足，许多建筑或建筑装修后存在大量的阳光照射不足、自然通风不畅、温度失调、异味和空气污染严重、能耗增大等现象，严重影响人的正常生理和心理状态，加大了危险积累，对短期和长期健康都是极其不利的。业主不切实际的乐观导致放松监管责任而导致污染浓度超标的结果。

扩展阅读：日光对健康的正面作用

1）自然采光可以提高工作效率

尽管自然采光在节约能源和防止环境污染方面具有很大的潜力，但更重要的是它对室内人员的影响。国外的调查表明，一个工作人员一年花费的照明用电费仅与他一个小时的薪金相当。自然采光的经济性主要表现在促进生产力、提高工作效率和增加出勤率，这些都为自然采光系统初投资回收提供了有力保证。而当前社会所关注的绿色建筑，就包括如何把自然采光与健康建筑和室内环境质量联系起来。工作人员都喜欢办公室的窗户大一些，采光好一些，因为它可以提高生产力。正是由于自然光线对人的美学、视觉和光生物学等方面的影响，人对自然光线的需求无处不在。

2）丰富室内光环境

从美学的角度来看，自然光能创造出人工照明无法创造的自然环境。更重要的是，室内人员可以享受室外的美景。透过窗户，工作人员可以获得室外天气、太阳位置和周围景观环境的视觉信息，在紧张的工作之余，舒缓神经、舒畅心情。自然光是自然界中动态变化的光线，它由散射光、反射光和折射光组成，它的强度、方向和频谱随着时间和天气的变化而变化。一个好的自然采光设计应该能够利用这些变化创造一个良好的光照效果，丰富室内光环境。

3）自然采光使人们的身心更健康

1999 年，曾经有一个天然光与销售额的相关性研究。结果表明，自然光提供了良好的消费环境，销售额相对提高 40%。对此照明研究中心给出了生理学原理解释：自然光可以抑制人体中褪黑色素的产生，而这种色素能够调节人体内部的生物钟和生理周期。

在标准的办公室照度水平下，阳光光波波长短能量高，能更有效地抑制褪黑色素。天然光提供了合适的光环境，激发人体生理周期正常运转，使人体的生理周期与室外的照度水平同步。白天室外照度高光线好，人很清醒；晚上照度低，相应地人就很困乏，需要睡眠。自然光强度、持续时间的不正常变化，如长期在没有自然光的建筑空间内工作很可能会引起身体的不适和情绪波动，产生季节性情绪失调。在没有自然光的建筑里，从生物学的角度来看，人体生物钟可能还处在黑夜当中，所以身体和情绪会出现紊乱、精神状态不佳、工作效率低下的情况。

有研究表明，从事同类工作的工作人员，在有窗建筑与无窗建筑中具有不同工作效率。自然光充足的教室学生的学习成绩和记忆力会明显高于自然光不足教室学生的表现。

（http://www.niubb.net/article/1642612-1/1/）

扩展阅读：健康寿命

通常使用生命寿命来衡量人生，但是同样寿命每个人的健康程度却是大不相同。有的人是健康快乐度过一生，而有的人却是一生大部分时间被疾病折磨，忍受痛苦的煎熬。健康相关生命质量是指在病伤、医疗干预、老化和社会环境改变的影响下人们的健康状态，以及与其经济、文化背景和价值取向等相联系的主观体验。健康相关生命质量是一个综合现象，包含了身体（生理）功能、心理能力、社会适应能力和一般性的总体感觉四个方面。健康相关生命质量多采用功能或行为术语来说明，即应着重于具有某种状态的人其行为能力如何，而不是临床诊断和实验室检查结果。

健康生命质量最主要的指标是健康寿命年：用生命质量来调整生存年数而得到的一个新指标。通过生命质量评价把不正常功能状态下的生存年数换算成有效用的生存年数（利用生命质量权重值），使其与健康人处于等同状态。世界卫生组织《2013 年世界卫生统计报告》对全球 194 个国家和地区的卫生及医疗数据进行分析，包括人类预期寿命、死亡率和医疗卫生服务体系等 9 个方面。其中，日本排名第一位，日本男性平均寿命首次突破 80 岁，女性则超过了 86 岁。中国排名第 83 位，中国人均寿命已达到 76 岁，高于同等发展水平国家，甚至高于一些欧洲国家。

但从健康寿命方面，中国还差得多。2013 年，日本健康寿命为男性 71.11 岁、女性 75.56 岁，均列全球首位。而 2012 年，北京市户籍居民 18 岁组的健康期望寿命为 40.17 剩余年，其中男性为 43.40 剩余年，女性为 38.06 剩余年。折算健康期望寿命，只有 58 岁多。虽然北京的平均寿命与欧美发达国家水平相近，但在健康期望寿命方面，北京要比发达国家低十几年。也就是说，目前中国的健康状态和健康生活质量远低于发达国家，健康环境改善需要做的工作还很多。研究结果显示，常见慢性疾病病患病是缩短北京市健康期望寿命的主要因素。其中，恶性肿瘤对健康的危害最大，关节炎次之，随后是慢性胃炎、脑血管疾病、冠心病、糖尿病、高血压等。

（http://finance.sina.com.cn/china/hgjj/20130402/030515022190.shtml）

本章参考文献

1. 孙要武. 预防医学. 北京：人民卫生出版社，2009
2. ［英］奥格登. 健康心理学. 严建雯，陈传锋，金一波等译. 北京：人民邮电出版社，2007
3. ［美］詹姆斯·坎贝尔·奎科，洛伊斯. E. 蒂特里克. 职业健康心理学手册. 蒋奖，许燕译. 北京：高等教育出版社，2010
4. 黄晨. 建筑环境学. 北京：机械工业出版社，2005
5. 刘晶. 夏热冬冷地区自然通风建筑室内热环境与人体热舒适的研究. ［硕士论文］. 重庆：重庆大学，2007
6. 威卢克斯，日光与建筑，No. 22，2014

第3章 建筑气候学

3.1 中国建筑气候分区

中国幅员辽阔，地形复杂，位于亚欧大陆东部，太平洋西岸，气候独具特征：

（1）季风气候明显，冬夏盛行风向有显著的变化，随季风的进退，降水有明显的季节性变化（季风气候明显，冬夏风向改变明显）；

（2）大陆性气候强，影响的范围广，冬夏两季的平均气温与同纬度其他国家或地区有较大差异，冬季气温低于同纬度地区，夏季气温高于同纬度地区，气温年较差大（大陆性气候强，温差大，降水年际变化大）；

（3）气候类型复杂多样，不仅地处温带、亚热带、热带各种气候带，而且由于地形崎岖，往往在不同范围内形成不同尺度的气候差异。中国纵跨纬度近50°，按温度的不同，从北到南，包括寒温带、中温带、暖温带、亚热带、热带和赤道带6个温度带和一个特殊的青藏高寒区。按着水分条件（干湿状况）从东南向西北依次出现湿润、亚湿润、亚干旱和干旱四种不同的干湿地区。不同的温度带和干湿地区相互交织。由于地理环境的巨大差异，如距海远近、地形高低、山脉屏障及走向等，又可分为高山气候、高原气候、盆地气候、森林气候、草原气候和荒漠气候等多种气候类型。中国山多而高，气候的垂直分异，更增加了气候类型的复杂多样性；

（4）水热同期，利于农牧业生产，但气候的稳定性差，旱涝、低温、冻害、台风、冰雹等气候灾害发生的频率高，影响范围广，防灾减灾的任务繁重。

建筑环境的要求是保证室内人员的安全、健康和舒适。也就是无论室外环境处于什么条件，需要依靠建筑围护结构、被动措施和机电系统来保证室内环境参数。中国幅员辽阔、地形复杂，由于地理纬度、地势等条件的不同，各地气候相差悬殊。因此针对不同的气候条件，各地建筑设计都有不同应对。建筑气候分区就是总结气候特点，对气候区进行分类，一个分区内的建筑可以采取同样的技术措施，以对付恶劣天气的不利影响，创造室内环境舒适度。

中国的建筑标准体系中，与气候区划相关的标准有两个：一个是《建筑气候区划标准》GB 50178—1993；另一个是《民用建筑热工设计规范》GB 50176—2016。对中国建筑气候区划的研究均以上述两个标准的区划为研究对象展开。《建筑气候区划标准》中建筑气候区划目标是为区分不同地区气候条件对建筑影响的差异性，明确各气候区的建筑基本要求，提供建筑气候参数，从总体上做到合理利用气候资源，防止气候对建筑的不利影响。该区划适用一般工业与民用建筑的规划、设计与施工，对建筑的规划、设计与施工起宏观控制和指导作用。该标准规定的内容是各有关标准规范的共性部分，而对于各个专业标准规范中特有的内容，该标准未作具体规定，仅规定其达到某一专业技术方面的基本要求为止，而不代替相关专业的标准规范。因此，在执行该标准时，尚应符合国家现行有关标准规范的规定。

建筑气候区划属于应用性部门自然区划，其区划原则一般有主导因素原则、综合性原则及综合分析和主导因素相结合原则等三种不同的原则。该标准采用综合分析和主导因素相结合原则。标准是基础性区划，主要用于宏观控制，为了便于应用，该标准按二级区划系统划分。一级区划为 7 个一级区，二级区划为 20 个二级区。一级区反映全国建筑气候上大的差异、二级区反映各大区内建筑气候上小的不同。建筑气候区划的一级区划指标以最冷、最热月平均温度为主要指标，以年平均气温大于等于 25℃ 和小于等于 5℃ 的天数为辅助指标。在 Ⅰ 区（东北和华北北部）、Ⅶ 区（西北地区）的主要指标中加入了 7 月平均相对湿度，在辅助指标中加入了年降水量，从而将全国分为 7 个一级气候区。在一级区内，又以一月、七月平均气温、冻土性质、最大风速、年降水量等指标，划分成若干二级区，并提出相应的建筑基本要求。建筑气候区划的一、二级区划指标及分区图如右图所示，其一级区划原则见表 3.1-1。

建筑气候区划一级区划指标   表 3.1-1

区名	主要指标	辅助指标	各区辖行政区范围
Ⅰ	1 月平均气温≤−10℃ 7 月平均气温≤25℃ 7 月平均相对湿度≥50%	年降水量 200～800mm 年日平均气温≤5℃的日数≥145d	黑龙江、吉林全境；辽宁大部；内蒙中、北部及陕西、山西、河北、北京北部的部分地区
Ⅱ	1 月平均气温−10～0℃ 7 月平均气温 18～28℃	年日平均气温≥25℃的日数<80d 年日平均气温≤5℃的日数 145～90d	天津、山东、宁夏全境；北京、河北、山西、陕西大部，辽宁南部，甘肃中、东部以及河南、安徽、江苏北部的部分地区
Ⅲ	1 月平均气温 0～10℃ 7 月平均气温 25～30℃	年日平均气温≥25℃的日数 40～110d 年日平均气温≤5℃的日数 90～0d	上海、浙江、江西、湖北、湖南全境；江苏、安徽、四川大部，陕西、河南南部；贵州东部；福建、广东、广西北部和甘肃南部的部分地区
Ⅳ	1 月平均气温>10℃ 7 月平均气温 25～29℃	年日平均气温≥25℃的日数 100～200d	海南、台湾全境；福建南部；广东、广西大部以及云南西南部和元江河谷地区
Ⅴ	7 月平均气温 18～25℃ 1 月平均气温 0～13℃	年日平均气温≤5℃的日数 0～90d	云南大部、贵州、四川西南部、西藏南部一小部分地区
Ⅵ	7 月平均气温<18℃ 1 月平均气温 0～−22℃	年日平均气温≤5℃的日数 90～285d	青海全境；西藏大部；四川西部、甘肃西南部；新疆南部部分地区
Ⅶ	7 月平均气温≥18℃ 1 月平均气温−5～−20℃ 7 月平均相对湿度<50%	年降水量 10～600mm 年日平均气温≥25℃的日数<120d 年日平均气温≤5℃的日数 110～180d	新疆大部；甘肃北部；内蒙西部

相应各主和子气候分区的气候特点和对建筑的基本要求见下述。气候数据会影响当地建筑的结构特点及相应技术性能措施。

Ⅰ区内的气候特点是冬季漫长严寒，夏季短促凉爽；西部偏于干燥，东部偏于湿润；气温年较差很大；冰冻期长，冻土深，积雪厚；太阳辐射量大，日照丰富；冬季半年多大风。其建筑物要求如下：

(1) 建筑物必须充分满足冬季防寒、保温、防冻等要求，夏季可不考虑防热；

(2) 总体规划、单体设计和构造处理应使建筑物满足冬季日照和防御寒风的要求；建筑物应采取减少外露面积，加强冬季密闭性，合理利用太阳能等节能措施；结构上应考虑气温年较差大及大风的不利影响；屋面构造应考虑积雪及冻融危害；施工应考虑冬季漫长严寒的特点，采取相应的措施；

(3) I_A 区和 I_B 区尚应着重考虑冻土对建筑物地基和地下管道的影响，防止冻土融化塌陷及冻胀的危害；

(4) I_B、I_C 和 I_D 区的西部，建筑物尚应注意防冰雹和防风沙。

Ⅱ区内的气候特点是冬季较长且寒冷干燥、平原地区夏季较炎热湿润，高原地区夏季较凉爽，降水量相对集中；气温年较差较大，日照较丰富；春、秋季短促，气温变化剧烈；春季雨雪稀少，多大风风沙天气，夏秋多冰雹和雷暴。其建筑物特点如下：

(1) 建筑物应满足冬季防寒、保温、防冻等要求，夏季部分地区应兼顾防热；

(2) 总体规划、单体设计和构造处理应满足冬季日照并防御寒风的要求，主要房间宜避西晒；应注意防暴雨；建筑物应采取减少外露面积，加强冬季密闭性且兼顾夏季通风和利用太阳能等节能措施；结构上应考虑气温年较差大、多大风的不利影响；建筑物宜有防冰雹和防雷措施；施工应考虑冬季寒冷期较长和夏季多暴雨的特点；

(3) $Ⅱ_A$ 区建筑物尚应考虑防热、防潮、防暴雨，沿海地带尚应注意防盐雾侵蚀；

(4) $Ⅱ_B$ 区建筑物可不考虑夏季防热。

Ⅲ区内的气候特点是大部分地区夏季闷热，冬季湿冷，气温日较差小；年降水量大；日照偏少；春末夏初为长江中下游地区的梅雨期，多阴雨天气，常有大雨和暴雨出现；沿海及长江中下游地区夏秋常受热带风暴和台风袭击，易有暴雨大风天气。其建筑物特点如下：

(1) 建筑物必须满足夏季防热、通风降温要求，冬季应适当兼顾防寒；

(2) 总体规划、单体设计和构造处理应有利于良好的自然通风，建筑物应避西晒，并满足防雨、防潮、防洪、防雷击要求；夏季施工应有防高温和防雨的措施；

(3) $Ⅲ_A$ 区建筑物尚应注意防热带风暴和台风、暴雨袭击及盐雾侵蚀；

(4) $Ⅲ_B$ 区北部建筑物的屋面尚应预防冬季积雪危害。

Ⅳ区内的气候特点是长夏无冬，温高湿重，气温年较差和日较差均小；雨量丰沛，多热带风暴和台风袭击，易有大风暴雨天气；太阳高度角大，日照较小，太阳辐射强烈。其建筑物特点如下：

(1) 本区建筑物必须充分满足夏季防热、通风、防雨要求，冬季可不考虑防寒、保温；

(2) 总体规划、单体设计和构造处理宜开敞通透，充分利用自然通风；建筑物应避西晒，宜设遮阳；应注意防暴雨、防洪、防潮、防雷击；夏季施工应有防高温和暴雨的措施；

（3）Ⅳ_A区建筑物尚应注意防热带风暴和台风、暴雨袭击及盐雾侵蚀；

（4）Ⅳ_B区内云南的河谷地区建筑物尚应注意屋面及墙身抗裂。

Ⅴ区内的气候特点是立体气候特征明显，大部分地区冬温夏凉，干湿季分明；常年有雷暴、多雾，气温的年较差偏小，日较差偏大，日照较少，太阳辐射强烈，部分地区冬季气温偏低。其建筑物特点如下：

（1）建筑物应满足湿季防雨和通风要求，可不考虑防热；

（2）总体规划、单体设计和构造处理宜使湿季有较好自然通风，主要房间应有良好朝向；建筑物应注意防潮、防雷击；施工应有防雨的措施；

（3）Ⅴ_A区建筑尚应注意防寒；

（4）Ⅴ_B区建筑物应特别注意防雷。

Ⅵ区内的气候特点是长冬无夏，气候寒冷干燥，南部气温较高，降水较多，比较湿润；气温年较差小而日较差大；气压偏低，空气稀薄，透明度高；日照丰富，太阳辐射强烈；冬季多西南大风；冻土深，积雪较厚，气候垂直变化明显。其建筑物特点如下：

（1）建筑物应充分满足防寒、保温、防冻的要求，夏天不需考虑防热；

（2）总体规划、单体设计和构造处理应注意防寒风与风沙；建筑物应采取减少外露面积，加强密闭性，充分利用太阳能等节能措施；结构上应注意大风的不利作用，地基及地下管道应考虑冻土的影响；施工应注意冬季严寒的特点；

（3）Ⅵ_C区和Ⅵ_B区尚应注意冻土对建筑物地基及地下管道的影响，并应特别注意防风沙；

（4）Ⅵ_C区东部建筑物尚应注意防雷击。

Ⅶ区内的气候特点是大部分地区冬季漫长严寒，南疆盆地冬季寒冷；大部分地区夏季干热，吐鲁番盆地酷热，山地较凉；气温年较差和日较差均大；大部分地区雨量稀少，气候干燥，风沙大；部分地区冻土较深，山地积雪较厚；日照丰富，太阳辐射强烈。其建筑物特点如下：

（1）建筑物必须充分满足防寒、保温、防冻要求，夏季部分地区应兼顾防热；

（2）总体规划、单体设计和构造处理应以防寒风与风沙，争取冬季日照为主；建筑物应采取减少外露面积，加强密闭性，充分利用太阳能等节能措施；房屋外围护结构宜厚重；结构上应考虑气温年较差和日较差均大以及大风等的不利作用；施工应注意冬季低温、干燥多风沙以及温差大的特点；

（3）除Ⅶ_D区处，尚应注意冻土对建筑物的地基及地下管道的危害；

（4）Ⅶ_B区建筑物尚应特别注意预防积雪的危害；

（5）Ⅶ_C区建筑物尚应特别注意防风沙，夏季兼顾防热；

（6）Ⅶ_D区建筑物尚应注意夏季防热要求，吐鲁番盆地应特别注意隔热、降温。

《民用建筑热工设计规范》中的建筑热工气候分区是为了使建筑热工设计与地区气候

相适应，保证室内基本的热环境要求。由于这一分区主要适用于建筑热工设计，因此该区划是根据建筑热工设计的实际需要，以及与现行有关标准规范相协调，分区名称要直观、贴切等要求制订的。建筑热工设计主要涉及冬季保温和夏季隔热，主要与冬季和夏季的温度状况有关。因此，用累年最冷月（即1月）和最热月（即7月）平均温度作为分区主要指标，累年日平均温度≤5℃和≥25℃的天数作为辅助指标，将全国划分成五个区，即严寒、寒冷、夏热冬冷、夏热冬暖和温和地区，并提出相应的设计要求。建筑热工设计分区的区划指标及设计要求如表 3.1-2 所示。

建筑热工气候规划指标　　　　　　　　　　　表 3.1-2

一级区划名称	分区指标		设计要求
	主要指标	辅助指标	
严寒地区	最冷月平均温度≤−10℃	日平均温度≤5℃的天数≥145d	必须充分满足冬季保温要求，一般可不考虑夏季防热
寒冷地区	最冷月平均温度0～−10℃	日平均温度≤5℃的天数90～145d	应满足冬季保温要求，部分地区兼顾夏季防热
夏热冬冷地区	最冷月平均温度0～−10℃，最热月平均温度25～30℃	日平均温度≤5℃的天数0～90d，日平均温度≥25℃的天数40～110d	必须满足夏季防热要求，适当兼顾冬季保温
夏热冬暖地区	最冷月平均温度>10℃，最热月平均温度25～29℃	日平均温度≥25℃的天数100～200d	必须充分满足夏季防热要求，一般可不考虑冬季保温
温和地区	最冷月平均温度0～13℃，最热月平均温度18～25℃	每日平均气温≤5℃的天数0～90d	部分地区应考虑冬季保温，一般不考虑夏季防热

解决建筑舒适度和节能问题有三步：

第一步，按国家节能规范确定建筑和围护结构的热工性能，达到最低标准要求；

第二步，采用被动技术手段（太阳辐射热得热、自然通风、遮阳、能源平衡、电扇等）改善舒适度；

第三步，就是采用暖通空调系统保证全年任何气候条件下的舒适度。前面介绍的建筑气候介绍了前两步的结果，而合理选择暖通空调系统同样需要对当地气候进行分析。在第5章将对具体做法进行介绍。

可建立一个坐标系来分析不同地区的12个月的平均气象参数，横坐标是月平均温度，而纵坐标是月平均湿度，可以通过显示某地12个月的温湿度数据，并与自然舒适条件进行比较，可以得到当地的舒适或不舒适期间，及不舒适的温度和湿度情况，以便可以选择对应措施。下图是一些处于不同气候区的城市一年当中月平均气温（横坐标）和月平均相对湿度（纵坐标）的变化图。处于图右上角区域表示气候"闷热"，右下角表示"干热"，左上角则是"阴冷潮湿"，左下角是"寒冷刺骨"。城市12个月的气象数据连接起来构成一个数据链，可以看出不同的城市其气候特点相差很大，因此需要根据不同城市选择不同的暖通技术措施进行对应。分别对不同气候区的哈尔滨、沈阳、北京、兰州、上海、南京、重庆、成都、广州、南宁、贵阳、昆明、西宁和乌鲁木齐等城市的数据进行统计，制作在图3.1-1中。在图中的最左侧表示冬季的状态，最右侧表示夏季的情况。

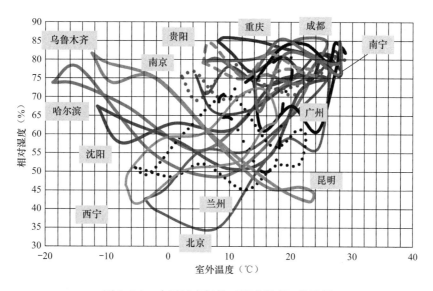

图3.1-1 中国城市气候（温度湿度）族聚图

针对图中各个城市气候特点，分析如下：哈尔滨冬季温度很低，采暖日数176天。但相对湿度变化比较大，相对湿度全年变化较大，从最低的4月48.7%到8月75.4%。夏季7月气温最高，同时湿度也处于最高的水平，日温度较差（15.8℃）很大，有利于夏季自然通风降温，防止夏季房间过热。沈阳的冬季温度也处于较低水平，全年湿度在50.8%（4月）～74.9%之间变化，温度日较差也比较大（11℃）也处于较高水平，可有效利用自然通风防止夏季房间过热。北京气候条件比较复杂，冬季比较寒冷干燥，空气含湿量低，而夏季温度比较高，同时湿度也处于较高水平，而且变化幅度很大，这就对暖通系统的调节提出了很高的要求。北京温度日较差（11.3℃）比较大，有利于夏季自然通风降温。兰州全年气候相对凉爽，夏季最热月平均温度22.2℃。全年湿度范围在48.7%（2月）～70.3%（10月）之间变化，温度日较差（12.8℃）自然通风潜力大。上海全年湿度比较大，尤其是夏季3个月都在80%以上，最热月平均温度27.8℃处于较高水平。全年最低湿度也超过了66%，因此属于闷热地区，需要连续使用空调系统降温除湿，在上海长三角地区，还有一段黄梅天气，此时温度低湿度大，不利于供暖，也不利于降温除湿，是目前暖通系统的使用盲区。上海计算供暖日期为54天，需要供暖以提高冬季舒适度。上海地区温度日较差（7.5℃）处于降低水平，自然通风降温潜力不大。夜晚气候尤其闷热不利于睡眠。南京气候与上海比较接近，但夏季最热月温度要高于上海，闷热更加难耐，是中国"四大火炉城市"之一。最低温度也低于上海，其自然舒适度比上海更低。但温度日较差（8.8℃）高于上海。重庆冬季到夏季的温度变化较南京小，但全年湿度一直处于较高水平，全年湿度都在 74％以上，加上冬季日照程度不足，因此冬季潮湿阴冷，夏季闷热，也是舒适度较低的城市。而且重庆温度日较差（6.8℃）较小，夜晚自然通风潜力不足，舒适感更差。虽然气候没有 1 天达到 5℃的采暖限，但不采暖冬季很难忍受。成都每个月的温度都低于重庆，夏季的闷热情况有所好转，温度日较差（7.4℃）也略高。但成都湿度也一直处于高位，最低在 75％以上。加上成都地处四川盆地，太阳辐射低，因此冬季阴冷潮湿舒适度低。自然通风潜力不足。虽然气候没有 1 天达到 5℃的采暖限，但不采暖冬季很难忍受。广州处于炎热地区，从温度上看最冷月平均温度 13.9℃，似乎无需供暖。但从湿度看，相对湿度一直处于高位，加之有"回南天"，因此冬季辐射供暖是降低房间湿度提高舒适度的一个重要方案。夏季高温高湿空调需要连续运行，即使达到设定温度也需要风循环，否则还是会出现不舒适的感觉。广州在 10～12 月处于湿度较低的水平，这个时期是自然舒适的时期。广州的日较差（7.5℃）不是很大，因此需要使用遮阳措施防止房间过热，减少空调能耗。南宁除 10～11 月仍处于高湿度情况下外，其他月份的与广州比较接近。采取的舒适措施也类似。贵阳的气候情况与程度比较接近，但夏季温度和湿度更低一些，自然舒适度高一些。冬季有 20 天计算采暖期。昆明最热月平均温度 19.8℃。从 4～10 月温度变化不大，气温合适是避暑的好地方。低温月份湿度比较合适，是自然舒适度高的地区。温度日较差（11.1℃）较大，自然通风潜力大。西宁最热月平均温度 17.2℃，温度日较差（13.7℃）比较大，自然通风潜力大，无需使用空调。但冬季气温较低，有较长的供暖期（162 天）。乌鲁木齐温度和相对湿度是负对应，温度高时湿度低，而温度低时湿度高。夏季属于干热，更适合辐射供冷。冬季采暖期长（162 天），对建筑保温要求高。

各城市的气候条件具体分析与暖通系统方案确定请见第五章内容。相比世界同等纬度的城市，中国大部分城市的气候条件不是很好，很多南方城市常年处于潮湿状态，而许多北方城市会出现冬季阴冷、夏季闷热的气候状况。还有一些局部的恶劣气候特征，如长三角的梅雨季节，两广地区的回南天，随着人民舒适度水平的提高，都需要暖通空调系统进行对应处理。而且，在节能环保的大背景下，需要提供控制优化和使用节能的解决方案。单体设备运行已经越来越不能满足社会的实际需求。

3.2　城市气候与建筑特点

气候是外在环境因素，如果没有建筑的庇护，在世界的任何地方，人类都不可能在全年范围内健康和舒适地生存和发展。所谓建筑环境，就是要合理利用外部气象资源，在建筑内部建立健康、舒适、高效、便利和节能、生态的运行模式。因此，对气候的分析是必不可少的内容。

对气候的分析，可从两个方面着手：一是自然环境条件与人体健康和舒适度的吻合情况；二是自然资源（太阳光、太阳辐射、风力、水资源、地热等）的可利用程度。所谓被动措施就是直接对太阳和风力资源的一种有效利用。对气候的分析从以下几个方面着手：

（1）当地冬季和夏季的温度变化情况，其对围护结构选择起到指导作用；

（2）冬季（3个月）和夏季（3个月）的太阳辐射情况，其对被动措施（活动遮阳等）的使用起到指导作用；

（3）气候区风力资源潜力，在自然通风的利用方面起到指导作用；

（4）全年温度和湿度变化情况，其对暖通空调系统的正确选择起到指导作用。另外还可以根据气候分区制定不同的节能控制措施，如国家标准《公共建筑节能设计标准》、《严寒和寒冷地区居住建筑节能设计标准》、《夏热冬冷地区居住建筑节能设计标准》、《夏热冬暖地区居住建筑节能设计标准》等，就是根据建筑所处的不同气候区而采取不同围护结构和被动措施的要求。

对建筑围护结构的要求与冬季和夏季的气候数据有关。冬季的温度气候特点采用采暖度日数 HDD18 来衡量，其计算方式是一年中当某天室外日平均温度低于18℃时，将该日平均温度与18℃的差值数乘以1d，得到当天的度日数，最后全年的所有度日数值累加，就是 HDD18，其单位为℃·d。夏季的温度气候特点采用空调度日数表示，目前中国使用的是 HDD26 计算日平均温度超过26℃时的乘积累加值，而美国使用的是 HDD10 计算日平均温度超过10℃时的乘积累加值。中美差别之处在于，美国考虑阳光辐射对室内过热的影响，因而在不同气候区（寒冷和严寒）都对窗户的得热系数进行了规定限制，而中国则未只对严寒地区的窗户得热系数做出限定。美国将其国家建筑气候分为8个分区，极热区、热区、温区、热—海洋性气候区、过渡区、过渡—海洋性气候区、寒冷区、严寒区地区。而中国则分为5个分区，严寒地区、寒冷地区、夏热冬冷地区、夏热冬暖地区与温和地区，区域分区主要是根据最冷月和最热月的温度指标，中国建筑热工气候分区分类指标见表 3.1-2。

美国气候分区的标准则是根据采暖度日数和空调度日数的数据进行一级分类，并根据干湿和海洋性气候特点进行二级分类，其分类条件见表 3.2-1。

美国建筑气候分区标准　　　　　　　　　　　　表 3.2-1

区域	特点	热条件
1	极热-1A（湿）、1B（干）	5000＜CDD10
2	热-2A（湿）、2B（干）	3500＜CDD10≤5000
3	温-3A（湿）、3B（干）	2500＜CDD10≤3500
3	温-海洋 3C	CDD10≤2500，HDD18≤3000
4	热-海洋 4A（湿）4B（干）	CDD10≤2500，2000＜HDD18≤3000
4	热-海洋 4C（海洋）	2000＜HDD18≤3000
5	过渡-海洋 5A（湿）5B（干）C（海洋）	3000＜HDD18≤4000
6	过渡- 6A（湿）6B（干）	4000＜HDD18≤5000
7	寒冷	5000＜HDD18≤7000
8	严寒	7000＜HDD18

表 3.2-1 的二级分区条件中，干性气候的指标是降雨量，$P＜20×(T+20)$，其中 P

为年降雨量，mm；T 为年平均温度，℃。海洋性气候则是根据最冷最热月的平均温度和最大降雨月与最小月的差值来确定。在分区确定后，每个分区的不透明和透明围护结构热工性能要符合美国 ASHRAE Standard 90.1 的具体要求。而在国内节能标准也是根据气候区对围护结构参数有不同的法定规定值以保证其节能性。按采暖度日数 HDD18 和空调度日数 CDD10 对国内一些城市的气候数据进行处理得到散点图见图 3.2-1。应当指出，对于 CDD10 数值较低的城市，对于非人员密集的建筑（如住宅），应该优先考虑遮阳，而不是使用空调来调节夏季的室内舒适度。

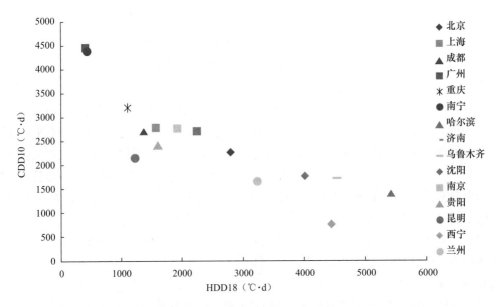

图 3.2-1　采暖-空调度日数散点图

太阳辐射在不同地区是不相同的，除了纬度的影响外，还有大气透明度的影响。在白天接受太阳辐射的同时，还有地面和空气辐射损失，特别是夜间的辐射散失。因此，需要了解不同气候区的太阳净辐射量情况作为全年利用或减少阳光辐射的依据。净辐射指建筑表面从环境中得到的净辐射量，等于白天得到的正辐射减去夜间失去的辐射量，可以近似理解为单位建筑表面全年的总得热（负值表示失热）。图 3.2-2 是中国大陆区域全年太阳净辐射图。净辐射量并不与白天的太阳总辐射量成正比，白天太阳辐射量小的地区也并不意味净辐射量低。另外，还可以分析冬季和夏季时间的太阳净辐射量作为使用被动太阳能的依据。图 3.2-3 所示的 1 月份中国北方地区的净辐射量是负值，表示其地表面向外部空间净损失能量。在这种情况下，要减少建筑的辐射热损失，应该减少建筑外表面积，也就是降低建筑的体形系数，以达到节能目的。也可以考虑在建筑外表面使用辐射率较低的材料，如木材，以减少向空间的辐射热损失（净辐射）。当然，采取这种措施也会影响白天对太阳辐射的吸收。同时，可以看出 1 月份太阳净辐射得热从北到南呈现不断增加的状况，因此在净辐射不同的地区所需要采取的对应措施是不一样的。在净辐射较低或负值地区冬季需要连续采暖提供能量保证室内温度处于舒适状态。从净辐射的变化趋势看，其等值线与目前国家供暖政策，以淮河为集中供暖分界线有一定的吻合性，这也说明集中供暖政策有一定的合理性。对有较大净辐射的地区，冬季利用太阳辐射具有较大的潜力，应深入研究找出其可行的围护结构和被动措施，降低采暖能耗。图3.2-4 表示夏季 7 月份的太阳净辐射，从图中可以看出，即使在严寒地区净辐射值也较大，因此也需要采取措施减少太阳得热避免室内过热。净辐射图与太阳辐射图（见第 5 章）一起作为有效利用太阳能的分析工具。

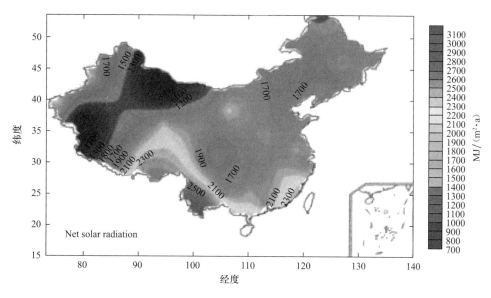

图 3.2-2　中国全年净辐射分布数值图

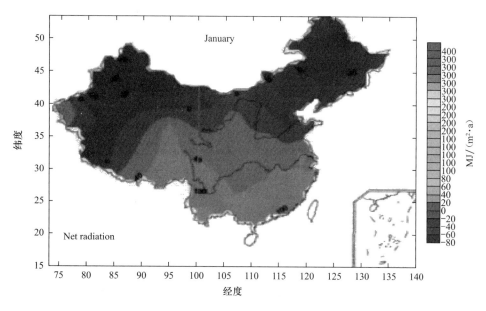

图 3.2-3　中国 1 月份净辐射分布数值图

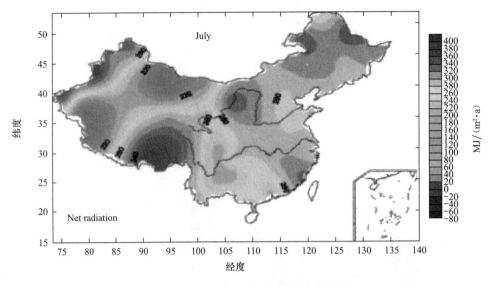

图 3.2-4　中国 7 月份净辐射分布数值图

　　图 3.2-5 是对不同地区夏季 3 个月太阳总辐射量与冬季 3 个月太阳总辐射量的散点图，其可以看出使用被动措施的潜力。对于冬季太阳辐射较低的地区，如成都、重庆，即使冬季室外气温不是很低，可由于太阳辐射量较低因此无法使用被动太阳能提升室内温度，更需要配置采暖设备以提高室内热舒适度。而对太阳辐射较高地区，则可以通过合理布置房间的方位，如将卧室布置在南侧得热量最多的方向，这样可以在冬天白天接受最多的太阳辐射热，室内使用蓄热结构把白天的得热延续到夜间使用。而只在白天使用的起居室等场所，则可布置在其他方向。

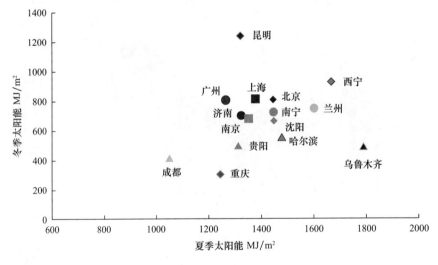

图 3.2-5　夏季和冬季太阳能辐射量关系图

　　昆明的冬季太阳辐射比较充足，其冬季利用太阳能加热室内的潜力更大，即使其月平均温度不是很高（约 8～10℃），合理利用太阳辐射可以保持室内较高的热舒适度。而昆明的夏季太阳辐射不是很高，室外温度也较低，因此昆明也被称作四季如春舒适的

"春城"。而乌鲁木齐冬季太阳辐射偏低，加上室外温度偏低（−12～1℃），因此需要比较大的供热量。而夏天当地的太阳辐射却很大，因此如果没有遮阳措施，则需要配置空调以对应室内过热。可以通过使用采暖和空调度日数（图 3.2-1）与冬季和夏季太阳辐射（图 3.2-5）联合分析，对有些地区，夏季舒适度控制方面应优先使用遮阳措施而不是使用空调设备。需要遮挡的是夏季过量的太阳辐射而不是冬季的太阳辐射，因此需要根据太阳的高度角和建筑所处的位置，合理确定外部和内部的遮阳檐对策。

空气在旋转的地球上移动，成为自然风。而地球的转动并不是自然风产生的原因，大气压力才是驱动空气移动的主要原因。太阳辐射分布在地表上随纬度的升高而减少，以及地球自转偏转力的作用，南北半球中接近地面由赤道向极地出现四个气压带（见图 3.2-6）：赤道低压带、副热带高压带、副极地气压带、极地气压带。此作用在半球上形成 6 种不同类型的行星风系。信风风系，从亚热带高压地区向赤道一侧盛行偏东的气流，约出现在纬度 5°～30°之间，在北半球称为东北信风；西风风系，由亚热带向极地一侧至亚极地低压带之间盛行的偏西气流，约出现在 30°～60°之间；东风风系，两极地区存在的偏东气流，约出现在 60°～90°之

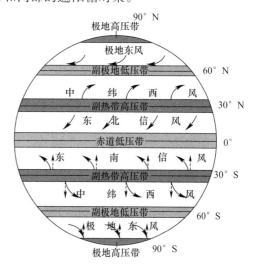

图 3.3-6　地球气压带

间；静风风系，亚热带最上部 30°纬度附近，风向微弱而不稳定，另外一支出现在赤道附近；季风风系，在信风风系中存在由于季节变化风向有规律地相反或方向显著变化的现象，称作季风；热带气旋风系，热带地区太阳辐射强烈，容易出现气旋式环流，称为热带气旋或热带风暴，其特征是超大的风力和极大的降雨量，还有发生岸边巨浪，具有强大的破坏性。

传统建筑会最大限度利用自然资源，因此不同风系上的传统建筑具有不同的建筑风格。以下面图中四种典型气候的建筑来看，图 3.2-7 为静风带传统建筑，其特点是该区域全年气候炎热，特别是夏天湿热，需要增大室内通风速度，以提高室内舒适度。建筑外檐有高大的受风面积捕捉气流引到室内，形成自然通风，产生室内空气流动；图 3.2-8 为西风带建筑，该区域夏季室外温度不高湿度也合适，不需要自然通风排除室内热量和湿度。但冬季气温较低，需要门窗紧闭以减少热量损失。对通风的要求是保证室内空气质量的微弱换气；图 3.2-9 是内陆干燥季风带建筑，其气候特点是降雨量少，全年干燥日太阳辐射大，夏季白天气温经常高于 35℃。因此，不能直接自然通风，而需要先做降温处理。自然风先通过庭院内的水池吸收水分降温后，再通风穿过建筑，以降低大蓄热容量建筑构件的温度，以达到室内舒适的目的。另外为防止太阳直接照射，在建筑外部设置通廊和骑楼；图 3.2-10 为湿热有台风地区的建筑，由于台风有巨大的破坏力，因此建筑结构必须坚固、可靠。另外，还要加强通风，遮挡太阳直接辐射。因此，外部留有走廊以保持遮阳，缓冲、保持稳定的自然通风。

图 3.2-7　静风带建筑

图 3.2-8　西风带建筑

图 3.2-9　内陆干燥季风带建筑

图 3.2-10　湿热台风区建筑

通过研究当地气候的热湿特点,可以确定建筑所需要的暖通空调系统类型和控制策略。使用统计气象数据得到 1～12 月每个月的月平均温度和月平均含湿量绘制成图 3.2-11,图中黑线表示室外气候可以满足室内的热湿舒适度,高于黑线上线的表示温度合适但湿度较大的潮湿区;在黑线左侧垂直线外表示温度低,为寒冷区和湿冷区;在黑线右侧上部为温度和湿度都过高的热湿区,右侧下部为温度高但湿度低的干热区。如果没有围护结构和被动措施的庇护,从图中北京地区(连成环状图)的点分布可以看出,北京只有 2 个月处于自然舒适区,而 3 个月处于寒冷区,4 个月处于低温区,1 个月处于略热区,而 2 个月处于高温潮湿区。不同气候特点需要采用的围护结构和被动措施见第 6 章介绍。从图 3.2-10 的情况看,这个图的结果与北京目前采用的 4 个月采暖季(11 月 15 日～3 月 15 日)及 2 个月的空调使用时间是相吻合的。

从图 3.2-11 的数据看,许多中国城市在很长时间内处于湿冷和潮湿状态下,如长三角区域的梅雨季和珠三角区域的回南天气,而此时温度既不适合采暖也不适合制冷,目前还没有合适的处理设备对应这种状态。这需要科技创新以产生合适的暖通设备和系统,可能需要不同类型(对流、辐射)末端设备混合使用,除湿功能段与新风系统配套使用以达到全年热湿舒适的最佳效果。

对温度和湿度(含湿量)数据的联合分析,可以从全年的角度出发制定整体的热舒适解决方案,不仅要解决温度不适合问题,也要同时解决湿度不适合的问题。湿度不一定是按人体舒适度来衡量的,也可能是环境健康要求,需要抑制细菌孳生、防止名贵书

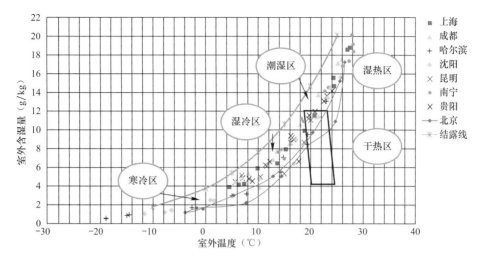

图 3.2-11　各月份温湿度与舒适区

画和名贵家具性能下降而提出的湿度控制值。此外，特殊环境、湿度和温度的变化速率，有时也需要进行限值。而对老年人来言，由于新陈代谢减弱，因此需要室内温度略高，要避免气流直吹，空气质量也要求更高、亮度也要更高，因而对暖通空调系统和灯光等机电系统有特殊要求。机电（含暖通空调）系统是在围护结构热工、被动措施之后的热湿舒适保证措施，其设计和选型要在上述两者的基础上进行，其控制方式也要和被动措施相结合，只有这样才可以最大限度保证室内健康和舒适，也能降低建筑能源消耗。

建筑气候学还是一个正在发展的科学学科。自从空调机发明之后，建筑可以在很大程度上克服了自然束缚，可以实现巨大尺寸、巨大空间的建筑作品。传统建筑的经验被放弃和遗忘，建筑能耗快速增长、环境健康问题不断出现。20世纪70年代能源危机之后，世界各国逐步对建筑能耗提出减少要求，并进行国家管制，在此基础上同步实现绿色减排和环境可持续发展的目标。目前发达国家要减少70%的能耗，而发展中国家也要设定节能目标。而传统建筑中蕴含了千百年来古人的智慧结晶，其原则是可以通过建筑气候学分析和总结的，可以对新建筑和既有建筑改造提供可以借鉴的解决思路。气候分析是建筑优化的一个重要技术工具，通过以气候学特性与建筑设计建立起有效的连接，将导致性能更高、能耗更低的建筑出现。本节所介绍的四种建筑气候分析方法并不全面，更多更好的分析方法尚待研究开发。

在人类与自然做斗争的历史过程中，建筑作为遮风避雨、防寒祛暑的场地有数百万年的演化进程。在这个过程中充满艰辛，充满危险，用辛勤的汗水改造环境。从原始穴居走来，建筑环境越来越好，室内也越来越舒适、美观、理想化。在不同地区出现凝结人类智慧的各种类型建筑形式。这些建筑形式适合当地气候特点，结实可靠，并尽可能利用当地自然资源提供最大的舒适，其在热工围护结构和被动措施上的技术特点值得现代建筑师学习和掌握。

北京处于寒冷气候区，为典型的暖温带半湿润大陆性季风气候。夏季高温多雨，冬季寒冷干燥，春、秋短促。四合院是北京地区乃至华北地区的传统住宅。其特点是按南北轴线对称布置房屋和院落，坐北朝南，大门一般开在东南角，门内建有影壁，外人看不到院内的活动。正房位于中轴线上，侧面为耳房及左右厢房。正房是长辈的起居室，厢房则供晚辈起居用，这种住宅设计注重保温防寒避风沙，外围砌砖墙，整个院落被房屋与墙垣包围，硬山式屋顶，墙壁和屋顶都比较厚实，见图 3.2-12。

　　江苏属于温带向亚热带的过渡性气候。最冷月为 1 月份，平均气温 -1.0～3.3℃，7月份为最热月，沿海部分地区和里下河腹地最热月在 8 月份，平均气温 26～28.8℃。江苏民居以苏州（夏热冬冷区）为代表。苏州水网密布，地势平坦，房屋多依水而建，门、台阶、过道均设在水旁，民居自然被融于水、路、桥之中，多楼房，砖瓦结构为主。青砖蓝瓦、玲珑剔透的建筑风格，形成了江南地区纤巧、细腻、温情的水乡民居文化。由于气候湿热，为便于通风、隔热潮、防雨，院落中多设天井，墙壁和屋顶较薄，利于自然通风、散热，有的有较宽的门廊或宽敞的厅阁，见图 3.2-13。

图 3.2-12　北京传统建筑——四合院

图 3.2-13　苏州传统民居建筑

图 3.2-14　傣家传统建筑——竹楼

　　云南西双版纳地区属于温和气候区，热带雨林气候，气候炎热潮湿多雨。傣家的干栏式建筑，房顶呈"人"字形，房顶易于排水，不会造成积水的情况出现。一般，傣家竹楼为上下两层的高脚楼房，高脚是为了防止地面的潮气，竹楼底层一般不住人，是饲养家禽的地方。上层为人们居住的地方，这一层是整个竹楼的中心，室内的布局很简单，一般分为堂屋和卧室两部分，堂屋设在木梯进门的地方，比较开阔，在正中央铺着大的竹席，是招待来客、商谈事宜的地方，在堂屋的外部设有阳台和走廊，在阳台的走廊上放着傣家人最喜爱的打水工具竹筒、水罐等，这里也是傣家妇女做针线活的地方。堂屋内一般设有火塘，在火塘上架一个三角支架，用来放置锅、壶等炊具，是烧饭做菜的地方。从堂屋向里走便是用竹围子或木板隔出来的卧室，卧室地上也铺上竹席，这就是一家大小休息的地方了。整个竹楼非常宽敞，空间很大，也少遮挡物，通风条件极好，非常适宜于西双版纳潮湿多雨的气候条件，见图 3.2-14。

陕北属于寒冷区，基本上都属于中温带干旱大陆性季风气候，又位于西风带、日照充足、四季分明、气候多变、温差较大、气温偏寒、雨少不匀、春多风沙、夏季多雨、冬季受干燥而寒冷的变性极地大陆性气团控制，形成低湿、寒冷、降水稀少的气候特点。窑洞式住宅是陕北甚至整个黄土高原地区较为普遍的民居形式。分为靠崖窑、地防窑和砖石窑等。靠崖窑是在黄土垂直面上开凿的小窑，常数洞相连或上下数层；地坑窑是在

图 3.2-15　西北传统建筑——窑洞

土层中挖掘深坑，造成人工崖面再在其上开挖窑洞。砖石窑是在地面上用砖、石或土坯建造一层或两层的拱券式房屋。黄土高原区气候较干旱，且黄土质地均匀，具有胶结和直立性好的特性，土质疏松易于挖掘，故当地人民因地制宜创造性地挖洞而居，不仅节省建筑材料，而且具有冬暖夏凉的优越性，见图 3.2-15。

扩展阅读：中德气候与室内气候系统比较

德国的纬度相当于中国的黑龙江省，德国位于大西洋和东部大陆性气候之间的凉爽西风带，温差不算大。冬季无寒冬，夏季无酷暑。以德国的柏林和中国的哈尔滨、北京和上海共 4 个城市的月平均气候数据整理成下图：

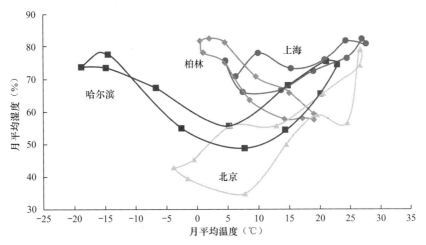

图中可以看出，德国两个城市的气温在冬季不是很低，在夏季也不是很高，相对湿度则是冬季很高而夏季很低。德国的冬季虽然不是很冷，但由于气候潮湿，体感不是很好，而辐射供暖则可以稳定提高室内温度、墙壁温度、进而降低室内空气的湿度、降低墙壁结露发霉现象，是非常舒适的采暖方式。而柏林夏季气温不高，最热月的相对湿度也不高，其舒适度明显好于对比的国内城市。因此即使在柏林使用辐射供冷，其除湿要

求也不是很高。而国内的 3 个城市在夏季最热月温度和相对湿度都高于柏林。因此，特别对应夏天，适合柏林的室内环境舒适系统不适合在这些中国城市使用。

3.3　气候资源有效利用

气候是大气物理特征的长期平均状态，它具有一定的稳定性。例如，中国东部地区 7 月份较为闷热；北方地区 1 月份和 2 月份多严寒（冰雪）天气；西北地区气候干旱，昼夜温差大等。气候以冷、暖、干、湿等特征来衡量，通常由某一时期的平均值和离差值表征。

表明大气物理状态、物理现象的各项气象要素主要有：气温、气压、风、湿度、云、降水以及各种天气现象。扩大气象要素的概念还可包括日照特性、大气电特性等大气物理特性，还有自由大气中的气象要素。气象的观测项目有：每小时气温、湿度、地温、风向、风速、降水、日照（不同方向的辐射值）、气压、天气现象等。这些气象因素对人机体的冷热感觉、体温调节、心血管功能、神经功能、免疫功能、新陈代谢等多种生理功能，起着综合调节作用。合适的气象条件可使机体处于良好的、舒适的状态。

当地的气象数据决定了采暖、空调和通风的室外设计温度、湿度值，气象数据以全年 8760h 的每小时数据为基础进行恰当处理得到设计值。由于室内设计参数是标准热舒适条件，因此当地室外设计值确定后，建筑围护结构和被动措施选定后，其采暖、空调和通风的负荷也就确定了，在此基础上可以设计暖通系统和选择设备容量。按国家标准《民用建筑供暖通风与空气调节设计规范》GB 50376—2012，室外计算设计参数按表 3.3-1 所示方式确定。其中历年是指满足统计处理要求的所选择某年份，而累年则是选取多年区间。

室外设计参数确定方法　　　　　　　　　　　　　　表 3.3-1

室外设计参数	确定方法
采暖室外计算温度	历年平均不保证 5 天的日平均温度
冬季通风室外计算温度	累年最冷月平均温度
夏季通风室外计算温度	历年最热月 14 时月平均温度的平均值
夏季通风室外计算相对湿度	历年最热月 14 时月平均相对湿度的平均值
冬季空气调节室外计算温度	历年平均不保证 1 天的平均温度
冬季空气调节室外计算相对湿度	累年最冷月平均的相对湿度
夏季空气调节室外计算干球温度	历年平均不保证 50 小时的干球温度
夏季空气调节室外计算湿球温度	历年平均不保证 50 小时的湿球温度
夏季空气调节室外计算日平均温度	历年平均不保证 5 天的平均温度
冬季日照百分率	累年最冷 3 个月平均日照百分率的平均值
设计计算用采暖期日数	累年日平均温度稳定低于或等于供暖室外临界温度的总日数确定。一般民用建筑供暖室外临界温度宜采用 5℃

室外设计参数实际上表明了采暖、空调和通风系统的使用特点。目前，北方地区的采暖系统在采暖季是连续运行的，建筑有很大的蓄热性，因此可以使用全天的日平均温度进行设计，这样可以减少热负荷值，可以减少热源装机容量，减少采暖水流量，降低系统投资。而空调设备是间断性使用的，以 50h 的不保证温度确定设计值，以克服很少出现的极端温度和

湿度，结果是设备容量选型过大。按《民用建筑热工设计规范》GB 50176—93，围护结构按热惰性分为四个类型，而四个类型的室外设计温度分别为—9℃、—12℃、—14℃和—16℃。在室内设计温度相同的情况下，其设计热负荷显然要差很多。

因此，上述标准中采暖室外计算温度适用于连续供暖，并且有很大的蓄热容量，即使实际供暖量低于实际散热量，由于有结构蓄热存在，室内温度暂时也不会有较大的下降。而在南方的单户供暖则不是这个情况，由于是间断供暖，又加上左邻右舍处于非供暖状态，因此单位面积供暖热量会高于室外设计温度更低的北方地区。目前，实际使用中的热源装机容量也证实了这种分析。

即使是标准规定的设计参数，也要明确其技术含义，合理使用。特别对于需要准确处理的湿度工况，上述数据选择方式可能不是非常适合。需要根据气象数据另外统计处理。而且由于很多数据处理使用的是标准年数据，而实际年份与此相比在气象极端值方面会有最大达40%的误差，因此在设计中也必须保证有一个的设计富余量，以保证实际使用效果。

按《民用建筑供暖通风与空气调节设计规范》GB 50736—2012，室内设计条件如下：

供暖室内设计温度应符合下列规定（第3.0.1条）：

1）严寒和寒冷地区主要房间应采用18～24℃；

2）夏热冬冷地区主要房间宜采用16～22℃；

3）设置值班供暖房间不应低于5℃。

舒适性空调室内设计参数应符合以下规定（第3.0.2条）：

1）人员长期逗留区域空调室内设计参数应符合表3.3-2的规定；

2）人员短期逗留区域空调供冷工况室内参数宜比长期逗留区域提高1～2℃，供热工况宜降低1～2℃。短期逗留区域供冷工况风速不宜大于0.5m/s，供热工况不宜大于0.3m/s。

人员长期逗留区域室内设计参数　　　　　　　　　　　　　　　　表 3.3-2

类别	热舒适度等级	温度（℃）	相对湿度（%）	风速（m/s）
供热工况	I	22～24	≥30	≤0.2
	II	18～22	——	≤0.2
供冷工况	I	24～26	40～60	≤0.25
	II	26～28	≤70	≤0.3

供暖与空调的室内热舒适性应按现行国家标准《中等热环境 PMV 和 PPD 指数的测定及热舒适条件的规定》GB/T 18049 的有关规定执行，采用预计平均热感觉指数（PMV）和预计不满意者的百分数（PPD）评价，热舒适度等级划分应按表3.3-3采用（第3.0.4条）。

不同热舒适度等级对应的 PMV、PPD 值　　　　　　　　　　　　　　表 3.3-3

热舒适度等级	PMV	PPD
I 级	$-0.5 \leq PMV \leq 0.5$	≤10%
II 级	$-1 \leq PMV < -0.5$，$0.5 < PMV \leq 1$	≤27%

辐射供暖室内设计温度宜降低 2℃；辐射供冷室内设计温度宜提高 0.5～1.5℃（第 3.0.5 条）。

对应建筑所在地的气候特点，在建筑设计中采取对应措施，以获得更长的自然舒适时间，减少采暖和空调设备运行时间。本节使用 WEA TOOL 软件根据北京气象数据进行分析，相应图由该软件绘制，根据其分析结果确定合理的建筑措施。其中，图 3.3-1 为北京全年的 8760h 的逐时温度，其中实线为舒适温度范围。

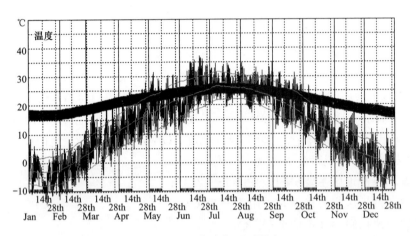

图 3.3-1　北京全年逐时温度

图 3.3-2 为 12 个月的每日太阳辐射量数据。可以看出辐射最高的夏季 3 个月是 6 月、7 月、8 月，而辐射最低的冬季 3 个月是 12 月、1 月、2 月。

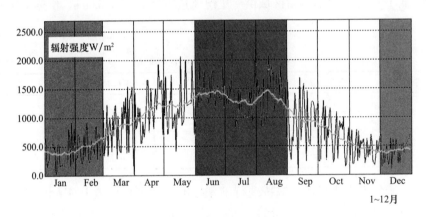

图 3.3-2　北京全年太阳辐射值

图 3.3-3 为光照分析，冬季 3 个月、夏季 3 个月和全年的最大阳光辐射值朝向，分别为南偏东（161°）、北偏东（72.5°）和南偏东（135°）。最佳朝向是冬季得热高夏季得热低的方向，在图中为 165±30°的朝向。

图 3.3-4 为全年 12 个月的温湿度数据，自然舒适区及其他感觉区。当实际气象条件位于舒适区之外的其他区域时，可采取相应的处理措施达到舒适度。

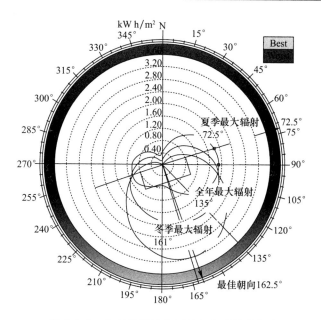

图 3.3-3　北京建筑最大辐射方向及最佳朝向

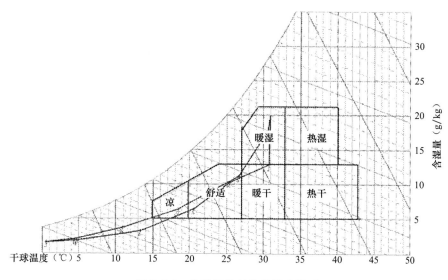

图 3.3-4　月数据及各种热湿感觉区

图 3.3-5 为室内温度超过自然舒适时可采取的对应措施。其中，包括：蒸发、通风和空调，单独或组合作用。

除选择建筑朝向外，其他可以采取的措施包括：

（1）增强围护结构蓄热能力，在稍冷和稍热时期扩大舒适区；

（2）夜间通风，可以带走白天存放在围护结构中的热量，扩大干热舒适区；

（3）被动式太阳能，扩大稍冷舒适区；

（4）自然通风，扩大暖干和暖热舒适区；

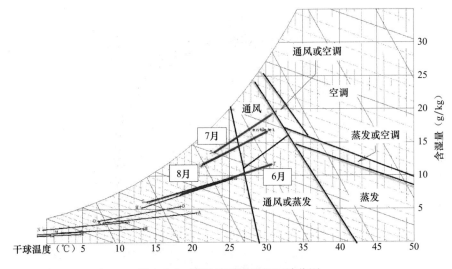

图 3.3-5　降温处理措施和区域范围

（5）直接蒸发降温，扩大干热舒适区；

（6）间接蒸发降温，进一步扩大直接蒸发降温舒适区范围。其作用范围见图 3.3-6。

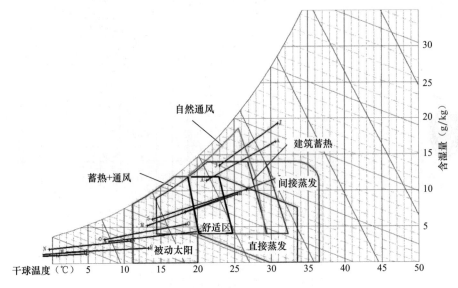

图 3.3-6　各种处理措施使用区域

采取以上各种措施后，可以增加的节能率见图 3.3-7。可以看出采取全部处理措施后主要节能部分在除冬季以外的其他季节，其节能率达到 39%，节能率比未采用任何措施高 5 倍。

以上是建筑气候的一般性分析。除此之外，窗户的朝向、开口大小和玻璃性能对采光率、阳光得热和散热、散冷也有很大的影响，对光舒适和节能有很大的影响。传统建筑是历经数千年的经验积累总结出来的，从其建筑特色中可以学习到许多环境优化的内容；相反，由于计算机软件的出现，使得建筑性能计算变得简单，但由此也导致了不考

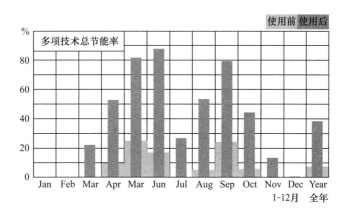

图 3.3-7 全部措施节能率

虑建筑基本原理而片面追求数值而远离实际的情况，许多设计师设计思想简单化，越来越多地使用空调、通风、灯光等设备，反而会出现更多的其他问题，许多建筑设计在项目交工后使用中会出现很多让使用者无法感到满意的情况。"最少就是最好"，现代设计应该是最大化地利用自然资源，而尽量减少使用人工设备调节。

在没有风的条件下，人体热舒适的温湿度范围见图 3.3-8 中的白色区域。对全年 12 个月每个月的最高和最低平均温度，及对应的相对湿度画线，12 条线中只会有很少的部分落入上述舒适区域，表明自然条件能够满足热舒适的时间长短。对应区域外的时间，可利用建筑措施来扩大舒适区范围。这些措施包括：使用被动太阳能的全面辐射采暖；使用自然通风提高人体舒适度；使用蓄热体延迟白天最高热量；使用蓄热体＋夜间通风把白天的蓄热晚上排出；蒸发冷却增加湿度换取温度下降。而对温度高于 20℃ 的地区，遮阳则是必须的措施。使用图 3.3-8，对应 12 个月的具体气候数据（图中只画出 1 个月的线），每个月线所处的位置采取不同的对应措施，如图中的月份线，上半部分超出舒适区，可采取的措施包括：遮阳（不同朝向）、自然通风、蓄热、蒸发冷却等。采取这些措施后，室内的热舒适条件是可以满足使用要求的。但如果月份线超过图中的各项措施范围，则就需要采用采暖和空调系统来保证舒适度了。

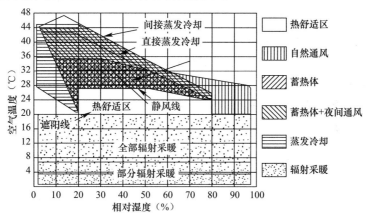

图 3.3-8 不同气候区建筑热工和被动策略图

83

　　针对不同的气候条件，利用自然气象资源可扩大舒适区的范围，如就是以室外温度和相对湿度区分的自然舒适度范围，其中的内部区域是没采用措施前的自然热舒适区，而通过太阳直接（全部）辐射可扩大舒适区范围，而超过上述范围，可使用火炉等部分辐射采暖。当室外温度超过 20℃时，需要对不同朝向的窗户使用遮阳措施。对干热和寒冷气候可采取增加蓄热的方式增大舒适区，对干热地区还可以采用蓄热＋夜间通风的组合措施。而使用自然通风可在高温和高湿状态下扩大舒适区。在低湿度的情况下，可使用直接蒸发和间接蒸发冷却方式。这种方法被称为生物气候分析法。

扩展阅读：回南天和梅雨季

　　回南天是华南地区广西、广东、福建、海南的一种天气现象。每年 3～4 月时，从中国南海吹来的暖湿气流，与从中国北方南下的冷空气相遇，形成静止锋，使华南地区的天气阴晴不定、非常潮湿，期间有小雨或大雾。回南天是天气返潮现象，"回南天"出现时，空气湿度接近饱和，墙壁甚至地面都会"冒水"，到处是湿漉漉的景象，空气似乎都能拧出水来。主要是因为冷空气走后，暖湿气流迅速反攻，致使气温回升，空气湿度加大，而建筑物的内壁还处于低温状态，其表面遇到暖湿气流后容易产生水珠，好像是墙壁和地板渗出水来了。在夏天，纵然有更潮湿的海洋气流，但墙壁和地板的表里不够冷，墙壁和地板还是不会出水的。

　　回南天在由于与建筑内表面的温度有关，因此无法只用空气温湿度参数表示，要设计控制回南天出现的墙壁结露和室内湿度过高问题，应使用其他设计分析模型。

　　梅雨主要出现于副热带季风气候区的中国长江中下游地区和中国台湾、辽东半岛、朝鲜半岛的最南部、日本的中南部，而世界同纬度的其他的地区没有梅雨。每年六七月份，都会出现持续天阴有雨的气候现象，由于正是江南梅子的成熟期，故称其为"梅雨"，此时段便被称作梅雨季节。梅雨季里空气湿度大、气温高、衣物等容易发霉，所以也有人把梅雨称为同音的"霉雨"。连绵多雨的梅雨季过后，天气开始由太平洋副热带高压主导，正式进入炎热的夏季。

　　同纬度的美国东岸中纬地带夏季风来临前后就不会出现长时期的阴雨天气，人们从未有长期天气闷热之感，发霉现象也难以出现。在世界上，只有我国长江中下游两岸，大致起自宜昌以东、北纬 29°～33°的地区，以及日本东南部和朝鲜半岛最南部有黄梅出现。梅雨是东亚地区特有的天气气候现象，在我国则是长江中下游特有的天气气候现象一般发生在春末夏初。

（百度百科）

本章参考文献

1. ［美］阿尔温德·克里尚等. 建筑节能设计手册——气候与建筑. 刘加平等译. 北京：中国建筑工业出

版社，2005

2. 中国建筑科学研究院. 多影响因素的建筑节能设计气候分区方法和指标研究. 能源基金会项目成果报告系列，2013

3. 姜海如，闻新国. 气象与健康——应用气象心理学分析. 北京：气象出版社，2013

4. ［日］大内孝子. 居住与环境——住宅建设的环境因素. 胡连荣，张伟译. 北京：中国建筑工业出版社，2015

5. 陈海曙. 全球热湿气候自然通风绿建筑. 詹氏书局，2011

6. 付祥钊，张慧玲，黄光德. 关于中国建筑节能气候分区的探讨. 暖通空调，2008，38（2）

7. 《民用建筑热工设计规范》GB 50176—1993. 北京：中国计划出版社，1993

8. 《建筑气候区划标准》GB 50178—1993. 北京：中国计划出版社，1994

9. 《民用建筑设计通则》GB 50352—2005. 北京：中国建筑工业出版社，2005

10. 《民用建筑供暖通风与空气调节设计规范》GB 50736—2012. 中国建筑工业出版社，2012

11. ［日］大西正宜. 建筑与环境共生的 25 个要点. 第 2 版. 胡连荣译. 北京：中国建筑工业出版社，2010

12. 唐鸣放. 自然通风建筑隔热降温理论与方法. 西部人居环境学刊，2013（6）

13. 闫埔华，唐坚. 中美建筑能效标准比较. 建筑实践，2015. 1

14. 文小航. 中国大陆太阳辐射及其对气象要素关系研究. ［硕士论文］. 兰州：兰州大学，2008

15. ASHRAE-Standard 90. 1—2010

16. 汤爽. 建筑物自然室温的研究. ［硕士论文］. 哈尔滨：哈尔滨工业大学，2008

17. 中国气象局气象信息中心气象资料室等. 中国建筑热环境分析专用气象资料集. 北京：中国建筑工业出版社，2005

18. 天气网：www. tianqi. com

19. http://www. hudong. com/wiki/%e5%a4%aa%e9%98%b3%e8%be%90%e5%b0%84（太阳辐射）

20. 漂亮家居编辑部. 住进有光和风的自然好宅. 台北：城邦文化事企业有限公司麦浩斯出版，2014

第4章　绿色建筑材料

4.1　绿色建材体系

　　绿色建材概念在 1988 年第一届国际材料科学研究会上提出。1992 年，国际学会为"绿色建材"制定的定义是"在原料获取、产品制造、应用过程和使用后再循环过程中，对地球环境负荷最小，对人类身体健康无害的材料"。绿色建材产品可适用于各项指标，如"室内环境指标"对于室内建材装修的计算指标与标准的意义如下：一是减少整体室内装修量节省地球资源；二是鼓励多使用绿色建材，以减少甲醛及 TVOC 等室内空气污染源，维护室内人员健康。

　　建筑材料不仅取自地球资源，与世界环境变化密切相关，而且还直接影响在建筑内的使用者的健康。可持续建筑、绿色建筑及健康建筑无不寻求与外在环境共生共荣及促进人类健康。绿色建材就是基于"生态"、"健康"、"再生"、与"高性能"四个方面的内容的材料评价体系。绿色建材分为以下四类：

　　1）生态绿色建材

　　在资源获取和产品制造阶段秉承取之自然用之于自然的原则，考核材料天然性与低人工处理量，以无匮乏天然材料经尽量少的人工处理方式制造，以求对环境无害、对人体无毒作用。

　　2）健康绿色建材

　　在应用过程中，针对室内装修材料的成分，以及涂装、粘合等过程中可能含有或添加过多的甲醛或挥发性有机化合物，直接影响人体健康与室内空气质量，因此对此类材料的健康危险程度进行管控。

　　3）高性能绿色建材

　　对建筑常用材料的主要性能，如隔声、保温、光反射等问题，采用技术手段提高建材性能，提升建筑品质与生活环境质量水平，降低能耗，节省资源。

　　4）再生绿色建材

　　为减少建筑材料消耗量，在确保材料的基本安全性与功能性的基础上提高材料再利用率，实现可持续社会的要求。

　　国际上通常使用的绿色建材体系介绍见表 4.1-1。

国际绿色建材体系清单　　　　　　　　　　　　　表 4.1-1

国	体系	材料	评定内容			
			生态	再生	健康	其他
德国	蓝天使	板材　家具 地毯　涂料 胶粘剂		减少消耗 再循环使用 再利用	低污染 低释放	高隔热 高隔声

续表

国	体系	材料	评定内容			
			生态	再生	健康	其他
德国	GuT	地毯		减少消耗 再利用 再生循环	低污染 低释放 低臭氧 低危害	防火性
	Gev Emicode Plus	地板材 胶粘剂 填充材料 表面材料			低污染 低释放 低臭氧	
芬兰	M1 家具 释放等级	地板材 墙板材 地毯 胶粘剂 设备			VOCs 甲醛 致癌化合物 氨 臭氧	
法国	建材释放 等级	地板材 隔板材 地毯 胶粘剂			VOCs 甲醛 致癌化合物	
丹麦	室内气候	地板材 地毯 家具 涂料			低释放 醛类 氨类 臭氧 低粉尘	
欧盟	EU-flower	纺织品 涂料类 硬铺面 家具	降低环境影响 可生物降解	减少消耗 节省能源资源 产品生命周期	化学物质 生物因子 物理因子	品质保证 使用说明书
美国	GREEN SEAL	门窗类 涂料 胶粘剂 地板	减少臭氧破坏		VOCs 甲醛 致癌化合物 芳香族 卤化物	
	GREEN GUARD	地板材 隔热材 吸声材 顶棚 办公家具 涂料 纺织品 清洁品			VOCs 甲醛 物理因子 化学因子	隔热、吸声
	Floor Score	地毯 地板			VOCs 甲醛 物理因子 化学因子	
加拿大	EcoLogo	地板材 隔热材 吸声材 地毯 涂料 胶粘剂 办公家具	降低环境负荷	使用再生材 可再利用	第释放 大气污染物 水污染物	隔热、吸声

续表

国	体系	材料	评定内容			
			生态	再生	健康	其他
日本	Eco-Mark	木材制品 家具 涂料	维护生态 抑制温室 臭氧破坏	省资源 减少消耗 再利用	低污染甲醛	高防火 隔热、耐火 防水强度
韩国	环保标识	地板材 隔热材 吸声材 涂料	使用可持续 森林	回收资源 使用废弃木材	低释放 重金属 卤化物 石棉纤维	
	健康建材 标识	涂料 板材 胶粘剂 填缝剂			低释放 醛类	
中国	中国环境	板材 家具 门窗 涂料 胶粘剂 纺织品	采用生态资源	使用再生材	低释放 物理因子 化学因子 生物因子	
新加坡	环保标识	混凝土 陶瓷 涂料 板材 地毯 胶粘剂 填缝剂	采用生态资源	使用再生材	VOCs 物理因子 化学因子 生物因子	
	绿色建材		采用生态资源	使用再生材	VOCs 物理因子 化学因子 生物因子	隔热 吸声 透水性

扩展阅读：Greenguard 认证

Greenguard 室内空气质量认证的中文译名是绿色卫士，是世界公认的质量第三方认证项目。获得 Greeguard 认证的产品，表明产品通过了世界上最权威的室内空气质量认证测试。由独立的、非赢利机构的 Greenguard 环境研究院（GEI）负责监督认证项目。Greenguard 普通认证是针对室内材料、家具以及构造系统的低挥发产品的认证项目。儿童和学校认证是针对用于教学场所，办公室以及其他敏感环境的室内材料、家具以及构造系统的低挥发产品的认证项目。另外，Greenguard 还有建筑工程咨询服务，其针对新建多户住宅和商业建筑的认证项目，确保项目在设计、施工和操作过程中防止霉菌并遵循最优操作指南。

（百度百科）

4.2 建材基本性能

建筑材料在传统意义上是作为功能性结构材料和围护材料而存在的。但随着科技的进步，建筑逐步突破结构及技术的束缚，一些建筑中的材料逐步从隐形的功能材料转变为显性的表现材料，甚至成为建筑形式的主要表现元素。使用情况的改变也会造成技术上的差异，新材料的性能与传统使用方式不相同，会造成建筑性能的改变。因此，需要了解材料性能及适用场合，这样才可以避免不利情况的发生。

1）矿物

泥土、石器和陶器是最早城市建设的基础。其良好的耐压程度适合厚壁低矮的结构，这种结构的形成需要将多层泥土叠放压实，制成基本的承重墙。其具有厚重感、存在感和耐用性。建筑常用的岩石包括花岗岩和玄武岩（火成岩）、砂岩和石灰石（沉积岩）、大理石、页岩和片麻岩（变质石）。

黏土、泥和砂子用来预制砖块或作为原料就地使用。陶瓷是一种非金属材料，使用黏土等加热加工成的材料。黏土制品和岩石制品的烧制温度较低（900～1300℃），而瓷器和氧化陶瓷需要温度则较高（1300～2100℃）。鉴于悠久的手工制造历史，砖瓦和铺石的尺寸与人类手工关系密切，赋予建筑结构以温暖和人性，在装饰中被广泛使用。陶瓷的生产过程消耗的能量比混凝土高许多，卫生陶瓷的生产能耗为 21MJ/kg，陶瓷砖为 9MJ/kg。但石头、砖和瓦可以被重复利用多次，即使破损也能作为建筑工程的基础填充物。土壤类材料密度高、蓄热能力强，可以增加建筑的热惰性，保持建筑内较高的舒适性，适合被动建筑使用。目前的发展方向是开发更多不需要烧制的制造工艺，以减少能量消耗。

2）混凝土

混凝土由石灰石和黏土磨碎后的混合物通过 1450℃高温烧结而成，混凝土需要经过28 天保养后才能达到最大强度。混凝土承受拉力性能较差，因而需要添加钢筋承受拉力，这就是钢筋混凝土。混凝土中还可添加各种添加剂，如催化剂、收缩或增塑剂等改善其性能。混凝土的原料很容易得到，但是生产却需要很大的能耗，3MJ/kg。而且每生产 1t混凝土会释放 2t 的二氧化碳。但混凝土可以循环利用，拆解回收的混凝土被粉碎后可在道路或者其他低级建筑内使用。当作为建筑表面使用时，混凝土高蓄热性使其可以容易实现被动式太阳能策略。混凝土可以吸收、存储大量的太阳能，推迟建筑内最大热负荷的出现时间，降低室内空气温度，提高舒适度。

3）木材

木材源于转化生物体内的物质和能量的木质素，在整个生命周期中将二氧化碳转化为氧气，将碳存储起来。木材由刚性、带方向性的细胞组成，细胞中含有纤维素、半纤维素、木质素及其他成分，是地球上最丰富的自然材料。木材是一种方向性材料，不同方向上的性能不同，木材导热系数低，并具有吸湿性，可从空气中吸收水分子。木材是一种可再生材料，也是可以是完全循环利用的生物质。木材中包含大约 50％的碳，这些碳一直被保存在木材中，直到腐烂或烧掉为止。由联合国环境规划署建立的世界环境与发展委员会在 1987 年批准包括产地和产销链许可制度在内的森林管理体系，其目的是使非法砍伐树木最小化，保证森林的可再生能力。目前国际森林管理体系中有森林管理委员会（FSC）、森林认证方案支持计划（FEPC）、美国林场系统（ATFS）、加拿大标准协会（CAS）、可持续林业倡议（SFI）等。

现代的多层板材、胶合板和芯板材中含有更多的胶水和填充材料，这导致产品的收缩和膨胀性能下降，与原木相比性能变化很大。为防止木材腐烂，用压力将防腐剂注入木材内部。煤焦油防腐剂是广泛使用的防腐剂之一，但煤焦油和普通防腐剂一样具有致癌性，在地下水中不会很快分解，因此必须谨慎使用。应尽量使用环保防腐剂，以替代传统防腐剂。

4）金属

金属可以很好地展现出力量和美感，符合人类文明所追求的内容。金属在建筑结构和外皮中得到越来越多的使用。与其他材料相比，金属具有较高的密度、强度和刚度，可塑性好且容易建造成各种形状。但采矿对生态有一定的负面影响，会引起土壤侵蚀、生物多样性锐减及土壤和地下水污染。而且生产金属的原料几乎都是不可再生的。金属生产需要非常高的能耗，钢材的生产能耗 21.3MJ/kg，而铝的生产能耗达 220MJ/kg，相比之下，ABS 塑料只有 96MJ/kg。使用金属最大的好处是可回收性，大多数金属可以容易回收并且不会降解。金属融化回收需要的能量远低于初级生产，铝只有 10%，不锈钢为 26%。但许多金属对于人是有害的，特别是重金属，如铅、汞、镉。有害金属需要严格管控。

5）玻璃

玻璃由二氧化硅和氧化硅、氧化钙、氧化镁、氧化铝等物质构成，其中 75% 左右为二氧化硅。玻璃生产过程是将原材料放入燃气炉中融化，再使用浮法玻璃方法，通过吹压等过程进行提纯和塑形，最后再通过冷却退火消除内置应力。玻璃成型后可以进行各种表面处理、分层或涂装，以改变玻璃性能。玻璃性能包括：光学透明性、传热、得热、耐久性。性能要求越高，工艺越复杂。不同气候区、不同朝向的建筑需要使用不同性能的玻璃。制造玻璃的二氧化硅熔点超过 1700℃，生产能耗 0.44MJ/kg。建筑玻璃在使用中产生的最大问题就是使用不当会给建筑带来很大的能耗。因此，需要使用不同玻璃组合（三层或在其中充惰性隔热气体，氩、氪、氙）或遮阳部件来改善这个问题。

6）塑料

塑料分为四类：热塑性材料、热固性材料、人造橡胶和热塑性人造橡胶。塑料材料具有两重性：一是具有便利、可控、适用和耐蚀性；二是生产和使用会污染环境，增加了材料循环利用的复杂性。使用生物性原料生产塑料是未来的发展方向。目前，塑料生产中原料和生产过程各自花费石油总产量的 4%。但用石油生产塑料比其被当成燃料更明智，因为塑料回收融化后可继续当作燃料用，会把能量再释放出来。每 1t 再生塑料可节省 2.6m³ 的石油原料，比新制造节省 50%～90% 的能耗。

全球使用最多的塑料依次是聚乙烯（PE）、聚氯乙烯（PVC）、聚丙烯（PP）和聚对苯二甲酸乙酯（PET）、聚苯乙烯（PS）、聚碳酸酯（PC）和丙烯腈丁二烯苯乙烯（ABS）。许多塑料在全生命周期的某些过程会释放出有毒物质，如制造和燃烧过程中，PVC 会释放出二噁英，这是一种高致癌成分；聚亚胺酯（PUR）含有二异氰酸酯；尿醛树脂中含有甲醛，其作为胶粘剂广泛用于木制品中；聚酯和环氧树脂中含有苯乙烯。一些塑料在大部分使用时间会向空气中释放挥发性有机物（VOC）或者废气，加重人们的呼吸问题。而作为塑料添加剂的双酚基丙烷（BPA）和邻苯二酸甲酯是环境激素，会导致内分泌失调，即使污染成分含量很少，也会导致人体发育问题。这些有害化合物在环境中广泛蔓延并难以降解，在使用过程中难以控制，因此必须在源头的生产过程中采取必要的安全预防措施。

扩展阅读：2049 世博会万科馆

2049 展馆以可持续发展为主题，由麦秸秆压制而成的麦秸板是展馆最主要的建筑材料。此外，展馆将通过热压和风压两种自然通风的模式，尽可能最大化自然通风，减少空调使用的时间，降低展馆在运营过程中的能耗。同时，每个筒的顶端所镶嵌的蓝色透明 ETFE 膜气枕天窗，能够通过自然采光照明，降低照明的能耗。各厅之间通过顶部的蓝色透光 ETFE 膜连成一体。超过 $1000m^2$ 的开放水域环绕着七个圆筒，水面映照天空，试图让参观者感受到与自然亲近的愉悦。而这片开放水域还会起到调节展馆区域气温、湿度的作用，营造一个自然舒适的小环境，几个分馆围合而成的中庭更能为参观者提供舒适的活动空间。

2049 馆的这种材料应用形式是将一种材料装配之后能够呈现出另一种材料所常见的规模和样式，从而起到让人大吃一惊的效果。大量麦秸秆压缩板在聚集一定尺度后，可以把大门装饰成令人赏心悦目的金黄色。麦秸秆有着让人难以置信的轻巧，而且生产时不需要任何矿物质资源，同时消耗的能源也更少。

（http://baike.baidu.com/view/3464512.html? fromtaglist）

材料的组成成分不同，不同材料具有不同的性能指标。这些指标对建筑性能或环境性能有很大的影响，因此正确选择材料是建造良好建筑环境的要点之一。建筑材料的主要性能参数见表 4.2-1。

建筑材料主要性能参数　　　　　　　　　　　　表 4.2-1

类别	分项	参数名称
物质		密度
光学	透明	透射率、太阳得热系数
	不透明	反射率、太阳吸收系数
热工学		比热、导热系数、蓄热系数、热惰性、（地面）吸热系数
声学		吸声系数、隔声量
释放性		甲醛、TVOC 等
防火		A、B_1、B_2、C 级
其他性能	蒸汽渗透	蒸汽渗透系数
	防滑	防滑系数
	有害成分	材料中有害物质限量

1）密度

物质每单位体积内的质量。密度是物质的特性之一，每种物质都有一定的密度，不同物质的密度相差很大。

2）透光率和反射率

当光线入射玻璃时，表现出反射、吸收和透射三种性质。光线透过玻璃的性质，称为"透射"，以透光率表示。光线被玻璃阻挡，按一定角度反射出来，称为"反射"，以反射率表示；光线通过玻璃后，一部分光能量被损失，称为"吸收"，以吸收率表示。

3）太阳能得热系数

也称太阳能总透射比，是通过玻璃、门窗或幕墙构件成为室内得热量的太阳辐射热与投射到门窗或幕墙构件上的太阳总辐射热的比值。太阳能总透射比得热量包括两部分，一部分是直接透过玻璃进入室内的太阳辐射热；另一部分是玻璃及构件吸收太阳辐射热后，再向室内辐射的热量。系数实际值在 0.15～0.80，系数越小，在相同太阳辐射条件下，窗户内房间的得热也越少。

4）太阳吸收热系数

不透明材料表面吸收的太阳辐射热与其所接收到的太阳辐射热之比。这个系数代表外墙表面对太阳辐射热的接收比例，系数越高表示进入室内的太阳辐射热量越多。一些常用材料的太阳吸收热系数见表 4.2-2。

太阳吸收热系数表　　　　　　　　　　　　　　　　　　　表 4.2-2

序号	外表面材料	表面状况	色泽	ρ
1	红瓦屋面	旧	红褐色	0.70
2	灰瓦屋面	旧	浅灰色	0.52
3	石棉水泥瓦屋面		浅灰色	0.75
4	油毡屋面	旧，不光滑	黑色	0.85
5	水泥屋面及墙面		青灰色	0.70
6	红砖墙面		红褐色	0.75
7	硅酸盐砖墙面	不光滑	灰白色	0.50
8	石灰粉刷墙面	新，光滑	白色	0.48
9	水刷石墙面	旧，粗糙	灰白色	0.70
10	浅色饰面砖及浅色涂料		浅黄、浅绿色	0.50
11	草坪		绿色	0.80

5）吸声系数

吸声是声波撞击到材料表面后能量损失的现象，吸声可以降低室内声压级。吸声系数 a 代表被材料吸收的声能与入射声能的比值。不同频率上会有不同的吸声系数，使用吸声系数频率特性曲线来描述材料在不同频率上的吸声性能。按照 ISO 标准和国家标准，吸声测试报告中吸声系数的频率范围为 100～5000Hz，这个范围的平均数值就是平均吸声系数，平均吸声系数反映了材料的总体吸声性能。在工程中常使用降噪系数 NRC 评价在语言频率范围内的吸声性能，这一数值是材料在 250、500、1K、2K 四个频率下吸声系数的平均值。一般认为，NRC 小于 0.2 的材料是反射材料，大于或等于 0.2 的材料是吸声材料。当需要吸收大量声能以降低室内混响时间和噪声时，常常需要使用高吸声系数材料，如离心玻璃棉、岩棉等高 NRC 吸声材料。

6）隔声性能

一个建筑空间的围蔽结构受到外部声场的作用或直接受到物体撞击而发生振动，会向建筑空间内辐射声能，空间外部的声音会通过围蔽结构传到建筑空间中来，这叫作"传声"。传进来的声能或多或少地小于外部声音或撞击能量，围蔽结构隔绝了一部分作用于它上面的声能，这叫作"隔声"。隔声定义指声波在空气中传播时，用各种易吸收能量的物质消耗声波的能量，使声能在传播途径中受到阻挡而不能直接通过的措施，隔声性能以分贝表示。

7）比热

单位质量物体单位温度改化时所吸收或释放的热量，单位为 $J/(kg \cdot ℃)$。

8）导热系数

是指在稳定传热条件下，1m 厚的材料，两侧表面的温差为 1℃ 时，在 1s 内通过 1m² 面积传递的热量，单位为 $W/(m \cdot ℃)$。导热系数的倒数 R 也称作"热阻"，数值越高，表示对传热越不利。

9）蓄热系数 S

分为材料蓄热系数和表面蓄热系数。材料蓄热系数是材料在周期性热作用下的一个热物理性能。有一定厚度的均质材料层如果承受外部空气温度周期性波动时，材料表面上的温度和热流也会随之作周期的波动。此时，材料表面上的热流波幅与表面温度波幅之比称为材料蓄热系数，其表示材料蓄热能力大小，单位为 $W/(m^2 \cdot ℃)$。表面蓄热系数的含义是在周期性热作用下，物体表面温度升高或降低 1℃ 时，1㎡ 表面积所贮存进去或释放出来的热量，单位为 $W/(m^2 \cdot ℃)$。

10）热惰性

热惰性指标 D 值，是表征围护结构对周期性温度波在其内部衰减快慢程度的一个无量纲指标，单层结构 $D=R \cdot S$；多层结构 $D=\sum R \cdot S$。式中，R 为结构层的热阻，S 为相应材料层的蓄热系数，D 值越大，周期性温度波在其内部的衰减越快，围护结构的热稳定性越好。

11）防火性能等级

材料燃烧性能等级应分为四级：A 级，不燃级；B_1 级，难燃级；B_2 级，可燃级；B_3 级，易燃级。建筑材料的燃烧性能等级由专业检测机构检测确定。应按相关标准要求使用不同防火等级的建筑材料。

常用建筑内部装修材料燃烧性能等级分类如下。

A 级：花岗石、大理石、水磨石、水泥制品、混凝土制品、石膏板、石灰制品、黏土制品、玻璃、瓷砖、马赛克、钢铁、铝、铜合金等。

B_1 级：纸面石膏板、纤维石膏板、水泥刨花板、矿棉装饰吸声板、玻璃棉装饰吸声板、珍珠岩装饰吸声板、难燃胶合板、难燃中密度纤维板、岩棉装饰板、难燃木材、铝箔复合材料、难燃酚醛胶合板、铝箔玻璃钢复合材料等。矿棉板、玻璃棉板、珍珠岩板、难燃胶合板、难燃中密度纤维板、防火塑料装饰板、难燃双面刨花板、多彩涂料、难燃墙纸、难燃墙布、难燃仿花岗石装饰板、氯氧镁水泥装配式墙板、难燃玻璃钢平板、PVC 塑料护墙板、阻燃模压木质复合板材、彩色阻燃人造板、难燃玻璃钢等。硬 PVC 塑料地板、水泥刨花板、水泥木丝板、氯丁橡胶地板等。经阻燃处理的各类难燃织物等。聚氯乙烯塑料、酚醛塑料、聚碳酸酯塑料、聚四氟乙烯塑料。三聚氰胺、脲醛塑料、硅树脂塑料装饰型材、经阻燃处理的各类织物等。

B_2 级：各类天然木材、木制人造板、竹材、纸制装饰板、装饰微薄木贴面板、印刷木纹人造板、塑料贴面装饰板、聚酯装饰板、复塑装饰板、塑纤板、胶合板、塑料壁纸、无纺贴墙布、墙布、复合壁纸、天然材料壁纸、人造革等。半硬质 PVC 塑料地板、PVC 卷材地板、木地板氯纶地毯等。纯毛装饰布、纯麻装饰布、经阻燃处理的其他织物等。经阻燃处理的聚乙烯、聚丙烯、聚氨酯、聚苯乙烯、玻璃钢、化纤织物、木制品等。

水蒸气渗透系数：1m 厚的物体，两侧水蒸气分压力差为 1Pa 时，1h 内通过 $1m^2$ 面积渗透过的水蒸气量，单位为 g/(m·h·Pa)。在计算墙体内部温度之后，根据室内外含湿量换算成计算实际蒸汽压力，按不同材料的水蒸气渗透系统计算墙体各处的水蒸气压力，当实际压力其低于实际温度下的饱和蒸汽压力时，则表示此处有结露的风险。在这种情况下应在墙体结构内设置防水蒸气渗透膜，增加抗水蒸气渗透的能力，防止低温表面结露。

选择合适的建筑性能指标值对确定建筑性能至关重要。常用建筑材料热工性能见附录 I。

扩展阅读：为什么客房使用地毯

酒店地毯的使用可以追溯到 3000 年前的巴比伦王国。清朝康熙年间，宫廷里使用了地毯。

第一个是能够提升酒店的档次。地毯作为舒适的铺地材料，根据其特有的花纹和图案可以和酒店的装修相呼应。提升整体的装修美感，提升体验感受。

第二个是实用性。踩下去比较舒适，脚感好，没有太硬的感觉，人不容易疲劳。

第三个是隔声。试想如果铺的地砖和地板，女士的高跟鞋走在上面势必发出"哒哒"的声响。这是在酒店不能容忍的，地毯可以解决这个问题。

第四个是提供一个隔热层，使客房中不连续使用的空调可以快速升温、降温，调节舒适。

第五个是打扫卫生。灰尘落在地毯上一般不会再二次飞起来，使用吸尘器很容易清理。

地毯最大的问题是污染物释放，要选择低污染释放的地毯，同时要注意地垫和胶水的环保性能；否则，地毯就会变成一个健康杀手。

扩展阅读：使用木地板还是瓷砖？

冬季采暖房间，如果人脚在地上停留时感觉到凉就会影响到舒适感觉。因此，需要对房间的地面材料的热工性能进行规定。这个性能叫做：地面吸热指数B，其含义是把脚当作是一个热源，通过鞋向地面传热，传热量大于一定数值时会出现不舒适的感觉。B数值越小说明脚向外传热越小，舒适感越好。地面按B值分为三类：

Ⅰ类数值最低，地面材料为木地板、塑料地板和地毯，规定用于高级居住建筑、幼儿园、疗养院等处。

Ⅱ类数值居中，地面材料为水泥砂浆地面，适用于一般居住建筑、办公室和学校等处。

Ⅲ类数值最高，地面材料为水磨石、石材地面，适用于临时逗留用房及室温高于23℃的采暖房间。

地暖的使用提高了地面温度，使得脚不再向地面传热。因此，也无需按此系数选择地面材料。但是对非地暖供暖或房间温度低于23℃的供暖，还是要按照上述要求选择地面材料的。

4.3 减少材料中有害成分

物质的有毒性和有害性是两个不同的概念，有毒物质指小剂量进入机体，通过化学或物理化学作用能够导致健康受损的物质。根据有毒物质对人每公斤体重的致死量，依次将毒物分类。而有害物质则是指人类在生产条件下或日常生活中所接触的，能引起疾病或使健康状况下降的物质。建筑和装饰材料是绝对不允许有毒性物质存在的，而对材料中各种有害物质也有相应的规定和要求。

材料中的主要有害物质有重金属、甲醛、TVOC、SVOC、POPs等。其中，对人体危害最大的有铅、汞、铬、砷、镉，这些重金属在水中不能被分解，与水中的其他毒素结合生成毒性更大的有机物。甲醛是最常见的有机污染物，长期接触甲醛会增大患霍奇金淋巴瘤、多发性骨髓瘤、骨髓性白血病等特殊癌症的风险。TVOC称为总挥发有机物，指除甲醛外室温下饱和蒸汽压超过133.32Pa、沸点在50～250℃的有机物，在常温下可以蒸发的形式存在于空气中，它的毒性、刺激性、致癌性和特殊的气味性，会影响皮肤和黏膜，对人体产生急性损害。SVOC称为半挥发有机物，指蒸汽压在$133.32 \times (10^{-1} \sim 10^{-7})$Pa、其沸点在240～400℃的有机物，其在空气中以气相和颗粒相两种方式存在。SVOC的分子量大、沸点高、饱和蒸汽压低，因此在环境中较挥发性有机物TVOC（苯、甲醛等）更难降解，存在的时间会更长，而且它们能吸附在颗粒物上因而容易被人体吸入。POPs称为持久性有机污染物，是一类具有长期残留性、生物累积性、半挥发性和高毒性，并通过各种环境介质（大气、水、生物等）能够长距离迁移并对人类健康和环境具有严重危害的天然的或人工合成有机污染物。环境激素多属于POPs。

从目前国内装修后大部分房间的甲醛、TVOC和苯系物质都会超过标准限制值。这是因为建筑装修材料中含有相关污染物，在使用中污染物由材料中释放到空气中。但实际上，对人体有害的物质不只是甲醛、苯和TVOC。如果没有得到有效的控制，建筑材料内会含有成千上万种危险化学物质。这些危险化学成分可能就是目前许多找不出原因疾病的根源，时刻影响室内人们的健康状态。人们许多疾病和不适状态是不当装修行为所造成的，是盲目使用各种不熟悉品牌、不知道化学成分、不了解环保性能，只是在外表上满足感官的建筑装修材料所造成的。

甲醛等有害污染物只是因价格便宜，才被广泛地用于制胶、防腐、漂白、柔顺衣物、窗帘、沙发等方面。制造人造板会大量使用胶粘剂，加甲醛胶粘剂既黏又便宜，因此被广泛使用，而忽略了其污染危害。同样，苯类加到油漆中，会增加漆膜的光滑和光亮度。如果建材不使用含这些污染的辅料，就会降低材料的强度、表面质量等性能，并大大增加材料的价格。而使用了含污染的材料会在使用中严重危害室内人员的健康状况。各种建材中包含的有害物质和健康风险包括：

1）家具

虽然现在家具上有木纹，但是大部分是由胶合板、MDF 等材料制作，即使是实木材料，为了防虫和防蛀，也要在化工药剂中浸泡，而这些化工药剂含有铬、砷等有毒物质。复合木材由含有甲醛和尿素的胶水粘结而成。家具中很多空间是封闭的，污染物难以向外释放。家具是室内甲醛和 TVOC 的主要释放根源，这些污染物会连续释放长达 10 年以上，严重威胁建筑内人员的身体健康。

2）人造皮革沙发

人造皮革在使用过程中会释放出邻苯二甲酸丁酯苯甲脂这样的环境激素，而坐垫和靠背填充物会释放出氟氯烷、甲苯等有害物质。沙发与人体皮肤接触机会多，靠近口鼻，这些污染物通过皮肤或呼吸进入人体，产生危害。

3）复合地板

复合地板使用 MDF 作为基材，其中大量使用了胶粘剂，廉价的胶粘剂中含有很多游离的甲醛、苯系污染物。基材上部覆盖三聚氰胺来增加硬度抗磨，并模仿各式木材纹理，阻挡基材内的污染物释放。

4）PVC 壁纸

为增加壁纸的使用性能，PVC 原料中会添加许多功能成分并使用油墨，这些成分会连续释放苯和甲苯。另外，壁纸的化学胶粘剂中也存在许多污染成分。

5）油漆和涂料

为了涂后有漂亮和耐用的表层，油漆和涂料中含有溶剂、防腐剂等成分，这些成分中含有有机化合物、重金属、芳香剂、卤素等成分，在使用过程中会释放甲醛、苯系物、氨、TVOC 等挥发性物质，给呼吸和神经系统带来伤害。

6）纤维产品

为增加纤维性能，而使用的柔顺剂、光亮剂会成为头疼、气喘、发痒、失眠的原因，长久以往会形成慢性疾病，更大程度地危害健康。填充物为了防止发霉、螨虫使用了更多的化学药品处理，并且其性能更差，释放时间更长。而填充物的风险却往往被忽略。

7）百叶窗和窗帘

塑料百叶窗与阳光接触会释放出双酚 A 等环境激素，还会产生静电。而纤维材料制作的窗帘为了增加抗皱性，也会使用化学品处理，在阳光照射下会释放环境激素。

8）化学地毯

大部分地毯原料是合成纤维，里面会含有甲醛、三氯乙烯、镉、溶剂、树脂等成分，地毯越新，释放的污染气体越多。地毯还会掉毛，散发到空气中成为污染源。地毯还积聚大量的灰尘和螨虫，产生静电。铺地毯的家庭，灰尘量是铺瓷砖家庭的 400 倍。地毯需要使用清洁剂清洗，其中也含有许多环境激素。

9）衣服

为了增加衣服的防皱、防静电、免熨、快干等功能，衣服上通常涂处理剂。这些处理剂含甲醛、橡胶、硅胶和抗菌剂，也有包含印刷和染色中使用的化学品。这样的衣服即使洗干净后，也会残留化学物质，通过呼吸器官和皮肤渗透到人体中，造成头疼、气喘、呼吸道疾病、起疹子、发痒等症状，这些症状正是化学品广泛使用之后才频繁出现的症状。

10）干洗

四氯乙烯干洗剂会引起头疼、呕吐、语言障碍的危险物质，甚至可以通过母亲被胎儿吸收，孩子出生后免疫能力下降，增加得忧郁症、心脏病和癌症的机会。

11）纸张

为了增加面巾纸、厨房纸盒卫生纸的吸水力、耐潮湿性能，会在制造时添加抗湿剂和甲醛，另外还会使用漂白剂。因此，纸张会释放出多氯联苯和重金属，越白的纸可能风险越大。报刊和书籍中的油墨也含有多种化学物质和溶剂，在使用中这些物质也会释放，造成人体伤害。

12）纸尿布

抛弃性纸尿布 50％ 的成分不是纸，而是聚乙烯、聚丙烯、黏着剂、功能材料、漂白剂、脱臭剂、抗菌剂等。这些成分会通过婴儿的皮肤传入身体，造成危害。

13）化妆品

化妆品的主要原料是油性成分、水和酒精，还有乳化剂、杀菌剂、防腐剂、色素、香料、染料等 5000 种原料。一般的化妆品会含有几十种成分。这些成分在皮肤上使用，加上紫外线作用，对敏感人群产生黑斑、雀斑、过敏、起泡等现象，甚至有些成分会导致癌症。化妆品的颜料中也可能会含有重金属。

14）染发剂

染发剂中含有对苯二胺和酚等环境激素和其他化学物质。对苯二胺会引发的严重接触性皮炎，还能进入皮下血管和细胞，危害肝脏和肾脏。长期使用染发剂会增加患膀胱癌的风险。染发过程中还会产生氨，造成身体不适。

15）洗发精和沐浴露

含有表面活性剂（30％～35％）、添加剂（3％～5％）、香料（1％～3％），表面活性剂具有亲油或亲水性能，以便去除污垢，其大部分属于石油化工类产品。长期使用这些产品会引发身体神经功能障碍、过敏、气喘、肺炎等症状。许多表面活性剂成分具有很强的致癌性，因此要注意不要随意选择使用。

16）杀虫剂

家用杀虫剂多采用喷雾方式使用，其主要成分含有多种环境激素，对内分泌系统、神经系统、角膜等有危害。蚊香中含有的除虫菊脂、有机磷成分对人体也是有害的，每盘燃烧式蚊香会释放出近 50 根香烟的污染物，因此使用时应通风，防止其危害。

17）空气清新剂

主要功效是释放比臭味更强烈的气味。由合成香料和色素混合以乙醇、甲醇、异丙醇等挥发溶剂组成。因此，在没有通风的情况下，即使是微量使用长时间也会出现鼻炎、头疼、呕吐等症状，造成嗅觉退化。

在中国，理论上有一整套建筑和室内装修的环保控制体系，其包括：建材和家具污染量限制、建筑装修工程环境污染控制、建筑装修材料等标准。其包括：《室内装饰装修材料　人造板及制品甲醛释放限量》GB 18580，《室内装饰装修材料　溶剂型木器涂料中有害物质限量》GB 18581，《室内装饰装修材料　内墙涂料中有害物质限量》GB 18582，《室内装饰装修材料　胶粘剂中有害物质限量》GB 18583，《室内装饰装修材料　木家具中有害物质限量》GB 18584，《室内装饰装修材料　壁纸中有害物质限量》GB 18585，《室内装饰装修材料　聚氯乙烯卷材地板中有害物质限量》GB 18586，《室内装饰装修材料　地毯、地毯衬垫及地毯用胶粘剂中有害物质释放限量》GB 18587，《混凝土外加剂中释放氨限量》GB 18588，《建筑材料放射性核素限量》GB 18598，《民用建筑工程室内环境污染控制规范》GB 50325 等。

中国室内装修污染控制工作从 2002 年开始进行，基本上与日本同步，可十几年下来并未有效改善装修后的室内空气质量，装修后不达标的比例没有根本变化。而在日本，由于制定了一套的低污染材料体系和污染控制强制执行标准，已经从根本上解决了室内空气污染超标问题，其实际经验值得学习。

建材标准中有两种方式测量建材中的污染含量：一种是单位重量（体积）材料中污染物含量；另一种是单位表面积建材每小时向空气中的污染物释放量。而后者数据不予与前者数据成比例关系。中国建材标准以第一种测量方式为准，而国际上多采用第二种方式。第一种方式无法计算多种建材的叠加效果；而第二种则能解决这个问题，保证最后的室内空气质量要求。但第二种方法的测试时间要达到 21～28 天，测试仓造价和使用成本高。

影响室内空气污染浓度有两方面的因素，其一是单位时间材料向空气中释放的污染物多少，由室内污染材料的表面积和单位面积单位时间释放量（这是材料性能参数）所决定；其二是单位时间可以在室内净化或向外排放的多少。两者之差是净污染量，这个量等于 0 时，室内污染浓度保持不变，浓度为平衡浓度。室内污染释放量越小，其污染平衡浓度也越低；净化和外排能力越大，其污染平衡浓度也越低。要想控制室内污染浓度低于风险浓度，就要同时控制以上两方面的因素，而不能只控制单一因素。日本和欧美的成功经验就是，一方面制定和执行低污染释放材料标准，限制每个房间内的释放量；一方面强制最小室内通风换气量，以保证一定的污染处理能力。两者相结合，室内空气污染才能得到有效控制。而中国建筑材料污染标准控制采用的是含量，而不是释放量，因此其无法与污染释放量结合起来，也就无法用计算来控制空气中污染物的浓度。

目前中国尚未推广低释放材料标准，要控制室内污染释放量，可参考日本 F★★★★、美国 Greenguard、芬兰 M1、丹麦室内气候标签和德国的 AgBB 和 GUT 材料体系。国外低释放材料甲醛释放量大概只有国内标准的 5%。目前，中国还在与甲醛、TVOC 等装修污染做斗争时，欧美先进国家已经开始与环境激素做斗争。环境激素是指外因性干扰生物体内分泌的化学物质，这些物质可模拟体内的天然荷尔蒙，与荷尔蒙的受体相结合，影响身体内的荷尔蒙浓度，导致身体产生对体内荷尔蒙的过度作用，产生内分泌系统失调，进而阻碍生殖、发育等机能，甚至引发恶性肿瘤等危害。环境激素对健康的危害十分隐蔽，有关环境激素的名单见表 4.3-1。

环境激素名单　　　　　　　　　　　　　　　　表 4.3-1

源	物质名称	说明	源	物质名称	说明
燃烧	二噁英、呋喃类	废弃物燃烧	农业	六氯	有机氯类杀虫剂
	苯（a）并芘	二手烟等		氯丹	
工业原材料	多氯联苯类（PCBs）	热媒		邻羟基氯代	
	多溴联苯类（PCBs）	阻燃剂		DDT	
	2，4-二氯苯酚	染料原料及中间体		DDE、DDD	
	4-硝基甲苯			氯甲桥萘	
	镉	重金属		硫丹	
	铅			狄氏剂	
	汞			异狄式剂	
	苯酰苯	芳香剂		七氯	
塑料	烷基酚醛	脂溶性苯酚树脂原料/表面活性剂		七氯环氧	
	辛基苯酚			开乐散	
	壬基苯酚			西草净	
	双酚	原料		甲氧滴滴涕	
	邻苯二甲酸乙基己基	增塑剂		灭蚊灵	
	邻苯二甲酸二丁酯			反式九氯	
	邻苯二甲酸戊基			毒杀芬	
	邻苯二甲酸己基			Esfenvalerate	除虫菊脂类杀虫剂
	邻苯二甲酸丙基			fenvalerate	
	邻苯二甲酸环乙基			Permethrin	
	邻苯二甲酸二苷			Cypermethrin	杀虫剂
	邻苯二酸一丁酯一丁酯			1，2-dibromo-3-chloropropane	
	乙基己基己二酸			合成除虫菊脂	
农药	乙基仲	有机磷杀虫剂		三氯	除草剂
	马拉硫磷			二氯苯氧乙酸	
	Aldicarb	氨基甲酸酯类杀虫剂		草不绿	
	苯菌灵			五氯	
	甲氨甲酸萘酯			阿咪唑	
	灭多虫			阿特拉津	
	Mancozeb	二硫代氨基甲酸酯类杀虫剂		Metribuzin	
	代森锰			硝基	
	甲醛缩			氯乐灵	
	代森锌			西玛嗪	
	福美锌			六氯苯	拌种杀虫剂
	八氯	有机氯化合物的副产品		Vinclozolin	
				丁蜗锡	船底涂料、渔网防腐剂
				三苯乙烯	

扩展阅读：CARB认证

CARB是"California Air Resources Board加州空气资源委员会"的缩写，2007年4月27日，CARB根据该调查举行公众听证会，批准"空中传播有毒物质的控制措施（Airborne Toxic Control Measure，以下简称ATCM）"，以减少木制品的甲醛释放量。2008年4月18日美国加利福尼亚州行政法案办公室批准了加州空气资源委员会（CARB）颁发的降低复合木制品甲醛排放的有毒物质空气传播控制措施（ATCM），该法规已被纳入加州法案第17册。目前该法规是关于复合木制品的甲醛释放量的最严格的标准之一，并且要求工厂要严格按照法规要求的质量管理体系来监管工厂的生产过程；从2009年1月1日起，没有通过CARB认证的复合木制品和含有复合木制品的成品都不能获得进入美国加州的"绿卡"。

CARB法规分两个阶段实施（Phase 1和Phase 2），第一阶段（P1）从2009年1月1日开始，要求用气候箱法ASTM E 1333或ASTM D 6007测试板材甲醛释放量，规定硬质胶合板（HWPW）必须小于0.08ppm、刨花板（PB）必须小于0.18ppm、中密度纤维板（MDF）必须小于0.21ppm。从2010年开始，将陆续实施法规的第二阶段（P2）的要求。该法规不单对生产板材的工厂有要求，对家具厂、进口商、贸易商、零售商都有严格的要求。其中对板材生产厂商的具体如下要求：板材的甲醛释放量必须符合标准的要求；必须强制第三方认证（工厂应按照要求建立质量管理体系和品质控制实验室）；产品上必须贴上合格的标签。

从上我们可以看出该法规除了要求产品测试必须合格外，还要求工厂必须严格按照法规的规定建立品质控制实验室和质量管理体系来监管自身的产品，保证工厂生产出来的每一批板材都是合格品。这是CARB法规与其他法规最大的不同，也是取得CARB认证最困难的一点。

（http://www.xici.net/d171989579.htm）

扩展阅读：环境激素危机

北京大学城市与环境学院教授胡建英做了3年的研究，对一百多位正常妇女和一百多位已确定流产妇女体内的邻苯二甲酸酯含量进行跟踪观察，以分析该物质是否会对妇女流产产生影响。调查发现，流产妇女体内的邻苯二甲酸酯含量很高，基本是正常妇女的2~4倍，其中邻苯二甲酸乙酯含量最高能达到322$\mu g/g$，是正常值15.65$\mu g/g$的20倍。而邻苯二甲酸酯是被普遍应用于玩具、食品包装材料、医用血袋和胶管、壁纸、清洁剂、润滑油、个人护理用品（如指甲油、头发喷雾剂、香皂和洗发液）等数百种产品中的添加剂。相关研究表明，化妆品中的邻苯二甲酸酯会通过女性的呼吸系统和皮肤进入体内，如果过多使用会增加女性患乳腺癌的几率，还会危害到她们未来生育的男婴的生殖系统。

实际上，国际上有关环境激素与人类健康的研究从未中断，大量实验都证明两者之间存在巨大关联性。在中国，越来越多的人体变化也被认为与环境激素存在密切关系。比如中国男性精子密度在过去 50 多年从每毫升 1.03 亿个，降至 4000 万～6000 万个；中国妇女乳腺癌发病率在最近 10 多年上升了近 40%。正常情况下，人和其他生物能根据自身各个生长阶段的需要合成各种代谢调节物质，即内分泌激素。正是有了它，自然界中的生物才得以新陈代谢。而环境激素恰恰相反，是一种与内分泌激素结构方式极为相似但作用迥异的内分泌干扰物质，进入人体后可代替或干扰原有激素作用影响生物体机能。环境激素主要来源于农药、垃圾焚烧、工业污染、化学制品和塑料制品、药品和个人防护用品等。其中，后三者是环境激素的主要来源，包括日常生活中的洗涤剂、消毒剂、防腐剂、避孕药等都属于上述范畴。

据不完全统计，人类已创造了 1000 余万种各类化学合成物，且还在以每年 10 万种的速度增加。美国环境保护署已确定约 70 种具有内分泌干扰性的化学物质，其对人体有类似激素的作用。随着全球工业化的加速，更多的环境激素被制造，也被发现。

2001 年，环境激素被《关于持久性有机污染物的斯德哥尔摩公约》列为优先控制污染物。相比之下，中国虽然承认面临着越来越严重的环境激素危机，但在环境激素的防控、研究上明显落后于西方发达国家。环保部在 2013 年 2 月发布的《化学品环境风险防控"十二五"规划》明确指出：中国目前仍在生产和使用发达国家已禁止或限制生产使用的部分有毒有害化学品，此类化学品往往具有环境持久性、生物蓄积性、遗传发育毒性和内分泌干扰性等，对人体健康和生态环境构成长期或潜在危害。不过，除了将壬基酚、含多氯联苯、多氯三联苯或多溴联苯的混合物等引发关注的特定环境激素列入《中国严格限制进出口的有毒化学品目录》外，中国并未采取严格的措施从源头控制。更令人担忧的是，中国目前并未列出环境激素名录，对西方列入环境激素的化学物质，绝大多数是作为普遍化学污染物进行管理的。

(http://www.china-POPs.net/ypnew_view.asp? id=4213)

4.4 材料对建筑性能的影响

材料对建筑和建筑环境性能影响很大。正确选择材料对建筑的技术经济性有重大的影响。在《绿色建筑评价标准》GB 50378 中，对节材做了具体规定，主要包括：土建与装修工程一体化、使用工厂化生产预制件、选用本地生产的建材、使用高强度混凝土和钢材、使用可再利用和可再循环材料、使用以废弃物为原料的材料、使用耐久性好且易维护装饰材料等。

结构材料应选择强度高、重量轻的材料以起到节省材料的作用。结构材料用量大，运输成本和消耗的能量都很高，因此最好选择本地生产的材料。

围护结构起到保温、隔热的热效果，以及防风、防水、隔声的作用。要根据建筑规范和建筑设计要求，正确选择围护结构材料。使用厚重材料可提高建筑的热惰性，增加室内温度的稳定性，提高舒适性水平和减少空调能耗。足够的保温性能可减少冬季室内向外传热。保温材料一般安装在室外外墙上，要满足国家防火消防规范要求。窗户密闭性对防水和节能性很重要。对周围有噪声源的建筑，建筑的隔声性能，特别是窗户的隔声性能很重要。

围护结构材料选择要达到国家相关气候区的热工节能规定要求值。不光是材料的保温性能要保证，同时也要保证隔热（蓄热）、阻潮、隔声、防火的功能。要考虑一年四季的使用，而不能只考虑冬季或夏季的作用，要做到全年优化。以围护结构外表面的材料选择为例，选择红砖可接受 75% 的太阳辐射量；而选择抹灰外面刷大白，则只接受 25% 的太阳辐射热量。严寒和寒冷地区外表面应多接收太阳辐射量，以有利于冬季采暖节省能耗；而夏热冬暖地区，过多的太阳辐射会使建筑内过热严重，应减少接收太阳辐射量。围护结构的蓄热性也很重要，对降低暖通空调系统的冷热负荷有很大作用。建筑热惰性系数不同，建筑采暖选择的室外温度设计值也不相同，可见第 3.3 节内容。使用相变材料可以有效储存白天太阳能，移至夜间使用。

透明材料主要是指立窗和天窗。这些材料在引入可见光的同时也引入太阳辐射热量，可见光最后也全部变成热量。因此，需要考虑全年的热-通风-照明能量消耗，优化选择窗户，合理选择透光率、传热系数和得热系数，达到最佳的采光和节能综合效果。不同建筑气候区和不同朝向选择不同性能组合的窗户。最好的窗户上安装有通风、调光和遮阳装置，以便可以按昼夜、季节来调节控制，满足不同时间、不同功能的使用要求。同时达到光舒适、空气舒适、热舒适条件，或在多项指标相互矛盾时确定优先满足条件，按设定顺序优先保证。

窗户除了采光和通风功能外，在冬季可以引进太阳辐射热量加热室内空气，但在夏季引入的太阳辐射会造成室内过热。如果不能有效遮阳减少太阳辐射则需要使用空调来消除过热量，需要额外消耗能量。而防止太阳辐射热量进入的遮阳也会减少可见光，增加照明能耗。因此需要合理搭配选择窗户玻璃的各项性能。对冬季严寒和寒冷地区对玻璃的导热系数要有限制，使用得热性好的玻璃可以在冬季的白天引进更多的太阳辐射热，而夏季这种得热由评估决定是否需要遮阳处理。而对夏热地区，则希望使用低辐射、低太阳得热的玻璃，使得夏季进入室内的太阳辐射热量减少，减少室内过热和降低空调能耗。

表 4.4-1 是北欧（气候数据参见德国）的案例，通过选择合理的玻璃性能组合（导热系数和得热系数），合适的窗户组合要比无窗户系统更节省能耗。

不同组合窗户总能耗比较

表 4.4-1

	窗户组合 GGL59：$U=1.5\mathrm{W}/(\mathrm{m}^2\cdot℃)$ $g=0.6$	窗户组合 GGL65：$U=1.0\mathrm{W}/(\mathrm{m}^2\cdot℃)$ $g=0.5$	无窗户系统
采暖能耗	74kWh/m²	71kWh/m²	71kWh/m²
空调能耗	2.4kWh/m²	2.5kWh/m²	5.0kWh/m²
总能耗	76.4kWh/m²	73.5kWh/m²	76.0kWh/m²

建筑声学环境包括两方面的内容：一是隔绝来自外部的噪声，减少其对室内声舒适

的干扰；二是减少室内噪声源的影响。室内噪声源是生活或工作中人或设备产生的，这些噪声发出后在室内发射混声，造成不舒适的感觉。选择合适的声学材料安装在建筑内部，可以有效吸收声波，改善混声性能，达到声舒适标准。以建筑内常见的轻钢龙骨石膏板隔断为例，单层石膏板结构的权重隔声量只有大概 30dB，达不到国标要求的 45dB，而且还会发生耦合效应，在共振频率上产生噪声增加。为克服这种情况发生，可采用复合结构，两侧使用两层不同厚度的石膏板，并在中间使用不满铺的吸声材料，这样处理后隔声效果可以达到 50dB 以上。

建材和家具多数会释放有害气体，甲醛的释放期会延续 10 年以上。低释放材料有效限制了释放量，使之在正常情况下，房间内的污染物浓度不会高于健康标准限值。目前，中国尚无完整的低释放材料标准和认证体系，可参考相关国家标准和第三方认证证书。

现在，为了改进材料性能，研发出很多新型材料。但这些新材料中包含很多不确定安全性的化学品，这些化学品可能含有潜在危险物质或环境激素，危害程度尚需得到医学验证。历史上出现过很多材料错误问题，如美国以前使用石棉作为保温材料，后来发现石棉会导致肺癌发生，而目前所有建筑改造时都需要更换石棉保温，这个错误导致资金巨大浪费。而同时，大部分天然材料历经千年以上的使用，安全可靠性已被充分证明。在选择材料时，应把安全性（无毒）和健康风险作为第一要素。而其他性能，如外观等则放在第二层次上考虑。

选择可持续材料。不同材料全生命周期对地球的生态环境的影响是不同的，从生态环境的角度出发对材料选择进行评估。确定材料可回收和可重新使用的比例，满足一定的比例要求。材料全生命周期的能耗和环境影响，也有评价标准。

室内表面的颜色选择也很重要，而光滑的瓷砖在阳光的照射下会出现眩光，造成光环境不舒适。对于成都、重庆等低日照地区，室内表面应选择光反射系数高的材料，如白色石膏或大白，其漫反射率高达 90%，发射回来的光线会增强整个建筑内的亮度水平。

扩展阅读：使用相变材料积蓄太阳能

太阳能蓄热建筑需要高效地将白天蓄积富余的太阳能用于夜间采暖，利用一般的显热蓄热过程中蓄热密度小，而且在取热和放热过程中材料温度变化大，使用效果不好。利用相变潜热储热蓄热效率高，只要选择的相变材料熔点接近室温，夜间放热会使室内温度波动很小。

加拿大的 Concordia 大学建筑研究中心在被动式太阳房中分别使用了普通墙板和相变墙板（采用浸泡法在灰泥板中浸入丁基硬脂酸盐）作对比，结果表明，PCM 墙板的使用使夏季房间的最高温度下降 4℃。PCM 凝固放出的热量相当于总供热负荷的 15%。美国 OakRidge 国家试验室的模拟显示，对于类似美国田纳西州气候类型的地区使用相变墙板能使采暖设备选型减少三分之一，而对于类似丹佛气候类型的地区，使用相变墙板能使采暖设备选型减少二分之一。

（参见本章参考文献 6）

扩展阅读：玻璃悖论

从使用的角度看，阳光具有双重特性。建筑性能在不同季节或在同一季节的不同时间段，对阳光的要求不尽相同，有时甚至相互矛盾。虽然科技进步不断改善玻璃的性能，但到目前为止，面对冬夏和昼夜等不同的气候条件，始终无法兼顾上述要求。

单层玻璃对阳光具有"透短阻长"的作用。也就是说，冬季白天在阳光下可向室内输送热量、提升室内温度；但到夜晚，却无法阻止热量从室内穿向室外。多层玻璃保温性好，适合用于寒冷和严寒地区起到节能作用；但在夏季，多层玻璃的得热量并没有降低多少，对夏热冬冷地区也是很不利的。以武汉实测结果为例，使用中空玻璃代替单层玻璃，冬季的能耗下降了 9%，但夏季的能耗反而增加 27%！到目前为止，国内建筑节能规范只重视冬季采暖能耗的降低，而不是从全年的能耗最低角度出发去确定最佳节能措施，往往忽视了遮阳、通风和蓄热措施。

（参见第 6 章参考文献 14）

本章参考文献

1. 台湾建筑研究所. 绿建材解说与评估手册（2015 版）. 台北：台湾建筑研究所，2015
2. ［韩］许正琳. 别让有毒的房子害了你. 凯翔译. 吉林：吉林出版集团有限公司，2011
3. ［美］布莱恩·布朗奈尔. 建筑设计的材料策略. 田宗星，杨轶译. 南京：江苏科学技术出版社，2014
4. 时志洋，赫赫，颜伟国，胡晓珍. 陶瓷地砖防滑性能试验方法的对比研究. 《陶瓷》，2010.7
5. 钟祥樟. 建筑吸声材料与隔声材料. 北京：化学工业出版社，2012
6. 杨培莹等. 太阳能蓄热墙相变蓄热材料的研究进展. 《能源技术》，2008.2

第5章 建筑物理学

建筑物理学是研究建筑中声、光、热的物理现象和运动规律的一门科学，是建筑学的组成部分。其任务在于增强建筑功能，创造适宜的生活和工作环境。建筑物理学研究人在建筑环境中的声、光、热因素作用下，通过听觉、视觉、触觉和平衡感觉所产生的反应；采取技术措施、调整建筑的物理环境的设计，从而使建筑物达到特定的使用效果。建筑物理研究的环境领域则主要是建筑环境和与城市建设有关的环境；研究各种物理因素对人的作用和对建筑环境的影响。

本章内容结合传统建筑物理学内容，又根据建筑环境健康的要求而增加了室内空气质量、用水质量和建筑节能相关章节，以便从一个整体上设计和完善室内环境。本书的重点是室内环境的健康要素，因此对建筑节能的研究讨论更多注重在通过围护结构和被动措施等技术方法增加自然舒适时间，改善环境舒适度和心理状态，以达到更佳的健康目标。

室内环境中影响身心（生理、心理）的因素有光、声、热和冷（舒适）、空气质量。人是自然之子，不同季节室内外有着不同的交流要求。室内外的交流包括：人的进出、光的进入量、空气进出量、冷和热的进出。这些参数要根据建筑内空间占用者的要求，不断进行调整。一般调整由人自行完成，如增减衣服、运动、打开功能设备等；另一部分则是改变建筑部品的状态，如开窗、开关窗帘等。一些因素是相互影响的，如开窗同时会有光、风（空气）和热辐射的变化，综合地确定其最终控制窗户状况。

在冬季、夏季和过渡季，窗户和其他部品的调节要求是不一样的。在冬季提高热舒适度的节能措施，在夏季可能就是降低舒适度的耗能措施。因此，室内环境应具备一定调节能力，以适应室外气候昼夜和季节变化产生的室内健康和舒适调节需要。即使是安装了诸如采暖、通风等机械设备，也需要保留被动的调整措施（开窗等），以获得更好的自然舒适水平，减少能耗。要使建筑室内环境具有良好的被动可调节能力，需要对这些部品（围护结构、窗户、遮阳、遮光、通风口等）做更多的研究和设计工作，以选择最好的方案，达到最好的效果。达到健康和舒适的过程中需要配备设备系统，还要考虑其造价和使用能耗等数据。

建筑自然性能是指在建筑热工条件和被动措施的基础上，房间内部所能达到的性能指标。对建筑环境的整体要求就是尽量使全年自然运行能达到健康和舒适的时间长度最大。建筑自然性能是可以在建筑建模的基础上使用物理模拟分析软件计算。一般是先输入全年 8760h 气候数据、用户房间的设计参数和建筑模型数据后，运行采光、通风（CFD）、冷热负荷和能耗计算、隔声等计算软件，通过运算得到可视化结果。使用被动措施可以影响自然性能，也可以通过对可行方案的结果比较，得到最佳的设计方案。

因此，建筑物理就是采用物理学的基本方法（如能量守恒、物质守恒）来分析建筑物的基本性质，这些性质对应外界气候和环境的变化会展现出不同的反应，比如在特定外界道路噪声条件室内噪声的水平，在冬季当地气温下需要的供暖量等。有了建筑物理研究结论，将有助于选择使用相关建筑方式（体型、朝向等）、建筑部品（围护结构、门窗等）、被动措施（活动遮阳、蓄热等）、设备系统（光源、空调、通风等）、控制（策略、方式等），以达到建筑的使用要求。

5.1　室内环境设计要求

建筑物分为民用建筑和工业建筑。民用建筑，是供人们居住和进行公共活动的建筑的总称。按其使用功能又分为以下两类：居住建筑，供人们居住使用的建筑。如住宅、宿舍、公寓等；公共建筑，供人们进行各种公共活动的建筑。按性质不同，又可分为15类之多，文教建筑、托幼建筑、医疗卫生建筑、观演性建筑、体育建筑、展览建筑、旅馆建筑、商业建筑、通信广播电视建筑、交通建筑、行政办公建筑、金融建筑、饮食建筑、园林建筑、纪念建筑、其他建筑类。

按民用建筑的规模和数量分为：大量性建筑和大型性建筑。住宅按地上层数分为：低层（1～3层）、多层（4～6层）、中高层（7～9层）、高层（大于等于10层）。公共建筑按高度分为：小于24m为普通建筑，24～100m为高层建筑，大于100m为超高层建筑。按承重结构的材料分为：木结构建筑、砌体结构建筑、钢筋混凝土建筑、钢结构建筑和混合结构建筑。

建筑物的等级按其耐久性和耐火性进行划分。其中，设计使用年限5年、25年、50年和100年的分别是临时性建筑、易于替换结构构件的建筑、普通建筑和建筑物、纪念性建筑和特别重要的建筑。建筑按耐火性分为四级：一级耐火等级建筑：主要建筑构件全部为不燃烧性；二级耐火等级建筑：主要建筑构件除吊顶为难燃烧性，其他为不燃烧性；三级耐火等级建筑：屋顶承重构件为可燃性；四级耐火等级建筑：防火墙为不燃烧性，其余为难燃性和可燃性。

不同分类的建筑有不同的设计使用要求。从整体看，建筑的不同类型性能与美国心理学家马斯洛的需求等级理论相对应。也就是，不同建筑满足人层次不同的需求，分别为：生理上的需求，安全上的需求，情感和归属的需求，尊重的需求，自我实现的需求。其表现形式见图5.1-1。

马斯洛理论对应建筑第一层要求，也就是消除生理上不能忍受的条件，提供一个保护人生存的空间，消除自然威胁，满足生存条件，使之免受恶劣气候的影响。建筑可以减少强烈的阳光辐射、炎热的气温、寒冷的气温、狂风、暴雨的袭扰，动物和昆虫的骚扰，把不适合人类和无法长期忍受的条件抛到室外，在建筑内形成一个安全、私密的空间。

第二层要求是安全。包括生理上的安全远离疾病，私密、具备生活和卫生条件，如电力、供排水、做饭、卫生间和浴室，远离有毒和有害的物质，宜居、健康和舒适，远离传染病，提供较好生活和工作环境。心理上对环境没有负面印象，愿意在环境下持续生活和工作。

图 5.1-1　需求理论金字塔

第三层要求是社交。有足够的空间用于吃饭和聚会，环境有利于家庭、群体人员的相互交流，大家可以轻松传递良好情绪。

第四层要求是尊重。人如建筑，建筑外观和内部环境的好坏及声誉，直接映射到建筑内生活和工作的人们。私人高级建筑，则是身份和地位的象征，其社区、外观和内部环境无一不代表其品质。建筑内部品味和系统好坏可能会被外界评价。因此，如果使用与其身份不相称的产品或服务，会影响其主人的形象。

第五层要求是自我实现。对建筑而言，承载了主人对生命、信仰和文化的寄托，展现出其内心最深刻的人生信念。

建筑环境物理指标就是国家标准建筑体系对建筑性能提出的基本或高级要求。对应上述五层要求建筑最基本的功能是气候庇护其满足第一层的需求，而建筑环境健康满足第二、三层次内的高级要求，并部分满足第四、五层次的需求。新建建筑或既有建筑改造做规划时，首先要确定建筑的整体设计目标。国家法律对不同类型的建筑做了许多规定限值，建筑必须满足这些标准的最低要求。建筑设计涉及总图（规划）、建筑、结构、给水排水、电气、采暖通风及空调、动力和投资估算等多个专业内容，国家强制标准对消防、抗自然灾害能力（地震、台风等）、节省资源（能源、水等）、绿化、卫生、室内环境（最短日照时间等）等都有明确的规定，要求必须达到相应指标规定，并为建筑检验验收内容做出了相应规定。

建筑业主要提高建筑设计等级，在上述指标上超过国家标准要求的指标，提高建筑性能，如可以在建筑环境和绿色节能、环境保护上更上一层楼。对高性能建筑的评判可使用第 1 章介绍的绿色建筑体系、健康建筑体系或第 6 章介绍的室内环境健康评价，以及第 7 章介绍的主动式建筑体系。这些体系可引导建筑朝未来方向前行，不仅满足国家标准要求，还要在性能上领先其他建筑、领先时代。不同建筑体系的评价侧重点是有差异的，国家法规标准以"节能"为侧重点，环保组织以"生态"为侧重点，而使用者的最大效益是"健康"。"健康"也是本书的重点，以终生的身心健康为第一要素来设计和改善室内环境。

表 5.1-1 为建筑环境物理参数主要指标要求内容。其介绍见相关章节及参考图书，指标标准见相关国家标准规定。

建筑环境物理主要参数指标　　　　　　　　　　　　　　　　表 5.1-1

环境分项	名称	指标	相关	要求	说明
光环境	日照时间	表 5.3-4	建筑	法规要求	
	采光	5.3.2 节	窗户	法规要求	可提升
	照度	表 5.3-6 表 5.3-7	光源配置	法规要求	
	光源质量	5.3.3 节	光源	法规要求	可提升
	防止炫光	5.3.3 节	设施		可改善
建筑节能	围护结构	5.4.4 节 5.3.8 节	建筑	法规要求	按需改善
	门窗		建筑	法规要求	可提升
	防止冷桥		建筑	法规要求	检查避免
	空气渗透性		建筑		检测
	建筑隔热		建筑	法规要求	
	遮阳		设施	法规要求	可提升
声环境	室内噪声	5.5 节	处理	法规要求	可改善
	建筑隔声	5.5 节	建筑	法规要求	可改善
	楼板隔声	5.5 节	建筑	法规要求	
	混响时间	表 5.5-7	处理		按需
热环境	空气温度	3.4 节	采暖空调	法规要求	可提升
	内墙温度	5.4.4 节	建筑	法规要求	
	表面温度差	5.4.4 节	建筑	法规要求	
湿环境	空气湿度	3.4 节	湿度系统		高标准
	墙体结露	5.4.3 节	处理		高标准
	防止受潮	5.4.3 节	建筑	法规要求	
空气质量	装修污染	表 5.6.1	材料管理		高标准
	室内污染	表 5.6.1	新风系统		高标准
	外源污染	表 5.6.2	净化系统		高标准
	新风量	5.6.3 节	新风系统	法规要求	可提升
	局部污染源	5.6.3 节	排风		高标准
水质量	饮用水	表 5.7.1	水处理	法规要求	可提升
	生活用水	5.7.2 节	水处理		高标准
	系统性能	5.7.3 节	管路系统		高标准

国家标准指标是建筑最低性能的保障，超越国家标准的高性能建筑主要体现在三个方面：一是以终身健康第一要素，以预防疾病、舒适愉快、人机工效和心理健康为主要评判标准的健康建筑（环境）；二是以节能和环境保护为评判标准，在社会层面上最有效配置资源和能源的节能建筑；三是以可持续发展为主要控制目标，以降低对环境的不利影响、提高可持续发展水平来做评判的生态建筑。

建筑环境包括：室外环境和室内环境，一般建筑环境泛指建筑室内环境。而建筑室内环境又分为艺术环境和物理环境，前者用艺术和美学来衡量和评价环境质量，好的艺术环境带给人美的享受和愉快；而物理环境是艺术环境的基础，使用可计算、可测量的物理量来评价室内环境质量，也就是健康、舒适、生理满意度的正面指标。艺术环境和物理环境两者之间存在很强的关联度，需要在一个整体目标下同时实现，这也就是整体设计目标：健康、舒适、美感、高效、保健和节能。而现在的装修体系未能正确表达艺术环境和物理环境的正确关系，因而两者相互矛盾，室内环境在装修和设备安装完成后会出现各种各样的问题，如装修污染、自然通风差、自然采光差、冷热不均、环境舒适性差等问题。因此，室内环境需要一个新工作流程，合理确定物理环境与艺术环境的关系和责任，用一个标准体系衡量设计和施工，使建筑环境同步达到最高指标。值得指出的是，本书所指的健康不只是身体方面的健康，也包括心理方面的正面情绪、应激反应，促使建筑使用者处于一个良好的身心状态。好的建筑外观、建筑性能、客户体验给建筑和建筑的主人带来价值、荣耀和满足。建筑技术也在突飞猛进，以满足人们在生理和心理上不断提升的需求。并同步实现节能和环保的目标，承担社会责任，保护地球永续发展。

必须在建筑设计的最初阶段就明确建筑的最高要求，提出各种可行方案，并协调各专业以最高目标为评价原则，选出最佳的设计方案。最高要求体现了建筑业主的在室内环境健康、舒适和幸福感、资源的可再生利用及对地球环境正影响的高尚定位。

扩展阅读：别墅室内环境设计要求

别墅设计的最高境界必须要尊重自然、尊重原创和尊重空间本质。

尊重自然就是要克制设计师自身设计过度表现欲，克制生怕别人看不懂的欲望。能用最简洁、最环保和最节能的设计语言去控制空间自然秩序，就不要用较大的构成设计装饰痕迹去刻意浓抹重妆，而将空间粉饰的痕迹过重。尤其在别墅空间设计语言的表述中，尽可能用最自然、最干脆和最干净的设计语言去经营一个空间的美。或者说，能从别墅承载的自然景观元素上提取一种师法自然的语言去塑造室内与室外的融合，并从自然景观总体规划上所产生的审美情趣中发现或提取室内空间构成的元素。

从建筑构成上说，建筑的设计不仅要与自然环境融合，还要与室内融合，建筑设计的核心当然是以人为本，让人生活得更加自然、舒适和方便。因此，对于住宅设计规划，室内设计师参与势在必行，但由于我国设计体制存在的问题又制约了双方合作。当然，从欧美发达国家的别墅设计发展看，他们特别注重建筑师和室内设计师的配合。尤其在融合自然环境、自然阳光、自然空气、建筑和室内设计关系上，似乎找到了一种人与自然高度和谐的表达语言。欧美的别墅设计在接受自然环境、自然阳光和空气上有意加大了室内与室外对接空间的界面，外墙的构成形态与室内的设计关系处理得很默契，即便在处理功能层面的设计与空间的六个面的关系，不仅在设计的材质肌理、新与旧、疏与密、实与虚、取与舍、开与合等方面都做到了形同自然、不动声色。也就是说，在人们的不经意间处处感受到了自然空间本质的舒适和惬意。随便哪个角落、哪个地方看上去似乎平平，但无处不在的自然和得体提示人们——看不出设计痕迹的自然语言的叙述是人类文明智慧发展史上的最高设计境界。

这种境界不仅承载设计师从原创的理念，而且更接近空间形态的本质。有时候最自然美的语言就蕴藏混凝土、原木、钢结构、玻璃和老家具之间，并不需要做太多的装饰，我们没有理由掩盖它们材质本身其环保和节能意义的自然美。一个美的空间并不是漂亮材质的堆积装饰，艳丽的设计可以让人一度兴奋，但它终究进入不了时间的轨道，也经不起时间考验。所谓"物以稀为贵"讲的就是越是值钱的东西往往都是几千年的文物。实践证明，越是自然形态的美，越能吸引人们的眼球。

(http://www.szzxw.com/zxnewskt/gongz_bsu72.htm)

5.2　室内环境物理测量

现场测试的目的是找到建筑环境中存在不足的地方。既有建筑环境中的不完善的之处，可以被使用者感受到，但是这种感受并不一定是确定的，或者是单一物理参数的影响，而是多种因素的共同作用。比如老建筑的地下室结露现象，就要通过测试发现其水分是来源于外部土壤，还是来自空气中。以确定解决问题的方案是防止水分渗透还是除湿，或提高墙壁温度。与建筑环境有关的现场测试内容包括：室内温度、室内湿度、表面温度、表面温度场、建筑气密性、室内外噪声、阳光光照和光辐射、室内空气质量各项参数，及能耗和水耗等计量参数。一些公共数据如室外温度、湿度、风向、辐射、空气质量等气象和大气环境数据可以通过网络服务得到。对建筑内外这些数据的处理，可以得到建筑环境的物理参数，并在这些参数的基础上对健康、舒适度水平和能耗进行评价，找到影响环境质量的根源性因素，提出改善方案。测试部分内容介绍见表 5.2-1。

室内环境测试内容　　　　　　　　　　　　　　　　　　　　　　表 5. 2-1

项目	参数	相关内容	设计要求	说明	测试仪器
热湿环境	空气温度		有		温度计、记录仪
	黑球温度	与辐射有关	无		黑球温度计
	空气湿度		高级		湿度计、记录仪
	表面温度	墙壁内表面	有		表面温度计
	气流速度	实际测试	有		风速仪
	热舒适度		高级		舒适度仪
	空气渗透率	窗户、房间	有、高级	与空气质量有关	鼓风门
	太阳辐射	室内、室外	无	与能耗有关	辐射仪
	防建筑缺陷	冷桥、缝隙、水汽渗透、漏水、结构缺陷等	有、验收和改造	按实际情况决定测试项	红外成像仪等

项目	参数	相关内容	设计要求	说明	测试仪器
建筑节能	建筑能源性能	保温、隔热、窗户性能、建筑能耗	有	按实际情况决定测试项	根据具体标准
空气质量	装修污染	甲醛、苯类、TVOC、氨等	有	按《室内空气质量标准》GB/T 18883 现场取样	气相色谱仪等
	材料检验	含甲醛等有害物质	要求不同	测释放性	实验舱
	通风换气率	现场测试	有		示踪法
	CO_2	实时测试	有		便携仪器
	PM2.5	实时测试	无	参考环境标准	便携仪器
光环境	采光	实施测试	有		照度计
	照明照度	实时测试	有		照度计
	遮阳效果	实时测试	有		照度计
	光环境	实时测试、评价	无	符合各项指标	照度计
	光源质量	频闪、蓝光、色温	无		特殊仪器
声环境	实际噪声	实时测试	有	做环境评价	噪声计
	建筑隔声	现场测试	有		实测系统
	楼板隔声	现场测试	有		实测系统
	混响时间	现场测试	高级		实测系统
	室内吸声率	现场测试	无		实测系统
水质量	饮水质量	现场取样	有		便携仪器
	生活水质量	现场测试	无		硬度计
	压力、温度	现场测试	有	用水舒适度	便携仪器

　　室内空气温度是建筑环境中最重要的参数，也是测试的最基本参数。测试空气温度时应远离高低温辐射源，以免其对测试结果有影响。如室外气象测试时，要把温度传感器安装在百叶箱内，以避免辐射的影响。数字温度计用于室内空气温度单点测量，要求具有校正证书应包括 14℃、16℃、18℃、20℃ 的修正值。测量范围应覆盖 0～50℃，最大允许误差不超过 ±0.5℃，分辨力应优于 0.1℃。测量时应关闭户门和外窗，测量时传感器应避免阳光直射或其他冷源、热源干扰，读数时应避免人员走动。精准测量时房间使用面积不大于 16m² 时，温度测量点应选择距离外墙内表面大于 1.5m，距离内墙表面大于 1.0m，距地面正上方 1.4m 的范围内位置作为测量点。房间使用面积大于 16m² 时，应进行多点温度测量，测量点应均匀选取 5 点进行测量。如被测房间使用面积过小，应选取房间几何中心作为测量点。温度测量器具显示值在 10min 内变化不大于 0.2℃ 时开始读数，每分钟读数 1 次，共计 3 次。

　　室内空气湿度测量方案最主要的有两种：干湿球测湿法、电子式湿度传感器测湿法。干湿球湿度测试含干球、湿球两支温度计，温度计必须处于通风状态。只有纱布水套、水质、风速都满足一定要求时，才能达到规定的准确度。干湿球测湿法采用间接测量方法，通过测量干球、湿球的温度经过计算得到湿度值，因此对使用温度没有严格限制，在高温环境下测湿不会对传感器造成损坏。干湿球测湿法与电子式湿度传感器相比，不会产生老化，精度下降等问题。电子式湿度传感器在产品出厂前都要采用标准湿度发生器来逐支标定，电子式湿度传感器的准确度可以达到（2％～5％）RH。使用时间一长，电子式湿度计会精度下降，湿度传感器年漂移量一般都在±2％左右，需要重新标定。湿度测试点选择与温度测试点相同，可选择在相同点测试。湿度测试时应注意周围风速不能过大，否则将影响测试精度。

围护结构表面温度与传热量有关，也是监测冷热桥的重要方式。表面温度使用表面温度计测量，一般使用接触式测量，可以比较精确地测量物体表面温度。辐射式温度计测试结果与表面材料的辐射率有关，因此实际测试数据的精度还是有限的。表面温度传感器与空气温度传感器基本相同。接触式表面温度测试只要把探头接触表面一定时间后，即可显示出温度数据。

任何温度高于绝对零度的物体都会发射红外线，温度越高，发射的红外能量越强。红外热像仪就是根据这个特点来测量物体表面的温度的，利用探测仪测定目标的本身和背景之间的红外线差绘制出红外图像，所形成的图像称为热图。红外测温成像技术测温方法为非接触式的测量，不会影响被测目标的温度分布，对远距离目标、高速度运动目标、带电目标、高温目标及其他不可接触目标都可采用，测温范围从负几十摄氏度到几千摄氏度，非常适合温度场的测量，广泛用于测量固体表面温度。红外热成像仪可以测量表面温度场，以图像方式显示温度场，能显示出温度变化情况，甚至可以判断材料表面下部的加热管道、水管、冷热桥，甚至能检测出漏水情况。

建筑气密性测试通过对房间充气或吸气，增加或减少房间内压力，同时使用流量计测量空气流量，最后确定某个固定压力下的空气流量值，再除以房间净体积核算成换气次数，通过比较被测房间内外的空气压力来计算房间的气密性。

其他建筑性能测试还有空气质量测试（甲醛、TVOC、PM2.5、CO_2 等）、太阳辐射测试器、照度测试、噪声测试等。其部分现场便携测试仪器图片见图 5.2-1～图 5.2-3。

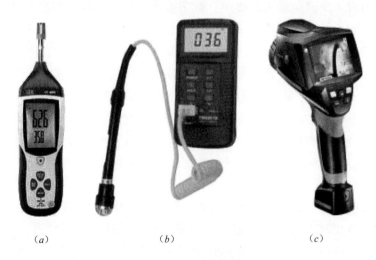

(*a*)　　　　　　　　　(*b*)　　　　　　　　　(*c*)

图 5.2-1　测试仪器

(*a*) 温湿度；(*b*) 点温；(*c*) 红外温度成像仪

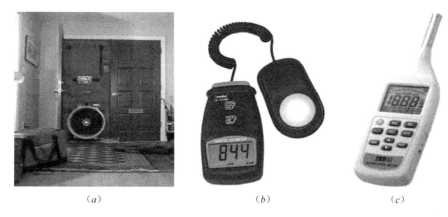

图 5.2-2　测试仪器

（*a*）鼓风门；（*b*）照度测试；（*c*）噪声测试

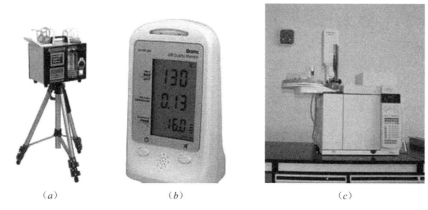

图 5.2-3　测试仪器

（*a*）空气现场取样器；（*b*）便携测试仪；（*c*）气相色谱分析仪

5.3　建筑光学

生物律是生物体随时间（昼夜、四季等）作周期性变化的生理现象，它们由环境作用于生物种族，在亿万年的进化过程中逐步形成，受中枢神经制约。人们被来自太阳的光包围，身体本能的与每日循环、变化的自然环境相互联系。暴露在白天高水平日光与夜间黑暗中，环境对人体生理系统有很强的影响，睡眠/唤醒周期、情绪、生产率、警觉性和幸福感受此激素调控影响。图 5.3-1 就是全天范围身体温度、褪黑素浓度与时间的关系。

阳光在许多方面对人体有益，经常晒太阳有利健康，阳光中的紫外线可以杀灭空气中的细菌，许多霉菌在阳光下无法成活。紫外线还能杀死皮肤上的细菌，增加皮肤的弹力、柔软性和抵御外来细菌的能力，多晒太阳使皮肤更加健康，不易生疮、痘和皮肤病，能刺激机体的造血功能，促进钙、磷代谢和体内维生素 D 的合成。日光中的红外线可透过皮肤到皮下组织，对人体起到热刺激作用，加快血液流通，促进体内新陈代谢，并有消炎、镇痛的作用。缺少阳光的日子大脑会产生一种忧激素，使人困乏，情绪低落。阳

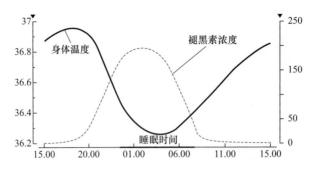

图 5.3-1 身体温度、褪黑素浓度与时间关系

光是最好的兴奋剂，能调节人的情绪、振奋精神、减轻忧郁症状，提高生活情趣和工作效率，并可改善人体的各种生理机能。虽然有些电光源可以构成与日光相当接近的频谱类型，但不可能模仿出日光在自然变化年中每天和每季光谱质量的自然变化，因此无法替代阳光的作用。

最新的医学研究显示，阳光可以停止一些癌细胞的生长，其中包括几种皮肤癌、淋巴腺癌、乳癌等。充分接受阳光可以增加你体内的维生素 D，科学家认为这就是导致癌变率下降的原因。瑞典和丹麦的科学家发现多照射阳光，紫外线能够将患淋巴腺癌症的危险降低30％～40％。美国新墨西哥州大学的研究发现，接受阳光照射，降低了恶性黑色素癌病患者的死亡率。此外，生活在阳光明媚的环境里的人，患乳腺癌的机率也会大大降低。

调查表明，在阳光充足办公室工作的人员，心情舒畅、工作效率要高于无阳光房间的同类人员。这是因为阳光能刺激大脑释放出大量可以产生愉快感的化学物质，调节情绪，使精神振奋、心情舒畅，人的行为也变得积极而充满活力。阳光对人体激素的影响水平是显著的，甚至可被用来治疗更年期综合症。

健康的建筑房间内应该是有足够的阳光使上述作用得到充分发挥。另外在室内能看到自然风景，也会对人的幸福、主观健康、环境满意度、情绪、睡眠质量和其他作用有正面的影响。人们在视觉体验中看到自然景象，并在参与、改变环境的活动中体验自然景观美的感染力。景观从一定意义上，也是一种环境、一种"场景"、一种美学理想。它表达了某种理念、思想，可以唤起某种情感、共鸣、愉悦以及联想与思考。

人类在自然界中的进化过程，决定了对自然的亲近。建筑房间内窗户要有良好的视野，从窗户向外欣赏外部环境风景，可以满足人们与大自然接触的需要，由此了解天气情况、一天中的时间、所处季节和朝向。有研究表明，人们倾向喜欢选择日光作为照明光源，倾向优先选择有可以看到外部自然风景的房间。

太阳光对建筑环境有光照和光热两个方面的影响。本节讨论光照影响，而第5.4节讨论光热影响。

5.3.1 基本概念

1. 光谱

物体发光直接产生的光谱叫作发射光谱；只含有一些不连续的亮线的光谱叫作明线

光谱。明线光谱中的亮线叫作谱线，各条谱线对应于不同波长的光。稀薄气体或金属蒸气的发射光谱是明线光谱。明线光谱是由游离状态的原子发射的，所以也叫原子光谱。图 5.3-2 为太阳光光谱。

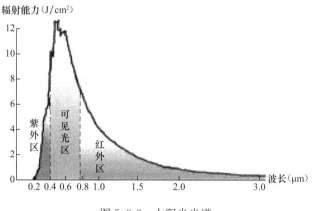

图 5.3-2 太阳光光谱

连续分布的包含有从红光到紫光各种色光的光谱叫作连续光谱。炽热的固体、液体和高压气体的发射光谱是连续光谱。例如电灯丝发出的光、炽热的钢水发出的光都形成连续光谱。

虽然有些电光源的频谱接近日光频谱，但其不可能模仿出日光在自然中每日、每季在光谱强度和方向上的变化。图 5.3-3 为日光与典型光源的光谱曲线。

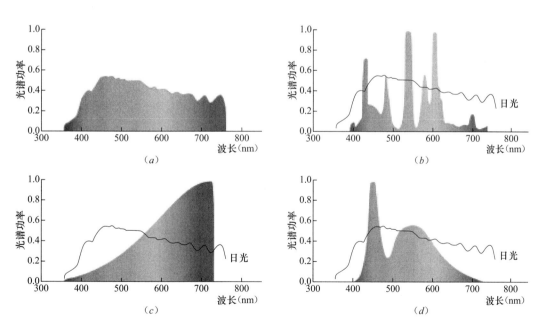

图 5.3-3 日光、荧光灯、卤钨灯、LED 光谱图

(a) 日光；(b) 荧光灯；(c) 卤钨灯；(d) LED

2. 光通量

指人眼所能感觉到的辐射功率，它等于单位时间内某一波段的辐射能量和该波段的相对视见率的乘积。由于人眼对不同波长光的相对视见率不同，所以不同波长光的辐射功率相等时，其光通量并不相等。光通量的单位是 lm（流明）。

3. 照度

是指单位面积上所接受光通量，单位勒克斯（lux 或 lx）。

4. 亮度

是指发光体（反光体）表面发光（反光）强弱的物理量。人眼从一个方向观察光源，在这个方向上的光强与人眼所"见到"的光源面积之比，定义为该光源单位的亮度，即单位投影面积上的发光强度。亮度的单位是坎德拉/平方米（cd/m^2），亮度是人对光强度的感受，是一个主观的量。而与亮度不同、由物理定义的客观量是照度，这两个参数在一般的日常用语中往往被混淆。

5. 光反射

光射到两种介质的分界面上时，有一部分光改变了传播方向，回到原介质中内继续传播，这种现象叫作光的反射。反射光与入射光的比率叫作反光系数 ρ（表 5.3-1）。

材料反光系数表　　　　　　　　　　　　表 5.3-1

不透光材料	颜色	反射系数	不透光材料	颜色	反射系数
石膏	白	0.91	马赛克地砖		
大白粉刷	白	0.75	白色	白色	0.59
水泥砂浆抹面	灰	0.32	浅蓝色	浅蓝色	0.42
白水泥	白	0.75	浅咖啡色	浅咖啡色	0.31
白色乳胶漆	白	0.84	深咖啡色	深咖啡色	0.20
红砖	红	0.33	绿色	绿色	0.25
灰砖	灰	0.23	大理石		
胶合板	本色	0.58	白色	白色	0.60
油漆地板	白	0.10	乳白色间绿色	乳白色间绿色	0.19
菱苦土地面	白	0.15	红色	红色	0.32
浅色织品窗帷	白	0.30~0.50	黑色	黑色	0.08
铸铁、钢板地面	白	0.15	调和漆		
混凝土地面	白	0.20	白色及米黄色	白色及米黄色	0.70
粗白色纸	白	0.30~0.50	中黄色	中黄色	0.57
沥青地面	白	0.10	塑料贴面板		
一般白灰抹面	白	0.55~0.75	浅黄色木纹	浅黄色	0.36
瓷釉面砖			中黄色木纹	中黄色	0.30
白色	白色	0.80	深棕色木纹	深棕色	0.12

续表

不透光材料	颜色	反射系数	不透光材料	颜色	反射系数
黄绿色	黄绿色	0.62	玻璃		
粉红色	粉红色	0.65	普通玻璃	无	0.08
天蓝色	天蓝色	0.55	压花玻璃	无	0.15~0.25
黑色	黑色	0.08	磨砂玻璃	无	0.15~0.25
无釉面砖			乳白色玻璃	乳白色	0.60~0.70
土黄色	土黄色	0.53	镜面玻璃	银色	0.88~0.99
朱砂色	朱砂色	0.19	金属材料及饰面		
水磨石			阳极氧化光学镀膜铝		0.75~0.97
白色	白色	0.70	普通铝板抛光		0.60~0.70
白色间灰黑色	白色间灰黑色	0.52	酸洗或加工成毛面铝板		0.70~0.85
白色间绿色	白色间绿色	0.66	铬		0.60~0.65
黑灰色	黑灰色	0.10	不锈钢		0.55~0.65
塑料墙纸			银		0.92
黄白色	黄白色	0.72	镍		0.55
蓝白色	蓝白色	0.61			

6. 光透射

光从一种透明均匀物质斜射到另一种透明物质中时，传播方向发生改变的现象叫作光的折射。透射光是入射光经过折射穿过物体后的出射的光。被透射的物体为透明体或半透明体，如玻璃，滤色片等。若透明体是无色的，除少数光被反射外，大多数光均透过物体。为了表示透明体透过光的程度，通常用入射光通量与透过后的光通量之比 τ 来表征物体的透光性质，τ 称为光透射率。

材料透射系数表　　　　　　　　　　　　　表 5.3-2

透光材料	颜色	透射系数	透光材料	颜色	透射系数
普通玻璃		0.78~0.82	糊窗纸		0.35~0.50
钢化玻璃		0.78	天鹅绒	黑色	0.001~0.10
磨砂玻璃		0.55~0.60	半透明塑料	白色	0.30~0.50
乳白玻璃		0.60	半透明塑料	深色	0.01~0.10
压花玻璃		0.57~0.71	钢纱窗	绿色	0.70
无色有机玻璃		0.85	聚苯乙烯板		0.78
乳白有机玻璃	乳白	0.20	聚氯乙烯板		0.60
玻璃砖		0.45~0.50			

7. 眩光

是指视野中由于不适宜亮度分布，在空间或时间上存在极端的亮度对比，以致引起视觉不舒适和降低物体可见度的视觉条件，视野内产生人眼无法适应的光亮感觉，可能

117

引起厌恶、不舒服甚或丧失明视度，或在视野中某一局部地方出现过高的亮度或前后发生过大的亮度变化。眩光是引起视觉疲劳的重要原因之一。

眩光主要是由于光源位置与视点的夹角造成的。剧场中亮度极高的光源，经过反射而产生的高度极高的光或者强烈的亮度对比，会让观众产生眩光。在展览环境中的眩光有一次发射眩光，也有二次反射产生的眩光。眩光不但会造成视觉上的不适应感，而且强烈的眩光还会损害视觉甚至引起失明。对于展览环境，控制住眩光很重要。表 5.3-3 是根据作业或活动类型对照明环境的要求。

眩光限制的等级　　　　　　　　　　　　　　表 5.3-3

质量等级	作业或活动的类型
A（很高）	非常精确的视觉作业
B（高）	视觉要求高的作业，中等视觉要求的作业，但需要注意力高度集中
C（中等）	视觉要求中等的作业，注意力集中程度中等，工作者有时要走动
D（差）	视觉要求和注意力集中程度的要求比较低，而且工作者常在规定区域内走动
E（很差）	工作者要求限于室内某一工位，而是走来走去，作业的视觉要求低，或不为同一群人持续使用的室内区域

5.3.2　天然采光

室内对自然光亮度的利用称为"采光"。一处称心的房子，采光条件十分重要。采光良好的住宅既可以节约能源，也会使人心情舒畅。住宅内部应根据采光条件确定各功能房间的布置，否则某些重要房间长期依靠人工照明，会对人的身心健康十分不利。采光分为直接采光和间接采光，直接采光指采光窗户直接向外开设；间接采光指采光窗户朝向封闭式走廊（一般为外廊）间接利用其他直接采光房间的光亮，如有的厨房、厅、卫生间利用小天井采光就是间接采光。选购住宅时，其主要房间应有良好的直接采光，并至少有一个主要房间朝向阳面。自然采光面积就是指的室内对自然光的使用面积。南北朝向最好，主卧和客厅南向采光好、北向布置卫生间和厨房也能得到自然采光，住宅房间如能达到五明（客厅、餐厅、明卫、明卧、明厨），而且进深不大、采光好，这种户型生活环境非常好。

所谓光气候，是指由太阳直射光、天空漫射光和地面反射光形成的天然光平均状况。影响室外天然光的因素很多，而且都处于不断变化的状态，难以用简单的公式准确地描述。目前，各国都采用长期观测的办法，以取得资料进行综合分析，整理出代表当地光气候的数据，并在研究的基础上找出某些规律，为采光设计提供依据。

阴天时天空全部被云遮挡，直射阳光照度为零。晴天时天空无云或少云，太阳未受遮挡阳光直射最大。中国光气候的特点为：东部小、西部大，青藏地区云层薄，对太阳光削弱作用较弱光照最大。而四川盆地云层最厚，对太阳光削弱作用大。西北地区气候干旱，晴天较多，因此光照高于东部地区；而北方由于阴雨天较少，因此夏季太阳光最强烈时白昼长于南方。

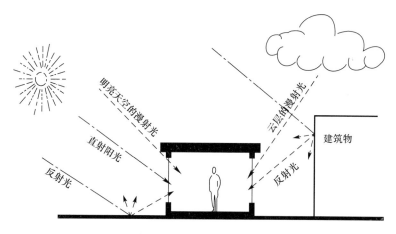

图 5.3-4 太阳光照示意图

按《建筑采光设计标准》GB 50033—2013，中国光气候分区参见此标准。从该标准中可以看出，重庆、贵州大部分，四川、湖南部分，湖北小部分地区是全年光照最低的地区；而西藏，青海、云南和新疆部分地区，是全年光照最高的地区。分区对应的室外照度和光气候系数见表 5.3-4，采光设计计算以Ⅲ区为标准，对非Ⅲ区的设计计算，采光设计面积为标准计算面积需要乘以光气候系数 K。

光气候区和光气候系数 K 表 5.3-4

光气候区	Ⅰ区	Ⅱ区	Ⅲ区	Ⅳ区	Ⅴ区
K 值	0.85	0.90	1.00	1.10	1.15
室外天然光设计照度值 E_s（lx）	18000	16500	15000	13500	12000

按《建筑采光设计标准》，室内采光分为 5 个等级，其采光等级和对应的照度见表 5.3-5。其中侧面和顶面的采光要求有所不同。另外采光系数不宜高于 7%。对非Ⅲ区建筑，需使用光气候系数进行修正。

采光分级和采光标准值   表 5.3-5

采光等级	侧面采光		顶部采光	
	采光系数标准值（%）	室内天然光照度标准值（lx）	采光系数标准值（%）	室内天然光照度标准值（lx）
Ⅰ	5	750	5	750
Ⅱ	4	600	3	450
Ⅲ	3	450	2	300
Ⅳ	2	300	1	150
Ⅴ	1	150	0.5	75

按照上述标准，住宅建筑的卧室、起居室（厅）、厨房应有直接采光。住宅建筑的卧室、起居室（厅）的采光不应低于采光等级Ⅳ级的采光标准值，侧面采光的采光系数不应低于 2.0%，室内天然光照度不应低于 300lx。卫生间、过道、餐厅、楼梯间的采光系数不应低于采光等级Ⅴ级，侧面采光的采光系数不应低于 1%，室内天然光照度不应低于 150lx。教育建

筑的普通教室的采光不应低于采光等级Ⅲ级的采光标准值，侧面采光的采光系数不应低于
3.0%，室内天然光照度不应低于450lx。而办公建筑中设计室、绘图室；办公室、会议室；
复印室、档案室；走道、楼梯间、卫生间分别不低于Ⅱ、Ⅲ、Ⅳ、Ⅴ级采光等级。

顶部采光的采光均匀度不宜小于0.7。而眩光等也应控制在一定范围内。对应不同的采
光方式，不同采光系数对窗户/地面积比有不同数值的要求，而不同光气候区的建筑需要乘
以光气候系数进行换算。表5.3-6为不同采光等级窗地面积比要求和采光有效进深值。

窗地面积比和采光有效进深　　　　　　　　　　　　　表 5.3-6

采光等级	侧面采光		顶部采光
	窗地面积比 (A_c/A_d)	采光有效进深 (b/h_s)	窗地面积比 (A_c/A_d)
Ⅰ	1/3	1.8	1/6
Ⅱ	1/4	2.0	1/8
Ⅲ	1/5	1.5	1/10
Ⅳ	1/6	3.0	1/13
Ⅴ	1/10	4.0	1/23

光照度是从可见光光谱的角度来做评价，而光辐射（光热）则是从整个太阳光的能
量角度来做评价。光照度与地理位置（纬度）有关，也与当地气候特点有密切关系。另
外各个地区的光照时间也是不同的。阳光是宝贵的，尤其是在日照比较少的地区，应该
珍惜利用阳光光照。

光照度较低地区的建筑环境设计中要合理选择室内表面的颜色和反光系数，以便达
到较好的室内环境视觉效果。特别是这些地区的直射光比较少，漫反射光比较多，在合
适的表面应选择反射性好的材料，以把光发射到建筑的内部。

由于太阳和地球之间的巨大距离，可以认为到达地球的太阳光线是平行光，通过计
算某一时刻太阳的高度角和方位角就可以确定太阳相对于分析点的位置，并通过几何及
投影关系的计算得出该点在这一时刻的日照情况，一般情况下可使用模拟软件分析建筑
阳光的情况。

光照对建筑的直接影响可以从投影上看出。图5.3-5表示地球上的点与太阳的关系。
随着季节不同太阳的高度角发生变化，每日地球自转，相对的方位角也发生变化。北半
球冬季的太阳角度比较低，最左上的线是冬至日，太阳角最小条件下，太阳从升起到降
落的轨迹线，而右下的线是夏至日太阳轨迹线。可以看出夏至日的太阳角度最高。某地
的固定式遮阳檐就是根据冬季和夏季太阳角度的不同而设计，让冬天的低角度阳光可以
入射室内，而夏天高角度的阳光则被遮挡不能进入室内。

在地球某点立一根柱杆，柱杆每时每刻的太阳投影长度和方向都会变化，图5.3-6是
北纬40°地区夏至日的棒形投影日照图。影子的长度以中午12点为对称时间，在太阳升
起和降落时最长，而中午12点时最短。根据这个原理可以进行建筑物影子分析，可以分
析一个建筑受到前面建筑的影响而造成阳光照射时间的减少情况。不同季节日照影子的
长短是不一样的。冬季时太阳位置最低，因此投影也比较长；而在夏季太阳位置比较高，
投影则比较短。日照投影分析是建筑日照和采光分析的基础。

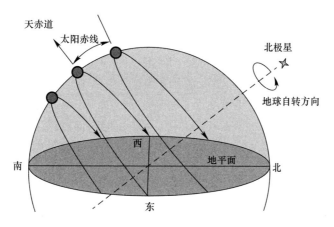

图 5.3-5 地球与太阳相对位置图

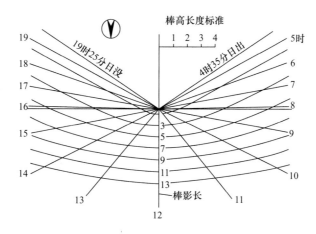

图 5.3-6 棒影轨迹图（北纬 40°夏至日）

日照对人体有不可替代的健康作用，日照的功能在前面已经进行了介绍。国家相关标准规定每套住宅至少应有一个居住空间获得日照；老年住宅、残疾人住宅的卧室、起居室，医院、疗养院半数以上的病房和疗养室、中小学半数以上的教室应能获得冬至日不少于 2h 的日照；托儿所、幼儿园的主要生活用房应能获得冬至日不少于 3h 的日照。建筑布置设计就是先要确定规定日照时间最长建筑的朝向位置，然后才是其他建筑的朝向位置。表 5.3-7 是国家住宅的日照标准，按不同气候分区有不同要求。

住宅最小日照时间（h）   表 5.3-7

建筑气候区	Ⅰ、Ⅱ、Ⅲ、Ⅶ区		Ⅳ区		Ⅴ、Ⅵ区
	大城市	中小城市	大城市	中小城市	
日照标准日	大寒日				冬至日
日照时数 h	≥2		≥3		≥1
有效日照 h	8~16				9-15
计算起点	底层窗台面				

121

使用自然光做照明叫作采光。如果采光要达到正常亮度，采光系数就要达到一定的要求。采光系数是指在室内给定平面上的一点，由直接或间接地接收来自假定和已知亮度分布的天空漫射光而产生的照度与同一时刻该天空半球在室外无遮挡水平面上产生的天空漫射光照度之比。

传统的住宅建筑的日光需求都是基于简单规则，如窗户与地面的面积比例确定为1∶10。但这种需求不能确保日光在房间内有充足或正确分布，此方法不足以满足高日光品质建筑要求。使用采光模拟工具，允许在一个房间内评估日光的数值和分布，同时考虑到关键影响参数，如窗口位置、光阻碍和玻璃透光率，对采光系数和采光均匀度的影响。

平均采光系数水平应在建筑内所有主要生活区内确定，包括厨房、客厅、餐厅、儿童卧室和游戏室。在设计中还需要考虑的区间包括主要行走通路空间，及在上午使用的浴室。5%的平均采光系数将确保一个房间有足够的日光照度，而2%的平均采光系数将只提供中等程度的日光，很可能频繁使用电照明增加照度。

采光系数水平应在工作平面的高度（如 0.85m），并在围绕工作平面的墙壁留下0.5m的边界上进行计算和测量。如图 5.3-7 和图 5.3-8 所示。

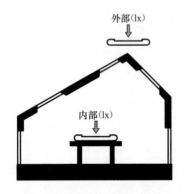 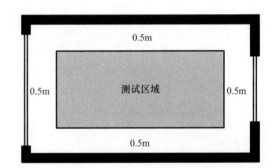

图 5.3-7　采光系数计算选择点确定图示　　图 5.3-8　距离墙壁 0.5m，采光系数计算区域

采光系数模拟需要考虑影响建筑内可见和分散日光分布的重要因素。对用户而言，拥有的一个良好的专业的模拟计算工具是非常重要的，要掌握使用工具的局限，并且能正确理解正在试图评估（建筑和外部环境）的情况。图 5.3-9 为建筑在双侧开窗、顶部开窗的室内照度分布，可以看出天窗可以提高室内采光的平均度。

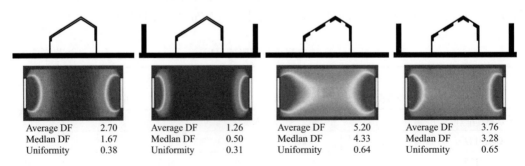

图 5.3-9　显示遮挡对采光系数水平的影响示例，影响因素含侧墙窗户、屋顶天窗和外部遮挡墙。

窗户的主要功能之一是采光，但布置窗户时除了考虑采光外，还应认真研究确定建筑地点，以保证有观察和接触室外环境的最佳机会，提高室内人员的情绪。需要考虑相对于眼睛的高度确定窗户系统的大小和位置，看到足够的外部景色。窗户设计应保证在房间内能看到天际层、城市/自然景观和地面。当一些方向窗户需要控制阳光和日照的遮阳时，其他不同方向窗户可以保持通畅的景观。允许远观景色并尽量减少阻挡。

阳台也是人与外界接触的一个地方，进入阳台从室内环境转换到室外环境，呼吸新鲜空气，增大视野范围，聆听自然的声音，改善人们的心情和情绪。外部景观的审美包含了审美情感心理活动的全过程，虽然由于个体的感知形象的能力、思维方式、生活阅历的差异而有所不同，但丝毫也不影响作为景观总体所赋予人们的愉悦、激情、联想、亲情、快感、回味的作用。

影响室内采光效果的因素有：

（1）遮挡：来自地形和附近建筑物的障碍将影响房间的采光的情况，需要在计算正确地对待。存在严重遮挡的窗户比能清楚看到天空的窗户得到的采光显著减少。

（2）玻璃透光率：玻璃透射对从窗户透过的日光数量有直接影响。使用透光度值选择窗户产品是很重要，并应正确地选择框架部分和玻璃窗条，以及建筑围护结构的厚度。

（3）表面反射：房间内部和外部表面的反射率会影响采光量，及会出现多么明亮的房间。因此，根据实际使用材料特性（如弥漫性白色油漆可以达到大约0.8的反射率）使用的实际反射率值对项目评估很重要。

5.3.3　室内照明

室内照明就是采用电光源在白天日光采光不足时和晚上保证室内的亮度满足建筑使用者的活动要求。其所涉及的主要技术参数如下：

色温是表示光源光谱质量最通用的指标，当绝对黑体的辐射和光源在可见区的辐射完全相同时，此时黑体的温度就称此光源的色温。低色温的光源通常称为"暖光"；高色温的光源通常称为"冷光"。一些常用光源的色温为：标准烛光为1930K；白炽灯为2760～2900K；荧光灯为3000K；闪光灯为3800K；中午阳光为5600K；电子闪光灯为6000K；蓝光为12000～18000K。

显色性就是指不同光谱的光源照射在同一颜色的物体上时，所呈现不同颜色的特性。通常用显色指数（Ra）来表示光源的显色性。光源的显色指数越高，其显色性能越好。

统一眩光值UGR是度量室内视觉环境中的照明装置发出的光对人眼造成不舒适感主观反应的心理参量，其量值可按规定计算条件用统一眩光值公式计算。

发光效率是光通量与功率的比值，此效率指光源输出的辐射通量和光源输入能量之比，数值越大表示电转换为光的比例越大。

常见照明光源分为白炽灯、卤钨灯、荧光灯、高强度气体放电灯（高压汞灯、金属卤化物灯、高压钠灯）和LED等，其特点如下：

1）白炽灯

内装钨质灯丝，发光效率为10～15lm/W，色温2800K左右，显色性好，额定寿命为 1000h。灯头形式有螺口式和卡口式两种。常用于室内一般照明，还可用于照度要求较低的室外照明。反射型白炽灯的光束定向发射，光能利用率高，一般用于橱窗、展览馆和需要聚光照明的场所。

2）卤钨灯

内装钨质灯丝，并充以一定量的碘和溴或它们的化合物。卤钨灯利用卤钨循环化学反应原理，大大减少了钨丝的蒸发和灯泡发黑程度。卤钨灯的发光效率和额定寿命都比白炽灯高。卤钨灯常做成管状，尺寸小，功率为 35～1000W，色温为 2700～3300K，显色性好，额定寿命约 1500h，光通量稳定。多用于室内重点照明。

3）荧光灯

是良好的室内照明光源，发光效率大大高于白炽灯，一般为 30～60lm/W，最高可达90lm/W。荧光灯的光色有日光色、冷白色和暖白色三种。高显色荧光灯是采用三基色荧光粉，显色指数可达 80 以上，寿命为 1500～5000h。在使用时应配备相应的镇流器和启辉器。高显色荧光灯多用于显色要求高的印染厂、印刷厂、商场和电视演播室的照明。直管形荧光灯的功率从 6W 到 40W，最高可达 125W。这种灯最适宜用于建筑大厅、大型商店和精密加工车间照明。为改善照明性能，可采用异形荧光灯（如环形荧光灯）作光源。在室内照明中还广泛使用新创制的体积小、光效高的紧凑型节能荧光灯。

4）高强度气体放电灯

是高压汞灯、金属卤化物灯、高压钠灯等的总称。这类灯功率大，发光效率高，寿命长，结构紧凑，体积小。大部分用作道路、广场、运动场等处的室外照明，也用于中、高顶棚的工厂、体育馆、礼堂和大型商场的室内照明。

5）LED 灯

LED 的自发性发光是由于电子和空穴的复合而产生的，这种半导体 P-N 结的电致发光机理决定了它发出的是单色光，而不可能产生具有连续谱线的白光，用单只 LED 也不可能产生两种以上的高亮度单色光。如果需要 LED 产生白光，只可能先让 LED 发出蓝光，然后利用荧光粉间接产生宽带光谱，合成白光。

LED 的特点是：

（1）发光效率高，LED 光效经改良后将达到达 50～200lm/W，而且其光的单色性好、光谱窄，无须过滤可直接发出有色可见光；

（2）耗电量少，LED 单管功率 0.03～0.06W，采用直流驱动，单管驱动电压 1.5～3.5V，电流 15～18mA，反应速度快，可在高频操作，而且可以七彩变化；

（3）使用寿命长，采用电子光场辐射发光，灯丝发光易烧、热沉积、光衰减等缺点。而采用 LED 灯体积小、重量轻，环氧树脂封装，可承受高强度机械冲击和震动，不易破碎，平均寿命达 10 万 h；

（4）安全可靠性强，发热量低、无热辐射性、冷光源、可以安全抵摸。能精确控制光型及发光角度、光色柔和、无眩光、不含汞、钠元素等可能危害健康的物质。内置微处理系统可以控制发光强度，调整发光方式，实现光与艺术的结合；

（5）有利于环保，LED 为全固体发光体，耐震、耐冲击不易破碎，废弃物可回收，没有污染。光源体积小，可以随意组合，易开发成轻便薄短小型照明产品，也便于安装和维护。

不同光源的性能

表 5.3-8

光源种类	发光效率（lm/W）	显色指数 Ra	色温（K）	正常使用寿命（h）
白炽灯	12	95～99	2700	1000
卤钨灯	15～21	95～99	2800～2900	2000～4000
荧光灯	32～70	50～93	3000～6500	8000
紧凑荧光灯	60	85	3000	8000～12000
LED	150	80	3000～3200 暖白 6000～6500 正白 ＞8000 冷白	20000

　　设计人员应根据建筑等级、功能要求和使用条件，从中选取适当的标准值进行设计。表 5.3-9 给出了不同性质建筑照明的照度标准可供参考。照明部位参考平面及高度照度标准值（lx）。

不同房间的照度参考值

表 5.3-9

房间或场所		参考面高度（m）	照度标准（lx）	显色性 Ra
起居室	一般活动 书写、阅读	0.75	100 300	80
卧室	一般活动 床头、阅读	0.75	75 150	80
餐厅		0.75	150	80
厨房	一般活动 操作台	0.75 台面	100 150	80
卫生间		0.75	100	80

公共建筑照明标准值

表 5.3-10

建筑类型	房间或场所	参考平面（m）	照度标准（lx）	眩光 UGR	显色性 Ra
办公建筑	普通办公室	0.75	300	19	80
	高档办公室	0.75	500	19	80
	会议室	0.75	300	19	80
	接待室、前台	0.75	300	—	80
	营业室	0.75	500	22	80
	设计室	0.75	500	19	80
	复印、发行室	0.75	300	—	80
	资料、档案室	0.75	200	—	80
商业建筑	一般营业厅	0.75	300	22	80
	高级营业厅	0.75	500	22	80
	超市	0.75	300	22	80
	高档超市	0.75	500	22	80
	收款台	台面	500	—	80

续表

建筑类型	房间或场所	参考平面（m）	照度标准（lx）	眩光 UGR	显色性 Ra
学校建筑	教室	课桌面	300	19	80
	实验室	实验桌面	300	19	80
	美术教室	桌面	500	19	90
	多媒体教室	0.75	300	19	80
	教室黑板	黑板面	500	—	80
展览馆展厅	一般展厅	地面	200	22	80 *
	高级展厅	地面	300	22	80 *
*：高于 6m 的展厅 Ra 可降低到 60					

（1）照明质量：从生理和心理效果角度评价照明环境，要求有利于视功能、舒适感、易于观看、安全与美观的亮度分布。照明质量影响因素包括：眩光、颜色、均匀度、亮度分布等。

（2）眩光：眩光包括不舒适眩光（引起不舒适感觉，而不一定降低物体可见度的眩光）和失能眩光（降低物体可见度而不一定引起不舒适感觉的眩光）。这两种眩光是一起产生的，但它们是两种完全不同的现象。引起失能眩光主要是因为进入眼中的光能，而不是光源的照度。相反，光源照度是不舒适眩光的一个主要因素。失能眩光几乎不受时间的影响，而在工厂或办公室的人暴露在高照度光源下时间长，不舒适眩光也相应增多。不舒适眩光采用统一眩光值（UGR）来评定。

（3）光源颜色：光源的色温不同，产生的冷暖感觉也不同。色温低于 5300K 时，人们会产生冷的感觉；而色温小于 3300K 时，人们会产生暖和的感觉。不同色温的照明光源适用于不同的场合。

色温特性与适用场合　　　　　　　　　　　　表 5.3-11

色温组	色温特征	相关色温（K）	适用场合
I	暖	<3300	客房、卧室、病房、酒吧、餐厅
II	中间	3300～5300	办公室、教室、阅览室、诊所、检验室、机加工车间、装配间
III	冷	>5300	热加工车间、高照明场所

不同色温光源与照度之间的关系　　　　　　表 5.3-12

照度（lx）	光源色的感觉		
	低温色	中温色	高温色
≤500	舒适	中等	冷
500～1000			
1000～2000	刺激	舒适	中等
2000～3000			
≥3000	不自然	刺激	舒适

（4）照明的均匀性：作业区域的视野内亮度应足够均匀，特别是在教室、办公室一类长时间使用视力工作的场所，工作面的照明应该是非常均匀的。公共建筑的工作房间

的照明均匀度，即给定工作面的最小照度与平均照度之比不应小于0.7；而工作面邻近周围的照度均匀度不应小于0.5。房间或场所内的通道和其他非作业区域的一般照明照度值不宜低于作业区域一般照明照度的1/3。

（5）反射比：当视场内各表面的亮度比较均匀，人眼观看才会达到最舒适和最富有效率，也不易疲劳。因此室内各表面的亮度不应相差过大。为了保证这一点，室内各表面应具有适当的光反射比，见表5.3-13。

合适的表面反光系数

表 5.3-13

表面	光反射率值
顶棚	0.6～0.9
墙面	0.3～0.8
地面	0.1～0.5
作业面	0.2～0.6

扩展阅读：3个建筑光学问题

问1：我们建筑周围都是高楼大厦，阳光挡住了，怎样采光？

如果光线都被四周大楼挡住，能利用的阳光资源只有天顶直接照射的阳光。天顶照射的阳光要比来自地平线的阳光明亮。因此，可以在屋顶开天窗，即使只有一小块面积也有很大的亮度，可以让下面很大的面积受益。在墙面开高窗，也能引入水平入射的光线，增加室内的亮度，而且设置开启式天窗还可以增加自然通风效果。

问2：买房子时，如何选择采光好的户型？

在北半球，阳光多从南面进入，而北面进入的为漫射光，光线柔和，辐射热量低。因此优先选择坐北朝南的户型，同时有较大的窗户，让阳光可以大量进入，减少人工光源的使用。

东西向开窗需适当遮光，这样可以节省空调能源消耗。东西向的窗户考虑室内过热的情况，尽量不要尺寸过大，应在保证通风效果的基础上，调节空气流动提高自然舒适度。设置窗帘、百叶帘，根据阳光情况调节不同位置和角度。

问3：不同房间如何配置照明灯？

玄关：照明如果是为了收纳则采用普通照明即可，如果是道路走动可采用背景式照明，也就是间接式照明，或有夜间功能引导作用的灯光照明。

客厅：照明方式很多，但必须先确定其使用要求。如坐在沙发上看书阅读、看电视的频率较高，使用台灯式或可调式立柱照明较合适。顶部照明不是一个最佳方案，因为受光面是整个下方，因此灯光集束要很多才能使整个空间都感受到照明。这样的话会消除空间层次感，减少光影美感，也比较费电。

客厅灯光颜色以能带来休闲气氛的黄色为佳，也可使用黄色搭白色的方式营造交错光效果，亦可依照生活习惯和需要，选择开哪种光源。客厅最常见的间接照明，其光源必须远离顶棚 35cm 以上才不会形成过大的光晕，产生空间暗淡。

卧室：照明以顶灯为辅（直接照明、间接照明均可），以床头灯为主。除了具有床前阅读、集中照明的功能，也能兼顾引导、不干扰他人的作用。

儿童房：以普照式照明为主，并加强顶灯的量束，以适合儿童全面的空间活动，而在个别的活动方式可以增加功能是照明，如书桌、阅读桌的台灯，以及局部功能的集中照明，如利用立灯照明的视觉等。灯具以柔和的黄光为主，而墙面宜选择明亮度较高的色彩，透过黄色产生互补色效果，如黄光与黄色墙面的搭配，可以营造出比白墙更明亮的视觉效果。

餐厅：以餐桌照明为主，利用吊灯照明餐桌范围，不但视觉清楚且不使光线刺激到眼睛，也可增加台灯与立灯于墙、柜四周，营造用餐气氛。

厨房：照明以工作性质为主，使用日光型照明，集中在工作的桌面上。

（参见第 3 章参考文献 20）

扩展阅读：LED 教学护眼灯

2014 年统计数据，中国共有 4 亿多近视患者，其中小学生近视率超过 25%，初中生近视率达到 70%，高中生近视率达到 85%。近视的危害不仅仅停留在戴眼镜上，高度近视也会大大提高各种眼疾的患病率，同时也是公认的第三大致盲因素。学生、家长和社会都在焦急地寻找解决方法。

近视的成因一般被归为三类：遗传因素、行为因素和环境因素。上述近视比例无法在遗传学角度得到解释。更主要的因素是行为因素，如：学生用眼疲劳、课间户外活动不足、看书姿势不正确等；以及环境照明因素，如：照明不足或光源生物危害等。

2010 年，《中小学校教室采光和照明卫生标准》GB 7793—2010 正式实施，对教室照明环境提出了具体、详细的要求。教室照明环境的评判包括照度要求，教室照明在照度应达到：300lx（桌面）和 500lx（黑板）。虽然这一标准值虽然比 1987 年的旧标准提高了一倍，但仍旧远远落后于 500lx（桌面）和 750lx（黑板）的欧美标准。还有光质量要求，光的品质主要受传统光危害和高阶光危害这两类危害控制。传统光危害包括频闪和眩光。频闪是指灯具发光时有高频率的、不易察觉的闪烁现象。常见荧光灯无法避免频闪的问题，频闪频率在每秒 100 次以上。瞳孔括约肌随着频闪的明暗变化进行收缩和扩张，造成了眼部肌肉的疲劳，引起眼睛酸涩、疼痛等症状。而一些学校为了达到国家要求的照度标准，采用了高眩光的灯具。眩光就是人们所熟悉的刺眼、晃眼。长期处于眩光偏高的环境下会使人感到刺眼，引起眼睛酸痛、流泪和视力降低，甚至可因明暗不能适应而丧失明视能力。高阶光危害主要是指光生物安全性的评定。国际电工委员会对人工照明设备的光生物安全性进行了要求，提出了包括光化学紫外、近紫外、蓝光、蓝光小光源、视网膜热、视网膜热微弱视刺激和红外辐射八类对人体有危害的光，并根据这八类光对人体可能的危害进行了量化分级。光生物安全性分为四个类别：豁免级、危险一级、危险二级和危险三级。除豁免级外，其他三个类别的光都会对人眼造成伤害。上述八类光危害会对人类眼结构中的晶状体、视网膜、黄斑区等结构产生不可逆的影响。中小学生处于生长发育期，器官发育稚嫩，极易受到光生物危害光的影响。作为学生一天当中停留时间最长的光照环境，教室照明应尽量保证所用设备达到光生物安全豁免级，避免照明设备对中小学生得不良影响。

哈尔滨工业大学开发的 LED 教学护眼灯，有效解决了目前教室照明中普遍存在的炫光、蓝光、频闪、噪声和放射性污染等危害。通过在全国各地众多学校的实际使用，得到了很好的效果。从对比报告看，传统灯具班级和使用 LED 教学护眼灯班级在一年后，近视增长率分别是 8% 和 1.8%。使用 LED 教学护眼灯可以有效抑制近视率增加。而且 LED 教学护眼灯替代传统灯具还可大大节省用电消耗，具有良好的社会意义。

5.4 建筑热工学

建筑物常年经受室内外各种气候因素的作用。属于室外的气候因素有太阳辐射、室外空气的温湿度、风、雨、雪和地下建筑物周围的土壤或岩体的温度和裂隙水等。这些因素所起的作用，统称为室外热湿作用。由于室外热湿作用经常变化，建筑物围护结构本身及由其围成的内部空间的室内热环境也随之产生相应的变化。属于室内的气候因素有进入室内的阳光、空气温湿度、生产和生活散发的热量和水分等。这些因素所起的作用，统称为室内热湿作用。室内外热湿作用的各种参数是建筑设计的重要依据，它不仅直接影响室内热环境，而且在一定程度上影响建筑物的耐久性。

建筑热工学是研究建筑物室内外热湿作用对建筑围护结构和室内热环境的影响，是建筑物理的组成部分。围护结构是指围合建筑空间四周的墙体、门、窗等。其构成建筑空间抵御环境不利影响的构件（也包括某些配件）。围护结构分透明和不透明两部分，不透明围护结构有墙、屋顶和楼板等；透明围护结构有窗户、天窗和阳台门等。另外，也根据在建筑物中的位置，分为外围护结构和内围护结构。内围护结构如隔墙、楼板和内门窗等，起分隔室内空间作用，应具有隔声、隔视线以及某些特殊要求的性能。外围护结构通常是指外墙和屋顶等外部围护结构，其包括外墙、屋顶、侧窗、外门等，用以抵御风雨、温度变化、太阳辐射等，应具有保温、隔热、隔声、防水、防潮、耐火、耐久等性能。

应用建筑热工学理论可以选择合理的固定建筑围护结构形式（热工）和可调被动调节装置（遮阳帘、通风等），并可进行优化设计确定在达到健康、舒适环境基础上，使用最小能耗的机电系统解决方案。

5.4.1 太阳辐射

太阳以光照和光热两个方面影响室内环境。在前面的章节中对光照部分已经进行了介绍。本节从光热的角度进行介绍。

太阳以电磁波的形式向外传递能量，称太阳辐射，太阳辐射所传递的能量，称太阳辐射能。太阳辐射能按波长的分布称太阳辐射光谱（0.4～0.76μm 为可见光区，能量占 50%；0.76μm 以上为红外区，占 43%；紫外区小于 0.4μm，占 7%），最大能量出现在波长 0.475μm 处。由于太阳辐射波长较地面和大气辐射波长（约 3～120μm）小得多，所以通常又称太阳辐射为短波辐射。

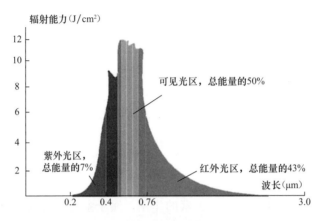

图 5.4-1　太阳辐射能量分布

在地球位于日地平均距离处时，地球大气上界垂直于太阳光线的单位面积在单位时间内所受到的太阳辐射的全谱总能量，称为太阳常数。太阳常数值是 1368W/m²。太阳辐射经过整层大气时，0.29μm 以下的紫外线几乎全部被吸收，在可见光区大气吸收很少，而在红外区有很强的吸收带。大气中吸收太阳辐射的物质主要有氧、臭氧、水汽和液态水，其次有二氧化碳、甲烷、一氧化二氮和尘埃等。云层能强烈吸收和散射太阳辐射，同时还强烈吸收地面反射的太阳辐射。

全年以赤道获得的辐射最多，极地最少。这种热量不均匀分布，必然导致地表各纬度的气温产生差异，在地球表面出现热带、温带和寒带气候。在地球大气上界，北半球夏至时，日辐射总量最大，从极地到赤道分布比较均匀；冬至时，北半球日辐射总量最小，极圈内为零，南北差异最大。南半球情况相反。春分和秋分时，日辐射总量的分布与纬度的余弦成正比。南、北回归线之间的地区，一年内日辐射总量有两次最大。纬度越高，日辐射总量变化越大。到达地表的全球年辐射总量的分布基本上成带状，只有在低纬度地区受到破坏。在赤道地区，由于多云，年辐射总量并不最高。在南北半球的副热带高压带，特别是在大陆荒漠地区，年辐射总量较大，最大值在非洲东北部。太阳活动和日地距离的变化等会引起地球大气上界太阳辐射能量的变化。太阳辐射通过大气时，一部分到达地面，称为直接太阳辐射；另一部分为大气分子、大气中微尘、水汽等吸收、散射和反射。被散射的太阳辐射一部分返回宇宙空间，另一部分到达地面，到达地面的这部分称为散射太阳辐射。到达地面的散射太阳辐射和直接太阳辐射之和，称为总辐射。太阳辐射通过大气后，其强度和光谱能量分布都发生变化。到达地面的太阳辐射能量比大气上界小得多，在太阳光谱上能量分布在紫外光谱区几乎绝迹，在可见光谱区减少至 40%，而在红外光谱区增至 60%。

大气上界的太阳辐射强度取决于太阳的高度角、日地距离和日照时间。太阳高度角愈大，太阳辐射强度愈大。因为同一束光线，直射时照射面积最小，单位面积所获得的太阳辐射大；反之，斜射时照射面积大，单位面积上获得的太阳辐射小。

太阳高度角因时、因地而异。一日之中，太阳高度角正午大于早晚；夏季大于冬季；低纬地区大于高纬度地区。日地距离是指地球环绕太阳公转时，由于公转轨道呈椭圆形，日地之间的距离则不断改变。地球上获得的太阳辐射强度与日地距离的平方呈反比。地球位于近日点时，获得太阳辐射大于远日点。每天太阳辐射强度与日照时间成正比，而日照时间的长短，随纬度和季节而变化。

中国各地区太阳辐射参数   表 5.4-1

地区	地区	太阳能年辐射量		年日照时（h）	平均日照时间（h）
		MJ/(m²·a)	kWh/(m²·a)		
一	宁夏北部、甘肃北部、新疆南部、青海西部、西藏西部	6680～8400	1855～2333	3200～3300	5.08～5.9
二	河北西北部、山西北部、内蒙古南部、宁夏南部、甘肃中部、青海东部、西藏东南部、新疆南部	5852～6680	1625～1855	3000～3200	4.45～5.08
三	山东、河南、河北东南部、山西南部、新疆北部、吉林、辽宁、云南、陕西北部、甘肃东南部、广东南部、福建南部、江苏北部、安徽北部、台湾西南部	5016～5852	1393～1625	2200～3000	3.8～4.45
四	湖南、湖北、广西、江西、浙江、福建北部、广东北部、陕西南部、江苏南部、安徽南部、黑龙江、台湾东北部	4190～5016	1163～1393	1400-2200	3.1-3.8
五	四川、贵州	3344～4190	928～1163	1000-1400	2.5-3.1

太阳位置随季节变化而发生移动，建筑各方位接受的太阳辐射量也有很大变化。图 5.4-2 和图 5.4-3 是北京的夏季和冬季不同朝向（水平、东西南北方向）所接受的太阳辐射量。可以看出，夏季和冬季的太阳辐射特点是不一样的，在夏季最大的辐射是水平面（屋顶）；其次是上午在东面的墙壁和窗户，下午的朝西的墙壁和窗户；之后是朝南的墙壁和窗户；最后是一早一晚两个时段的朝西墙壁和窗户。而冬季，接受辐射量最大的是朝南的墙壁和窗户，水平、朝东和朝西的辐射都在减少，而朝北所接受的辐射非常少。

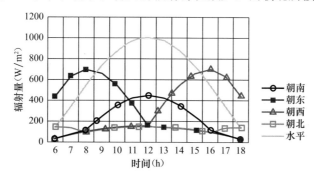

图 5.4-2 北京市夏季辐射量

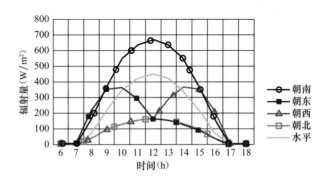

图 5.4-3　北京市冬季辐射量

因此，北京地区的住宅，在南侧留较大的窗户可以在冬季获得较多的太阳得热，而在夏季的得热则较少。西面的窗户在夏季下午会有很多的得热，加上室外温度已经很高，室内温度也不低，因此入射到室内的太阳辐射会很大程度地升高室内温度，形成"西晒"状态。由于建筑具有一定的蓄热性，这个热量会在 6～10h 后再释放出来，房间会在晚间一直过热，因而严重影响朝西房间晚间的生活舒适性。要避免西晒，最主要的解决方法是加遮阳装置，减少太阳辐射的入射量。

由于太阳辐射热是整个太阳光全光谱范围，因此遮阳与采光的需求是不一致的，应根据实际情况做出选择。一般，将为了防止眩光而采取的调节入射光数量的方法叫作"遮光"，而把减少太阳热辐射而采取的调节入射光数量的方法叫作"遮阳"。遮光帘布置在室内，除了调节入射阳光外，还有避免夜间室内光外露，保护室内隐私的目的。而遮阳装置则最好布置在室外。对遮阳设施的设计和调节取决于冬季、夏季和照明三种需求的满足条件，以综合节能或舒适最大作为智能控制条件，可以使用智能系统自动完成控制。

不仅每个小时的太阳辐射是不相同的，每天的太阳辐射受气象条件的影响也出现很大的波动。阴雨雪天会吸收太阳辐射，从而减少地面上的太阳辐射量。因此，对采用太阳辐射进行采暖、热水或其他利用的建筑，必须具有相应的对策，如使用蓄热延时和缓慢释放所蓄能量。图 5.4-4 是北京地区每天的太阳辐射曲线，横轴为月和日，纵轴为日总辐射量。从图中可以看出一年四季的辐射变化情况，也可以看出阴雨雪天的影响。

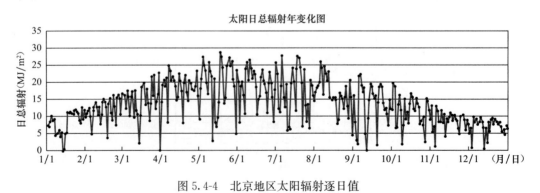

图 5.4-4　北京地区太阳辐射逐日值

不必要的太阳辐射进入室内会造成室内过热，需要使用空调才能保证室内温度，因此会消耗很大的能量。使用空调也会增加维护或其他不利问题，最合理的办法是使用遮阳措施和装置，这些措施根据不同地区的情况，保证让合理地用于照明和冬季室内加热的阳光能进入室内，也减少引起夏季室内过热的阳光进入到室内。这些遮阳措施可以是象挑檐、垂直和水平挡板的固定式遮阳，也可以是可调式遮阳。其中，可调式遮阳又分为外遮阳和内遮阳。窗户上贴太阳膜也是一种遮阳调整措施，应根据不同地区的不同季节辐射情况和朝向，选择使用不同性能（辐射减少量，可见光减少量，紫外线减少量）的遮阳膜产品。由于太阳辐射作用即使在高纬度夏季气温比较低的地区，室内也会出现过热情况，而对这种现象的最好对策就是遮阳处理，减少太阳辐射的进入量，而不是简单使用空调进行冷热对冲。

太阳辐射会通过窗户，也会通过墙壁进入室内，通过不透明的墙壁进入室内的热量与通过透明玻璃的热量原理不相同，会滞后数小时时间才能进入室内，而这个滞后时间与建筑的蓄热性能（热惰性）有关，相关内容见第5.4.3节。

5.4.2　建筑通风

建筑通风作用有三种：第一种是对建筑物本身进行冷却排出建筑内的蓄热；第二种是对人体进行冷却以达到舒适效果；第三种是保证室内空气质量。第三种通风的换气量比较低，一般为$0.5\sim1.0h^{-1}$次换气次数；而第一种自然通风换气次数可达$3\sim10h^{-1}$；第二种作用以流过人体的风速来衡量，除了建筑本身的通风外，也可使用风扇来实现。

建筑通风的实现可借用建筑结构形状等被动手段，利用风吹过建筑形成的风压和室内外不同温度形成的热压来实现，其称为"自然通风"。自然通风所能实现的程度与季节和室外条件密切相关，并不能保证在全年都能满足要求，而且其作用在冬夏季不同季节呈现的正面和负面影响兼有的情况。因此建筑的自然通风只能是一种可利用的潜力，是一种优先选择使用的被动措施，而不能全部满足健康和舒适的设计要求。

建筑物内的自然通风是由于开口处（门窗、过道）存在着空气压力差而产生的空气流动。产生压力差的原因有：风压作用和热压作用。

风压作用是风作用在建筑物上产生的风压力差。当风吹向建筑物时，因受到建筑物阻挡，在迎风面上的压力大于大气压而产生正压区（＋），气流绕过建筑物屋顶、侧面及背面，使这些区域的压力小于大气压而产生负压区（－），压力差的存在导致室内空气流动。

建筑设计中在迎风面与背风面相应位置开窗，室内外空气在此种压力差的作用下由压力高的一侧流向压力低的一侧。正压面的开口起到进气作用，而负压面的开口起到排风作用。当室内

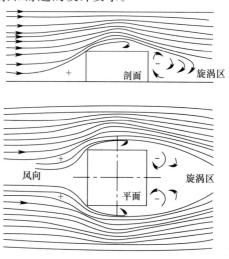

图5.4-5　风对建筑物形成的压力

空间通畅时，形成穿越式通风，也就是传统建筑内的穿堂风。

1. 热压作用下的自然通风

当室外风速较小而室内外温差大时，可使用通过热压作用（烟筒效应）产生通风。室内温度高密度低的空气向上运动，底部形成负压区，室外温度低、密度略大的空气则源源不断补充进来形成自然通风。热压作用大小取决于室内外空气温差导致的空气密度差及进出气口的高度差。

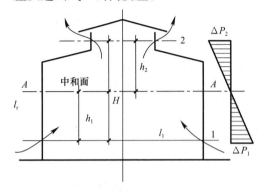

图 5.4-6　热压在建筑立面上的分布

由热压产生的通风换气在不同建筑气候区差距很大，在严寒地区，冬季室内外温差可达 40℃，而夏暖冬热地区温差可能在 10℃以下。而且热压在整个建筑的立面高度上不均匀分布，在低层是正压，外部空气渗入；而在高层则是负压，室内空气渗出室外。由风压产生的自然通风则波动更大，一是风向和风速随时变化；二是不同位置上的压力是不同的，建筑外部还有气流滞留区。

依据自然通风原理，在建筑设计中灵活应用，可产生流向合理的通风。要达到这一点，需要选择合适的建筑朝向、间距以及建筑群布局，合理确定门窗洞口的位置和大小，利用楼梯或天井的热压效应，创造建筑通风的先决条件。

在建筑物中，开口的相对位置对室内自然通风效果有很大的影响。良好的自然通风应是空气流场分布均匀，使风扩散区域尽量大，同时进风口和排风口位置合理，使气流直接，减少风向转折以减少阻力。图 5.4-7 是不同开口位置的通风流动情况。

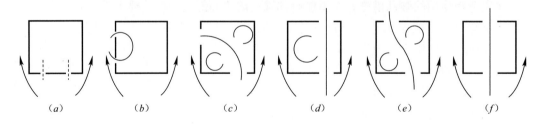

图 5.4-7　不同建筑开口形式对气流组织的影响

夏季自然通风室内所需气流速度为 $0.5\sim1.5\text{m/s}$。而一般夏季室外平均风速为 3m/s，室内风速是室外的 $1/6\sim1/2$，而在建筑物密集的地方，室外平均风速只有 1m/s 左右，则必须增加门窗的开启面积才能达到比较好的通风效果。经验表明：当窗户开口宽度是开间的 $1/3\sim2/3$，开口面积为地板面积的 $15\%\sim20\%$ 时，室内通风效率最佳。另外，进风口应朝着主风向，出风口面积应大于进风口面积，这样会增加室内气流速度，提高舒适度。

自然通风量取决于建筑物的密闭程度、室内外温度差和风速等因素。对于密闭节能建筑，自然通风产生的换气次数为 $0.1\sim0.2\text{h}^{-1}$，而一般建筑物为 0.5h^{-1} 左右。而有很多开孔的建筑换气次数可达 $3h^{-1}$。但在没有温度差和风速时，各种建筑的换气次数基本一致，此时无法满足室内空气质量健康要求，应使用机械通风系统。

自然通风的基本类型分为平面的过堂风和垂直的烟筒效应。但上述两种情况造成自然通风量不连续也不稳定，无法为排出室内连续和短期污染提供完全保证。而且自然通风量靠门缝和窗户缝隙，其每米通风量约为 $1m^3/(m \cdot h)$，无法满足室内空气质量要求。

开窗通风换气量很大，取决于室外条件和开窗面积。换气次数从几次到几十次。一般情况下，每天开窗 1~2 次，每次 1h 可满足二氧化碳空气质量平均要求。但是，一是很难准确调节开窗面积，二是开窗通风换气带来很多负面作用，如室外空气污染、噪声、湿度和冷热量损失。

在建筑空间的平面及剖面设计中，开口的相对位置对室内通风质量和通风量有很大的影响。良好的室内通风应使空气流场分布均匀，使风流过尽量大的区域，增加风的覆盖面积。同时通风口位置应对通风风速有利，尽量使通风直接、流畅、减少风向转折和阻力。

为了增加人体舒适度，在人体活动高度内，应设置可开启的窗户，使风吹经人体活动区域以加快人体水分蒸发散热，改善舒适度，见图 5.4-8。

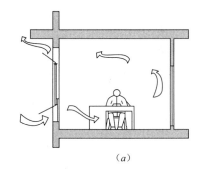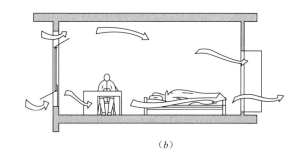

（a）   （b）

图 5.4-8 开窗位置对自然通风气流的影响

要评价某地自然通风情况，要从以下几方面出发：

（1）室内外温度差造成的自然通风，室内外温度差越大潜在通风效果越好；

（2）室外刮风造成的自然通风，室外年平均风速越大潜在通风效果越好；

（3）窗户、门密闭性，窗户和门的密闭效果越好潜在通风效果越差。

另外，也可能会从排烟、排水管道中通风换气。

2. 通风系统分类和策略

通风和引入新鲜空气的需要随年内（季节）、天（白天晚上）和不同房间而不同，这导致需要一种通风策略满足建筑和使用者的特殊要求。作为一个例子，在冬季的通风通常是降低湿度而其次才是去除空气污染，而在夏季通常是有目的冷却建筑，其次才是去除空气污染。

通风种类可以基于他们的通气策略进行分类。基本上，不同的策略分为三类：

（1）自然通风；

（2）机械系统，只排风或平衡通风、混合通风系统；

（3）冷却通风。

在一般情况下，机械通风系统需要维护，如风机将需要定期维修、过滤器和风口需要更换或清洁等。机械系统设计要细致，要避免产生噪声问题。

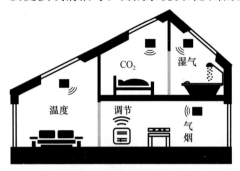

图 5.4-9　需求控制通风

1）需求控制通风

所有通气策略可以配备需求控制。在需求控制通风（DCV）系统中，通风风量不间断地与实际需求相匹配。由此，需求控制通风（DCV）系统相对于传统的定风量流（CAV）系统具有明显优势。需求控制通风可以让建筑最大限度地提高室内空气质量，同时通风成本最低。

室内空气质量传感器（CO_2/VOC/湿度）用于连续地测量和监测建筑环境参数并提供实时数据反馈到区域控制器，以便调整窗户打开或调节通风量，以满足建筑的具体使用和内部人员的特殊要求。

温度传感器被用来确定是否需要通风。通常防止建筑过热所需的空气流量要比保持可接受室内空气质量所需的流量大得多。对于机械通气时，平均空气流量的下降意味着风机运行和采暖、供冷需要能量的减少。但在节约能源方面，这种优势往往被忽视。对于自然通风，当室外温度高于 12～14℃时只有很少的热损失。在气候温暖期，自然通风能耗为零，高风量和低室内污染水平的实现可以不需要电或热量。

2）自然（被动烟囱）通风

所有的自然通风系统包括在墙壁上的新鲜空气进风，以及"湿"房间（厕所、厨房、卫生间）内排风口并通过近乎垂直的管道与斜面或其他屋顶终端相连进行排风。温暖、潮湿的空气由于烟囱效应和风力的组合作用被吸入管道。该入口是依靠风压或 CO_2 浓度，开窗或空气泄露（特别在老建筑中）而自动控制进风口。在室内门的底部留有间隙允许空气无阻力自由通过门。但纯洁的自然通风比机械通风更难以控制。

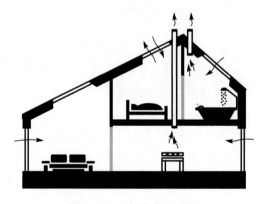

图 5.4-10　烟囱自然通风

正常情况下，一个自然通风系统很少需要维护。由于没有使用风扇，它是非常节能的。然而，在寒冷的季节，没有加热的室外通风会引起采暖需求能耗的增加。

3）机械排风通风

机械排风通风（MEV）系统不断从"湿"房间抽取空气。它通常由定位在橱柜或阁楼空间的中央换气装置通过管道，在整个住宅从潮湿的房间抽取空气。替换空气从窗口或安装在居住房间的地下通道（如涓流通风）被吸入。在内门的底部提供了一个间隙，将允许空气无阻力自由通过门。

机械排风通风可以与需求控制和/或热泵配合使用，从混浊空气中回收热能，并将其转换成热水供家庭生活或加热所使用。

4）平衡式通风

平衡式通风是一种带热回收（MVHR）的机械通风系统，其将送风和排风结合成一体并组合安装热交换器。通常情况下，温暖、潮湿的空气从"湿"房间中抽出并在排放到室外之前通过热交换器。进入的新鲜空气经由热交换器预热并通过管道送到客厅和其他居住房间。

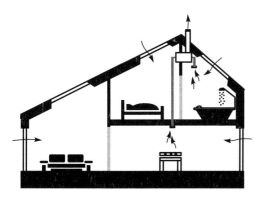 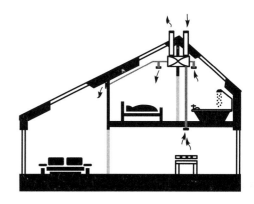

图 5.4-11　机械排风（负压）通风　　　　图 5.4-12　平衡式通风

与气密性好的围护结构组合，MVHR 能显著减少减少通风损失及采暖能耗。但是，需要开动电风机保持系统连续不断运行。相关的不正确安装、调试和运行使系统变复杂性，增大效率降低的风险。MVHR 系统也可以配备需求控制和/或热泵联合使用，虽然效果要小于 MEV（机械排风通风）系统。

5）混合通风

混合通风系统是机械和自然最佳使用情况的混合。在冬天寒冷时，使用带热回收的机械通风系统，而在春/夏/秋时，采暖需求非常低，使用外墙格栅和/或窗户进风也能供应新鲜空气。

应进行定期保养，保证过滤器和风口是干净的，并且该系统功能正常。风机和热交换器也需要定期清洁。

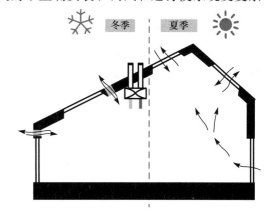

图 5.4-13　混合通风

扩展阅读：仿白蚁巢通风降温

在津巴布韦的哈拉雷，矗立着一座体型庞大的办公及购物群——约堡东门购物中心。该购物中心并没有安装空调，但是它凉爽宜人，它所消耗的能量只是与它同等规模的常规建筑的十分之一。

它的设计灵感来源于非洲的白蚁，这些小生物们能够在它们的塔楼巢穴中维持一个恒定的温度。他们经常开启和关闭自己塔楼巢穴中的气口，使得巢穴内外的空气得以对流——冷空气从底部的气口流入塔楼，与此同时热空气从顶部的烟囱流出。这一发现被建筑大师麦克·皮尔斯应用到了建筑领域中，以期能够在一个闭合的空间里高效节能地，并且不用相关设备地控制温度。

这项仿生科技的应用，不仅是节能增效，有利于环境保护，而且省下的空调设备的成本汇聚成了涓涓细流，造福了该建筑的租赁者，他们所付出的租金比周边建筑的租赁者要少了 20%。

(http://news. zhulong. com/read/detail194299. html)

扩展阅读：成都需要采暖吗？

成都市位于川西北高原向四川盆地过渡的交接地带，年平均气温在 16℃左右，冬季最冷月（1 月）平均气温为 5℃左右，平均气温比同纬度的长江中下游地区高 1～2℃，年平均降水量为 900～1300mm。风速为 1～1.5m/s，晴天少日照率在 24%～32% 之间，年平均日照时数为 1042～1412h，年平均太阳辐射总量为 928～1163kWh/(m² · a)。

按国家供暖标准，成都冬季气温并未达到供暖的温度，其中 12 月份成都平均气温为 7.1℃，但如果看看湿度就可发现，其冬季室外相对湿度高于 75%，体感湿冷难耐，而且冬季日照时间短，太阳辐射低，12 月成都的太阳得热只有北京的 14%，室内如没有采暖会感到非常阴冷潮湿。因此，成都比同等室外温度的其他城市舒适度更差，需要使用采暖的来提升温度、降低湿度，打造健康室内环境水平。

5.4.3　传热与传湿

建筑外部与室外大气相接触，与室外空气之间有换热和传湿现象，阳光也通过透明和不透明围护结构向室内辐射热量。建筑的底部与大地接触同样与之有换热和传湿现象发生。另外还有采暖、空调和通风系统向室内供应热量、冷量和经处理（温度、湿度、洁净处理）的空气，也影响整个大系统的热量（能量）平衡和空气（包括含湿量）平衡。室内环境受到室外环境的影响，相互之间的热量交换通过围护结构进行。除温度外水蒸气也会通过围护结构进出室内。对这些现象的研究的基础就是传热和传湿理论。

1. 建筑传热

热量是一种能量，其遵循能量守恒原理，因此我们所研究的内容是能量从一个地点转移到另外一个地点。如果中间有能量增加或减少，则需要有产生或减少热量的实体。产生热量的设备称作热源，热源中消耗一种能量转化成热量。热源可以是建筑外部的太阳、高温空气，也可以是锅炉或空气源热泵。在冬季我们要保证室内温度维持在一定的温度上，就会有热量通过围护结构和窗户传递到室外，要保证室内温度稳定，就要在室内增加热源，热源产生的热量要与散热量相等。冷是一种"负"热量，同样适用于能量守恒原理。当描述"冷源"或"散冷量"时，实际上说的是负值的热量。

热量的传递可称作"热流"，如果没有新的热源，则热流量在传递过程中恒定不变，从高温处传向低温处，其特点类似"电流"。热流在不同物体之间的转移称为传热，只要不同物体之间有温度差，就会有热量传递。根据传热机理不同，传热的基本方式分为：导热、辐射和对流。一般的传热过程都会包含这三个部分。三部分会单独或以组合方式存在，组合方式分为串联和并联，甚至是更为复杂的串联和并联方式，实现把热量从室内外传递，或者从建筑一部分到建筑另一部分的传递。

热量传递的动力是温度差，建筑围护结构各点和周围的空气之间的温度都是不同的，温度是空间和时间的函数，不同位置点的温度构成一个温度场。如果这个温度场与时间无关，就称为"稳定温度场"，这时热量的传递量会很稳定，不随时间而变化，称为"稳态传热"。而随时间变化的温度场是"不稳定温度场"，其热量传递也是随时间变化的"不稳定传热"。不稳定传热中，大多数传热量变化与时间的关系是有规律可遵循的，能用数学函数表示，这也是热工学的研究内容，其中最常见函数关系是"周期传热"。

冬季采暖被看成是稳态传热，保证室内温度所需热量，也就是建筑围护结构散失的热量（含通风损失）近似处理成只与室内外的温差，或只与室外温度有关。通常忽略太阳辐射的影响。而夏季空调房间也被看成是一个"周期传热"，其周期是24h。影响空调负荷的除了室内外温差外，还有太阳辐射（与朝向有关）、室外空气中的湿度，及室内要求空调调节温度的时间段等因素。窗户对冷热辐射具有极其重要的作用，其对总负荷大概有一半左右的影响。太阳辐射热量通过窗户直接进入室内，而通过不透明围护结构，则有一定的衰减和滞后时间。

1）导热

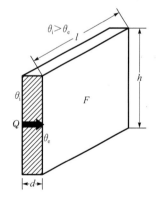

建筑围护结构都是有固体材料组成，大部分情况下热在材料中传递时导热原理。导热原理见图5.4-14，热量、温度、面积和材料导热率的关系如下：

$$Q = \lambda \cdot (\theta_i - \theta_e) \cdot F/d$$

其中：Q 为传递的热量，W；λ 为材料的导热系数，W/(m·K)；θ_i、θ_e 分别为壁体两侧表面的温度，℃；F 为壁体的截面积，m²；d 为壁体的厚度，m。

单位时间、单位面积通过该壁体的热量叫作"热流"，用 q 表示：

图5.4-14 平壁的导热

$$q = \lambda \cdot (\theta_i - \theta_e)/d = (\theta_i - \theta_e)/R$$

其中，$\theta_i - \theta_e$ 为传热推动力温差，而 $R = d/\lambda$，表示传热的阻力。

可以看出，传热阻力与材料的厚度成正比，与导热系数成反比。在温差不变的情况下，要减少通过壁体的传热量（或热流）就需要增大热阻，也就是要么采用低导热系数的产品，要么增加壁体厚度。这也是冬季建筑节能的基本原则。

当室内外的温度都是稳定时，壁内的温度也是稳定的，其温度分布是线性的。对于多层复合壁体，通过每一层壁体的热流都是相同的。多层壁体的总热阻是每层热阻之和，而温度则在每层壁体中都有下降。

有关材料的导热系数请查第 4 章内容，其数据可查附录Ⅰ。

2）对流

对流分为自然对流和强制对流。若由于运动是因流体内部各处温度不同引起局部密度差异所致，则称为自然对流。若由于风机或其他外力作用引起流体运动，则称为强制对流。对流传热是指在对流条件下通过壁体的传热过程，它是依靠流体质点的移动进行热量传递的。因此与流体的流动情况密切相关。热流体将热量传给固体壁面，再由壁面传给冷流体。流体流经圆体壁面时，在靠近壁面处总有一薄层流体顺着壁面做层流流动，即层流底层。当流体做层流流动时，在垂直于流动方向的热量传递，主要以热传导方式进行。由于大多数流体的导热系数较小，故传热热阻主要集中在层流底层中，温差也主要集中在该层中。对流传热发生在流体内部或者流体与紧邻固体表面之间。对流换热量与两者之间的温差有关。

$$Q = \alpha \cdot (\theta - \theta_{\mathrm{w}}) \cdot F \text{ 或 } q = \alpha \cdot (\theta - \theta_{\mathrm{w}}) = \alpha \cdot \Delta\theta = \Delta\theta / R$$

其中：Q 为传递的热量，W；$\Delta\theta$ 为对流传热温度差（℃）；θ_{w} 为与流体接触的壁面温度，℃；θ 为流体的平均温度，℃；α 为对流传热系数 W/(m^2·℃)；R 为对流传热热阻；F 为壁体的截面积，m^2。

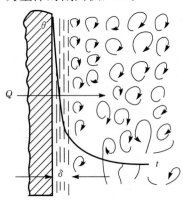

图 5.4-15　壁面对流传热

对流换热系数不是一个固定的常数，而是取决于因素的变量。在对流传热中，热量从空气中传给壁体，或相反热量由壁体传给空气。在冬季，室外温度低于室内，室内空气通过自然对流把热量传给墙壁，在墙壁内侧和外侧之间传热以导热形式传递，而到外表面后，热流又以自然对流方式传给室外空气。至此，通过对流传热-导热传热-对流传热的串联方式，把热量从室内空气传递到室外空气中。整个传热过程的热阻等于室内对流热阻＋导热热阻＋室外对流热阻，这些热阻都对传热量有影响。热阻最大的是关键因素，对传热量影响最大。

3）辐射

凡是温度高于绝对零度的物体都会放出热辐射，其辐射不需要任何介质。辐射传热是物体之间相互辐射的结果。两个物体之间的辐射传热量，与各自的温度都有关系。物体可以对热辐射进行吸收、反射和透射，但总的能量不变，吸收率＋反射率＋透射率＝1。

每个物体都会发出辐射，其辐射量与物体绝对温度的四次方成正比。不同物体之间相互接收和发射辐射。一个物体纯接收（或发射）量是其总接收量减去自身发射量。在建筑热工学中，所遇到的辐射是较低强度的热辐射。在满足工程精度的基础上，可以用下面的公式计算房间内表面的辐射换热量：

$$q_{\mathrm{r}} = \alpha_{\mathrm{r}} \cdot (\theta_1 - \theta_2)$$

式中，q_r 为辐射换热量，W/m^2；α_r 为辐射换热系数，$W/(m^2 \cdot ℃)$；θ_1 为物体 1 表面温度，℃；θ_2 为与物体 1 辐射换热的物体 2 的表面温度，℃。

　　4）传热

　　传热是传导、对流和辐射三种方式传热方式的总和。对于两个物体间的传热，传热系数等于三部分之和。对于热流以串联方式传递的情况，需要按各串联部分等热流的条件建立数学方程，求解后得到热流和各部分的温度及其他参数。

　　以上面的对流传热为例，墙体表面与室内外空气的传热是对流和辐射传热之和，采用上面的公式，其总传热系数应为对流传热系数加上辐射传热系数。国家标准中给出的总传热系数如表 5.4-1 所示。

建筑室内外表面传热系数　　　　　　　　　　　表 5.4-1

面	适用季节	表面特征	α_i W/($m^2 \cdot ℃$)	R_i($m^2 \cdot ℃$)/W
内表面	冬季和夏季	墙面、地面、表面平整或有肋状突出物的顶棚，当 $h/s < 0.3$ 时	8.7	0.11
		有肋状突出物顶棚，当 $h/s > 0.3$ 时	7.6	0.13
外表面	冬季	外墙、屋顶、与室外空气直接接触的表面	23.0	0.04
		与室外空气相通的不采暖地下室上面的楼板	17.0	0.06
		闷顶、外墙上有窗的不采暖地下室上面的楼板	12.0	0.08
		外墙上无窗的不采暖地下室上面的楼板	6.0	0.17
	夏季	外墙和屋顶	19.0	0.05

　　表 5.4-1 中，内外表面的热阻与围护结构导热热阻三者之和，就是墙壁围护结构的总热阻。这个热阻决定了指定气候条件下的采暖热损失，是建筑节能标准的最主要控制指标。以严寒地区的节能要求为例，要求总传热系数≤0.6W/($m^2 \cdot ℃$)，也就是要求热阻大于 1.67($m^2 \cdot ℃$)/W。外墙外保温围护结构基本组成：面砖（不计入）＋热镀锌电焊网复合抗裂砂浆（8～10mm）＋B_1 级黑色聚苯板（外保温）（50mm）＋混凝土墙（200mm）＋混合砂浆（内墙抹灰）（20mm）。计算结果如表 5.4-2。

围护结构墙体计算数据　　　　　　　　　　　表 5.4-2

每层材料名称（外墙）	厚度 δ（mm）	导热系数 λ W/(m·K)	蓄热系数 S W/(m^2·K)	热阻值 R（m^2·K)/W
复合抗裂砂浆	10	0.93	11.31	0.01
B_1 级黑色聚苯板	50	0.032	1.29	1.562
混凝土墙	200	1.74	7.87	0.115
混合砂浆	20	0.87	11.11	0.02
墙体各层之和	280	——	——	1.707
墙体热阻 $R_0 = R_i + \Sigma R + R_e$	1.707＋0.15＝1.857（m^2·K)/W			
墙体传热系数	$1/R_0 = 0.54$ W/(m^2·K)			

　　当 B_1 级黑色聚苯板（外保温）厚度为 50mm 时，墙体热阻 $R_0 = 1.857$，墙体传热系数 $K = 0.54 < 0.60$，符合设计要求。

2. 周期传热

室外温度随气候变化而变化，可以近似成以 24h 为周期的简谐热作用，以方便数学处理，建筑外墙上的温度是等效温度等于室外气温加上阳光热辐射被吸收后转换成的当量温度。而有些情况下，室内温度也不是稳定而是变化的，也可以近似处理成简谐热作用，见图 5.4-16。

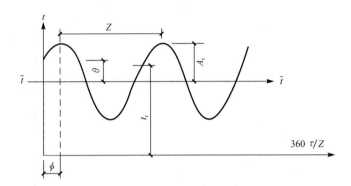

图 5.4-16　表面温度变化简谐处理

简谐热作用穿过建筑围护壁面时，会出现温度振幅衰减和时间滞后的现象。从右图上看外墙壁的简谐热作用深入到围护壁体后其热作用的振幅和周期都发生了变化，振幅减小，而周期则加大。也就是说，围护壁体室内表面处的温度波动将减小，而达到最大温度的时间将比室外壁表面延长。这两个变化与围护结构的两个性能有关：一个是蓄热系数；一个是热惰性。变化情况见图 5.4-17。

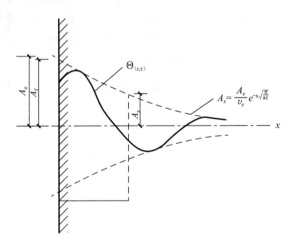

图 5.4-17　通过墙壁的热衰减示意图

在室内外都有温度波动存在的情况下，实际情况可以分解成三个分过程之和：一个是室内外空气温度不同形成的稳态传热；一个室外壁表面的简谐热作用；一个是室内壁表面的简谐热作用。见图 5.4-18 的分解图。

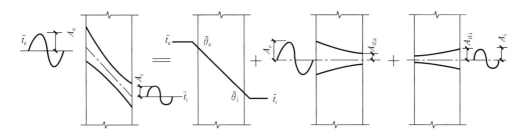

图 5.4-18　室内外同时变温时的计算模型

蓄热系数指建筑材料在周期性波动的热作用下，具有蓄存和放出热量的能力，借以调节材料表面的温度波动。这个性能称作"材料蓄热系数"，其与材料的导热系数、比热和材料密度有关。材料蓄热系数越大，其表面的温度波动就越小；反之，材料的蓄热系数越小，其表面温度波动就越大。通过选择不同的材料，可使围护结构具有良好的热工性能。

热惰性指标是材料蓄热系数与热阻的乘积，是表示围护结构对周期性温度波在其内部衰减快慢程度的一个无量纲指标。围护结构的热惰性越大，当室外气温和表面温度发生变化时，在其内表面温度变化越小。合理选择围护结构的热惰性数值可以稳定室内温度，抗拒室外不利气象条件的影响，提高室内舒适度。

不透明的围护结构具有热惰性，接受室外阳光照射的室内地面和墙面也有热惰性。在冬季，蓄热性好的墙面和地面吸收太阳辐射，到了晚上这些热又释放回室内，提高夜间室内的温度减少采暖能量消耗。对冬季采暖的建筑，由于建筑的蓄热量大，热惰性值高。可以将采暖负荷计算的温度由最低温度变为平均温度，这样也降低了采暖负荷、减少了采暖设备和末端的装机容量，降低了系统成本。

在夏季只有白天使用的办公建筑，可以通过增加建筑结构的蓄热能力，增加热惰性的方法，延迟室内最大负荷出现的时间到下班后，这样就可以安装容量比较小的空调系统，减少空调消耗的能量。

对间歇使用的空调系统由于建筑内具有一个的热量蓄存，因此从开机到达到要求温度需要有一段时间，也称作"预冷期"。由于需要克服蓄热负荷的影响，因此间歇运行的空调系统的容量要比连续运行的空调系统要大，而且如果要求预冷期越短，空调装机容量就要越大。对南方辐射供暖也存在类似的问题，为满足用户快速升温，减少"预热期"，南方间歇使用的辐射供暖装机容量要比北方集中供暖连续供热条件高出很多。

在炎热地区，对夏季围护结构的设计集中在隔热方面，特别是屋顶、西墙和东墙都必须进行隔热计算。国家规定的隔热计算在自然通风条件下进行，其基础是：围护结构外表面受到室外综合温度（太阳辐射作用＋空气温度）的周期性热作用，内表面则处于室内空气周期性热作用下，这两种温度的波动周期都是24h，按前面介绍的双向周期性传热理论计算。隔热计算的目标就是室内墙壁表面的最高温度低于夏季室外计算温度最高值。围护结构材料的蓄热性能和热惰性指标对计算结果有很大的影响。

3. 建筑传湿

实际空气（湿空气）由干空气和水蒸气组成，干空气中的化合物含量在全年都是稳定的，而水蒸气的含量则会随时发生变化。空气温度和水蒸气含量的变化伴随着能量变化的过程。焓湿图就是用能量研究这种变化过程的工具。

焓湿图是将湿空气各种参数之间的关系用图线表示。一般是按当地大气压下绘制，从图 5.4-19 中可查知温度、相对湿度、含湿量、露点温度、湿球温度、水蒸气含量及分压力、空气的焓值等空气状态参数。为了解空气状态及对空气进行处理（空气调节）提供依据。

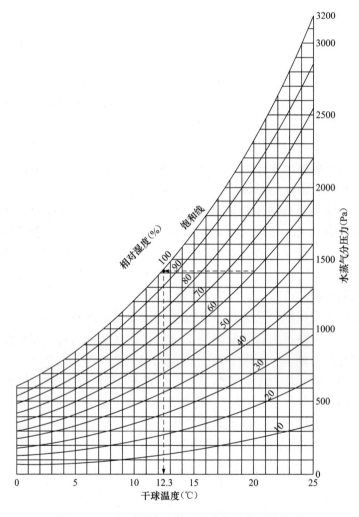

图 5.4-19　相对湿度、温度与水蒸气分压的关系

全部湿空气承受大气压力，而水蒸气在其中承担的分压则随着其在空气中的含量而变化。室内外空气温度不同，其空气中的水蒸气含量（含湿量）也不相同，蒸汽分压也不相同。而围护结构并不是完全密实的，是可以部分允许让水蒸气通过的，其通过能力叫作蒸汽渗透强度，g/（m² · h · Pa）。表示 1Pa 蒸汽压力差下 1m² 壁体在 1h 内透过的水蒸气量。而材料厚度与蒸汽渗透强度之比称作蒸汽渗透阻，其作用原理同壁体传热。

外围护结构由于冷凝而受潮分为两种情况，表面冷凝和内部冷凝。前者是含有较多水蒸气且温度较高的空气遇到冷的表面所致。而内部凝结则是当水蒸气通过外围护结构时，结构内部温度达到或低于露点温度，产生水蒸气冷凝的情况。

见图 5.4-20，最上面的线是围护结构内温度分布线，而 P 是根据材料蒸汽渗透压性能计算得到的围护结构内的水蒸气压力分布线。P_S 则为根据围护结构内温度做出的饱和蒸汽压分布线。当 P 高于 P_S 时，表示实际水蒸气压力高于饱和蒸汽压，因而在此处会产生冷凝水。

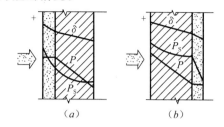

图 5.4-20 结构内冷凝及对策

防止和控制围护结构内部冷凝的措施有：

（1）材料布置遵循"难进易出"的原则，将轻质保温材料布置在外侧，而将密实材料层布置在内侧。水蒸气难进易出，内部不易出现冷凝。在屋顶构造中按难进易出原则，将防水层设在保温层之下，不仅消除了内部冷凝，又使防水层得到保护，提高耐久性。

（2）设置隔汽层。在水蒸气流入的一侧设置隔汽层阻挡水蒸气进入材料内部。冬季采暖的房间水蒸气渗透方向为室内流向室外，因此应将隔汽层设置在保温层内侧。尽量避免在内外两侧都设置隔汽层。

（3）设置通风间层或泄气沟道。由于保温材料外侧设有通风间层，从室内渗入的蒸汽可由不断与室外空气交流的气流带出，对围护结构中的保温层起到风干作用。

要注意区分隔汽膜和防水透气膜的区别，前者是隔绝水蒸气，而后者是增加水蒸气透气但要防止液态水渗入。隔汽膜的材料不但要求防水，还要求隔绝蒸汽的渗透，故隔汽膜是气密性、水密性好的材料。而在排出水蒸气的一侧，在水汽的状态下，水颗粒非常细小，根据毛细运动的原理，可以顺利渗透到毛细管到另一侧，从而发生透汽现象。由于水珠表面张力的作用，水分子就不能顺利脱离水珠渗透到另一侧，防水透汽膜就是为了克服这种问题出现，特别是在轻型建筑的屋顶上使用。

扩展阅读：自然室温分析

国家居住建筑节能标准对围护结构的传热系数进行了限定，这样做的目的是为了减少采暖能耗。但传热系数降低后，对空调能耗收否有影响？研究者对此进行了研究，在哈尔滨和杭州的两个同样尺寸建筑模型上进行计算。同尺寸建筑模型其围护结构传热系数按非节能、标准节能和超过标准节能三种类型行选定，其保温性能见下表：

城市	围护结构［W/(m²·℃)］	非节能	标准	高节能
哈尔滨	外墙	1.23	0.52	0.18
	外窗	3.2	2.5	1.0
	屋顶	1.0	0.5	0.23
	地板	0.57	0.3	0.19

续表

城市	围护结构 $[W/(m^2 \cdot ℃)]$	非节能	标准	高节能
杭州	外墙	1.59	1.1	0.45
	外窗	4.7	4.7	3.0
	屋顶	1.61	0.8	0.45
	地板	1.34	0.6	0.36

通过软件进行物理模拟计算，得到自然室温并在此基础上确定需采暖和供冷的天数。哈尔滨市以冬季室温10℃，夏季室温26℃为采暖和供冷温度限。杭州以冬季室温12℃，夏季室温28℃为采暖和供冷温度限，其结果如下。

城市	围护结构	采暖天数	平均温度（℃）	空调天数	平均温度（℃）
哈尔滨	非节能	149	0.63	78	27.11
	标准	133	1.27	84	27.06
	高节能	104	1.64	98	26.95
杭州	非节能	31	11.1	129	30.29
	标准	25	11.4	154	30.0
	高节能	20	13.8	195	29.74

可以看出，减少围护传热系数（增加保温）可减少需要供热的天数，如哈尔滨从149天下降到133天和104天；杭州从31天下降为25天和20天，但同时也增加了需要空调供冷的天数，哈尔滨从78天增加到84天和98天；而杭州从129天增加到154天和195天。因此在一个围护结构中只增加保温性能而不考虑隔热性能不是保证全年舒适节能的最优方案。

（参见第3章参考文献16）

5.5　建筑声环境

人们每天从事工作、休息或学习等活动时，凡使人们思想不集中、烦恼或有害的各种声音，都被认为是噪声。作为一个标准定义是：凡人们不愿听的各种声音都是噪声。噪声污染已属于当前世界四大污染之一。

解决民用建筑内的噪声干扰问题应该从规划设计、建筑平面布置、选择建筑围护结构以及减小、控制建筑设备的振动、噪声等方面采取措施，并且应该在各个设计阶段就加以考虑。由于许多减振降噪措施需要占用一定的空间或满足相应建筑结构荷载的要求，如设计时没有预先考虑，则这些措施将难以实施。如果施工完成后再来解决噪声问题，不仅所需的改造治理费用要比在设计阶段就考虑解决噪声问题高出很多，而且还受到已不可改变的条件限制，因此难以达到最佳降噪效果，这些案例不胜枚举。

本章节简单介绍了各类噪声的来源及其减振降噪措施，使人们对其能够有一定的了解。建筑声学存在的意义在于为人们创造适于生存、乐于享受的声环境，为了自己身心的健康，呼吁大家注意维护身边的声环境，提高个人素养、提升全民素质、防治噪声，避免其对人体产生无法挽回的侵害。

5.5.1　环境噪声

1. 基本概念

1）声源

各种各样的声音都来源于物体的振动。我们把凡能产生声音的振动物体统称为声源。

2）声音的频率

声源在1s内完成全振动的次数称为频率，单位是赫兹（Hz）。人耳可闻声波的频率范围约在20～20000Hz之间。

3）声功率

声源在单位时间内向外辐射的声能称为声功率，单位为瓦（W）。火箭和飞机产生的声功率为100W左右，汽车0.1W，而一般说话的声功率只有0.01W。

4）声压级

声压级是声压与基准声压之比的对数乘以20，记作L_P，单位是分贝（dB），声压从刚能听到的$2×10^{-5}$Pa（即为基准声压）到引起疼痛的20Pa，相差100万倍，而用声压级表示则变化范围为0～120dB。人们为了用仪器直接测出反映人对噪声的响度感觉，使用等响曲线的计权网络，设置在成声级计A、B、C声级。一般使用A声级，单位dB（A）。

5）空气声

在建筑声学中，把凡是通过空气传播而来的声音称为空气声，例如人员交谈声、歌唱声、广播声等等，它可以从走廊或门窗入口以及管道、孔洞缝隙处，传播到相邻或更远的空间。

6）撞击声

撞击声是由于声源的振动直接与建筑结构相接触，或固体间的撞击，而把振动能量直接传递给建筑结构而产生的噪声，如物体落地、敲打、桌椅拖动、门窗抨击及走路跑跳等，就是撞击声。

7）隔声

建筑结构会或多或少地降低来自外部的声音或撞击的能量，也就是说，建筑结构隔绝了一部分作用于它的声能，这叫作"隔声"。如果结构隔绝的是空气声，则称为"空气声隔绝"；如果隔绝的是撞击声能，则称为"撞击声隔绝"。这是两项主要声学性能参数。

8）混响时间

室内声场达到稳态后，声源停止发声，室内声能衰减60dB所需要的时间叫作混响时间。混响时间是目前音质设计中定量估算的重要评价指标，它直接影响厅堂音质的效果，如语言清晰度、音乐丰满度等。

9）吸声

声波通过某种介质或射到某介质表面时，声能减少并转换为其他能量的过程称为吸声。吸声的主要作用是控制室内混响时间，改良室内音质，但是通过吸声而达到降噪的效果是有限的，室内声能通过吸声最多降低 7～15dB。

2. 环境噪声来源

环境噪声来源广泛，其中城市噪声主要来自交通噪声、工厂噪声、施工噪声和社会生活噪声。其中，交通噪声的影响最大、范围最广。

1）交通噪声

交通噪声主要包括机动车辆、飞机、火车、船舶等的噪声。这些噪声源都是流动的，影响面广。城市区域内交通干道上的机动车辆噪声是城市的主要噪声来源，约占城市噪声的 40% 以上。城市交通干道两侧噪声级可达 65～75dB（A），汽车鸣笛较多的地方可超过 80dB（A）。在我国，一方面交通干道噪声级高，80% 的交通干道噪声超过标准限值 70dB（A）；另一方面，在交通干道两侧盖住宅，尤其是高层住宅，有相当的普遍性，全国城镇人口约有 16% 居住在交通干道两侧。近年来，我国高速铁路、高速公路和城市高架道路建设发展很快，航班快速增加，城市机动车辆数量急剧增加，交通噪声问题更趋严重。

2）工厂噪声

城市中的工厂噪声直接对生产工人带来危害，而且对附近居民的影响也很大。特别是分散在居民区内部的一些工厂，其噪声影响更为严重。一般工厂车间内噪声大多在 75～105dB（A）之间，少部分在 75dB（A）以下，但也有的高达 110～120dB（A）。一般情况下，工厂噪声对周围居住区造成超过 65dB（A）的影响，就会引起附近居民的强烈反映。除此之外，居住区内的公用设施，如锅炉房、水泵房、变电站等，以及邻近住宅的公共建筑中的冷却塔、通风机、空调机等的噪声污染，也相当普遍。

3）施工噪声

施工噪声对所在区域的影响虽然是暂时性的，但因为施工噪声声级高、难控制，干扰也十分严重。有些工程施工要持续数年，影响时间也相当长。尤其是在城市建设和建筑施工中的同一个区域内先后施工、反复施工、夜间施工、夜间物料配送等影响更为严重。

4）社会生活噪声

社会生活噪声是指城市中人们生活和社会活动中出现的噪声，如集贸市场、流动商贩、街头宣传、歌舞厅、学校操场、住宅楼内住户个人装修和邻居之间等。

3. 噪声防治要求

要保证室内声环境符合健康条件，室内噪声污染和建筑本身的声学性能必须都要满足相关技术性要求。国家环保部门负责对室外噪声源的管理，颁布和实施相关法律法规，包括《环境噪声与振动控制工程技术导则》HJ 2034—2013、《环境噪声污染防治办法》、《中华人民共和国环境保护法》、《声环境功能区划分技术规范》GB/T 15190—2014 等。

要在室内达到噪声控制要求，应按相应的技术法规和国家标准要求指标进行技术设计、施工和测试验收。所涉及的主要标准规范包括：《城市区域环境噪声标准》GB 3096—2008、《民用建筑隔声设计规范》GB 50118—2010、《工业企业噪声控制设计规范》GB/T 50087—2013、《工业企业厂界噪声标准》GB 12348—2008、《建筑施工场界噪声限值》GB 12523—2011、《铁路边界噪声限值及其测量方法》GB 12525—1990、《机场周围飞机噪声环境标准》GB 9660—1988、《环境噪声监测技术规范结构传播固定设备室内噪声》HJ 707—2014 等。

4. 噪声治理

噪声由噪声源产生，经弹性媒质的传播，到达接受者，故减弱噪声的方法有：在声源处减弱；在传播途径中减弱；在人耳处减弱。

1）对声源的具体噪声控制有两条途径

首先，改进结构，提高其中部件的加工质量与精度以及装配的质量，采用合理的操作方法等，以降低声源的噪声发射功率；其次，利用声的吸收、反射、干涉等特性，采取吸声、隔声、减振等技术措施，以及安装消声器等，以控制声源的噪声传播。

2）在传声途径中的控制方法

声能在传播中是随着距离的增加而衰减的，因此使噪声源远离安静的地方，可以达到一定的降噪效果；声的辐射一般具有指向性，处在与声源距离相等而方向不同的地方，接收到的声音强度也就不同，低频的噪声指向性很差，随着频率的增高，指向性就增强。因此，控制噪声的传播方向（包括改变声源的发射方向）是降低高频噪声的有效措施；建立隔声屏障或利用天然屏障（土坡、山丘或建筑物），以及利用其他隔声材料和隔声结构来阻挡噪声的传播；应用吸声材料和吸声结构，将传播中的声能吸收消耗；对固体振动产生的噪声采取隔振措施，以减弱噪声的传导；在城市建设中，采用合理的城市防噪规划。

3）在接收点为了防止噪声对人的危害可采取的防护措施

佩戴护耳器，如耳塞、耳罩、防噪头盔等；减少在噪声中暴露的时间；根据听力检测结果，适当地调整在噪声环境中的工作人员；具体情况具体分析，采取合适的减噪方案，提高降噪措施的性价比。

5.5.2 建筑内噪声控制

要达到建筑内噪声控制要求，要在如下几个层次进行工作：

一是室外环境噪声符合国家环保部的要求；

二是建筑结构的空气声隔声和撞击声隔声符合建筑设计标准；

三是根据使用者反映的问题和声学实测的结果改进室内空间声学性能指标（达到或高于国家标准要求）。

国家建筑标准对室内噪声值给出了具体限制值，当实际噪声超过标准限值时，其原因可能是室外噪声源超标，也可能是建筑隔声性能不满足要求，或者是实际使用情况与标准测试条件不一致（如开窗等）。如果室内实际声环境不能满足空间使用者要求，同时又不能改善室外噪声源情况时，需要请专业技术人员进行建筑声学处理，以提升建筑声环境舒适度，满足使用者要求。

1. 不同功能的建筑声环境指标

1）住宅建筑

《民用建筑隔声设计规范》GB 50118—2010 规定，住宅卧室、起居室（厅）内的允许噪声级如表 5.5-1 所示。

卧室、起居室（厅）内的允许噪声级　　　　　　　表 5.5-1

房间名称	一般要求		高要求	
	允许噪声级（A 声级，dB）			
	昼间	夜间	昼间	夜间
卧室	≤45	≤37	≤40	≤30
起居室（厅）	≤45		≤40	

为达到以上标准，可采取以下隔声降噪措施：各个房间之间的隔墙宜采用隔声量高的墙体，具体隔声量按需而定；为降低楼板撞击声，宜采用非刚性地板，如在地面铺设地毯等；为防止楼上噪声向下的传播，吊顶宜做隔声吊顶；为阻止室内房间与房间、房间与走廊之间通过门而相互传声，宜采用隔声门。为减弱室外噪声通过窗户传入室内，宜采用隔声窗；对于房间内各种管道、空调进出风口等应采取相应的减振降噪措施，减少其噪声辐射；还需注意对于门窗、管线安装口等孔洞、缝隙，需进行密封。

2）学校建筑

《民用建筑隔声设计规范》GB 50118—2010 规定，学校建筑各种教学用房及教学辅助用房的允许噪声级如表 5.5-2 和表 5.5-3 所示。

室内允许噪声级（各种教学用房内的噪声级）　　　　　　表 5.5-2

房间名称	允许噪声级（A 声级，dB）
语言教室、阅览室	≤40
普通教室、实验室、计算机房	≤45
音乐教室、琴房	≤45
舞蹈教室	≤50

室内允许噪声级（各种教学辅助用房内的噪声级）　　　　　表 5.5-3

房间名称	允许噪声级（A 声级，dB）
教师办公室、休息室、会议室	≤45
健身房	≤50
教学楼中封闭的走廊、楼梯间	≤50

为控制学校建筑噪声，营造良好的学习氛围，可采用以下减振降噪措施：位于交通干线旁的学校建筑，宜将运动场沿干道布置，作为噪声隔离带；教学楼内不应设置发出

强烈噪声或振动的机械设备，产生噪声的房间（音乐室、舞蹈教室、琴房等）与其他教学用房设于同一教学楼内，应分区布置，并应采取有效的隔声、隔振措施；其他可能产生噪声和振动的设备应尽量远离教学用房，也应做相应的减振降噪处理；教学楼内封闭走廊、门厅及楼梯间的顶棚，在条件允许时宜布置相应的吸声材料，以降低部分噪声。学校教室的门窗宜采用隔声门窗，以降低室外噪声对于教室内部的噪声干扰，且门窗周围的孔洞、缝隙应密封。

为了保证教室上课的语言清晰度，各类教室宜控制相应的混响时间，避免不利声反射，各类教室空场 500～1000Hz 的混响时间应符合表 5.5-4 的规定。

各类教室空场 500～1000Hz 的混响时间   表 5.5-4

房间名称	房间容积（m³）	空场 500～1000Hz 的混响时间（s）
普通教室	≤200	≤0.8
	>200	≤1.0
语言及多媒体教室	≤300	≤0.6
	>300	≤0.8
音乐教室	≤250	≤0.6
	>250	≤0.8
琴房	≤50	≤0.4
	>50	≤0.6
健身房	≤2000	≤1.2
	>2000	≤1.5
舞蹈教室	≤1000	≤1.2
	>1000	≤1.5

3）医院建筑

《民用建筑隔声设计规范》GB 50118—2010 规定，医院主要房间内的允许噪声级如表 5.5-5 所示。

室内允许噪声级   表 5.5-5

房间名称	允许噪声级（A 声级，dB）			
	高要求标准		低限标准	
	昼间	夜间	昼间	夜间
病房、医护人员休息室	≤40	≤35	≤45	≤40
各类重症监护室	≤40	≤35	≤45	≤40
诊室	≤40		≤45	
手术室、分娩室	≤40		≤45	
洁净手术室	—		≤50	
人工生殖中心净化区	—		≤40	
听力测听室	—		≤25	
化验室、分析实验室	—		≤40	
入口大厅、候诊厅	≤50		≤55	

为使医院有一个安静、良好的治疗环境，医院建筑可采取以下降噪措施：综合医院的总平面布置应利用建筑物的隔声作用，门诊可沿交通干线布置，但与干线的距离应考虑防噪要求；综合医院的医用气体站、冷冻机房等设备机房如设在病房大楼内时，应自成一区，并注意减振降噪；为使病房内允许噪声级达标，建筑围护结构（包括窗户、门、窗等）宜使用具有相应隔声量的构件，穿过病房内的管道宜采用隔振措施，还需注意门窗、管道等周围的缝隙应密封。

4）旅馆建筑

《民用建筑隔声设计规范》GB 50118—2010 规定，旅馆建筑各房间内的允许噪声级如表 5.5-6 所示。

室内允许噪声级　　　　　　　　　　　　　　表 5.5-6

房间名称	允许噪声级（A 声级，dB）					
	特级		一级		二级	
	昼间	夜间	昼间	夜间	昼间	夜间
客房	≤35	≤30	≤40	≤35	≤45	≤40
办公室、会议室	≤40		≤45		≤45	
多用途厅	≤40		≤45		≤50	
餐厅、宴会厅	≤45		≤50		≤55	

为使旅馆建筑有一个良好的室内声环境，可采取如下措施：旅馆建筑的总平面布置应根据噪声状况进行分区；产生噪声和振动的设施应远离客房及其他要求安静的房间，并采取隔声、隔振措施；为降低室内噪声，宜采取具有相应隔声量的墙体和门窗；管道及空调进出风口等宜进行隔振、消声措施；还需注意的是门窗、管道等周围缝隙及孔洞应密封。

5）办公建筑

《民用建筑隔声设计规范》GB 50118—2010 规定，办公室、会议室内的允许噪声级如表 5.5-7 所示。

办公室、会议室内允许噪声级　　　　　　　　表 5.5-7

房间名称	允许噪声级（A 声级，dB）	
	高要求标准	低限标准
单人办公室	≤35	≤40
多人办公室	≤40	≤45
电视电话会议室	≤35	≤40
普通会议室	≤40	≤45

为使办公室有一个良好的办公声环境，宜采取以下措施：办公室的总体布局应利用对噪声不敏感的建筑物或办公建筑中的辅助用房遮挡噪声源，减少噪声对办公用房的影响，还应注意避免将其与有明显噪声源的房间相邻布置，其顶部也不得布置产生高噪声的房间；针对办公用房自身围护结构，可采取具有一定隔声量的墙体作为办公室的隔墙，

门窗宜采用隔声门窗；对于穿过办公室的管道、空调进出风口应采用隔振、消声措施；还应注意的是门窗、管道及其周围的缝隙和孔洞应密封。

6）商业建筑

《民用建筑隔声设计规范》GB 50118—2010 规定，商业建筑各房间内空场时的允许噪声级如表 5.5-8 所示。

室内允许噪声级　　　　　　　　　　　　　　　　表 5.5-8

房间名称	允许噪声级（A声级，dB）	
	高要求标准	低限标准
商场、商店、购物中心、会展中心	≤50	≤55
餐厅	≤45	≤55
员工休息室	≤40	≤45
走廊	≤50	≤60

为使商业建筑具有良好的室内声环境，可采取以下措施：高噪声级的商业空间不应与噪声敏感的空间位于同一建筑内或毗邻。如果不可避免地位于同一建筑内或毗邻，必须进行隔声、隔振处理，保证传至敏感区域的营业噪声和该区域的背景噪声叠加后的总噪声级与背景噪声级之差值不大于 3dB（A）。当公共空间室内设有暖通空调时，暖通空调应采取以下措施以达到减振降噪的作用：降低风管中的风速；设置消声器；选用低噪声的风口。

7）特殊功能建筑音质美化

特殊功能建筑主要指音乐厅、戏剧院等观演建筑。在满足噪声控制的前提下，还需对空间音质进行美化。人们在不同观演建筑（厅堂）中聆听演讲、音乐演出时，由于不同厅堂声学条件的差异，导致音质效果可以有较大的不同。如何来描述和评价这种音质的差别呢？长期以来在乐师、指挥家、录音师和声学家中流行着一些评价音质的行话或术语，例如响度、丰满、活跃、温暖、干涩、沉寂、空间感、清晰度、环绕感等。这些是属于描述人们对音质主观感受的评价指标。每一项主观音质评价指标又与一定的客观声场物理量相对应。例如，声压级与响度是相对应的；混响时间则与室内的混响感、丰满度有对应关系等。

音质设计时应遵循以下几个原则：

（1）防止外部的噪声及振动传入室内，使室内的背景噪声级足够低；

（2）使室内各处都具有足够的响度，且分布均匀，以自然声为主的大厅，要注意选择适当的规模；

（3）安排足够多的近次反射声；

（4）使室内具有与使用目的相适应的混响时间；

（5）防止出现回声、声聚焦等声学缺陷。

音质控制基本步骤包括：大厅容积的确定；大厅体型的确定；房间混响时间的设计。一个质优的厅堂绝不是一方设计的功劳，它是各个设计师、施工方等之间相互协调的结果。

2. 建筑声学处理措施

要降低室内噪声水平，首先应确定噪声的来源，不同的噪声来源需要不同的噪声处理措施。建筑内主要噪声来源有：外部或其他房间内产生的噪声通过墙体、窗户等传播进入，产生噪声污染；室内楼板撞击、振动而产生噪声；室内空调新风、给水排水管道引起的噪声污染；建筑内部公共楼道和电梯产生的噪声传入室内。噪声传播途径主要来自墙体、楼板、吊顶、管道、门窗等建筑部位，针对以上噪声来源分析，对建筑减振降噪有如下措施：

1）墙体隔声

墙体隔声量满足质量定律，提高墙体的面密度即可增加墙体的隔声量，但是由于建筑荷载等问题，通过增加墙体质量而增加隔声量的方法有时是不经济、不可行的。研究表明：轻质墙体通过一定的构造也可以达到相应的隔声量，这更符合现代高层框架建筑对墙体的要求。以下几种轻质墙体构造可达到相应的隔声量，如图 5.5-1～图 5.5-4 所示，不过需注意现场施工对其构造隔声量的影响。

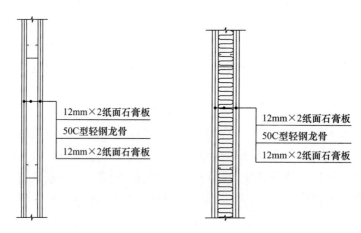

图 5.5-1　轻质墙体（$R_w \geq 40$dB）　　图 5.5-2　轻质墙体（$R_w \geq 45$dB）

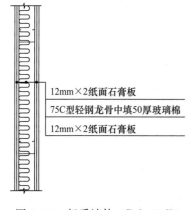
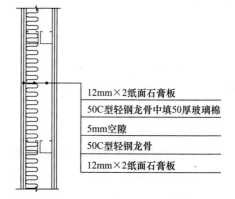

图 5.5-3　轻质墙体（$R_w \geq 50$dB）　　图 5.5-4　轻质墙体（$R_w \geq 55$dB）

2）楼板撞击声隔声

楼板撞击声隔声的简易方法之铺设弹性面层：现如今建筑楼板大都是钢筋混凝土现浇实心楼板或钢筋混凝土预制空心楼板，这种结构的楼板撞击声的隔声性能很差。在这种楼板上铺一层弹性面层材料，如地毯、橡胶地板等。它能有效减小撞击能量，降低楼板的振动及其产生的撞击噪声，从而提高楼板撞击声的隔声性能，特别是对中、高频降低撞击噪声更为有效。这种措施构造简单，针对振动噪声比较小的楼板比较有效，但地面呈软质效果。

楼板撞击声隔声的专业方法之浮筑楼板：浮筑楼板的构造是在钢筋混凝土为基层楼板上铺设相应的隔声减振垫或减振弹簧，其上再做硬质地面面层，这种楼板基层与地面面层之间的弹性夹芯，对地面面层产生的撞击振动具有减振作用，降低楼板向下传导噪声，达到提高楼板撞击声隔声性能的目的。常见浮筑楼板结构如图5.5-5所示。

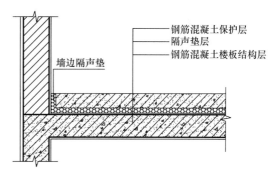

图 5.5-5　浮筑楼板结构图

3）吊顶隔声

楼板下面做一个隔声吊顶不仅能对空气声，还能对撞击声起隔声作用，其隔声性能与吊顶的面密度、吊顶与楼板之间的间距以及吊顶吊杆的刚性有关。吊顶面密度越大，隔声性能越好；吊顶与楼板之间的间距不能太小，一般保持10～20cm，如填玻璃棉、纤维吸声棉，能进一步提高隔声量；吊顶与楼板之间的吊杆应避免刚性连接，一般采用加装弹簧减振器增加其隔声效果。常见隔声吊顶结构图如图5.5-6所示。需要注意的是：吊顶只能降低楼板直接向下辐射的声能，而不能降低通过墙体侧向传递的声能，因此侧向传声较大的建筑结构吊顶就难以发挥其隔声作用。为最大限度改善噪声，建议墙面、地面、吊顶均需要综合考虑，整体规划。

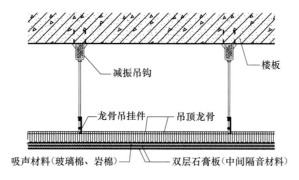

图 5.5-6　隔声吊顶结构图

4）管道降噪

在建筑物内部，管道噪声是建筑室内噪声来源之一，特别是随着现代建筑物层数的增高，空调管道、给水排水管道的增多，使得这一类的噪声干扰日益突出。管道降噪的方法主要有：针对空气动力性噪声的是在管道内增设消声器；针对管道与刚性物体直连造成的振动噪声传播而增设刚性连接处的阻尼减振措施；通用做法是在管道外包覆阻尼隔声毡，中间采用吸声棉填充，外部采用面密度较高的材料密封处理。

5）门窗隔声

门窗是隔声的薄弱环节。一般门窗的结构轻薄，而且存在较多的缝隙，因此，门窗的隔声能力往往比墙体低得多。

（1）门的隔声：门是墙体中隔声较差的位置。它的重量比墙体轻，且普通门周边的缝隙也是传声的途径。一般来说，普通可开启的门其隔声量大致为 20dB；质量较差的木门，隔声量甚至可低于 15dB，这些隔声量往往是不达标的。

提高门的隔声量的方法：门扇与门框相碰撞的区域加装橡胶密封条，应避免采用轻、薄、单的材料做门扇和门框。隔声门的做法多采用多层复合结构，即用性质相差较大的材料叠合而成，双启口加密封条，对于需要经常开启的门，门扇重量不宜过大，门缝也常常难以封闭。这时，应设置双层门来提高其隔声效果，因为双层门之间的空气层可带来较大的附加隔声量。如果加大两道门之间的空间，构成声闸，并且在声闸内表面布置强吸声材料，可进一步提高隔声效果。

（2）窗的隔声：窗是外墙和围护结构隔声最薄弱的环节，可开启的窗往往很难有较高的隔声量。欲提高窗的隔声性能需注意以下几点：

① 采用较厚的玻璃，或用双层或三层的玻璃。后者比用一层特别厚的玻璃隔声性能更好。为了避免吻合效应，各层玻璃的厚度不宜相同；

② 双层玻璃之间宜留有一定的间距。若有可能，两层玻璃不要平行放置，以免引起共振和吻合效应，影响隔声效果；

③ 在两层玻璃之间沿周边填放吸声材料，把玻璃安装在弹性材料上，如软木、海绵、橡胶条等，可进一步提高隔声量；

④ 保证玻璃与窗框、窗框与墙壁之间的密封，还需考虑便于保持玻璃的清洁；

⑤ 平开窗比推拉窗封闭性好，可见隔声效果更佳，建议用于隔声的窗户采用平开形式。

6）改善混响时间

许多室内空间，如会议室、敞开办公室等，由于人员众多，如果环境吸声量不足，就会导致语言清晰度不佳，影响听音效果。此时，需要合理控制环境的吸声性能，调节混响时间，以提高室内声舒适度水平。

扩展阅读：上下水管噪声处理

1. 上水管噪声分析

居民室内用水管有时会发生振动，产生噪声，影响居民的生活环境。发生振动产生噪声的原因实际上很复杂，一般有以下几种原因：

1）高层建筑内的减压阀失灵，用水管内压力过高。

2）地区水压间接性过高，造成室内用水管间接性振动。

3）室内管改装时，管道走向不合理，敷设在顶棚或高位的用水管内积有空气。

4）抽水马桶闸门漏水、空气从抽水马桶进入用水管道。

5）多层屋顶水箱浮球阀失灵，造成连续撞击声，从管道上传到室内。

6）小区泵房的泵管的单向阀门阀板失灵，造成间接性抖动，噪声从管道上传入室内。

7）街坊管道尽头积聚空气，水压变化时引起振动，传入室内管道。

8）室外进水管漏水，当室内突然大量用水，造成室外进水管瞬时负压，空气随水流进入室内管并积聚。

2. 上水管噪声解决方案

上水管的噪声比较难处理，多数水管都是埋在墙里，管子和墙体产生共振，而又在装修的瓷砖里面，无法进行施工，但是水管在墙体外面，可以处理到一个很好的效果。

1）在设备和管道之间加软连接管，如橡胶软连接管、全金属波纹膨胀节、帆布等；

2）在管道与建筑物围护结构的连接处加柔性结构，如管道与楼板之间加隔振吊架、管道和墙体之间加弹性支架等方法加以处理。

3. 下水管噪声分析和处理

下水管噪声一般都是楼上冲水，污水从下水管排泄和管壁产生的摩擦噪声，主要集中在卫生间的直立主管道和马桶的下水管道，同时洗脸盆和地漏的下水管道水流声音也会很大。

早期的铸铁水管噪声比 PVC 水管声音小，都具有共振、摩擦产生噪声等特点。

可使用特种隔声材料对管道包裹三四遍，增粗 10mm 左右，基本可以解决该下水管水流噪声。

（http://www.viea.cn）

5.6 室内空气质量

由于自然因素和人为因素，空气内含有极少量的气体污染物和颗粒物，就可能造成严重的健康问题。美国每年有 5 万人由于空气质量差造成过早死亡，预计产生 1500 亿美元与疾病有关的经济成本。其中，930 亿美元是由室内空气综合症的典型症状——头痛、疲劳和刺激造成的。

室内空气质量与身体健康密切相关。空气中对人体有害的污染物达到几千种，空气中化学、颗粒和生物污染物是许多疾病的直接原因，并且以慢性侵蚀的方式影响人体机能和健康。世界卫生组织已经发布的身体有害物质报告可以作为室内空气质量控制关键点。另外，空气中存在异味会非常严重地影响人们的感受，如果办公和商业场所的气味会使人感到烦恼，会让员工无法静下心来认真做事，顾客无意久留，因而造成相关经济损失。因此，也可以把异味作为健康环境的一项控制指标。

室内空气质量不佳的低级阶段是室内空气污染导致的疾病，空气质量问题是直接影响人体健康、导致急性和慢性症状。但一旦污染问题被克服，这些症状就会消失；而污染影响的高级阶段是室内空气质量不良所产生的长期作用：头痛、记忆力下降、疲劳和情绪低落等，在人没有影响感觉到的前提下发生和发展，罹患长期的不能治愈的慢性疾病。室内空间空气污染产生的损失：按健康、生产率、健康寿命价值计算，远高于室内空气质量处理措施所做的投入。也就是说，注重室内空气质量实际上是对健康的投入，应该在健康环境的层面上看待室内空气质量问题，越重视环境健康，就会越重视室内空气质量。但室内空气质量问题是一个十分复杂、特别容易混淆的问题。如果不能正确的对应处理，将会在消除一个旧问题的同时产生更复杂的新问题。

解决室内空气质量的三个核心因素是：空气质量（或身心健康）评价；减少和消除污染源；对空气中的污染进行排除和消除。三项因素是相互联系的，缺一不可，但对应不同环境情况和污染物，其侧重点显然是不同的。国家标准《室内空气质量标准》GB/T 18883 是卫生部和环境保护部从健康角度出发，对空气中常见污染物的限值性规定，是一个最低要求。对室内空气质量控制而言，最好的措施是对污染源做消除和减少释放处理，而通风和净化只是次要的处理措施，因为污染源可能会离人们的呼吸器官很近，在刚刚释放出来的时候就对人的身体产生危害，远离人体的通风和净化根本不能消除这种损害。

在中国，室外污染属于环境保护部管辖的内容，而室内空气质量及对健康的影响是卫生部疾病预防控制中心管辖的内容。而建筑品质则是住建部管辖的内容，因此在室内空气质量的处理上要熟悉这些部门的政策和管理制度，才能制定出有效的室内空气质量保证措施。

5.6.1　室内空气污染物

物质以两种形式存在于空气中，一种是以分子形式，成为空气的组成部分，有一定的气体分压，一起做分子热运动；而另一种形式是以微粒方式存在于空气中，随空气运动。空气中对身体构成健康风险的成分，称为空气污染物。空气污染物一般是以世界卫生组织的公布报告来确定。第 2.1 节对苯的危害、第 2.2 节对颗粒物的危害、第 4.4 节对材料中的有害成分包括环境激素的清单进行了介绍。空气污染物属于有害物质，人类在生产条件下或日常生活中长期接触有害物质，会引起疾病或使健康状况下降。而空气污染物以三种方式进入体内：肺部呼吸、皮肤接触和消化道产生危害。

洁净空气是由约 78% 的氮气、21% 的氧气和约 1% 的惰性气体组成。空气中还包括不确定的水蒸气，水蒸气的含量与相对湿度有关，而相对湿度的含义则是指水蒸气在空气中的蒸汽分压与饱和蒸汽压的比值。如在标准海平面高度大气压是 101.3kPa，而 20℃ 下水蒸气的饱和蒸汽压是 2.34kPa，如目前是 50% 相对湿度，则水蒸气的实际分压为 1.17kPa。水蒸气占空气的体积比为 1.17/101.3＝1.15%。同样，其他可挥发物质也可以有分子进入到空气中，其在空气中的体积含量也同样与其蒸汽分压成正比。

空气中的分子污染物可分为无机物和有机物。前者主要包括 CO_2、CO、NO_2、SO_2 和氨；而后者的种类和危害则分布极其广泛，有机物从性质上可分为 TVOC 和 SVOC。

TVOC 是指室温下饱和蒸汽压超过 133.32Pa，其沸点在 50～250℃ 的有机物，在常温下可以蒸发的形式存在于空气中，它的毒性、刺激性、致癌性和特殊的气味性，会影响皮肤和黏膜，对人体产生急性损害。而 SVOC 则是指蒸汽压在 $133.32 \times (10^{-1} \sim 10^{-7})$ Pa、其沸点在 240～400℃ 的有机物，其在空气中以气相和颗粒相两种方式存在。SVOC 的分子量大、沸点高、饱和蒸汽压低，因此在环境中较挥发性有机物 TVOC（苯、甲醛等）更难降解，存在的时间会更长，而且它们能吸附在颗粒物上因而容易被人体吸入。而从危害程度上看，还有一种"持久性有机污染物"POPs，它是一类具有长期残留性、生物累积性、半挥发性和高毒性，并通过各种环境介质（大气、水、生物等）能够长距离迁移并对人类健康和环境具有严重危害的天然或人工合成的有机污染物。第 4.4 节所介绍的环境激素也是 POPs 的一种。从组成上看，空气污染物的浓度非常低，一般在 ppm 级，也就是在空气中的含量一般不超过百万分之一，因此在污染物进入空气中后对其做净化处理的难度很大。

小直径颗粒物（PM2.5）是可以长期存留在空气中并随空气流动，许多有害成分包括重金属、SVOC、POPs 和病毒、细菌都可以吸附在颗粒物上，进而对人生理器官产生危害。土壤和岩石中存在的放射性氡也会把放射性留存在颗粒物上。而比较大的颗粒如纤维、灰尘、毛发等会随较大速度的气流在空气中上下浮动，在风速减少后降落到桌面和地面上。

空气污染物中最有名的是甲醛和 PM2.5，由于广为人知，其危害情况已为一般大众所广泛了解。其危害在第 2 章中已有介绍。但 SVOC 和 POPs 的危害还远没被人们认识到，其危害程度更加隐蔽。如 SVOC 可使儿童产生过敏症状，增加哮喘和支气管阻塞的风险，并可造成内分泌失调和女童乳房发育早熟，影响男性生殖系统的发育，甚至造成生殖系统畸形，使精子质量下降，还可造成成年男性肺功能和甲状腺功能减退以及代谢功能紊乱。而 POPs 对生物降解、光解、化学分解有较高的抵抗能力，能够在环境中持久地存在，并能蓄积在食物链中，对有较高营养等级的生物造成影响，通过食物链的生物放大作用达到中毒浓度。POPs 还能够经过长距离迁移到达偏远的极低地区。一定浓度的 POPs 会对接触该物质的生物造成有害或有毒影响，具有致癌、致畸和致突变效应。

国家标准是全国范围内统一的技术要求，强制性标准由国家质量监督检验检疫总局执法监督强制执行，而推荐性国标由各方同意纳入合同中，成为必须共同遵守的技术依据，具有法律上的约束性。国家室内空气质量标准是在健康医学研究的基础上提出的室内污染浓度限值水平和标准测试方法，以保障室内人员健康为目的。国家标准《室内空气质量标准》GB/T 18883—2002 是由卫生部和环保部提出的权威性标准，其指标要求来源于国际标准指标和国家室外环境空气（大气）标准指标，具体指标数据见表 5.6-1。但从指标范围上看，这个标准远没有体现医学的最新研究成果，不能实现对人体健康的全方位保护。

由于 GB/T 18883 是推荐标准，因而在使用上有一定的局限性。而目前社会上广泛使用的是《民用建筑工程室内环境污染控制规范》GB 50325—2010，它是由住房和城乡建设部主持制定的，主要目的是提出建筑和装饰强制达到污染控制要求，但其室内空气质量的要求与《室内空气质量标准》有很大的不同，两者之间的比较见第 6.5.3 节。本书推荐使用《室内空气质量标准》作为健康环境使用标准。但该标准未能把 PM2.5 列入其中，也没有包含更多的污染物，如 SVOC 和 POPs 等有害物质。目前，室内 PM2.5 浓度标准可参见《环境空气质量标准》GB 3095 指标，见表 5.6-2。目前，室内浓度一般使用便携仪器实地测量，对应以 $75\mu g/m^3$ 作为达标限值，而不是像标准中以 24h 平均数据作为判断依据。

另外，从身心健康的角度评估，还要具体考虑实际环境的污染源情况，对潜在的污染物都要进行健康评估。除具体的污染物外，异味在心理上也有很大负面影响，因此健康环境对异味也是控制项内容。除标准指标外，测试取样方式和测试仪器、测试方法也是标准的一部分，采用便携式仪器所得到测试的数值只能作为评判参考，不能作为衡量环境是否达标的依据。由于人体在生理上存在差异，一些疾病是否由于污染物浓度超标所导致，应该由医学标准来确定，而不能简单由物理参数超过标准指标值来推断。医学研究的结果都是概率性的，不能以特例作为有害或无害的证据，如医学结论吸烟有害健康，可吸烟人也有活 99 岁的，但这不能证明吸烟无害。

《室内空气质量标准》指标　　　　　　　　　　　　表 5.6-1

序号	参数类别	参数	单位	标准值	备注
1	物理性	温度	℃	22～28	夏季空调
				16～24	冬季采暖
2		相对湿度	%	40～80	夏季空调
				30～60	冬季采暖
3		空气流速	m/s	0.3	夏季空调
				0.2	冬季采暖
4		新风量	m³/h·人	30	
5	化学性	二氧化硫 SO_2	mg/m³	0.50	1h 均值
6		二氧化氮 NO_2	mg/m³	0.24	1h 均值
7		一氧化碳 CO	mg/m³	10	1h 均值
8		二氧化碳 CO_2	%	0.10	日平均值
9		氨 NH_3	mg/m³	0.20	1h 均值
10		臭氧 O_3	mg/m³	0.16	1h 均值
11		甲醛 HCHO	mg/m³	0.10	1h 均值
12		苯 C_6H_6	mg/m³	0.11	1h 均值
13		甲苯 C_7H_8	mg/m³	0.20	1h 均值
14		二甲苯 C_8H_{10}	mg/m³	0.20	1h 均值
15		苯并 [a] 芘 B (a) P	ng/m³	1.0	日平均值
16		可吸入颗粒 PM10	mg/m³	0.15	日平均值
17		总挥发性有机物 TVOC	mg/m³	0.60	8h 值
18	生物性	菌落总数	cfu/m³	2500	依据仪器定
19	放射性	氡^{222}Rn	Bq/m³	400	年平均值

新风量要求不小于标准值，除温度、相对湿度外的其他参数要求不大于标准值。

《环境空气质量标准》指标 表 5.6-2

序号	污染物项目	平均时间	浓度限值		单位
			一级	二级	
1	二氧化硫（SO_2）	年平均	20	60	$\mu g/m^3$
		24 小时平均	50	150	
		1 小时平均	150	500	
2	二氧化氮（NO_2）	年平均	40	40	
		24 小时平均	80	80	
		1 小时平均	200	200	
3	一氧化碳（CO）	24 小时平均	4	4	mg/m^3
		1 小时平均	10	10	
4	臭氧（O_3）	日最大 8 小时平均	100	160	$\mu g/m^3$
		1 小时平均	160	200	
5	颗粒物（粒径小于等于 $10\mu m$）	年平均	40	70	
		24 小时平均	50	150	
6	颗粒物（粒径小于等于 $2.5\mu m$）	年平均	15	35	
		24 小时平均	35	75	

而对室内环境中的 SVOC 和 POPs 的浓度控制还很难做到，即使是浓度检测也成本非常高。目前对其危害的对策是避免使用含有相应污染成分的建筑材料和成型产品。

实际情况下的室内空气质量是一个非常复杂过程的最后结果。首先，所指定的环境中可能的空气污染物有哪些？这些污染物的来源在哪里？其变化的原因是什么？最后，怎样可以控制污染物在空气中的浓度？从这个问题链上看，问题防不胜防，要想从正面解答所有室内空气质量相关问题是一个"不可能完成的任务"。但如果换个角度，从污染源头和人体健康保护的角度，则可能容易回答得多。也就是说，如果能在源头减少污染物的释放，要比释放出来再做处理有效得多。因此，最先需要了解的是室内主要空气污染物都来自于哪里。室内空气污染源具有以下特点：

1）按污染源位置

分为室内污染源和室外污染源。如甲醛、苯一般都是室内污染源产生的，而二氧化硫、二氧化氮一般是由室外源所产生的。有些污染物的来源既有室内也有室外，但其中一个是主要污染源，如 PM2.5，虽然室内做饭扫地也会释放出一些，但大部分还是来自室外。

2）按污染释放时间特征

分为一次污染和连续污染。一次污染的特点是污染释放有时间限制，如吸烟、做饭、扫地等，只在一定的时间段内释放污染；连续污染，在所有的时间都会释放污染，如人呼吸，建材和家具释放甲醛等。

3）按单位时间释放量

污染物从污染源中释放到空气中，特别是从固态表面析出扩散到气体的过程，这种释放与材料中含有的污染物总量有关，最多会持续 10 年以上。单位时间单位面积所释放出的污染物数量是衡量一个材料释放性大小的性能参数。

空气污染物的来源或者是室外或者是室内。室外空气也成为环境大气的空气质量是环境保护部门所要控制的指标。中国环境大气质量目前还不是很好，但已经制定了行之有效的政策也在不断增加污染物控制种类（前不久已经把 VOC 释放定为控制目标）、减少污染物排放总量等措施，环境空气质量正在逐步往好的方向发展。而室内空气污染则是建筑所有者和使用者可以选择控制的，目前实际状况不好在很大程度上与自我防范工作不到位有关。

目前环境空气污染以 PM2.5 为主。PM2.5 主要来源于日常发电、工业生产、汽车尾气排放等过程中经过燃烧而排放的残留物，大多数含有重金属等有害物质。一般而言，粒径 $2.5\sim10\mu m$ 的粗颗粒物主要来自道路扬尘等；$2.5\mu m$ 以下的细颗粒物（PM2.5）则主要来自化石燃料燃烧（如机动车尾气、燃煤）、挥发性有机物等。大范围的雾霾天气主要出现在冷空气较弱和水汽条件较好的大尺度大气环流形势下。此时，近地面低空为静风或微风条件，受近地面静稳天气控制，空气在水平和垂直方向的流动性非常小，大气扩散条件非常差。受其控制，无论城市规模大小，其局地交通、生活、生产所需的能源消耗的污染物排放都在低空不断积累。与此同时，由于雾霾天气湿度高、水汽大，为雾滴提供了吸附和反应场并加速气态污染物向液态颗粒物成分的转化，同时颗粒物也容易作为凝结核加速雾霾的生成，两者相互作用，迅速形成污染。通常在北方地区，是因为采暖期猛增的能源消耗排放所致，中等以上城市主城区在集中采暖期连续三天的空气污染物积累就可达到重度污染程度，在南方地区如果生产和交通的污染排放量大，也会达到重度污染的程度。

来自室内的污染物主要包括以下内容：

（1）由于人体新陈代谢产生的污染物，如呼吸出的 CO_2 和水蒸气、人体释放的气味；

（2）由于人在室内生活产生的污染物，做饭、扫地、洗衣、晾衣服、大小便等产生所释放的污染。宠物、食物和发霉等释放出的细菌。病人和潜在病人飞沫释放的病毒等；

（3）由于所使用建筑、装饰、家具和电器设备等产生的污染物，如甲醛、苯、臭氧、氡、TVOC、POPs 等；

（4）二次产生的污染物，如阳光照射对室内有机材料的分解（如褪色等）。特殊光源和光触媒导致的臭氧、催化中间产品等。

1）人体释放的污染物

人生命在于新陈代谢中，需要吸进氧气呼出二氧化碳和水分，因此二氧化碳和水蒸气可以看成是人体释放的污染物，实际上人也呼出一些其他气体成分。二氧化碳释放量与人体活动强度有关，活动强度越大，其释放量也越大，表 5.6-3 为释放量与需要通风量。

CO_2 释放量和通风量与活动强度的关系　　　　　　　　　　表 5.6-3

活动强度	CO_2 生成量 $[m^3/(h \cdot 人)]$	1000ppm 浓度通风量 $[m^3/(h \cdot 人)]$
睡觉	0.0144	24
极轻	0.0173	29

活动强度	CO_2 生成量 [m³/(h·人)]	1000ppm 浓度通风量 [m³/(h·人)]
轻	0.023	38
中等	0.041	68
重	0.0748	130

空气中二氧化碳浓度超过 5000ppm 才会对人出现显著危害。但人体在新陈代谢的同时也会释放出其他污染物，如气味、汗物质等，这些物质产生的气味量虽然低，但令人十分反感，并且很难用具体浓度指标来测量评价。但这些物质的释放浓度同样与人员多少和活动强度成正比，也就是与二氧化碳浓度是对应的，因此可用限制二氧化碳浓度的办法限制身体产生的不良气味。这也就是以 1000ppm 二氧化碳作为空气"新鲜"的原因。

人体呼吸产生的湿度在一般情况下不会造成问题，但在人员密集并室内同时存在低温表面时，会出现表面结露，进而出现发霉的问题。

2) 室内生活释放的污染物

厨房做饭会释放很多污染物、水蒸气和气味。对应这些物质最好的方法不是净化，而是使用抽油烟机外排。同样，卫生间为了消除大小便气味和洗浴时的潮湿水蒸气，也需要使用排风机。对应排风，要达到最好的排除污染效果要注意补风方式，良好的气流流向会提高排风效率，防止污染物外溢到其他空间。

室内墙壁潮湿会带来发霉、细菌孳生等一系列问题，严重影响室内健康环境。产生潮湿的关键因素是相对湿度，而相对湿度与墙壁表面温度和空气含湿量有关。潮湿结露是看得见的室内空气质量问题，其原因是大量日常活动如烹饪和洗浴会产生潮湿，或是屋尘螨和冷凝水产生联合作用，导致如霉菌生长等问题。有研究表明，如果相对湿度长时间超过 70%，就可能会在冷表面出现结露而导致霉菌生长。虽然最有效的策略研究仍在进行中，但降低室内湿度水平是控制室内尘螨和过敏源的一个关键因素。室内尘螨是过敏的已知原因，如果要保持尘螨数量处于没有问题的水平，相对湿度应长时间保持在大约 45% 的水平。这是冬季室外空气干燥月份时的典型要求。解决潮湿问题有两种路线：一是减少室内空气中的水蒸气含量；二是提高建筑表面的温度。第一种方式属于室内空气质量控制领域，而第二种方式则属于建筑热工（见第 5.4.3 节）的内容。

不良的清扫方式会把地面上的灰尘和颗粒物释放到空气中，而可以使用合理的清洁方式如负压吸尘、湿式擦地可减少污染物释放。室内晾干衣服会将残余的洗涤剂和衣服掉下的短纤维释放到空气中，同样衣服和被子也会释放短纤维和颗粒物到空气中，要想减少纺织品掉落纤维，可保持室内较合理的湿度而不是过于干燥。防止细菌释放的主要对策也是要定期检查，在发霉和结露刚有苗头时就控制住。家里有感冒病人会产生发生飞沫传染，宠物身体也会释放病菌，因此要做好隔离工作。蚊香、气雾剂、电热蚊香片、电热蚊香液等有效成分及燃烧产物绝大多数是 SVOC，应尽量减少使用或只在通风良好条件下使用。

3) 建筑材料、家具和电器产生的污染物

第 4.4～4.6 节的内容介绍了建筑材料和家具中有害物质的限制使用情况。要使用低甲醛和 TVOC 释放的材料，要控制使用含 SVOC 和 POPs 的材料。尤其是儿童房间，应使用最好的材料。而对于地板和家具，由于使用的材料量比较大，地板面积与地面面积相等，而家具展开面积可达 3 倍地面面积，因此也需要使用更低释放的材料。

某些家电设备在使用中会产生污染物，如复印机、打印机和高压静电除尘器。应对所产生的污染物采用对策，如为连续使用的复印机、打印机设置专门的带排风的设备房间，尽量不在住宅内使用会产生臭氧的净化设备。

中央电视台《每周质量播报》报道了白板、水彩笔和塑料橡皮中的苯类成分、塑化剂（邻苯二甲酸二酯）的含量，由于没有国家标准限值，参考国际标准限值，这些产品的最大超标倍数甚至达到 1000 倍以上。而由于这些产品在使用时距离呼吸器官很近，因此即使有最好的净化器可以处理这些污染物，也无法避免污染对人健康的损害风险。

4）二次活动产生的污染物

紫外线对有机物有分解作用（如印刷品褪色等），在分解过程中可能会产生二次污染物。而有些清洁产品中也包含有害成分，在清洁的同时也把新污染物留在室内。没有洗干净的抹布也存在这样的问题。如不能及时更换净化器的滤网，滤网中的细菌会在上不断繁殖孳生，最后还会随气流从净化器中释放出来。因此，要合理选择和维护使用相应设备，避免产生二次污染。

5.6.2　污染浓度变化原理

室内空气污染物浓度会在一定范围内变化，会产生最大值也会出现最小值。而无论如何都会遵守"物质守恒"定律，也就是污染物质从固体或液体污染源进入到空气中，然后再转移到室外或者被吸附剂所处理掉。可以使用这个定律为每一种污染物建立一个物质平衡方程式，再通过分析和求解方程，可以得到室内污染的变化规律，根据这个规律可以找到控制空气污染浓度的最佳方式。

图 5.6-1 表示建筑内的一个房间，其中：①单位时间室外污染源进入量（增加）；②单位时间室内污染源产生量（增加）；③单位时间室内污染净化量（减少）；④单位时间室内污染排出量（减少）。

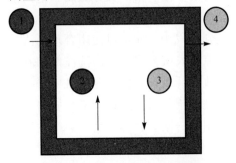

图 5.6-1　室内污染平衡关系

根据物质守恒原理，当单位时间内室内空间污染物增加量为正时，也就是（①＋②）大于（③＋④）时，室内污染物的浓度就会处于上升阶段；当单位时间内室内空间污染物增加量为负时，也就是（①＋②）小于（③＋④）时，室内污染物的浓度就会处于下降阶段；而当单位时间内室内空间污染物增加量为零时，也就是（①＋②）等于（③＋④）时，室内污染物的浓度就会处于不变阶段。

如果室内污染浓度升高后，消除污染的通风换气和去除污染的净化实际效果会增加（因为室内外浓度差增大，同样风量排出的污染物数量会增加；而室内污染浓度增高净化

器效率不变，每次循环去除的污染物数量也增加），此消彼长，足够长时间后，室内污染
物的浓度也会逐渐达到平衡值，这个值是最大值。见图 5.6-2，但要达到最高平衡浓度需
要足够的时间，这也是 GB/T 18883 和 GB 50325 在测试取样方面的主要差异，从图 5.6-2
中可以看出，关门窗后 1h 的数据要远低于 12h 后的数据。

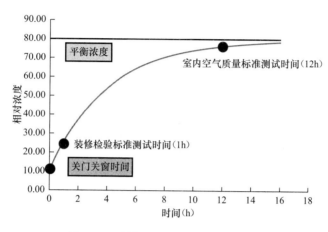

图 5.6-2　关门后污染浓度变化（增加）

而如果此时的污染去除能力大于释放能力，污染浓度就会逐步降低，但是这个降低也是
有极限的，其原理与上述介绍类似。最后达到的平衡浓度是一个最小值，见图 5.6-3。而要
达到最低平衡浓度也需要足够的时间，这个时间称为作用时间。对于一次性污染，在污染源
停止释放后，其浓度会逐步下降直到达到最低浓度为 0 的平衡浓度，而此时实际需要控制的
是作用时间长短。

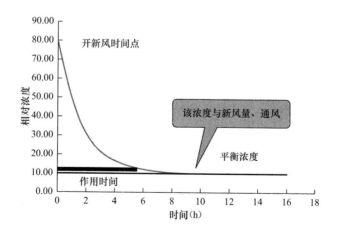

图 5.6-3　开启通风后浓度变化（减少）

在稳定的情况下，平衡浓度等于单位时间污染释放量与污染处理量的比值。对应
表 5.6-3数据，在每人每小时产生 0.0144m³ 的 CO_2 的情况下，进入室内的新风中 CO_2 含
量为 400ppm，在 24m³/（h·人）新风条件下，平衡浓度差值等于 0.0144/24＝600ppm，

加上室外新风基础浓度 400ppm，室内实际浓度为 $600+400=1000$ppm。

作用时间长短则与每小时换气次数（等于每小时新风量除以房间净容积）有关，换气次数越大，作用时间越短。把浓度降低到起始浓度 10% 的作用时间等于 2.3/换气次数。也就是说，当换气次数为 $0.5h^{-1}$ 时，作用时间为 4.6h，4.6h 后室内浓度是起始浓度的10%。这是基于室内污染和空气充分混合的基础上计算的，见图 5.6-4 中间图。而实际情况下，房间内污染浓度分布与送风和回风风口的位置有关，图 5.6-4 左图为上送上回方式，右图为下送上回方式，从 3 个图比较可以看出，右图方式新风可以排出更多的室内污染物，通风换气效率更高。

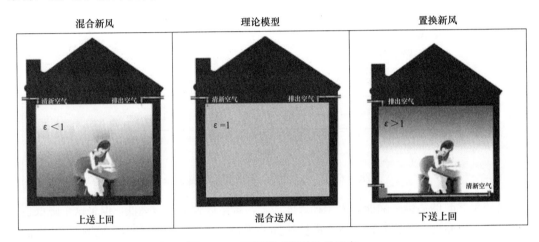

图 5.6-4　不同形式通风效果示意

基于上面的分析，对连续污染要降低平衡浓度，达到稳定的最低值。对此有三种策略：一是减少污染释放量；二是增加污染处理量；三是降低新风基础浓度。对应不同的污染物采取不同的策略。对应装修材料和家具产生的污染物采取第一种策略；对应人体产生的 CO_2 等污染采取第二种策略；而对应室外来的污染则采取第三种策略，也就是在室外 PM2.5 和其他污染物浓度过高时，新风通过净化过滤降低浓度后再进入到室内。而房间净化器则是最后的调节手段，在出现特殊情况或空气质量要求更高时才使用净化器。

对于室内一次性污染，但是无法预计其污染产生强度有多大，因此只能规定采用作用时间来降低污染的影响，如回家开窗通风、厨房油烟机、卫生间排风扇都属于这种情况。应配备处理设备对应室内连续污染，释放量是固定的，排出量和浓度也是固定的，在运行作用时间后会逐步接近平衡浓度。如果需要连续保证室内空气质量，则应该 24h 开启通风系统。对通风而言，最后的平衡浓度等于单位时间产生的污染物数量除以单位时间的通风量。用平衡浓度和国家标准限定值做比较，如果平衡浓度高则说明通风量不够，或室内污染释放量太大。

一次污染和连续污染的处理方法是不同的，一次性污染由于污染释放时间短，只需要有临时处理措施即可，而无须考虑总体平衡问题。如使用排风减少卫生间的气味和潮湿，不需要考虑排风由哪个室内空间补充。处理一次性污染所关心的参数是作用时间，也就是把污染浓度降低 90% 的时间，它与排风的换气次数相关。但处理连续污染时，则需要考虑通风换气的平衡问题。一般情况下，送风量要等于排风量。

结合上面的讨论，对应每种污染物都有自己的平衡公式，都可以算出所需的通风换气量。但在实际使用中却不是这样处理的，一般设计过程所设计的通风换气量由人均新风量或房间的换气次数确定（对应住宅为 $0.45\sim0.7h^{-1}$），而不与甲醛或 TVOC 释放量相关。而对室内甲醛和 TVOC 浓度的控制措施是使用低释放材料或使用无污染的替代材料（如无甲醛胶生产的地板和木板等），否则由于无法确定实际环境中甲醛和 TVOC 的释放量，因此也无法确定通风换气的风量。低甲醛释放材料的释放量只是标准材料的 1/20，因此可以增加使用量。对 SVOC 和 POPs，也是采取限制使用材料的方式来控制。如果不能保证使用低污染材料，则需要保证通风换气量。以日本建筑基准法为例，其提出了使用非低污染释放材料时的限制条件，材料污染释放等级分类见表 5.6-4，计算公式见下面，表 5.6-5 给出了计算系数和换气次数。

表 5.6-4 是材料甲醛释放量分级。从表中可以看出，日本最高等级 F★★★★ 的材料的释放量只有中国合格标准（E1）的 1/24。也就是说，如果房间内由于甲醛浓度限值只能允许使用 $1m^2$ 的 E1 材料，换成 F☆☆☆☆ 材料可以允许使用 $24m^2$。释放量是衡量建筑材料污染释放性能的有效参数，国外大多采用释放量最为测试和限定参数，而国内基本上使用的是材料含量。与国际水平比较，中国建材标准中只有"达标"和"不达标"，缺少建材污染释放等级标准，也没有使用限量规定，因此无法控制室内最终的污染释放量。

材料甲醛释放量分级　　　　　　　　　　　　　　　　表 5.6-4

等级	甲醛释放量	中国标准	欧洲标准	日本标准	使用限量
1	$>0.12mg/(m^2 \cdot h)$	E2	E2	F★	不许使用
2	$0.02\sim0.12mg/(m^2 \cdot h)$	E1	E1	F★★	见表 5.6-7
3	$0.005\sim0.02mg(m^2 \cdot h)$	—	E0	F★★★	见表 5.6-7
4	$<0.005mg/(m^2 \cdot h)$	—	—	F★★★★	不限使用

第四类材料是低污染释放材料，而第二和第三类材料仍然是限制使用材料。其使用量与房间换气次数相关，如下式所述：

$$N_2 \cdot S_2 + N_3 \cdot S_3 \leqslant A$$

其中：N_2 为二类装修材料（F★★）系数；S_2 为二类装修材料使用面积；N_3 为三类（F★★★）装修材料系数；S_3 为三类装修材料使用面积；A 为居室面积。系数选择见表 5.6-5。

材料系数选择表　　　　　　　　　　　　　　　　　　表 5.6-5

居室种类	换气次数（h^{-1}）	N_2	N_3
住宅内房间	$\geqslant0.7$	1.2	0.20
	$0.5\sim0.7$	2.8	0.50
其他建筑房间	$\geqslant0.7$	0.88	0.15
	$0.5\sim0.7$	1.4	0.25
	$0.3\sim0.5$	3.0	0.50

从污染释放量出发，对含不能说清具体成分的有机物的材料还是避免使用为好，甚至是有些壁纸满面印刷的油墨也会在使用中释放说不清楚的化学成分，因此也无法评价其对健康的危害程度，因此还是尽量少使用为好或选择使用有检测证明的材料。

5.6.3　室内空气质量解决方案

室内空气质量对健康环境在健康、舒适和高效三个方面都有很大的影响，是重要的控制因素。室内空气污染问题由于潜在污染源多、影响因素复杂、概念混乱、标准不统一，因此在现实中所选择的解决方案往往是效率很低下，或者是完全错误的解决方案。在处理原则上，往往容易犯重视使用设备治理而轻视消除污染源的工作，实际情况往往是不能给出整体解决方案，解决方案也无法在使用中证明其有效性。因此，需要从整体策略上研究中国室内空气质量的特征，并根据这个特征提出一套整体解决方案体系。本节按照这个思路，提出了 6 个分项 30 点措施的具体对策，这个体系可用于各种建筑功能空间，如住宅、办公室和商业空间。其基本出发点是建筑空间占用者的健康、舒适和高效率，而不仅是空气污染浓度或室内空气质量指标。

图 5.6-5　健康环境管理示意

室内空气质量解决体系包含 6 个方面：基本原则、建筑性能、建材选择、系统措施、施工管理和管理制度。基本原则确定对室内空气质量的根本要求是什么；建筑性能明确哪些性能与室内空气质量有关，该如何提升；建材选择让设计和使用者正确选择使用材料；系统措施是针对可能出现的空气质量问题所采取的对应措施；施工管理则是加强施工管理，避免施工过程中产生错误、出现无法改正的严重问题，并做好完工验收工作，如果室内装修污染不合理，必须经过治理达标才能交工使用；管理制度是指在使用过程中，始终能保证设备、系统正常运行达到良好效果的规则条文、工作内容和管理行为。

1. 基本原则

要点 1：空气质量标准，采用哪种室内空气质量标准？除标准指标外还有哪些情况需要控制（如异味）？

第 5.6.1 节对室内空气质量标准进行了介绍，也提到了《民用建筑工程室内环境污染控制规范》，表 5.6-6 是两个标准的比较介绍。

GB 50325 和 GB/T 18883 比较表		表 5.6-6
标准号	GB 50325—2010	GB/T 18883—2002
标准名称	《民用建筑工程室内污染控制规范》	《室内空气质量标准》
发布单位	国家质量监督检验检疫总局、建设部	国家质量监督检验检疫总局、卫生部、国家环境保护总局
适用对象	民用建筑工程	住宅和办公建筑物
法律效力	强制标准	推荐标准

标准号	GB 50325—2010	GB/T 18883—2002
标准内容	对建筑材料和装修材料的选择、勘查、设计、施工、验收等的工作任务及工程检测提出了具体的技术要求	对涉及人体健康的物理、化学、生物和放射性参数共19项指标制定了标准值和配套检测方法
侧重点	工程验收、明确开发方、装饰装修方的责任	从保护人体健康的要求出发，将影响健康的物理参数和主要污染物全部纳入检测范围
检测项目	甲醛、氨、氡、苯、TVOC	物理参数4个，化学参数13个，生物参数1个，放射性参数1个
抽检数量	不少于5%，不少于3间	无规定
检测点的设置	房间小于50m² 设1个，50~100m² 设2个，大于100m² 设3~5个点	房间小于50m² 设1~3个，50~100m² 设3~5个，100m² 以上至少设5个点
采样时间	工程完工至少7天后，工程交付使用前。有中央空调房间在空调正常运转条件下进行。采用自然通风的民用建筑工程甲醛、苯、氨、TVOC应在对外门窗关闭1h后进行。氡的检测应在关闭24h后进行	采样前关闭12h。采样时关闭门窗，至少采样45min
包含内容	装修后加工状态，不含家具和家居	达到入住条件或入住后检测，含家具和家居
合格判定	5项全部合格	测试结果以平均值表示。全部测试结果合格为合格

因此，对于室内空气质量评价标准，应该选择《室内空气质量标准》GB/T 18883，这是目前的一个共识。新版《绿色建筑评价标准》GB 50378—2014 将室内空气质量评价标准值从 GB 50325 转成 GB/T 18883，也证明了这一点。

另外，如第5.6-1节介绍，即使室内空气质量标准的指标再多也无法实现对健康的全部保护，因此环境感受（异味和不舒适）也应该成为一个衡量参数，需要在实际使用中彻底解决或改善，提高使用者满意度。

要点2：室内禁烟。

室内禁烟是对不吸烟者健康的最好保护。吸烟既对吸烟者本身健康不利也会对周围的人带来污染影响，如果要在室内消除吸烟污染则需要非常高的设备投入。室内禁烟是最好的一种解决方案。目前，北京也已实施这个政策，希望越来越多的中国城市实行这个政策。

2. 建筑性能

要点3：窗户开启面积，为保证自然通风质量，要保证一定的开窗面积。

窗户的位置、开启面积（与地板面积的比值）与自然通风效果密切相关，可参见第5.4.2节内容。

要点4：建筑气密性，建筑气密性对建筑节能很重要，对减少室外污染渗透也有意义。

室外空气中会有一段时间存在污染，温度过低或湿度不合适。建筑气密性可以减少此时不利的自然通风量。减少外界不利的空气对室内环境的影响。

要点5：建筑入口措施，对建筑入口考虑设计措施，防止污染从入口进入室内。

在建筑入口，人员进入可能在脚底、衣服或其他方式携带污染物进入，因此应布置脚垫、过渡区等处理措施。另外要考虑建筑入口的位置和气流，避免处于不利情况，导致室外不良的空气进入。

要点 6：室内燃烧最小化，室内燃烧会产生污染物质，应尽量减少使用室内燃烧设备。

无论是做饭、采暖使用的燃烧都会产生空气污染物，要合理设置排风，及时将污染排到室外。设置在车库、设备间中的汽车和燃烧式生活热水、采暖锅炉器会产生一定量的 CO，应设置报警器，防止产生中毒。蚊香、燃香等在燃烧过程中会产生 SVOC 等污染物，需要在保持室内通风的情况下使用，不得在室内聚积。

要点 7：控制建筑内水渗透，建筑围护结构应具有防水功能，防止水分从地面、屋顶或墙壁渗入。

如果水能够从建筑围护结构中渗入，则围护结构墙体、地面、屋顶中会可能产生结露，并发生霉变，霉变后细菌会逐步进入空气中产生污染。因此，建筑围护结构必须具有足够的防蒸汽渗透能力。相关内容可参见第 5.4.4 节。

要点 8：减少细菌和霉菌产生，建筑围护结构设计不良可能会产生细菌和霉菌孳生问题。

细菌的产生除要点 7 与建筑渗水有关外，还与所选用的建筑材料有关。增加通风和使用抗菌材料可以减少细菌和霉菌孳生问题。建筑围护结构需要进行审查，对可能产生表面低温（冷桥）和室内空气潮湿区（如厨房、卫生间等）要特别注意。

3. 建材选择

要点 9：低释放材料，建材和家具需要尽量多地使用低污染材料，以减少室内污染释放总量，降低室内空气污染浓度。

建材、家具等产品标准中，主要以污染物含量测试为主，仅有少量材料用释放量作为备选测试方案。而污染物实际含量并不能反映实际情况下该建材有害物质的释放特性，也无法评估其在使用阶段对于室内空气污染的影响。导致即使使用达标建材产品也会在实际装修后超标的结果。相比之下，国际标准都是以污染释放量测试为标准测试方式，见表 5.6-7。

各国材料污染物测试标准比较　　　　　　　　　　　　　　表 5.6-7

国家	名称	测试方法	测试对象	被测有害物
中国	GB 18580	密度板等：含量测试 胶合板等：干燥器法 饰面人造板：测试舱法、干燥器法	人造板及其制品	甲醛
	GB 18581	含量测试	溶剂型木器漆	TVOC、甲醛、TDI、HDI、卤代烃
	GB 18582	含量测试	内墙涂料	TVOC、甲醛
	GB 18583	含量测试	胶粘剂	TVOC、甲醛、TDI、卤代烃
	GB 18584	干燥器法	家具	甲醛

国家	名称	测试方法	测试对象	被测有害物
德国	AgBB	测试舱法	与室内空气质量有关的产品	TVOC、SVOC、致癌化合物的总浓度、气味
	蓝天使	测试舱法	板材、家具、清漆、涂料、胶粘剂	TVOC、SVOC、致癌化合物
芬兰	建材散发分级（M1）	测试舱法	地板材、地毯、涂料、胶粘剂、设备	TVOC、甲醛、氨气、致癌物、气味
丹麦	室内气候标识	测试舱法	地板材、地毯、家具、涂料	TVOC、甲醛、气味
美国	CRI Green Label Plus	测试舱法	地毯、地毯胶粘剂、地毯衬垫	TVOC、甲醛
	BIFMA	测试舱法	家具	TVOC、甲醛

TVOC：总挥发有机 TDI：甲苯二异氰酸酯；HDI：异氰酸酯；SVOC：半挥发有机物

要点10：材料基础安全性，材料中含有的对身体十分有害的环境激素如重金属、多氯联苯（二噁英）的含量必须严格限制，这些成分会严重影响身体健康。

第4.4节已经介绍了环境激素的危害。对于要求比较高的材料，需要材料供应商提供检测报告或材料声明，确定材料不含以上有害成分。

要点11：尽量减少含有害物质的材料，氟、阻燃剂、增塑剂、异氰酸基聚氨酯、脲醛树脂对空气质量都有不良的影响，应减少其使用量。

TVOC、SVOC甚至POPs都会产生室内空气污染问题，而这个过程都是以原料添加为起点的。因此，最好的解决措施就是使用含有害物质少的材料。

要点12：增大认证材料使用比例，对室内空气质量起保障作用。

第三方认证，如Greenguard、CARB及表4.6-1各国绿色建材体系材料测试方法。其可以保证材料的有害物质成分和低释放性。LEED等绿建体系对认证材料比例有明确的数值要求。

要点13：使用表面抗菌材料，对可能孳生细菌的表面，如厨房、卫生间使用抗菌材料，可减少细菌孳生风险。

目前，冰箱、饮水机和许多卫生洁具已经使用表面抗菌材料。厨房的砧板是经常接触生鲜食材的地方，因此其抗菌性要求更重要。此外还有抹布、墩布等材料都需要使用有抗菌性能的材料制造，防止细菌二次污染到其他表面和空气中。

4. 系统措施

要点14：增大通风，比标准规定的最小通风量大30%以上，可以使空气质量更佳。

建筑内通风作用有三种：第一种是对建筑物本身进行冷却排出建筑内的蓄热；第二种是对人体进行冷却以达到舒适效果；第三种是保证室内空气质量。保证室内空气质量的通风量一般按人数确定，或者按通风换气次数确定。对住宅而言换气次数大概为 $0.5\sim1.0h^{-1}$。通风换气方式有四类：一是自然进风，自然排风；二是自然进风，机械排风；

三是机械进风，自然排风；四是机械进风，机械排风。第 5.4.2 节的内容中已对此进行了介绍。最优先使用的应该是第一类自然通风，机械通风只是在自然通风失效或者产生的热量损失太大的基础上才使用。

建筑内保证室内空气质量的通风方式有两种：一是厨房、卫生间、设备间的局部排风；二是住宅其他房间和商业空间（如办公室）的平衡式通风。前者在短期内使用，无须考虑补风和送排风平衡问题。后者是连续使用，需要考虑送风与排风相等以达到整体平衡。

按《民用建筑供暖通风与空气调节设计规范》GB 50736—2012，新风量标准如下：

设计最小新风量应符合下列规定（第 3.0.6 条）：

1）公共建筑主要房间每人所需最小新风量应符合表 5.6-8 的规定。

公共建筑主要房间每人所需最小新风量　　　　　　　　　　表 5.6-8

建筑房间类型	新风量 m³/(h·人)
办公室	30
客房	30
大堂、四季厅	10

2）设置新风系统的居住建筑和医院建筑，所需最小新风量宜按换气次数法确定。居住建筑换气次数宜符合表 5.6-9 的规定，医院建筑换气次数宜符合表 5.6-10 的规定。

居住建筑最小换气次数　　　　　　　　　　表 5.6-9

人均居住面积（F_p）	每小时换气次数（h^{-1}）
$F_p \leq 10m^2$	0.70
$10 < F_p \leq 20m^2$	0.60
$20 < F_p \leq 50m^2$	0.50
$F_p > 50m^2$	0.45

医院建筑最小换气次数　　　　　　　　　　表 5.6-10

房间功能	每小时换气次数（h^{-1}）
门诊室	2
急救室	2
配药室	5
放射室	2
病房	2

3）高密度人群建筑每人所需最小新风量应按人员密度确定，应符合表 5.6-11 的规定。

高密人群建筑每人最小新风量［m³/(h·人)］　　　　　　表 5.6-11

建筑类型	人员密度 P_r（人/m²）		
	$P_r \leq 0.4$	$0.4 < P_r \leq 1.0$	$P_r > 1.0$
影剧院、音乐厅、大会厅、多功能厅、会议室	14	12	11
商场、超市	19	16	15
博物馆、展览馆	19	16	15

建筑类型	人员密度 P_r（人/m²）		
	$P_r \leqslant 0.4$	$0.4 < P_r \leqslant 1.0$	$P_r > 1.0$
公共交通等候厅	19	16	15
歌厅	23	20	19
酒吧、咖啡厅、宴会厅、餐厅	30	25	23
游艺厅、保龄球馆	30	25	23
体育馆	19	16	15
健身房	40	38	37
教室	28	24	22
图书馆	20	17	16
幼儿园	30	25	23

要点 15：通风换气效率，提高通风系统的通风和换气效率可以减少通风量，以达到更好的室内空气质量效果。

在空调房间内合理地布置送风口和回风口，使得经过净化和热湿处理的空气，由送风口送入室内后，在扩散与混合的过程中，均匀地消除室内污染物，从而使房间内形成比较均匀而稳定的温度、湿度、气流速度和洁净度，以满足人体舒适的要求。

但实际上，污染物浓度在空间分布是不均匀的，因此上述理论结果与实际情况有一定的差异性，这种差异性使用两个参数来衡量：一个叫通风效率，也就是通风向室外的排风浓度与室内平均浓度的比值；二是换气效率，指通风空气在室内停留的实际时间和理论的最短时间之比（最短时间是换气次数的倒数）。实际通风换气系统好坏与通风效率和换气效率直接有关。

图 5.6-4 给出了上送上回、理论完全混合和下送上回三种不同方式的室内污染浓度分布情况图。可以看出，下送上回的室内平均浓度要低于前两种情况。表示其通风换气效率要更高。这种送排风方式越来越多在恒温恒湿系统和高空气质量要求环境中使用。

要点 16：湿度控制，湿度对环境的影响分成两方面。一是湿度对人的舒适感觉有影响；二是对细菌、螨虫的孳生速度有很大影响，应采取适当措施进行湿度控制。

湿度的危害见第 2.4.1 节和第 2.5.3 节的内容。应注意，对于不同的气候特征，如南方区域的湿冷一般采取空间辐射加热的处理方式，而不是低温除湿。有些墙壁结露也不一定需要使用除湿方式来处理。

要点 17：异味对应措施，合理确定送排风位置及送排风量，控制污染气味的流向，防止异味向其他空间扩散。

异味的最佳处理方式是消除污染源，比如下水道最好使用含水封的地漏防止气味上返到室内。厨房、卫生间、设备间等要想防止异味外溢，最好的办法产生局部负压排风，别的区域的空气渗透到负压区，这样的话异味分子只能沿气流方向运动，不会逆流扩散。

要点 18：室外空气处理措施，根据室外空气所含污染物质确定在进入室内之前做哪些空气处理。

环境大气质量随季节气候、室外工业或交通条件而变化，当其指标不能满足室内健康环境要求时，需要根据大气污染的成分进行相应的空气处理。

要点 19：使用置换通风，由于置换通风的通风和换气效率很高，因此在许可的情况下，优先选择置换通风系统。

置换通风是一种通风和换气效率都很高的通风形式，室内高空气质量环境的推荐通风方式。其通风效果可参见图 5.6-4。

要点 20：空气过滤。

空气过滤是空气中颗粒物、生物污染物的处理措施。在通风换气量有限值的情况下，可增加室内空气的过滤、净化和杀菌等措施。一般情况下，对颗粒物的处理方式叫过滤，而对化学分子污染物的处理方式叫净化，而对细菌的处理方式叫杀菌。

颗粒物是指悬浮在空气中微小的固体颗粒与液滴混合物。颗粒大于 $10\mu m$ 的能够在空气中快速沉降，而肉眼可见范围是 $50\mu m$。颗粒物的毒性与其物理化学性质密切相关。颗粒直径越小，其比表面积越大，吸附的化学组分越多，而且进入人体呼吸系统部位就越深，健康危害越大。颗粒物化学组分在机体内能够产生活性氧 ROS，通过诱导与催化多种化学反应，破坏细胞膜与细胞质中的脂类与蛋白质及细胞核中的遗传物质 DNA，从而造成细胞损伤或变异，导致衰老、疾病、癌症与死亡。空气中颗粒物去除技术主要有机械过滤、吸附、静电除尘、负离子和等离子体法及静电驻极过滤等。

空气微生物，如细菌、病毒、真菌、花粉、藻类等，都是重要的空气污染源。其主要来源于土壤、灰尘、动物、植物及人类本身。空气中的花粉、孢子和某些细菌、真菌，来源于植物；动物带菌和排菌比人类更加严重，污染极易造成许多严重传染病，许多会通过呼吸传染给人类；人类是许多场合特别是公共场所空气微生物的重要来源。人体排放微生物数量很大。

人活动时，每分钟向空气中排放数千至数万微生物；人静止时，每分钟可向空气排500～1500 个微生物；每毫升唾液中含有 10 亿个微生物。细菌直径 $0.5\sim1\mu m$，在室内潮湿 90% 以上湿度时，最容易繁殖细菌；真菌直径 $3\sim100\mu m$，在温度 $20\sim35℃$，湿度 75% 以上时会生长繁殖，成熟后释放孢子，还会散发出特殊的臭气；尘螨是一种病原生物，是最强烈的过敏源之一，直径在 $100\sim300\mu m$，能在 $20\sim30℃$ 环境生存；病毒比细菌小得多，气温高、湿度大是病毒孳生的有利条件。室内有宠物时，变态反应原的浓度是没有宠物时的 3～10 倍，而普通人群中大概有 15% 的人对猫狗变态反应原有过敏反应，导致哮喘、过敏性鼻炎等症状。花粉直径在 $30\sim50\mu m$ 左右，它们在空气中飘散时，极易被人吸进呼吸道内。有花粉过敏史的人吸入这些花粉后，会产生过敏反应，这就是花粉过敏症。空气中存在的微生物，大多数是附着在可供给其所需养分、水分的颗粒上，大部分微生物主要附着在 $12\sim15\mu m$ 的颗粒上。空气含尘浓度低，其含菌浓度必然低。

机械过滤一般主要通过以下三种方式捕获微粒：直接拦截、惯性碰撞、布朗扩散机理，其对细小颗粒物收集效果好但风阻大。为了获得高的净化效率，滤芯需要致密并定期更换。吸附是利用材料的大表面积及多孔结构捕获颗粒污染物，但很容易堵塞，因此吸附主要用于气体污染物去除。静电除尘是利用高压静电场使气体电离从而使尘粒带电吸附到电极上的收尘方法，其风阻虽小但对较大颗粒和纤维捕集效果差，会引起放电且清洗麻烦、费时，易产生臭氧，形成二次污染。负离子和等离子体法去除室内颗粒污染物的工作原理类似，都是通过使空气中的颗粒物带电，聚结形成较大颗粒而沉降，但颗粒物实际上并未移除，只是附着于附近的表面上，易导致再次扬尘。

有关空气过滤器的等级标准和测试方法有很多。而标准测试条件与实际使用条件也有很大的差距，因此应该是先选择合适等级标准的过滤材料，经过实际使用效果测试后，再确定最后使用的过滤材料等级和类型。

一般空气过滤器分类 表 5.6-12

中国标准等级	欧洲标准等级	额定风量下的计数效率 $\eta(\%)$
粗效过滤器	G1/G/G3	$80 > \eta \geqslant 20\%$（粒径 $\geqslant 5\mu m$）
中效过滤器	G4/F5	$70 > \eta \geqslant 20\%$（粒径 $\geqslant 1\mu m$）
高中效过滤器	F6/F7/F8/F9	$99 > \eta \geqslant 70\%$（粒径 $\geqslant 1\mu m$）
亚高效过滤器	H10/H11	$99.9 > \eta \geqslant 95\%$（粒径 $\geqslant 0.5\mu m$）

选择过滤网时，要考虑维护方式，吊顶送风过滤网由于维护不方便，其检查更换周期最少应为半年到一年，因此不建议在机器内效率高、寿命短的过滤网。如需配置建议使用带监控过滤网阻力系统，当阻力过高需要过滤网时发出报警信号，通知维护者及时维护或更换。

选择过滤网等级时，应根据室内洁净度（颗粒物浓度）要求、更换周期和更换成本三个方面综合考虑。在实际选择空气过滤器时，应从实际使用效果、使用寿命、价格成本综合考虑选择。在实际使用条件下，高中效过滤器是一个综合效果最好的选择。

过滤网的寿命取决于空气中颗粒物浓度以及通过的总空气量。不同室内外环境差距很大，因此寿命很分散。一般，可用参考时间和阻力增加来做为更换滤网的参考条件。为了提高使用的经济性，一般在一次性寿命的中高效过滤网前，选用可重复使用多次的粗效过滤网。这样，大颗粒被粗效滤网去除，减少了后级滤网的负荷，提高了其使用寿命，降低整体使用成本。

过滤网使用等级 表 5.6-13

使用场所	末级过滤等级	要求	说明
机场航站楼	F7		满足客户要求
学校、幼儿园	F7	防火	安全性
诊所与病房	F7～F8		防止交叉感染
博物馆、图书馆	F7		保护珍品
音像工作室	F7		保护光学设备和制品
喷漆车间	F7	不掉毛	保证产品外观
中控室	G3～G4		去除大颗粒灰尘
食品车间	F7	抗菌	生产环境卫生要求
高级轿车空调	F7		防尘，防花粉
高档家用吸尘器	F7，HEPA	结实、防水	防止排风二次污染
空气净化器	F7～F9，HEPA	美观、便宜	包装易于销售

由于灰尘会被滤网截住，灰尘中的细菌会从中汲取养分进行繁殖。因此滤网本身必须是抗菌性的。还要及时更换，防止从过滤细菌变成扩散细菌。

要点 21：空气净化。

吸附是利用多孔性固体吸附剂处理气体混合物，使其中所含的一种或数种组分吸附于固体表面上，从而达到分离的目的。物理吸附因分子间的范德华力引起，其特征是：

（1）吸附质与吸附剂间不发生化学反应；

（2）对吸附的气体没有选择性，可吸附所有可能吸附的气体；

（3）吸附过程极快，参与吸附的各相间常常瞬间达到平衡；

（4）吸附过程为低放热过程，放热量与相应气体的液化热相近，可看成气体组分在固体表面的凝聚；

（5）吸附剂与吸附质间的吸附力不强，当气体中吸附质分压降低或温度升高时，被吸附气体很容易从固体表面逸出，而不改变气体的原来性质。

用活性炭吸附沸点高于 0℃的有机物，如大部分醛类、酮类、醇类、醚类、脂类、有机酸类、烷基苯和卤代烃，随着有机物分子尺寸和质量的增加，活性炭吸附能力增强。

活性炭是最普通的吸附剂，活性炭对气体的吸附能力可用"亲和系数"和"平衡吸附容量"来表述，活性炭对常用气体的亲和系数为：苯 1.0；甲苯 1.25；二甲醛 1.43；甲醛 0.52；氨 0.28。从系数中可以看出，对甲醛和氨的吸附作用较小。活性炭吸附只是物理吸附，只有极其微小的吸附力；而且，温度变化时，被吸附的气体可能会从活性炭中跑出来，造成二次污染。

化学吸附因吸附剂与吸附质之间的化学键力而引起，吸附需要一定的活化能。化学吸附的吸附力比物理吸附强，主要特征是：

（1）吸附有很强的选择性；

（2）吸附速度较慢，达到平衡需很长时间；

（3）升高温度可提高吸附速度。对于沸点低于 0℃的甲醛，吸附到活性炭上容易逃逸，这时需要用硫化钠浸渍的活性炭去除甲醛，这属于化学吸附。同一污染物可能在较低温度下发生物理吸附，而在较高温度下发生化学吸附，先物理吸附后化学吸附。

表 5.6-14 为常用的物理吸附剂，表 5.6-15 为需要使用化学过滤器的场所。

常用物理吸附剂　　　　　　　　　　　　　　　　　　　　　　表 5.6-14

吸附剂	作用污染物
活性炭	苯、甲苯、二甲苯、乙醚、丙酮、恶臭物质、硫化氢、二氧化硫、氮氧化合物等
浸渍活性炭	烯烃、胺、硫醇、二氧化硫、硫化氢、氨气、汞、甲醛等

使用化学吸附过滤器的场所　　　　　　　　　　　　　　　　表 5.6-15

场所	主要污染物	特殊要求	备注
机场航站楼	燃烧尾气、汽油、异味	普通	
博物馆、图书馆	TVOC、NO_X、SO_2	普通	
家庭净化	体臭、吸烟	成本低廉	

场所	主要污染物	特殊要求	备注
高档场所	异味、当地特定污染物	寿命长、价格合理、维护方便	室内环境达标要求
化工厂、垃圾场相邻建筑	异味	普通	
防毒面具	各种有毒污染物	光谱吸附能力	

吸附剂通常可以吸附 10%～40% 重量的污染物。对物理吸附滤网，可采用蒸汽加热法进行再生，而化学吸附网则是一次性使用不能再生使用。一般情况下，净化网使用寿命为 6～12 个月。化学吸附是利用吸附剂表面与吸附分子之间的化学键力所造成，具有低浓度下吸附容量大，吸附稳定不易脱附，可以对室内空气中不同特性的有害物质选择吸附净化的特点，通过表面处理（浸渍等）可以把物理吸附变成化学吸附，增加活性炭的吸附能力并使其具有新的吸附能力。

要点 22：虫害预防。

对可能出现的白蚁等虫害问题需要确定环保处理措施，传统的杀白蚁药剂如七氯、氯丹和灭蚁灵都是 POPs 产品，对环境健康有很大的危害。

要点 23：空气质量监测，与室内人员活动有关的二氧化碳、温度和湿度，以及来自室外的 PM2.5 进行监测，并及时采取控制措施。

5. 施工管理

要点 24：建筑施工管理，杜绝使用高污染材料，施工过程中要保护风管道和空调系统避免污染进入。要进行施工环保监理，进行验收检查。

建筑和室内装饰使用的材料对室内空气质量有很大的影响，在前面的内容中已将做了介绍。但是，再好的设计方案也需要建筑施工管理来实施，因此需要对实际进场材料进行严格审查，杜绝不合格产品入场。在施工过程中，应树立环保意识，如出现影响今后室内空气质量的问题及时处理好。隐蔽工程封闭前要通过环保标准审查，避免有潜在污染源存在。

通风换气系统和采暖空调系统通常在室内装修前进行，因此如果不进行有效保护，室内装修时的灰尘和污染物质就会进入管道和设备内部，产生污染。这种污染是无法完全清理干净的。而今后使用这些系统时，污染也会随着使用而释放出来，产生二次污染。

要点 25：入住前吹扫，足够风量的吹扫和排污处理，将存留在建筑和材料家具内的污染物清除。

按 LEED 绿色建筑体系要求，在装修完成后应进行 15 天，每平方米通风量不低于 4200m³ 的通风，以便将装饰材料和施工工程中的污染成分带走。中国的实践也表明，装修后的高温环境处理也会增加装修材料、家具中的甲醛等污染物的释放量，减少今后对室内空气的不良影响。

要点 26：室内空气检测和治理，入住前应按国家标准对空气质量做标准检测，如测试值超过标准指标需要治理达标后方能入住。

应使用 GB/T 18883 在入住前对室内环境进行标准检测，使用有检测资质的单位进行检测工作以保证数据的可靠性。尽量不要使用 GB 50325，其原理已在要点 1 中进行了说明。

一般所指空气治理是指采用药剂对室内空气污染进行处理，减少污染释放量或增加无动力的污染净化措施污染释放对冲，以此改善室内空气质量。空气治理一般在空气质量检测超标后，根据超标的污染物和超标情况选择不同的产品和工艺进行处理。空气治理是针对污染释放的一种治标方法，这种处理由于不能从根源上清除污染源，因此使用不当会出现其他污染物二次污染或效果反弹的情况。

目前，国内治理市场上主要三种空气净化技术：

（1）纳米光催化技术。它是使用一种非常微小的二氧化钛颗粒，经过光线照射后释放出强氧化电子，对甲醛、氨、苯这些物质的结构产生破坏作用，从而达到净化空气的目的；

（2）活性炭吸附技术。它本身是一种微孔结构，类似黑洞效应，把有害气体分子吸进去，达到治理目的；

（3）分子络合技术。它将有毒气体通入水中，通过甲醛捕捉剂（络合剂），促使分子络合后溶于水。

目前，主要有三个单项功能产品，也有将单项功能组合的复合产品。

（1）遮盖类产品。这类产品喷涂在建材和家具表面，增加污染物释放的阻力，减少释放量，改善室内空气质量水平；

（2）作用类产品。这类产品喷涂或贴附在释放表面，可与释放出的污染物反应，将有害物质转化成无害物质；

（3）光触媒类产品。这类产品受到紫外光或日光的激发产生能量，可分解有害有机物质将其转化为无害物质。

6. 管理制度

要点 27：可清洁环境，消除不能清洁的地方，对每个地方都制定清洁方案。

如果环境内存在不能清洁的角度，这个角度就会成为污染源，从这里的灰尘会集聚，也会孳生和繁殖细菌，导致之后的细菌散发产生不利健康的情况。

要点 28：清洁用品，有效选择清洁用品，防止产生二次污染。

有些清洁用品，如有些抹布、墩布材料会产生霉变，导致二次污染。有些清洁剂有强烈的气味，本身就是有害物质。有些家庭在室内晾干衣服，残余洗涤剂成分和衣服上的微小纤维、颗粒都会释放到室内，产生污染。

要点 29：清洁设备要求，使用设备要求能达到清洁要求，不得产生二次污染。

地板清洁设备如果没有清理干净，就会在打扫的同时，把其他污染物均布在地板表面。使用不干净的抹布擦拭桌子，会将污染成分传到桌子。因此，清洁设备的选择绝对不能掉以轻心。

要点 30：维护和清洁管理制度，系统维护和环境清洁需要有管理制度保证，要求有实际工作记录。

通风换气设备、采暖设备、空调设备和清洁设备都需要建立定期检查、维护和清洁对策和管理制度，要实施有效的管理，这样的话才能达到实际效果。没有良好的管理，再好的设备和系统可能也不会发挥最佳功能。

5.6.4 中国室内空气质量展望

目前，中国城市中室内空气质量方面测试表明：70％装修家庭的空气污染（甲醛、TVOC）超过国家标准（GB/T 18883），60％以上新汽车内部空气污染也超标。中国人热衷于装修，结果装修越多，产生的污染越大，波及的时间越长。中国城市的住宅室内空气污染呈现以下特点：

（1）装修用料多、污染情况严重，装修材料和家具中所包含的污染释放总量很大，特别是木制板材，其内部胶粘剂中所含的能挥发甲醛和其他污染物质更多，因而在完工后释放总量很大，导致室内空气污染浓度很高。

（2）室内空气超标会持续多年，甲醛等污染物从材料内部释放到外部是一个缓慢的过程，会持续多年。而且散发速度与空气温度和湿度条件有关，不是很稳定。

（3）装修材料、家具都有环保合格证，但室内空气测试结果却是超标。有各式各样的材料标准，消费者无法理解其技术含义。

（4）用户只知道甲醛、PM2.5污染，测试和处理措施基本上是针对甲醛的，忽略其他污染物的影响。不了解欧美最新科研成果。

（5）重外观感觉和视觉效果，希望使用简单的方法能解决问题，不希望花更多的成本和精力在控制室内空气质量方面。

从实际检测的结果看，表5.6-16～表5.6-18从数据上证实了污染超标情况、污染持续时间和环境温度对室内污染浓度的影响情况。表中，浓度单位为 mg/m^3。

北京市四个城区室内空气污染检测结果　　　　　表5.6-16

检查组别	甲醛	苯	甲苯	二甲苯	TVOC
高度装修	0.06	0.12	0.35	0.13	1.79
中度装修	0.05	0.08	0.20	0.07	1.14
低度装修	0.05	0.04	0.05	0.03	0.64
国标浓度	0.10	0.11	0.20	0.20	0.60

装修污染维持的时间（天津）　　　　　表5.6-17

检测组别	甲醛	苯	甲苯	TVOC
装修2年内	0.143	0.082	0.130	0.876
装修2年以上	0.138	0.026	0.043	0.524
国标浓度	0.10	0.11	0.20	0.60

环境的温度也影响甲醛的挥发量（深圳）　　　　　表5.6-18

测试时期（装修起）	0～3个月	3～6个月	1年
低温阶段	0.17	0.32	0.10
高温阶段	0.75	0.53	0.42
国标浓度	0.10		

而相比发达国家，在 2000 年前也出现比较严重的室内甲醛污染问题，而在 2010 年后则很少再有甲醛污染问题。目前，其防止污染的重点开始进入对健康危害更隐秘的 POPs 与环境激素方面。反观中国有完整的室内空气环保标准，室内空气质量标准指标也基本与国际先进水平接轨，但是实际结果却是非常不理想。本节试图对这个问题进行一些浅层的分析以为今后的实践找到正确道路。

1）室内空气质量多头管理

在中国，室内空气质量标准有多个部门发布和管理，国家质量技术质量监督部门管检测机构、卫生部管健康空气标准制定、环保部门管环境大气空气标准、建设部门管建筑和装修质量，工信部和相关材料部门管材料和家具标准。其标准管理体系繁杂重复交织很难为了解和掌握。

而室内空间又分为公共空间（医院、商场、宾馆饭店等）和民用空间。前者由卫生监督部门进行监督和管理，对不符合空气质量和卫生条件的单位有勒令整改甚至停止营业的管理权。民用空间如住宅和办公室则是没有权威部门管理的区域。住宅和办公室室内空气污染严重危害之所以长期存在，与没有明确的法律保护体系有直接关系。虽然颁布有室内空气质量标准，可标准只是推荐性的，只有买方和卖方在合同中规定了才有效。而污染显然不是由一个责任方造成的，因此很难在法律上追究责任方的责任。合同发生争议后，工商部门和法院等执法者缺乏行业知识，往往双方各打五十大板，根本无法保护消费者权益。所以，住宅和办公室室内空气质量只能由用户自己设计和管理，如果室内人员由于空气污染患上疾病，只能是自认倒霉。

2）标准体系不连贯监管控制不连续

从 2003 年开始，中国室内环保标准体系已经 10 年，从无到有已初步建立有法律依据的保护消费者权益的执行体系，积累了很多经验，对提高人民群众的健康环保意识和室内空气质量水平起到了积极作用。但是也应该注意到，按照国标《室内空气质量标准》检验，装修后室内空气质量达标率还没有根本性提高，而《民用建筑工程室内污染控制规范》测试条件过于宽松。这说明实际管理体系的效力存在问题需要改进和完善。

标准体系的最大的问题是建筑材料中有害成分的限制规定。体系试图由建设部门实施《民用建筑工程室内环境污染控制规范》来通过对建材中有害物质含量的限制来确保竣工后典型污染物符合的规定，但是没有材料预评估环节，对颗粒物和化学污染也没有在建筑设计规范、暖通空调系统设计有对应的控制措施，因此在实际的实施中行不通。

3）建材和污染释放之间无法建立联系

中国始终没有建立污染释放指标以基础的材料标准。因此，在设计中无法确定材料的使用限制，在实际使用中无法确定污染的真正根源。而在国外，污染释放量是建筑和装饰材料的主要性能指标，其对比见表 5.6-7 和表 4.6-1。以表 5.6-8 中日本材料体系为例，日本建材的污染释放量分为四级，最差的第一级不能用于室内。对应中国只分为两级，室外级（E_2）和室内级（E_1），而日本室内材料又分为三级，这三级污染释放量最大相差 24 倍，最低的两级在建筑中使用时有承载率（使用量）的限制要求，而最高级材料则没有使用限制，由于承载率较高，住宅内的家具必须使用最高级材料才能满足要求。

　　中国室内空气质量处于艰难的时刻，一方面是外部环境大气质量水平低；一方面是标准体系混乱，不能整体解决问题。因此，要达到较高水平的室内空气质量水平，就需要在项目实际工作中增加一个技术环节，聘请专业技术人员做各项技术评估和具体材料选择工作，还要对现场做足够的工程监理和验收服务工作，甚至需要建立维护管理制度。以下是根据欧美日经验对中国室内空气质量问题提出的解决方案建议：

　　（1）明确室内空气质量的意义，是指标满足标准要求还是使用新风量和净化器对应，是采用全方位健康性措施还是只对入住前进行空气质量检测。其定位不同，意味着所采取的方案有很大差异。以人为本的方案其中心点是建筑空间使用者的健康，因此应该从这个角度出发，确定设计要求和实际使用效果，对影响健康的不良因素要进行处理，消除影响。

　　（2）要确定整体解决方案，把建筑使用特点与污染物来源、释放特点和计划采取的通风换气和净化设备系统相结合起来。要从减少污染对人体进入的三个入口：呼吸、皮肤和口腔的作用作为控制重点，以对污染源的处理措施优于通风和净化处理措施。

　　有些含污染物的产品，如家具、衣服、床上用品、文具贴近人呼吸器官或皮肤，其释放的污染会对人体产生危害，此时即使室内空气质量再好也无法消除这种危害。因此，对这类室内污染物的对应措施就是避免和限制使用。对甲醛、TVOC等装修过程产生的污染物，其安全措施就是采用《室内空气质量标准》规定的方法进行评测判定，使用便携仪器测试数据只能作为参考，不能作为评判依据。也不应该在设计中把通风换气作为保证建筑环境达标的依赖性条件，虽然通风换气可以在实际过程中降低这些污染物的浓度。

　　对应人生命、生活和工作过程中产生的污染物，需要有连续运行的设备和系统作对应处理，以保持室内空气质量。此类产品和工作包括：排风机、机械通风系统、清洁用具和设备、杀菌防传染处理等。

　　对应由室外污染进入室内导致的污染，如PM2.5、异味等，由于其在窗户缝隙和门缝隙等处都有渗透，甚至在冬季供暖期间由于热压原因渗透量更大，这种情况下，使用全空间处理会增大能源消耗、增大滤网消耗。此时，可以使用净化器做局部净化处理，把净化器出口对着人员活动区，使该区域的空气质量优于质量标准，对人体起到保护作用。此时最好配套使用PM2.5检测仪，以合理判断实施措施的有效性。

　　（3）室内污染的主要控制点是材料，最主要的措施是低污染释放材料标准，对高污染材料一定要限制其使用承载率。各国都有低释放材料标准，大部分采用第三方检测数据作为设计者和消费者选择的依据。为防止SVOC、POPs等潜在污染物质，应多使用无有害物质含量的天然材料，尽量少使用不能明确成分的材料。

　　对于装修过程也严格控制，避免在这个过程中产生不能消除的污染源头（如对风道系统的污染等）。

　　（4）通风换气措施主要是为了满足室内人员对空气质量（新鲜度）的要求，空气污染中的甲醛、TVOC及环境激素成分，以选择低污染释放材料方式作为主要控制手段，而不是以释放到空间后的通风排放和净化处理为主要手段。因为有可能污染源靠近呼吸器官和皮肤，即使净化器效率再高也减少不了污染暴露量。对于室内甲醛、TVOC浓度评估采用国家标准检测法进行，如通风较差的情况下可以满足指标，则可以保证正常使用。而对通风换气和 PM2.5 净化的效果可使用便携仪器连续监测，如果数据变化不利于健康应及时调高通风和净化设备性能。

（5）重视对通风和净化设备系统及清洁产品的维护管理工作，制定计划定期检查、更换滤网等易耗品，保证设备和系统使用效率，避免产生二次污染。

（6）以上内容比较专业繁杂，建议使用第三方技术服务来实现，以保证最终结果，避免不利情况发生。

（7）重视通风、净化系统及维护保洁管理，预留维护维修空间和定期检查、及时更换滤网等易耗品。对房间内使用的清洁用品和清洁剂要进行审查，避免使用中发生二次污染。对家具、家居部品、衣服、家纺乃至文具在采购中都要加强环保意识，合理选择，避免购买释放空气污染物的产品。

扩展阅读：装修后多久能入住？

辛苦的装修工程结束之后，迎来的便是乔迁新居这件大喜事，但是新房装修好后多久可以入住呢？装修中的室内污染可能会给入住者带来很严重的健康问题。小到过敏刺激大到中毒致癌，这可不能大意，所以新房入住这些地方必须要留心。

（1）新房入住时间由污染物程度决定：新房装修后要空置多久可以入住，其实主要是由装修后室内的污染物程度而定。新房装修后如果空气检测达标，就可以立刻入住，相反，如果半年甚至是一年多都不达标，也是不能入住的。按普通方式装修无法控制室内空气污染情况，而如果按健康方式装修管理，则按照国外的经验，在强制通风 14 天后就可以入住。

（2）新房入住之有毒气体的危害：如果没有选择低释放性建材和家具，则主要释放污染物甲醛、TVOC 和氡会有超标的风险，这些污染物对人体有急性和慢性危害。因此入住前应该请专业人士对室内污染情况进行检测和专业评价。

（3）采取措施改善室内空气质量：准备能去除甲醛和 PM2.5 的空气净化器，尽量保持室内外有足够的通风换气。

（4）密切注意入住者健康状况：新房装修入住半年内，要密切注意入住者和房间内其他生物的健康情况，如果出现不良情形，请立即请专业的人员检查室内空气状况。

对于办公室环境，由于是密集性环境除了做空气质量检测外，最好同时做健康、舒适、便利和节能评估，为环境的维护保养建立管理制度，提升员工精神情绪，能以饱满的状态达到最高的工作效率。

（http://www.vccoo.com/v/e11dbd）

5.7　建筑用水质量

水在生命中所必须的，人的生活离不开干净和清洁的生活用水、舒适的卫生热水，以及健康的饮用水。建筑和水的关系大概可以分为这几个方面：（1）饮用水；（2）生活用水（洗涤、洗浴）；（3）生活热水；（4）卫生（冲厕）和浇灌用水；（5）系统用水，如暖通系统介质等；（6）消防用水。其中，第（4）、（6）项不在本节讨论范围之内。

5.7.1　饮用水

人体细胞的重要成分是水，水占成人体重的 $60\%\sim70\%$，占儿童体重的 80% 以上。在马丁．福克斯博士所写的《健康的水》中这样描述：水是必不可少的营养物。没有食物，人可以存活几周。但是没有水，人几天后就会脱水而死。人体的 2/3 以上是水，但大多数人并不懂得喝水的重要性。水是人体中最多的成分，同时也是消化食物、传送养分至各个组织；排泄人体废物、体液（如血液和淋巴液）循环、润滑关节和各内脏器官（以保持它们湿润，使得物质能够通过细胞和血管）以及调节体温所必须的。水是含有溶解性矿物质的血液系统的一部分，它如同溶解态的钙镁一样，为维持人体组织健康所必须。巴特曼博士在《水是最好的药》一书中这样写道：水是生命之源。人类在火星上寻找生命的痕迹，首先寻找的就是水，有水才有生命。以下是水对人的作用：

（1）人的各种生理活动都需要水，如水可溶解各种营养物质，脂肪和蛋白质等要成为悬浮于水中的胶体状态才能被吸收。水在血管、细胞之间川流不息，把氧气和营养物质运送到组织细胞，再把代谢废物排出体外，总之人的各种代谢和生理活动都离不开水。当水充足时，血液的黏度、关节的软骨组织、血液毛细管、消化系统、ATP（三磷酸腺苷）能量系统和脊柱都正常、有效地工作。但是，当水的消耗受到限制时，身体就会侵害一些部位以保护不同的组织和器官，这样会导致疼痛、组织损伤和各种各样的健康问题。

（2）水在体温调节上有一定的作用。当人呼吸和出汗时都会排出一些水分，比如炎热季节，环境温度往往高于体温，人就靠出汗，使水分蒸发带走一部分热量，来降低体温，使人免于中暑。而在天冷时，由于水贮备热量的潜力很大，人体不致因外界温度低而使体温发生明显的波动。

（3）水还是体内的润滑剂。它能滋润皮肤。皮肤缺水，就会变得干燥失去弹性，显得面容苍老。体内一些关节囊液、浆膜液可使器官之间免于摩擦受损，且能转动灵活。眼泪、唾液也都是相应器官的润滑剂。

（4）水是世界上最廉价最有治疗力量的奇药。矿泉水和电解质水的保健和防病作用是众所周知的。主要是因为水中含有对人体有益的成分。当感冒、发热时，多喝开水能帮助发汗、退热、冲淡血液里细菌所产生的毒素；同时，小便增多，有利于加速毒素的排出。

（5）环境中的湿度是另外一种影响到人体的"水分"，适当的湿度有助于维持生体内的水分和环境中的水分的平衡，让人感受到舒适的同时也有利于皮肤、呼吸道等，有利于健康。

人体每天需水量为 $2700\sim3100$mL，体内会产生代谢出水，食物中也含有水，因此每天的饮水量约为 $1300\sim1700$mL。环境温度高、劳动强度大时需要多喝水，参加运动后要积极、主动地补水。比如，运动前 $15\sim20$min 补充 $400\sim700$mL 水，可以分几次喝；在运动中，每 $15\sim30$min 要补充 $100\sim300$mL 水，最好是含电解质的运动饮料；运动后，也要补水，但不宜集中"暴饮"，要少量多次地补。参加运动，同时也要保持良好的水营养，这样才能有良好的体能和健康。人体缺少水分，轻会造成脱水等症状，重则会导致死亡。但人们常常会忽略及时补水，而只有在感到口干时才认为需要饮用水，这种经常会导致广泛的、慢性的脱水，随之产生许多不利健康的问题。而当身体摄入合适量的水后，一些健康困扰问题会得到解决或减轻，比如气喘、过敏症、高血压、高胆固醇、头痛、偏头痛、背痛、风湿性关节炎、心绞痛和间隔性跛行（比如由于供血不足引起的抽筋）。

地球上的生命从海水中诞生，在淡水中进化，在陆地上成长，不管其形态多么复杂，但水在任何生命体中所起的作用从来就没有改变过。人之所以能在陆地上成长，也是因为身体内有一整套完善的蓄水系统。这个系统在人体内储备了大量的水，约占体重的75％。正因如此，人才能适应暂时的缺水。与此同时，人体内还有一个干旱管理机制，其主要功能是：在人体缺水时，严格分配体内储备的水给各器官，让最重要的器官优先得到足量的水以及水输送的养分。在水的分配中，大脑处于绝对优先的地位。大脑占人体重量的 1/50，却接收了全部血液循环的 18％～20％，水的比例也与之相同。人体的干旱管理机制十分严格，分配水时，身体内的所有器官都会受到监控，严格按照预先确定的比例进行分配，任何器官都不会多占，身体的所有功能都直接受制于得到水量的多少。身体缺水时，干旱管理机制首先要保证重要器官，同时其他器官的水分就会显得不足。这些器官会发出报警信号，表明某个局部缺水，这非常像一辆正在爬坡的汽车，如果冷却系统缺水，散热器就会冒热气。

自来水是家用饮用水的原水，世界各国都有严格的饮用水水质标准，中国目前实行的是《生活饮用水卫生标准》GB 5749—2006，该标准目前含有 106 项，包括 5 部分内容：

（1）微生物指标，对水中含有的各种传染病菌进行限制；

（2）毒理指标，对人体有害的无机和有机物进行限制；

（3）感官状态和一般化学指标，对色度、嗅味、浊度等感官指标，及硬度、耗氧量、常见溶解金属成分、氯化物、硫酸盐、合成洗涤剂等进行限制；

（4）放射性指标，对 α、β 射线强度进行限制；

（5）消毒剂常用指标和要求，对水厂投药浓度、出场浓度和末端浓度进行限制。

其中，前 3 项内容含常规检查和非常规检查。大部分非常规检查项目是环境激素类物质，对人体健康危害很大。水源极易受到有害物质的污染，水厂未必可以去除所有污染物，而且从水厂到用水末端，经过很长的输送管道、容器、二次供水设备，这些部分都有可能产生二次污染。因此，在用水末端对原水进行处理获得可以达到饮用水质标准的水是非常必要的。表 5.7-1 为 WHO（世界卫生组织）的标准常规要求。除了有害物质外，标准也对饮用水中含有的能引起用户不舒适的物质进行了规定。

饮用水质要求 表 5.7-1

项目	可能导致用户不满的值	旧标准	用户不满的原因
物理参数			
色度*	15TCU	15TCU	外观
嗅和味	—	没有不快感觉	应当可能接受

续表

项目	可能导致用户不满的值	旧标准	用户不满的原因
水温	—		应当可以接受
浊度*	5NTU	5NTU	外观：为了最终的消毒效果，平均浊度≤1NTU，单个水样≤5NTU
无机组分			
铝	0.2mg/L	0.2mg/L	沉淀，脱色
氨	1.5mg/L		味和嗅
氯化物*	250mg/L	250mg/L	味道，腐蚀
铜	1mg/L	1.0mg/L	洗衣房和卫生间器具生锈（健康基准临时指标值为 2mg/L）
硬度*	—	500mgCaCO$_3$/L	高硬度：水垢沉淀，形成浮渣
硫化氢	0.05mg/L	不得检出	嗅和味
铁*	0.3mg/L	0.3mg/L	洗衣房和卫生间器具生锈
锰	0.1mg/L	0.1mg/L	洗衣房和卫生间器具生锈（健康基准临时指标值为 0.5mg/L）
溶解氧	—		间接影响
pH*	—	6.5～8.5	低 pH：具腐蚀性 高 pH：味道，滑腻感 用氯进行有效消毒时，最好 pH<8.0
钠	200mg/L	200mg/L	味道
硫酸盐	250mg/L	400mg/L	味道，腐蚀
总溶解固体*	1000mg/L	1000mg/L	味道
锌	3mg/L	5mg/L	外观，味道

* 为一般常用检测项目。TCU 为色度指标，NTU 为浊度指标。

为了在使用末端可以饮用到健康的水，需要使用"水处理"，通过物理的、化学的手段，去除水中一些对生产、生活不需要的物质。主要的水处理方式包括：

（1）过滤。水通过一级或多级的微孔过滤介质，水中比微孔尺寸大的物质都被截留而去除；

（2）臭氧或者紫外线杀菌，一般作为制备饮用水的后级处理；

（3）蒸馏。最可靠的制取纯净水的方式，目前主要用在医用上。饮用水用量少、要求高，如果出现问题对健康的危害大，因此需要认真对待，选择合理的处理措施。很多人认为，只要把水烧开了水质就没有问题，这是一种片面的观点，水烧开只能杀灭水中的细菌，却消除不了水质中的其他有害物质。

1）机械过滤

机械过滤应用最为广泛，也最成熟，主要有以下几种方式：

（1）活性炭过滤：活性炭过滤的工作是通过炭床来完成的。组成炭床的活性炭颗粒有非常多的微孔和巨大的比表面积，具有很强的物理吸附能力。

图 5.7-1 活性炭过滤器

水通过炭床，水中有机污染物被活性炭有效地吸附。此外，活性炭表面非结晶部分上有一些含氧官能团，使通过炭床的水中之有机污染物被活性炭有效地吸附。活性炭过滤器是一种较常用的水处理设备，可以提高出水水质，防止污染，还可以改善口感。

活性炭过滤还可以作为其他高精度过滤方式的前级过滤，特别是防止后级反渗透膜、离子交换树脂被的游离态余氯中毒污染，作为脱盐水处理系统前级处理可有效保证后级设备使用寿命。

影响活性炭过滤器吸附效果和使用寿命的主要因素有：污染物的种类和浓度、水流在过滤材料中的滞留时间、水的温度和压力。

图 5.7-2　反渗透膜过滤器

（2）超滤（UF）：超滤是一种膜分离技术，超滤膜的工作以筛分机理为主，以工作压力和膜的孔径大小来进行水的净化处理。在一定的压力下，小分子溶质和溶剂可以穿过这个具有一定孔径的特制薄膜，而大分子污染物则不能透过，被留在膜的另一侧，从而起到纯化作用。一般来说，超滤膜的孔径在 $1 \sim 20nm$ 之间，操作压力为 $0.1 \sim 0.5MPa$。主要用于截留去除水中的悬浮物、胶体、微粒、细菌和病毒等大分子物质。

（3）RO 反渗透膜过滤：RO 反渗透技术是利用渗透压力差为动力的膜分离过滤技术。RO 反渗透膜孔径小至纳米级，在一定的压力下，水分子可以通过 RO 膜，而源水中的无机盐、重金属离子、有机物、胶体、细菌、病毒等杂质无法通过 RO 膜，从而使可以透过的纯水和无法透过的浓缩水严格区分开来。所有海水淡化的过程，以及太空人废水回收处理均采用此方法，因此 RO 膜又称体外的高科技"人工肾脏"。RO 膜技术源于美国 20 世纪 60 年代宇航科技的研究，后逐渐转化为民用，目前已广泛运用于科研、医药、食品、饮料、海水淡化等领域。RO 膜过滤过后的水称为纯水。

2）臭氧或者紫外线杀菌

（1）O_3（臭氧）：臭氧还原电位高（2.07ev）仅次于氟（2.87ev），是一种强氧化剂，一般将空气中 21% 的 O_2（氧气）通过交变高压电场，改变氧的游离特性，成为 O_3（臭氧），利用其裂变过程中释放能量的特性，直接破坏其核糖核酸（DNA）物质完成，可杀死细胞繁殖体、芽孢、病毒、真菌、破坏肉杆菌素等，达到杀菌消毒的目的。臭氧反应完毕后，还原为氧。但臭氧处理也存在一些不足，如：

A. 臭氧含量不易控制。含量低，短时间内达不到目的；含量高于 $0.1mg/L$ 时对呼吸系统黏膜产生刺激性作用，引起咳嗽、头痛、喉痛直至肺气肿；

B. 瞬间杀菌消毒，但易还原可持续性差；

图 5.7-3　超滤过滤器

C. 虽有强氧化，但不能去除重金属离子。

（2）紫外线：通常紫外线波长 210～328nm；当波长为 240～280nm 时，紫外线杀菌能力最强。一般采用 253.7nm 的波长，通过毁坏核糖核酸 DNA 抑制病菌、病毒生长直至杀死它们。紫外线杀菌效果受水流速、浊度、照射时间的影响。紫外线杀菌的不足之处是不能去除重金属离子及其他污染物。

3）蒸馏

蒸馏是指先加热使水汽化，然后使之凝结液化，在此过程中水中沉淀物、金属离子、细菌、原生动物以及其他一些不能被汽化的污染物被去除掉，水的纯度可达到 99.9%～99.97%，基本不导电。但不足是沸点比水低的挥发性有机物（如苯）不能被去除掉。蒸馏一般不用在民用建筑水处理系统上。

5.7.2 生活用水

1. 生活用水健康

城市供水（自来水）水质应符合下列要求：

（1）水中不得含有致病微生物；

（2）水中所含化学物质和放射性物质不得危害人体健康；

（3）水的感官性状良好。虽然中国有非常完备的《自来水水质标准》，但中国地域辽阔，自来水供水受限于老旧的城市管网系统和传统的水箱供水等基础设施的薄弱的影响，以及水源水质的频繁"偶发事故"，造成目前的用户端的实际水质不尽如人意。

自来水水质的主要问题有：

（1）自来水管道老化，供水中杂质偏多，包括泥沙、藻类、铁锈等；

（2）屋顶水箱供水容易孳生微生物；

（3）自来水采用氯消毒，水中残留余氯过多，异味较大；

（4）采用地下水水源的普遍硬度过高；

（5）水源污染的偶发事故越来越频繁。

国家目前对生活饮用水和生活杂用水（厕所便器冲洗、城市绿化、洗车、扫除）确定了标准指标值，而对一般生活用水（洗碗、洗浴、洗衣）没有明确要求。但是，如果供水水质不佳，会对这些活动带来不利的结果，如水中有不良气味、细菌、杂质和产生水垢等。特别可能对身体皮肤产生过敏等不利影响，因此根据建筑入户水质情况，应进行合理的水质处理，避免出现不利问题。生活用水（含热水）的水质处理方式一般包括：前置过滤（去除粗大颗粒）、中央净水（去除细菌、不良成分）、中央软水（减少水硬度）等，单独或组合使用。

1）前置过滤器

一般采用滤网式前置过滤器，前置过滤器一般安装在管道的前端，滤网大多数采用 $50\sim100\mu m$ 的不锈钢滤网。主要的去除管道所产生的沉淀杂质和细菌、微生物残骸、铁锈、沙泥等大于 $50\mu m$ 的颗粒杂质，避免人体肌肤受到伤害。并且，对下游管道、净水器、热水器、洗衣机、高档的龙头、花洒起到保护作用。前置过滤器通常安装在进水管道水表后，以确保管网中产生的大量沉淀杂质不会对人体造成伤害，并且能对暗敷管道、水龙头、电器等起到积极的保护作用。

2）净水器

大多数采用 KDF、陶瓷或者活性炭滤料，或者多种组分，安装在前置过滤器的后端，作为全屋净水装置，可以有效清除水中的氯、三氯甲烷、铁锈、重金属、病毒、藻类以及固体悬浮物、异色异味物质。

图 5.7-4　净水机

图 5.7-5　前置过滤器

KDF 处理介质为多孔状铜/锌合金，通过电化学氧化—还原（电子转移）反应，可以有效地减少矿物结垢、减少悬浮固体、去除氧化剂（余氯）、抑制微生物的繁殖、去除水中的重金属离子（去除率高达 98％）、去除硫化氢。多孔陶瓷滤料主要用于对水进行过滤、抗菌和活化处理，去除有害的余氯和悬浮污染物、有机化学物质、颜色与异味。过滤精度为 $0.1\sim1\mu m$。

活性炭是一种多孔径的炭化物，有极丰富的孔隙构造（每克活性炭所具有的表面积达 1000 多个平方米），具有良好的吸附特性。其吸附作用藉物理及化学吸附力而形成，采用煤或者果壳椰壳活性炭作为原料烧结成形。活性炭滤芯为真正深层型结构，具有过滤与净化双重功能，过滤精度为 $0.5\sim25\mu m$。

3）软水机

水中会含有不少无机盐类物质，如钙、镁盐等，这些盐在常温下的水中肉眼无法发现，一旦加温煮沸，便有不少钙、镁盐以碳酸盐形成沉淀出来，它们紧贴壶壁就形成水垢。通常，把水中钙、镁离子的含量用"硬度"这个指标来表示。1度硬度相当于每升水中含有 10mg 氧化钙。低于 8 度的水称为软水；高于 17 度的称为硬水；介于 8～17 度之间的称为中度硬水。雨、雪水、江、河、湖水都是软水，泉水、深井水、海水一般都是硬水。

图 5.7-6　软水机

硬水软化处理一般采用离子交换法，当含有硬度的原水通过交换器的树脂层时，水中的钙、镁离子被树脂吸附，同时释放出钠离子，这样交换器内流出的水就是去掉了钙、镁离子的软化水。当树脂吸附钙、镁离子达到饱和后，出水的硬度会增大，此时软水器会按照预定的程序自动进行树脂的再生工作，利用较高浓度的氯化钠溶液（盐水）通过树脂，使失效的树脂重新恢复至钠型树脂。硬水软化处理后，会减少水管道、热水器、咖啡机、加湿器、蒸汽电熨斗、浴缸、淋浴喷头、抽水马桶等家庭器具内积留水垢，克服管道堵塞、加热效率低等问题。

水处理设备在使用中，需要定期检查维护（如前置过滤器）、及时更换滤芯、添加食盐（软水机），否则将无法达到使用效果。

2. 生活用水舒适

生活用水的舒适，包括了水质部分，还有水压、流量、温度、热水供应速度、防止用水设备相互干扰等，这里很重要的一个是家用热水系统。

家用热水系统的目的是可以随时提供热水。热水集中产生，大容量的热水可以同时、多点提供给家庭生活使用。特别适用于有两个或多个卫生间的大房型、复式房屋或公寓、别墅等。而要提供24h充足的恒温热水，尤其是浴缸热水，快速热水器很难达到要求。家庭热水是目前欧美十分流行的生活方式，欧美国家大部分家庭都采用中央热水系统。欧盟对卫生热水能力制定了评价标准，标准EN13203主要要求内容见表5.7-2。

欧盟对卫生热水的要求   表5.7-2

舒适标准	最高评价得分
热水滞后时间	12
热水温度随流量的变化	9
在恒定流量下的温度波动	9
热水温度稳定所需要的时间	6
额定最小水流量	3
在连续取水状态下温度的波动	3

使用热水循环泵通过程序控制来对家庭热水进行管理，以达到舒适性的目的。应用预热循环技术可实现热水的即开即用，提高家庭生活热水的舒适性，并可多点恒温供水、洗浴智能优先、多楼层供水等。预热循环技术同时还避免了传统热水器中管路冷水的无端浪费，节省生活用水。循环系统可对加热系统进行实时监控，避免了洗浴时浪费水、气、电等资源。

3. 生活热水的控制

（1）采用即热式或闭式储热水罐由冷水将热水顶出，以获得均衡的冷热水压力，保证恒温热水的稳定。

（2）军团菌的抑制、水垢控制等符合相应卫生标准，个别地区还需考虑处理铁锈、细菌及不良水质对系统的影响。

（3）恒温恒压控制：供水应该安装能提供以下功能的恒温混合阀，将热水的供水温度低于储水温度，并且实现供水温度的可调性；保持供水温度恒定，不受冷热水压力温度及用水量变化的影响；在冷水中断时能迅速关闭混合出水，起到防烫的作用。

（4）恒压及安全保护：热水系统应设置膨胀罐及可靠的安全阀泄压阀。

4. 军团菌的抑制

在储水式的集中热水系统中容易产生噬肺军团菌，为了消除噬肺军团菌带来的疾病，需要将储水的温度保持在至少 64℃ 以上，因为军团菌很难在这样以上的温度下存活。但是，60℃ 的水直接送到用户端可能造成严重的烫伤，因此需要在系统上特殊设计，以满足灭菌要求。

5. 生活热水的供应与节能

根据欧洲 DPR 412/93 号法规，所有储水式的热水供应系统里，热水供水温度要控制在 48＋5℃ 以下，这不仅是考虑用户不被烫伤，而且是最大限度地减少热水在管道输送中的热损失，避免用户出水端不必要的高温热水造成浪费。

5.7.3　用水系统

建筑内对水的需求包括饮用、生活用水（冷水、热水）、杂用水（卫生洁具、浇灌、洗车等）、系统用水（暖通等），这些水的水质要求是不相同的，通常存在在自己的闭合系统内。而如果由于安装使用不慎，会使这些系统连通起来，低等级的水会进入高等级水系统，造成水质污染。如暖通系统水是循环水，水质中还有许多污染物和化学药剂，而生活用水是暖通系统水的补充水源，两个系统间用阀门连接，而一旦出现问题，水会发生倒流，暖通系统水会进入生活水系统，污染生活用水。另外，杂用水一般采用中水，实际使用中也经常出现与生活用水搞混的情况。还有热水系统需要采取措施防止军团病菌的孳生，因此也需要与生活用水相隔离。而作为水源的自来水，由于在自来水厂时已经进行加注杀菌剂（如氯或臭氧）到用户末端一般不会出现细菌孳生的问题。有可能发生细菌孳生的地方是循环或者静止的蓄水系统，这些地方容易孳生和繁殖细菌，对健康造成威胁。不同水系统隔离时，普通的单向阀是不能完全起切断作用的，需要使用"绝对单向阀"。

用水系统的另一个问题是水压，用水器具如水龙头是按标准压力标定的，而实际水压过大，会造成增加水消耗的问题。另外，如果瞬时用水量过大，系统也会产生水流忽大忽小的问题，特别是有热水存在的情况，容易产生烫伤。因此，有必要采取措施（如使用稳压阀）稳定供水压力。另外，快速关闭龙头在水系统内可能会出现"水锤"现象，现象显著是会造成局部漏水，也需要考虑安装阻尼器，避免其发生。

建筑内用水最大的危害是跑水，由于供水系统带压，因此一旦水系统出现漏点或破坏，会在短时间内流出大量的水，对财产造成巨大的损失。而一般的漏水探测器灵敏度有限，安装的数量也有限，不可能完全避免其危害。建议使用限流式控制阀，当系统中流量出现不正常情况时（如连续供水 200L），切断电动供水阀；而在正常用水时，只要关闭阀门几秒钟，再打开阀门，就恢复正常了。

水系统包含很多管件和阀门，都是有使用寿命的，而过滤芯和软水机再生盐需要定期更换和补充，在系统设计和安装时要预留合理的维护和检修空间。在实际使用中应做好维护工作，定期检查这些部件，防止其性能下降带来不利的问题。

建议采用均压上水管路分配系统：通过管路系统的合理配置，保障热水水压的稳定。在多人同时用水时其相互影响小，同一卫生间不同点位使用时相互影响也小。其管道安装示意见图 5.7-7，其具有以下特点：

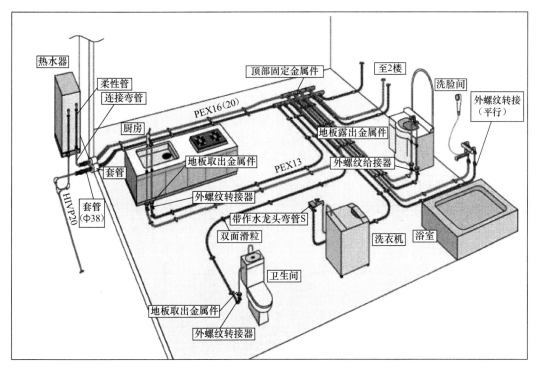

图 5.7-7　均压上水管道分配系统

1) 并联系统

并联系统有效解决了各个分支管路的水流量变化，有效解决了末端供水水压不足现象。即使两个（或以上）设备同时使用时，流量变化也很小，达到同时使用的目的，受其他设备影响较小，可以提供稳定的冷热水供应。

2) 减少连接点

隐蔽安全、水流损失小。通过采用分水器工艺方法，至各个用水均实现整管单独铺设，同时采用积水交联聚乙烯柔性管材，可以任意弯曲，减少了管道中连接接头，使隐蔽管路更加安全，减少了漏水的隐患。由于减少了接头的使用，使局部水流损失最小，有效地保证各个设备的水力平衡。

3) 交联聚乙烯管材

可卫生、安全、长久使用。交联聚乙烯（PE-X）管材主要成分是碳和氢，不含添加剂和铅盐稳定剂，其卫生性达到纯净水标准，可以做直饮水管使用。工作温度 $0 \sim 95 ℃$，最大工作压力 1.6MPa。在 95℃ 高温条件，工作压力也可达 0.65MPa。由于使用温度、压力适应范围大，具有很好的耐久性，安全使用年限可以达到 50 年以上。

4) PE-X 管接头

紧固型卡紧式接头。分水器系统采用紧固型卡紧式接头，接头材质为青铜，卫生、耐腐蚀，使用年限达到 50 年以上。紧固型卡紧式接头为机械连接，其安全系数非常高，在破坏性实验中，管道压力达到 6MPa 时管材破裂，接头也不会脱落。

扩展阅读：用水小知识

＊ 大面积烧伤以及发生剧烈呕吐和腹泻等症状，体内大量流失水分时，都需要及时补充液体，以防止严重脱水，加重病情。

＊ 睡前一杯水有助于美容。上床前，你无论如何都要喝一杯水，这杯水的美容功效非常大。当你睡着后，那杯水就能渗透到每个细胞里。细胞吸收水分后，皮肤就更娇柔、细嫩。

＊ 入浴前喝一杯水常保肌肤青春活力．沐浴前一定要先喝一杯水。沐浴时的汗量为平常的两倍，体内的新陈代谢加速，喝了水可使全身每一个细胞都能吸收到水分，创造出光润、细柔的肌肤。

＊ 饮用水的生理作用与饮料（如果汁、苏打、咖啡和茶水）的生理作用不同。咖啡和茶中含有脱水的成分（咖啡因和茶碱），这些成分会刺激中枢神经系统，同时对肾脏产生强烈的利尿作用。

＊ 随着年龄的增大，人们失去了口渴的感觉，渐渐有了慢性脱水症。这使人们常常混淆饥、渴两种感觉，不喝水却吃饭，反而增加了体重。

5.8　建筑节能

随着生活水平的提高，全球能量消耗在不断增加，过去 45 年人类总能量消费增加了三倍。从全球来看，建筑中采暖、制冷和电器用电约占了社会总能耗的 40%。建筑能源表现和节能措施在对应气候变化和提高能源供给可靠性方面显得非常重要。但是建筑节能是一个极其容易搞混的概念。要搞清楚这个概念，应该先了解从建筑所消耗的能源。人在建筑室内正常生活和工作需要处于一定的照度、热湿和空气质量条件下，这个条件不可能在全年或全天范围内靠室外自然条件达到，因此建筑需要消耗能量来改变室内环境条件以满足要求，使人员在建筑内可以健康舒适地生活、学习和工作。这个能耗就是建筑能耗，一般以建筑每年每平方米所消耗的能量表示，即 $kWh/(m^2 \cdot a)$。

通过应对建筑设计、朝向和产品进行优化，以尽量少使用能源和尽可能多使用可再生能源，执行能源平衡三重法策略。这种策略的主要做法是：通过增加自然免费收益（冬季太阳热、自然通风、采光，减少夏季太阳得热等）减少建筑能量需求、减少建筑中的各种能量损失和浪费、挖掘最大潜力做最可持续的选择。另外，在可能的情况下，回收废弃能源也是值得被考虑的。

建筑能耗还取决于用户行为（占用时间、需求等）。经验表明，同一座建筑内不同用户在能源消耗上有两倍以上的差异也是常见的。建筑管理者在使用中应得到专业指引，要以降低能耗为荣，使用自动控制器、定时器、传感器、监控系统和能量计量表等，以能源平衡三重法节能战略指导建筑在以下几个层面达到：

一是改变能源供应方式，多使用可再生能源，或者是使用转换系数高的二次能源（见第 1.2 节）。其节省的是不可再生的化石能源；

二是合理进行建筑设计降低建筑的能源需求，采用各种措施有效平衡不同季节在不同方面（冷、热、照明、热水、空气质量）的消耗，以全年总消耗作为设计目标来降低能源需求；

三是提高能源表现，使用先进的控制手段精准控制，减少不必要的多余能耗（人来即开人走即关，冬季供暖不过热等）；

四是提高用能产品和设备（光源、空调、锅炉、水泵等）和系统的能效水平，使用更节能的产品和系统方案。本章节讨论第二和第三部分，第一和第四项内容未包括在内。

5.8.1　建筑节能潜力

建筑能耗包括采暖、空调、机械通风、照明、热水和其他电器所消耗的能量。能源平衡主要是建立在全年基础上，对应采暖、空调、机械通风和照明四项参数的合理优化设计，满足其全年总量使用最低的效果。建筑节能的含义是指满足使用者的健康、舒适、高效使用条件时，通过合理技术措施所能减少的能源消耗。其有两层含义：

一是与其他建筑比较，本建筑能耗处于何种水平，还有没有进一步减少的潜力；

二是与自身建筑比较，还有没有降低建筑消耗的可能。

建筑节能措施有以下几方面：

一是改进建筑本身的性能，使建筑更多地使用自然资源（太阳光、热和风等）达到舒适条件，减少能源需求；

二是提高所使用的机电设备的节能率，光源同样功率可以发出更大的亮度，空调同样功率可以提供更多的冷量。另外，在采暖、空调系统中，由于设计和实际情况的差异也会出现效率下降的情况，都会增加能量损失；

三是合理回收能源，选择能源类型。比如，从通风换气的排风中回收热量，使用可再生能源（如太阳能、光伏发电等）；

四是合理控制需求侧，在使用情况发生变化时按需调整供应，减少能耗。比如，按人控制的照明灯，探测到有人通过时则打开；会议室的通风量根据 CO_2 浓度自动调整；下班前提前关闭空调利用余冷；无人时降低室内供暖温度；按天气预报设定第二天的供热量等。这个内容也称作"行为节能"。因此，应区分不同的节能类型，针对具体情况选择潜力大、性价比高的方面逐步进行改造。

建筑节能检测通过一系列国家标准确定竣工验收的工程是否达到节能的要求。《建筑节能工程施工质量验收规范》GB 50411—2007 规定，要对室内温度、供热系统室外管网的水力平衡度、供热系统的补水率、室外管网的热输送效率、各风口的风量、通风与空调系统的总风量、空调机组的水流量、空调系统冷热水总流量、冷却水总流量、平均照度与照明功率密度等进行节能检测。公共建筑节能检测依据《公共建筑节能检测标准》JGJ/T 177—2009 对建筑物室内平均温度、湿度、非透光外围护结构传热系数、冷水（热泵）机组实际性能系数、水系统回水温度一致性、水系统供回水温差、水泵效率、冷源系统能效系数、风机单位风量耗功率、新风量、定风量系统平衡度、热源（调度中心、热力站）室外温度等进行节能检测。居住建筑节能检测依据《居住建筑节能检测标准》JGJ 132—2009 对室内平均温度、围护结构主体部位传热系数、外围护结构热桥部位内表面温度、外围护结构热工缺陷、外围护结构隔热性能、室外管网水力平衡度、补水率、室外管网热损失率、锅炉运行效率、耗电输热比等，进行节能检测。

对既有建筑而言，如果没有达到上述指标，在经济上有利和政策要求的基础上可以进行建筑节能改造。但改造前应首先对建筑物进行仔细检测，找到能量消耗大的原因，合理制定改造方案，改造后要进行性能检测，达到节能设计要求后进行验收。

以上的节能措施是属于提高建筑性能的措施，其原则同样适合既有建筑节能改造。这些措施的节能潜力最大。建筑中的能源需求总量，包括所需要的采暖、制冷、照明、通风、热水和其他设备的能量，用户为确保建筑处于良好健康和舒适性的每次使用消耗量，都是总能源需求的一部分。建筑节能除了要求建筑，尤其是热工的气候适应性外，还要求采暖空调技术的气候适应性。建筑气候分区和民用建筑热工分区所涉及的要素与建筑节能技术不完全一致，建筑节能体系的建设不能简单地按建筑气候分区和民用建筑热工分区来确定。建筑节能气候分区以考虑降低建筑冷热耗量，提高采暖空调能源利用效率为主，为合理构建建筑节能技术提供指导，从而实现降低建筑能耗的目的。在新建筑内实现低能源需求的优化考虑要点：

（1）能源需求：建筑并没有确定个别产品或解决方案的特殊要求。只是建议为整个建筑和设施优化设计解决方案，评估这些产品和方案费用最优的基础上进行，选择最佳性能的产品和解决方案。这将都需要比较各种方案的性能、服务和寿命，而不只是价格。一个例子，一个具有智能控制的循环泵比一个连续运行的泵更具成本效益，即使其初投资较高。可以开发一个分区的采暖供水系统，可以在每个区独立控制使用，这样的话要比整个大区一起控制要好。

（2）能源供应：建筑对能源供应的具体方案不是固定的，但建议从建筑所在地区的范围寻找具体解决方案。在建筑中集成可再生能源系统需要对方案进行成本优化。如果可行，可再生能源系统应该是含在建筑设计内的，并且应当从建筑学和工程两个角度进行评估。

（3）能源现场有效性：强烈建议在施工过程中检查现场施工的质量。这样的评估应该包括每个产品和提供的服务是否与设计要求相符合，也就是需要进行现场工作质量控制。这钟控制应在整个施工期间进行，如允许在完工前进行返工修改。经验表明，不受控制的工程可能会导致能量消耗比设计估算值高 10%～20%。

（4）建筑用能管理：最终建筑能耗明显取决于建筑内用户行为和所安装的建筑设施。经验表明，在同一栋楼内不同用户行为的能耗会差两倍或更多。重要的是，如何帮助用户进行简单监测，如何提高建筑设施的效率。能量消耗和一些舒适参数（例如，室内的温度和湿度、CO_2 浓度）应进行定期监测，监测器安装在建筑可见地点或使用手持仪器。当使用可再生能源时，也建议对其监测。这种方法让建筑用户了解是否性能出现负面作用。

（5）使用可再生能源：建筑中，由于使用被动节能策略使该建筑的能量需求被尽可能降低，其减少的能量结果由最可持续的和最有成本效益的能源提供，这些能源在建筑中，就近系统或电网中获得。建筑的能源供应最大程度来自可再生能源，可再生的定义是不能被耗尽。可再生能源的实例是从风力涡轮发电力、光伏电池、太阳能热能、水电、沼气及由热泵提供的能源（供应到热泵的能量来自可再生能源，一次能源储存是无限的）。不可再生能源通常是化石燃料，如煤、天然气、油和核能。可再生能源可以是安装在建筑中的可再生能源，同一项目，附近系统中，或存在于电网中。如果建筑或附近未安装可再生能源设备，那么则必须证明使用的能源来自远程的能源（像区域供热/供冷的能量和电力网）中的可再生能源。除了确保所使用能源来自最可持续的资源，还应努力去匹配供应和需求。例如，在阳光灿烂的白天，由屋顶光伏电池所产生的电能绰绰有余，这是使用洗衣机的最好时间，而不是要等到晚上，因为晚上总电力需求大但光伏发电不足。

合同能源管理指节能服务公司与用能单位以契约形式约定节能项目的节能目标，节能服务公司为实现节能目标向用能单位提供必要的服务，用能单位以节能效益支付节能服务公司的投入及其合理利润的节能服务机制。其实质就是以减少的能源费用来支付节能项目全部成本的节能业务方式。这种节能投资方式允许客户用未来的节能收益为工厂和设备升级，以降低运行成本；或者节能服务公司以承诺节能项目的节能效益，或承包整体能源费用的方式为客户提供节能服务。合同能源管理这种市场化机制是 20 世纪 70 年代在西方发达国家开始发展起来一种基于市场运作的全新的节能新机制。合同能源管理的国家标准是《合同能源管理技术规范》GB/T 24915—2010，国家支持和鼓励节能服务公司以合同能源管理机制开展节能服务，享受财政奖励、营业税免征、增值税免征和企业所得税免三减三优惠政策。合同能源管理机制有以下几种：

1）节能效益分享型

在项目期内用户和节能服务公司双方分享节能效益的合同类型。节能改造工程的投入按照节能服务公司与用户的约定共同承担或由节能服务公司单独承担。项目建设施工完成后，经双方共同确认节能量后，双方按合同约定比例分享节能效益。项目合同结束后，节能设备所有权无偿移交给用户，以后所产生的节能收益全归用户。节能效益分享型是我国政府大力支持的模式类型。

2）能源费用托管型

用户委托节能服务公司出资进行能源系统的节能改造和运行管理，并按照双方约定将该能源系统的能源费用交节能服务公司管理，系统节约的能源费用归节能服务公司的合同类型。项目合同结束后，节能公司改造的节能设备无偿移交给用户使用，以后所产生的节能收益全归用户。

3）节能量保证型

用户投资，节能服务公司向用户提供节能服务并承诺保证项目节能效益的合同类型。项目实施完毕，经双方确认达到承诺的节能效益，用户一次性或分次向节能服务公司支付服务费，如达不到承诺的节能效益，差额部分由节能服务公司承担。

4）融资租赁型

融资公司投资购买节能服务公司的节能设备和服务，并租赁给用户使用，根据协议定期向用户收取租赁费用。节能服务公司负责对用户的能源系统进行改造，并在合同期内对节能量进行测量验证，担保节能效果。项目合同结束后，节能设备由融资公司无偿移交给用户使用，以后所产生的节能收益全归用户。

5）混合型

由以上四种基本类型的任意组合形成的合同类型。

5.8.2 建筑节能标准要求

建筑节能是中国的基本国策，国家对建筑节能有法规性要求，包括：国务院颁布的《民用建筑节能条例》，以及国家强制标准《公共建筑节能设计标准》、《严寒和寒冷地区居住建筑节能设计标准》、《夏热供冷地区居住建筑节能设计标准》、《夏热供暖地区居住建筑节能设计标准》及一些配套标准体系，同时绿色建筑也对建筑节能有指标性要求。以上这些都是建筑实际必须做到的。对应既有建筑达不到现有标准的，需要根据实际情况进行建筑节能改造。建筑能耗主要受气候区域和建筑围护结构的影响。我国建筑节能是强制标准，目前推行的是以围护结构措施为主的节能 50％、65％ 和 75％ 的目标，设计图纸满足节能指标后获得批准才可允许施工。在欧美，对建筑的实际能耗也进行规定，不仅对新建筑有强制要求，老建筑改造也必须达到节能等级（会低于新建建筑），否则不允许二手房销售。

中国对建筑节能有国家强制标准规定《公共建筑节能设计标准》、《严寒和寒冷地区居住建筑节能设计标准》、《夏热供冷地区居住建筑节能设计标准》、《夏热供暖地区居住建筑节能设计标准》及一些配套标准体系，对应不同气候区的气候条件和能耗特点，为全国不同气候区的建筑节能设计提供了指导和帮助，对全国范围内迅速有效地开展建筑节能工作提供了重要保证。不同气候区的节能设计标准中，建筑节能指标控制分为两种方式：

（1）分项指标控制法。对建筑的围护结构（墙、屋面、窗）的传热系数（热阻）、体形系数、窗墙面积比，以及采暖、空调、照明设备的最小能效指标制定限值，也称为规定性指标；

（2）综合控制法。要求建筑总体能耗达到某一个性能性指标，如建筑的耗冷量指标、耗热量指标、空调年耗电量和采暖年耗电量，这些指标能够在整体上反应建筑设计的性能（围护结构热工性能、暖通空调系统效率等）。若所设计建筑的体形系数、窗墙面积比、围护结构传热系数、外墙和屋顶热惰性指标、外窗遮阳设施、外窗和阳台门气密性、采暖和空调系统等都满足节能设计标准的规定，则判定该建筑节能规定性指标达标，定义为该建筑为节能建筑，无须再计算其总体能耗指标。若所设计建筑的体形系数，或窗墙面积比，或东西朝向外窗的遮阳设施中有任何一项超过相关节能设计标准的规定限值，则需要按标准规定的计算方法对该建筑的耗热量和耗冷量指标、采暖和空调年耗电量指标进行计算，得到的数值与节能标准比较，要求其值不超出节能设计标准的规定限值，即性能性指标达标。性能性指标达标的建筑也是节能建筑。

节能设计所规定性指标较为具体且容易控制，建筑设计只要求满足节能标准中的规定性指标，即认为整个建筑达到节能建筑标准。只有当建筑为了实现外观上的特殊需要，使个别规定性指标不满足标准时，才要求采用性能性指标进行评价。当建筑物的各项指标都满足节能设计标准中的规定性指标时，一般建筑物全年的使用能耗也会低于相应的节能综合指标。但是由于受气候、建筑朝向和周围环境等一些因素的影响，可能导致一些建筑的全年能耗超过节能综合指标，出现实际节能远逊于设计节能的情况。

采暖和空调能耗计算使用的原理不相同。建筑采暖能耗低并不意味空调能耗低，采暖节能措施甚至会增加空调能耗。因此建筑能耗必须综合评价，最好的方法是将采暖、空调、机械通风、照明能耗的全年之和作为节能评价指标，因为每一项节能措施都可能对这四个参数产生影响。

建筑围护结构中与节能有关的有 6 个指标，这些指标在建筑节能规范中有强制要求：

1）围护结构传热系数

一般指不透明部分的墙体、顶板和地板的传热系数。降低传热系数可以减少冬季由室内向室外的传热。冬季气温越低地区传热系数要求越低。同一地区建筑节能率要求越高，这个数值越低。

2）围护结构热惰性

建筑单位面积平均重量越大，热惰性也越大，室内温度的波动会变小，阳光从室外传到室内所需的时间（滞后期）也越长。热惰性大的建筑冬季可以使用间断采暖，减少设备运行时间。太阳能墙就是利用热惰性原理，把白天接受的太阳辐射转移到晚上释放到建筑空间内使用。

夏季太阳辐射值大，如果直接进入建筑内部，会使建筑内部过热的厉害，室内温度快速上升。汽车就是一个例子，关闭车窗的汽车在夏季的阳光下晒 1h，车内温度会达到 70℃，其原因就是汽车的热惰性过低。热惰性高的建筑，由不透明围护部分（墙体、顶板和地面）传入的热量波动会减少和时间也会延迟，如西晒时外墙表面最高温度出现在 16h，而外墙内表面的最高温度往往延迟 8h，大概在 24h 出现，此时室外空气温度已经降低，通过足够的自然通风可把储存在建筑结构中的热量带走。

3）窗户传热系数

透明围护结构的传热系数，这个热的延迟时间很短，与不透明围护结构完全不同。

4）窗户太阳得热系数

室内通过窗户得到的热量与室外阳光辐射热量的比值。这个值越低表示建筑内得到的太阳热量越低。Low-E 玻璃就是得热低的玻璃品种。炎热地区夏季时间长，需要使用得热系数低的玻璃，而严寒和寒冷地区，需要使用得热系数高的玻璃以增加冬季阳光得热，减少采暖能耗。而处于两者之间的地区既要考虑冬季得热又要考虑夏季过热，应该从全年能耗的角度综合考虑选择。

5）建筑体形系数

建筑物与室外大气接触的外表面积与其所包围的体积的比值。数值越大，采暖耗能就越高。这个系数在节能标准中有强制要求。

6）窗墙面积比

窗户面积和墙体面积的比值。由于窗户的传热系数远高于墙体，因此比值过大，会增加采暖能耗。而且，这个比值过大，也会增加夏季室内得热量，空调能耗也会增加。夏季得热量与朝向有很大关系，一般对屋顶、西向和南向的窗户设置遮阳设置。

建筑节能是在保证室内舒适度和健康空气质量的情况下，减少用于采暖、空调、机械通风和照明的能量消耗。主要指标表现是采暖、空调能耗，而通风和照明能耗与利用自然采光和自然通风的情况有关。不同气候区的能耗分布是不相同的。在严寒地区，主要是采暖能耗，空调能耗很低；而夏热冬暖地区，主要是空调能耗，采暖能耗很低。处于两个区域之间的寒冷区和夏热冬冷区则具有采暖与空调能耗相当的情况。当建筑物没有采暖空调系统时，在室外气象条件和室内各种发热量的联合作用下所导致的室内自然温度。它全面反映了建筑物本身的性能和各种被动性热扰动（室外气象参数、室内发热量）对建筑物的影响。

处于寒冷地区的北方城市，冬季室外平均温度低、采暖期长，建筑全年能耗主要以冬季采暖为主，但在夏季不同朝向的阳光辐射也很大，也会出现房间过热情况。但《严寒和寒冷地区居住建筑节能设计标准》中，只有耗热量指标和采暖耗煤量指标，并没有对夏季制冷能耗的耗冷量指标和空调年耗电量指标进行要求，没有要求防止过热的措施（如遮阳系数），从而在实际中需要配置空调来抵消过热，造成能耗浪费严重。

建筑节能除建筑的热工措施和被动措施外，建筑设备的能效等级和系统效率也是一个重要的节能手段。法规对锅炉和空调设备的能效能级、水龙头等用水设备都有明确的选用要求，以减少设备的能耗。第三方也有许多关于设备节能的认证书。设备选择应最低满足法定的最低要求，在项目中应尽量选择能效高的节能产品。通过优化设计选择最节能的系统，通过数据监测分析发现不合理的能耗，采取改善措施（修改系统或修改控制策略等），降低实际使用能耗。另外，通过使用传感器对室内环境参数进行连续监测并对应智能控制，也可降低实际使用能耗。

按国家标准对隔热的设计，围护结构隔热性能的设计原则是控制内表面最高温度，建筑物屋顶和东、西外墙内表面的最高温度应低于夏季室外计算温度最大值。因为外墙内表面温度直接与室内平均辐射温度相联系，直接影响到内表面与室内人体的辐射换热，控制内表面温度最高值也就可以控制围护结构与人体辐射的最大传热量，从而影响人体舒适度。

目前，中国对节能的政策主要在强制设计措施、性能验收方面，采取满足国家标准要求的技术措施。而未来的节能将进入实际能耗定额管理，也就是说对每个建筑确定固定的能耗消耗定额，对超过定额要求的消耗需要采用可再生能源或到碳交易市场购买其他单位节能剩余的能源，这样才可以真正控制住社会实际能耗。目前，相关的国家标准还在制订中。

建筑内部的能耗可分为以下几类：供暖系统、供冷系统、生活热水、炊事、风机、照明设备、家电/办公设备、电梯、信息机房设备、变压器损耗、其他专用设备。而建筑外部能源供应则分为电力和化石能源（如煤、油、天然气等），其转换为热量、冷量和电力等能源形式并输送给建筑，为建筑提供供暖、供冷和生活热水等所需的热/冷量、其他用能设备所需的电力系统。

目前建筑供暖系统使用公斤标准煤指标，kgce，其与电的换算量为 1kWh ＝ 0.320kgce。对应转换系数如下：天然气 1.33kgce/m³，液化气 1.741kgce/kg，原煤 0.714kgce/kg。

按照建筑能耗标准编制原则，建筑能耗指标是在满足建筑使用功能的前提下，民用建筑运行能耗不应超过相应标准规定的约束性指标，并宜达到相应标准规定的引导性指标。民用建筑能耗指标分为建筑供暖能耗指标、公共建筑能耗指标和居住建筑能耗指标三类，并应符合以下规定：

（1）严寒和寒冷地区民用建筑能耗指标应包括建筑供暖能耗指标、公共建筑能耗指标和居住建筑能耗指标。

（2）夏热冬冷和夏热冬暖地区民用建筑能耗指标应包括公共建筑能耗指标和居住建筑能耗指标。

民用建筑能耗应以实测数据（能源计量）为依据，并只计算从建筑物外部输入的能源量，能耗确定方法应符合下列规定：

（1）建筑供暖能耗指标的确定以热源端单位供热量一次能源消耗量为依据。

（2）公共建筑能耗指标的确定以建筑外部输入的各类能源（严寒和寒冷地区不含建筑供暖）消耗量折合的等效电量为依据。

（3）居住建筑能耗指标的确定以每户耗电量和耗气量为依据。

以寒冷地区北京为例，区域性供暖的约束性指标和引导性指标分别为：13.8、7.9kgce/(m²·a)；对于分栋分户供暖，其上述指标数值分别为 11.1、6.9kgce/(m²·a)。对于公共建筑，其根据对节能要求的不同分为 A 和 B 类，A 类建筑的能耗指标更低。而且，国家机关办公建筑的能耗指标要比非国家机关办公建筑的能耗指标更低。表 5.8-1 和表 5.8-2 为严寒和寒冷地区办公建筑能耗指标（不含供暖）。

严寒及寒冷地区办公建筑能耗指标（A 类）　　　　　　表 5.8-1

建筑分类	指标单位	约束性指标值	引导性指标值
国家机关办公建筑	单位建筑面积年综合电耗 kWh/(m²·a)	45	30
非国家机关办公建筑		60	45

严寒及寒冷地区办公建筑能耗指标（B 类）　　　　　　表 5.8-2

建筑分类	指标单位	约束性指标值	引导性指标值
国家机关办公建筑	单位建筑面积年综合电耗 kWh/ (m²·a)	70	50
非国家机关办公建筑		80	60

上述能耗指标是在年使用时间 2500h，人均建筑面积 10m^2 每人的基础上得到的，应根据实际使用时间和人均面积做修正。

住宅建筑的能耗指标以住户为计算单元，分为综合电耗指标和燃气消耗指标两个部分。综合电耗是指住宅的总耗电量与除燃气以外的非电能源消耗量按标准方法折算后的等效耗电量的总和。每户的综合电耗量和燃气消耗量应分别满足对应的综合电耗和燃气消耗约束性指标值的要求。但北方供暖能耗不在该指标之内。

住宅建筑的总耗电量是每户自身的耗电量和公共部分分摊的耗电量两部分的总和。住户的能耗可根据实际居住人数修正。居住建筑的能耗指标应符合表 5.8-3 的规定。

居住建筑能耗指标　　　　　　　　　　　表 5.8-3

气候分区	综合电耗约束性指标值（kWh/a）	燃气消耗约束性指标值（m^3/a）
严寒地区	2200	160
寒冷地区	2900	140
夏热冬冷地区	3100	200
夏热冬暖地区	2800	160
温和地区	2200	190

上述居住建筑的能耗指标量，包括综合电耗量和燃气消耗量时，若住户实际居住人数大于 3 人，则能耗量指标可根据人数修正。

5.8.3　减少建筑能耗

建筑节能国家标准对建筑采暖和制冷的性能指标给出了设计限制值，主要是针对围护结构的措施。但是，没有给出详细的技术解释，没有对采暖、制冷、通风、照明的关联性给出技术方法，也没有对各种有效措施（蓄热、保温、隔热、遮阳等）的实施顺序给出规定，其限定的技术计算指标是针对整个完整建筑的。对于其中的某个部分，其未必是最好的节能解决方案。

建筑围护结构把室内外分割开来，这样就可能让室内环境与室外环境不同，进而可以控制室内环境更有利于生活和工作。具体围护结构（热工）与建筑所处地点的气候特点有关，对大风、雨雪、酷晒起保护作用，并能在一定程度上稳定室内温度和湿度。围护结构部分（窗户、遮阳设施、绿植等）也能调节进入室内的阳光量、隔声，根据实际需要有效使用自然资源（光、热和风）。此外，有些调节措施是根据时间不同而改变的，如冬季夜晚需要拉上保温帘以避免室内热量散到室外；可调式遮阳也是根据不同时间太阳的位置进行位置调节，避免过量的热量进入室内；夏天夜晚打开门窗室外空气进入室内可带走白天蓄存在建筑结构中的热量。这些调节与季节和日夜有关，也被称作"被动调节措施"。围护结构根据不同地理气候条件一次确定而无法调节，而被动措施则根据季节和昼夜气象条件变化而调整对应。

不同建筑气候分区对建筑热工措施有不同的要求，严寒地区和寒冷地区一年近一半时间处于低温状态，主要通过以下几种技术途径达到建筑节能：

（1）平面布置，考虑冬季利用日照并避开主导风向建筑群的总体布置；

（2）外门窗，寒冷区建筑的南向外窗（包括阳台的透明部分）宜设置水平遮阳或活动遮阳，东、西向的外窗宜设置活动遮阳。

夏热冬冷地区夏季炎热、冬季寒冷。主要通过以下几种技术途径达到建筑节能：

（1）平面布置，建筑群的规划布置、建筑物的平面布置应有利于自然通风。建筑物的朝向宜采用南北向或接近南北向。平衡冬季太阳辐射的总体作用；

（2）体形系数；

（3）外门窗，必须限制窗墙面积比。多层住宅外窗宜采用平开窗。外窗宜设置活动外遮阳；

（4）外窗及阳台门的气密性等级。

夏热冬暖地区设计主要考虑的是夏季防热。主要通过以下几种技术途径达到建筑节能：

（1）体形系数；

（2）窗墙比，居住建筑的外窗面积不应过大；

（3）控制屋顶和外墙的传热系数和热惰性指标；

（4）遮阳系数，建筑的外窗应采用活动或固定的建筑外遮阳设施；

（5）自然通风。

要实现全年室内环境舒适，即使采取了最合理的围护结构（热工措施）和被动措施（可以调节），但仍然有一些时间室内环境条件是不能满足健康舒适生活和工作的环境要求，如夜晚需要照明、冬季需要供暖等，这就需要建筑设备和系统来弥补室内自然环境与需求环境条件之间的缺口，需要提供能源给照明、采暖、空调、通风和其他电器，以达到需求条件。相应的能源消耗就是建筑能耗，一般以每平方米每年的耗能量 $W/(m^2 \cdot a)$ 来衡量。能源是建筑所必须的，但所需能源类型和数量依赖于给定时间内室外气候条件与所期望室内条件之间的差值，以及在现有设备、建筑设计和建筑建造质量的好坏。能量被用来确保在照明、热水、空气质量和室内温度方面达到健康舒适性要求。

建筑的能量需求总量包括所需要的采暖、制冷、照明、通风、热水和其他电器设备的能耗。用户为确保建筑处于良好健康和舒适状态的每次使用产生的消耗，都是总能量需求的一部分。在建筑中总会有一个输出能量流（如夏季进入太多的热能，冬季达不到温度所需要的热能）代表着损失。传入室内的能量是可由处于次要地位的内部热源和太阳辐射提供。高效节能的关键点是确保上述损失尽可能小，以便能用较少的能源供给满足所有的需求。

所涉及建筑用户的耦合能量，即室内温度、照明和热水，占据了能量需求的大部分，可使用智能控制系统来综合降低。在满足对温度、湿度和 CO_2 需求的基础上，通过增加用户的认知，了解在满足他们需求的基础上应该在何时进行哪种操作，以便提高能源经济效益和可用性。用户的其他耦合能量消耗，如电器，是附加能量需求，可以通过使用节能电器来提高用户的认知，了解何时进行哪种运行可降低他们的能量需求。建议使用节能性能最佳的产品，即使购买价格较高，但如果长期使用即便是使用时间较少，但在能源消耗上也是更经济的。

1. 采暖耗热节能

建筑物耗热量中，外围护结构占据 $70\%\sim80\%$ 的比例，其中外墙 $23\%\sim34\%$、窗户

23%～25%、楼梯间隔墙 6%～11%、屋顶 7%～8%、阳台门下部 2%～3%、户门 2%～3%、地面 2%，而缝隙空气渗透耗热量为 20%～30%。窗户加空气渗透，约占总耗热量的 50%，因此窗户是建筑节能的重点。供暖居住建筑在冬季为了获得适于居住生活的室内温度，必须有持续稳定的得热途径。当建筑物的总得热量与总失热量达到平衡时，室内温度才是稳定的。节能的基本原理是：最大限度地争取得热，最低限度地向外散热。

节能实现方式：

（1）通过有效的组团规划、单体设计，在朝向、间距、体形上保证建筑物接受太阳辐射面积最大；

（2）减少建筑物的体形系数及外表面积，加强围护结构保温，以减少传热耗热量；

（3）提高门窗的气密性和保温性，减少其传热耗热量；

（4）改善供暖供热系统的设计和运行管理，提高锅炉的运行效率，加强供热管线的保温和供热调控能力。

2. 夏季空调能耗节能

空调传热不同于供暖建筑只考虑单向稳态传热，并将围护结构的保温作为唯一的控制指标。建筑热过程应同时考虑冬、夏两季不同方向的热传递，以及在自然通风条件下建筑热湿过程的双向传递。因此，不能简单地采用降低传热系数，增加保温材料来达到节约能耗的目的。空调建筑节能应注意的问题：朝向、布局；屋面、外墙是隔热重点；自然通风；遮阳；防潮。空调节能包括以下几部分：防止建筑物得热、促进建筑物散热和提高空调设备能效与智能控制节能三个方面。其主要内容有：

（1）防止太阳辐射得热：正确选择建筑物的朝向、布局，避免主要房间东、西晒；变换开口部位的方位、高度和朝向，消除西向日照；改变整个建筑物形状；

（2）控制导热传热：反射隔热原理，采用太阳辐射吸收系数较小的外表面材料（如浅色表皮）；吸收隔热原理，使围护结构吸收太阳辐射的得热量在围护结构外层消耗或者散失；

（3）控制对流传热：对于昼夜温差小的湿热性气候区，围护结构表面在太阳辐射条件下的升温速度和大小反映出围护结构的隔热功能。对于采用轻质材料（木材、空心砌体等结构）的围护结构而言，蓄热系数小，外表面升温快、温度高，向空气中散发的热量多，从而传入和透过围护结构进入室内的热量少。对于昼夜温差大的干热性气候区，则要利用重质材料（如混凝土结构、覆土结构等）本身具有较大的热阻和热惰性，白天加大了对温度波的阻尼，提高衰减倍数和延迟时间，有效降低内表面平均温度和最高温度，达到隔热目的；夜间，由于室外气温下降，则通过向室外的长波辐射热来散失热量；

（4）通风降温：架空通风屋面，一种是利用屋顶受太阳辐射产生的对空气的加热作用，形成热压通风降温，适用于风速较小的地区；一种是利用夏季主导风向的风压，导入屋顶通风间层，将屋顶吸收的太阳辐射热带走，适用于风速较大的地区。通风隔热墙面：利用太阳能集热墙可调装置将南墙做成集热墙，外侧另加一层宽阔的、能够上下翻动的铝百叶板，针对各种气温情况转动百叶成不同角度。通风隔热墙面：可"呼吸"的双层玻璃幕墙，它主要针对以往玻璃幕墙能耗高、室内空气质量差等问题，利用二层或三层玻璃作为围护结构，玻璃之间留有一定宽度的通风道，并配有可调节的百叶；

（5）蒸发散热：在夏季室外温度高且湿度低的条件下，建筑可以利用绿化、水体蒸发带走建筑室内或室外微环境的热量，同时可创造优美的绿化环境，改善空气清新程度；

（6）夜间长波辐射散热：大气中的水和二氧化碳能够吸收大部分来自地球表面的长波辐射热，尤其在明净、干燥的大气中，外逸辐射特别强。由此，可以利用建筑表面的长波辐射来使建筑围护结构自身散热降温。

对能量需求而言，建筑朝向和围护结构设计是基础。良好的保温、优化利用日光和自然通风帮助能量平衡，可以降低能量需求。设计方案的重点应放在满足冬季和夏季热舒适的年总能量需求上。设计目标应是实际气候条件下整年的优化方案，不仅要设计领先，还要监督项目施工阶段。如果施工做得不好，建筑性能可能会比设计值降低很多，而且在完工后无法弥补缺陷。监测和经验教训反馈是保证达到最高性能所不可缺少的部分。

3. 减少采暖能耗的措施

（1）优化建筑朝向。通过优化增加冬季太阳得热，对于减少采暖需求很重要。当地传统建筑普遍使用的朝向就是增大房间直接接受阳光辐射的优化结果。在寒冷季节，日间活动区优先选择朝南布置、夜晚活动区或设备房选择朝北布置。白天太阳进入室内，让用户受益于热、自然光线，产生良好的心理效应。但应注意防止眩光，尤其在高纬度地区冬天太阳位置角较低的情况下；

（2）保温围护结构。建筑围护结构热性能设计与气候和环境相关联。一般情况下不透明部分的建筑构件材料保温节能性是受规定要求的，而包括节能玻璃的透明部分，应适合当地气候的能量平衡和朝向。在寒冷气候区注重高太阳得热；在热气候区注重太阳反射和外遮阳；朝北方向面的应选低传热损失的；而朝东、南、西面应选太阳得热率低的产品；

（3）防止渗透和热桥。围护结构减少空气渗入是必要的。在每个横截面应尽可能降低不连续的保温、墙壁角度和方向变化，并要注意不同结构部件之间的接头设计。门窗周围、地基和屋顶/墙面的交叉处装配有一定的技术挑战性；

（4）增大蓄热。合适的围护结构类型和所选用材料对最大限度地减少能量需求是很重要的。蓄热较大的结构可以减缓或延后对应室外最高温度导致的室内温度升高时间，也即使室内最高和最低温度的波动范围变小，减少白天室内温度的变化、减缓采暖和制冷需求；

（5）回收通风热量。使用带需求控制和热回收的机械通气设备，减少寒冷季节排风能量损失。

4. 减少制冷能耗的措施

（1）优化朝向和形状。即使在温和气候区域，也应该在夏季尽量减少太阳得热以避免房间过热。可以在朝北墙面开口引入更为凉爽的自然光，或使用建筑本身的外形影子在夏季对朝南的窗户进行有效的自遮阳。使用建筑自动化系统控制遮阳装置，可以在满足室内舒适性、合理的能源利用方面达到建筑节能要求。利用树木和植物在夏天实现自然遮阳；

（2）保温的围护结构。合理设计建筑围护结构热性能可有效对应气候环境影响。一般情况下，对不透明建筑构件的节能要求是增加保温材料热阻。而透明部分则包含节能玻璃应针对当地气候和朝向进行能量平衡计算。在炎热气候条件下，屋面保温和朝向太阳的外墙保温可以降低建筑的制冷负荷；

（3）增加蓄热。围护结构类型和所用的材料对减少能量需求是重要的。每天室外最热时的热量积聚在围护结构中，这些得热会延迟到夜间才释放出来，而夜间室外温度正处于较低的水平。一个设计良好的系统可以协调来自气候的张力和热充-放循环；

（4）排热系统增加通风率。在缺乏通风时，一个保温良好的建筑会出现室内过热情况，次要得热（来自太阳辐射、电器、用户自身）被困在建筑内部，通过围护结构传出的热量非常少，余热会加热空气。增加通风量和使用夜间通风冷却是去除这些余热的战略选择，而其他选项都是次要的。

5. 减少通风能耗的措施

（1）自然通风。为了最大限度地发挥自然通风的效果，窗户应成对设置：南-北向、低-高位置，这样所产生的压力梯度能产生穿透房子的气流；

（2）需求控制。如果单纯自然通风不能提供满足舒适或节能的要求，则应该使用带需求控制的机械通风系统，使用自动控制装置。这将在确保良好室内空气质量的同时，自动控制装置减少风机电力消耗；

（3）在通风中回收冷量和热量。当设计/使用机械通风时，强烈建议对采暖和制冷工况都从排风中回收能量。

6. 减少照明能耗的措施

（1）增加自然光可用时间，为了减少人工照明的能量需求，最好的办法是设计一个明亮和自然通风的室内空间。使用尽可能多的自然光是减少使用人工光源照明的最好方法。使用基于采光区的照明系统，在白天关闭窗户附近区域的灯，只在亮度较暗或建筑更深处用电光源照明。在偶尔需要照明的地方，如走廊，使用人员移动传感器控制照明灯开关；

（2）使用漫射自然光，设计合理的窗户位置以尽量利用最多的自然光，但同时要注意防止眩光产生。北面没有太阳直接辐射，北窗面临的主要是漫射光可用于采光；

（3）光导向设计，在设计阶段就关注照明问题是重要的。通过使用一些技巧，如巧妙选择光的颜色，内壁和或其他表面使用白色，光会因多次反射而传播到房间的深处，这样可以增加空间亮度，削减人工照明的需求。

7. 减少建造能耗的措施

（1）使用最好技术，需要注意设备的能源效率，使用最佳的可行技术于泵、控制系统、采暖系统、水循环系统，优化技术措施以满足具体的节能需求；

（2）使用智能解决方案，智能解决方案可以优化技术系统，如按需求开关系统。使用按需控制的智能水循环系统要比连续运行水系统好。满足使用者以天或以年计算的优化组合；

（3）对系统使用情况进行监控，监控建筑运行，为用户提供能源使用方面的信息和反馈。监测应针对室外气候技术系统的主要参数、室内温度、CO_2 浓度、湿度参数及所对应的能耗信息。对监测数据每年应至少评估一次。

8. 减少生活热水能耗的措施

（1）减少使用，使用节水型设备可减少热水龙头中热水的使用量。系统优化能减少采暖需求，评估较大系统中靠近主管道位置的局部采暖，可减少传输过程中的热损失；

（2）系统优化，使用经过优化的可再生能源和按智能化需求进行控制的采暖系统。确保水管保温性能良好，热损失少。

建筑耦合能量消耗：高节能设计目标是在能量需求、室内气候、环境条件和安全方面，以最小能耗创造一个舒适、健康的室内环境。在新建筑中，最经济高效的方式是使用综合能源设计，在早期的设计阶段确定所有的目标。这意味着重点是"预防先于治疗"，所有元素先于建筑围护结构和设施设计前就进行评估。被动式措施，如太阳得热、自然通风、遮阳、蓄热等应优先考虑，而且总是在减少能量消耗的可再生能源集成之前就进行考虑。

高节能设计可以通过集成热工和被动措施来实现。其包括城市设计中的建筑朝向、建筑紧凑性（体形比）和蓄热、建筑围护结构性能（如墙壁、楼板、屋面、窗户）、遮阳、保温、气密性、热桥控制等。举例：朝太阳的外墙和屋顶允许在寒冷气候区使用被动太阳能，可在理想的空间方向安装太阳能集热器和光伏（PV）板系统。但由于太阳得热量不同，朝北和朝南窗户的作用是不同的。采取适当的措施，如遮阳和夏季夜间被动通风，可在没有额外能量消耗的情况下，防止建筑在炎热季节达到令人不舒适的室内温度。

在新建筑中，对所有措施整合是建筑师/设计师的主要原则。但在既有建筑项目中，建筑朝向和围护结构的很多特性是已经确定的。对于每一个项目，在技术上可能实施的所有措施都要在投资和节能潜力上进行调查，应选择给定条件下最好的方案。通风对室内空气质量、对用户舒适度和健康有重要影响。通风可以用来降低室内湿度，因此可以提高结构的耐久性。通风对建筑的能量消耗有显著影响，应该在冬季和夏季条件下进行优化。通风量应该根据用户需求确定，按建筑类型和使用特点选择通风换气量，如在学校或运动量较大的建筑中设计较大的换气率。为了达到近零能耗水平，良好的通风策略是必要的，但应根据特定地点和气候状况来确定。

使用建筑采暖和空调的主要原因是自然环境在一年四季中的太阳辐射和温度变化使室内环境远离舒适条件。确定使用要求后，特定纬度地区的特定建筑在朝向和围护结构确定后，其建筑采暖和空调能耗就是一个确定的数值。所谓建筑节能就是指这个建筑与对比建筑的能量消耗比值，在中国这个对比建筑是符合 1980 年建筑规范的建筑。而节能率又分为计算节能率和运行节能率。

　　建筑与自然界中的阳光和空气流动、土壤和水源等进行交换能量，在没有使用采暖和空调设备的情况下，建筑内部的空气温度叫作自然室温。按照每小时 1 个气象数据，可以计算出全年 8760h 的自然室温。当自然室温达不到热舒适条件，不适合人居住和工作时，需要使用采暖或空调设备。可以使用这种技术工具来评价不同技术方案的节能效果和采暖、空调设备的使用时长。

　　通过增加围护结构保温性能减少冬季采暖能耗的原理和技术已经被普遍掌握和推广。但针对夏季制冷空调的节能原理和措施还很少被使用者所了解和掌握。因此在下面做一些介绍。在民用建筑夏季房间温度过高（房间过热）的主要原因是阳光辐射，次要原因是人员密集和设备散热量大。即使严寒和寒冷地区的建筑，在夏季室外温度不高时，如果窗户位置和大小不合理，也会有很多的热量进入室内，产生室内温度过热。在这种情况下，无需使用空调降温，只要合理采用遮阳措施或者加上自然通风就可解决室内过热问题。以图 5.8-1 为例，CDD26 表示室外日平均温度高于 26℃的空调日度数乘积，可以看出昆明、贵阳、兰州、西宁、哈尔滨这个数值接近为 0。在这些城市如果合理使用遮阳措施，再伴以一定的自然通风增加散热，或使用风扇增大人体舒适度范围，是可以在不使用空调而达到热舒适的。

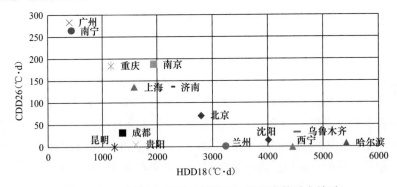

图 5.8-1　不同城市采暖日度数和空调日度数对应关系

　　防热设计就是在了解当地不同朝向的太阳辐射热规律（见第 5.4.1 节）的基础上，采取合理的遮阳措施，有效减少夏季进入的太阳辐射，以保证室内有比较好的热舒适环境，避免或减少使用空调，节省能耗，降低设备系统投资和维护费用。

　　保温与隔热是两个容易搞混的概念。冬季节能使用的是保温措施，而夏季节能使用的是隔热措施。隔热是指在热量传递过程中，热量从温度较高空间向温度较低空间传递时由于传导介质的变化导致的单位空间温度变化变小从而阻滞热传导的物理过程。通常，利用隔热材料来实现，也有通过空气动力等动态技术手段实现隔热。

　　在炎热的夏季屋顶和墙壁由于受到较强的太阳辐射作用，其表面温度会很高，要想保证室内空气温度处于舒适区间，就需要在白天采取隔热策略，把热量蓄存在建筑结构内，而在晚上由通风把蓄存在建筑结构内的热量带走。这需要进行围护结构隔热措施设计，屋顶和外墙的隔热措施设计及自然通风的作用和组织设计。加隔热设计后屋顶、室外和室内空气温度如图 5.8-2 所示。可以看出，由于隔热措施的作用白天室内空气温度低于室外，表明热量蓄存在建筑结构中；而当夜晚室外温度降低时，这些热量又释放出来，使得室内温度升高，需要由通风排到室外。显然，这种技术的使用是有限制的，特别需要夜间通风和白昼之间有较大的温差存在。

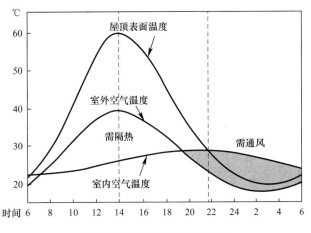

图 5.8-2　建筑夏季防热对策

围护结构（屋顶和外墙）隔热是防止夏季室内过热的重要途径。要提高建筑的隔热性能（降低自然通风条件下的室内壁面温度），其设计原则包括：

（1）隔热的侧重次序：屋顶、西墙和东墙；

（2）降低室外空气综合温度；浅色、平滑的外饰面，设外遮阳；

（3）在外围护结构内设通风间层；白天隔热好、夜间散热快；

（4）根据当地气候、使用性质和隔热部位合理选择隔热措施；

（5）在屋顶绿化或使用水蓄热层，利用水的蒸发和植物的蒸腾和光合作用，降低屋顶太阳辐射热；

（6）屋顶和东西外墙要进行隔热计算；

（7）充分利用自然能源；

（8）空调建筑的围护结构传热系数应符合国家标准的规定。

外墙的措施与屋顶类似，只是墙体为垂直部件，在构造上有特殊的地方。

隔热层是指砌筑墙体的材料或制品夏季阻止热量传入，保持室温稳定的能力。通常是指围护结构在夏季隔离太阳辐射热和室外高温的影响，从而使其内表面保持适当温度的能力。隔热性能通常用夏季室外计算温度条件下（即较热天气时）围护结构内表面最高温度值来评价。夏季，建筑防热最不利情况是晴天，太阳辐射强度很大，白天在强烈阳光照射下，围护结构外表面温度远远高于室内空气温度，热量从围护结构外表面向室内传递。夜间在围护结构外表面温度迅速降低，受向天空的长波辐射影响，外表面温度甚至可低于室外空气温度。对多数无空调建筑而言，在夜间，热量从室内向室外传递。基于室外热作用特点，夏季围护结构传热应按以 24h 为周期的周期性不稳定传热计算。而隔热也是夏季的传热过程，通常也是以 24h 为周期的周期性传热来计算。

室外综合温度以 24h 为周期波动。同一天同一时刻，同一建筑各朝向围护结构室外综合温度不同。屋顶室外综合温度最高，其次是东、西墙。因此，对于有防热要求的建筑，对屋顶及东、西墙必须进行隔热处理。太阳辐射当量温度对室外综合温度的影响很大。影响太阳辐射当量温度的三个物理量中，只有围护结构外表面太阳辐射热吸收系数是人为可控制。外围护结构可通过选用太阳辐射吸收系数较小的材料，在允许的情况下也可使用隔热涂料，来降低太阳辐射当量温度对建筑的不利影响。

隔热涂料是指降低物体表面温度提高节能率。隔热涂料是集反射、辐射与空心微珠隔热于一体的新型隔热降温涂料，涂料能对 $0.4 \sim 2.5 \mu m$ 范围的太阳红外线和紫外线进行高反射，不让太阳的热量在物体表面进行累积升温，又能自动进行长波辐射散热降温，把物体表面的低温热量辐射到天空中去，降低墙壁外表面的温度，即使在阴天和夜晚涂料也能辐射热量降低温度。同时在涂料中放入导热系数极低的空心微珠隔绝热能的传递，即使在大气温度很高时也能减少外部热量向墙体内侧传导。三大功效保证了隔热涂料的降温效果。在阳光强烈照射时，刷隔热涂料比不刷可以降低物体表面温度 20℃ 以上，在阴天和夜晚可以降温在 3℃ 以上或是降低到与大气温度一致。

扩展阅读：被动房介绍

被动式节能房是基于被动式设计而建造的节能建筑物。被动式房屋可以用非常小的能耗将室内调节到合适的温度，非常环保。

（1）被动式房屋不仅适用于住宅，还适用于办公建筑、学校、幼儿园、超市等。

1990 年，最早的一批被动式房屋在德国达姆施塔特建成。1996 年，德国被动式房屋研究所在达姆施塔特成立，致力于推广和规范被动式房屋的标准。此后，有越来越多的被动式房屋落成。

（2）19 世纪 70 年代，建筑师和科学家就开始研究零能耗的房屋，把能耗降到零是十分苛刻的，尽管从理论的角度它是可行的，但是因为极高的造价和复杂的工艺，至今为止还只是停留在科研项目层面。

（3）截至 2010 年，仅在德国就有 13000 多座被动式节能屋投入了使用（2012 年全世界有 37000 座），有独栋房屋、公寓、学校、办公楼、游泳馆等。

（4）被动房屋的基本原则就是能效。杰出的保温墙体、创新的门窗技术、高效的建筑通风、电器节能都是解决能效的基础。

被动房的基本性能要求：

供热能耗特性值：最大 $15kWh/(m^2 \cdot a)$（供热消耗，用户端的，不包括供热制热损失，不是一次能源）；

压力测试换气指数 n_{50}：最大 0.6 次/h

所有能耗的一次能源消耗总计：最大 $120kWh/(m^2 \cdot a)$，包括家用电器、热水、制冷、供热等所有耗能。

所有热桥的损失系数：$<0.01W/(m \cdot ℃)$

(http://zhidao.baidu.com/question/541509680.html)

扩展阅读：北京旧房节能改造

对北京砖混建筑围护结构进行保温结构改造，其检测与监测按以下方式进行：

（1）全年用电量监测：在过渡季及夏季对样本建筑中全部住户的用电量进行定期监测；

（2）室内外空气温度检测：分别在夏季冬季对室内外空气温度进行检测；

（3）建筑物采暖耗热量检测：在冬季正常采暖后，连续测试供热量，计算建筑物采暖耗热量；

（4）外窗气密性检测：测试其气密性；

（5）红外热像检测：在冬季正常采暖后，检测建筑物各立面红外热像图分析改造效果

砖混建筑围护结构改造后，其结果如下：

（1）实测采暖节能率为35.0%，理论计算采暖节能率41.7%，实测节能率与理论相比，测试结果略小于理论节能率，主要原因是改造样本建筑的2/3是外墙外保温，1/3是外墙内保温，后期内保温部分被住户自行拆除；

（2）未改造建筑部分居民家中室内温度不足14℃，已改造建筑居民家中冬季室内温度均高于18℃，此类改造极大地改善了室内采暖居住环境，提高了舒适度；

（3）每平方米可节约标准煤5.89kg，以建筑面积为5000m² 计算，全年节约标准煤29.5t；

（4）以建筑面积5000m² 计算，全年减少向环境排放粉尘21.73t，二氧化碳73.62t，二氧化硫2.22t。

（参见第6章参考文献19）

扩展阅读：中央空调间歇使用节能率

对某房间在两种使用情况下的中央空调总能耗进行分析计算。一种情况（1）是24h连续运行不间断，一种情况（2）是在上班从8时开始到18时停止运行，但提前1h在7时预冷运行，因此全天运行时间为11h。由物理模拟分析得到每小时（0~23时）的冷量需求见下图，假设按这个需求供冷。

第一种情况，全天24h的总能耗为8067Wh；而第二种情况，全天的能耗为5302Wh。两者相比，第二种情况可节省34.3%的能耗。如果运行时间更短，其节省的能量比例也会越大。因此，对于不连续使用的建筑空间（如住宅、会议室等），可以按间歇使用方式配置空调设备，其配置容量要比连续使用时大，要求预冷时间越短，其增加的容量也越大。

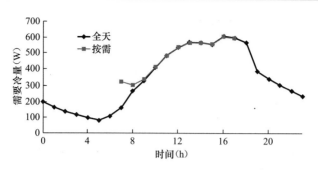

（参见第 5 章参考文献 3）

5.9　建筑物理模拟

随着新建建筑开发速度的放缓，人们对居住环境、办公环境等的品质提出了更高的要求。这种对高品质建筑的需求，很大程度上可以通过提供建筑各项物理性能来实现。实际项目的设计，往往需要对多个不同方案进行优化设计评估以选择最佳方案。建筑物理模拟用来评估建筑物理性能的一个很好的工具。借助于物理模拟，设计师们可以在方案的规划和设计阶段，就能预测建筑物落成后各种建筑物理环境状况、量化各种建筑物理指标、优化设计因子，可以及时发现现有方案中的不足，不断优化调整、逐渐修正和完善方案。建筑物理模拟也是绿色建筑体系中所必须的。通过对比建筑和设计建筑性能参数物理模拟对比，使设计方案满足体系对性能提升的要求，同时也在绿色建筑评估中得到满意的分数。

建筑物理环境包括热环境、光环境、声环境以及室内空气品质。建筑物理环境模拟是对设计方案建立几何和物理模型，通过大规模的计算机求解，用量化和可视化的手段来描述建筑物理环境。完整地描述建筑物理环境需要一套量化的指标，而通过模拟计算这些指标参数，就可以得到用以评价建筑物理环境优劣的重要数据。一般，建筑物理所模拟的物理环境指标见表 5.9-1。

建筑物理环境模拟指标　　　　　　　　　　　　　　　　表 5.9-1

物理环境	相关指标	对应计算机模拟
建筑热环境	室外热环境（温度、湿度、风速）	CFD 计算流体力学
	室外风场（风速）	
	室内风场（压力、流动场）	
	室内空气温度、湿度、风速、热舒适	
	建筑冷热负荷	负荷计算
	建筑能耗指标	建筑节能计算
建筑光环境	日照小时数	日照模拟
	采光系数	采光模拟
	室内亮度、照度	
建筑声环境	室外噪声	声学模拟
	室内声学	
室内空气品质	污染物浓度、空气龄（换气次数）	CFD 计算流体力学

1. 室外风场模拟

当建筑布局比较复杂，无法根据主导风向和建筑朝向来评估建筑的通风潜力时，可以借助专业的CFD模拟软件来辅助分析。借助于CFD软件的强大的模拟分析功能和虚拟现实技术，可以帮助设计师再现主导风作用下建筑的通风性能。图5.9-1是杭州某综合体内部步行街在室外自然通风情况下的风速分布情况。图中不同颜色表示不同的风速，颜色越蓝，说明风速度越低；颜色越红，说明风速越高。图5.9-1中存在三个风速过大的通道。按国家《绿色建筑评价标准》、各地市的绿色设计标准以及审图机构的要求，人行道等区域的风速应满足标准要求数值。图5.9-2是为了改善本项目的室外风场给出的修改设计建议。

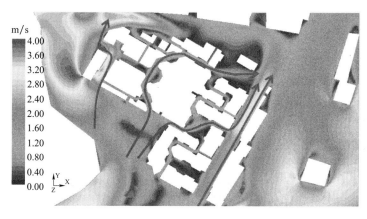

图 5.9-1　杭州某商业综合体内部步行街的风速分布图

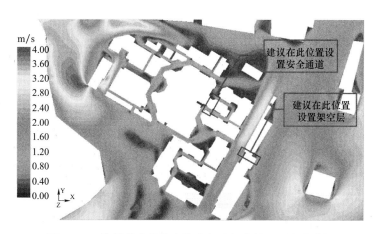

图 5.9-2　杭州某商业综合体内部步行街的通风改善建议

2. 室外热环境

为了缓解城市的"热岛"现象，通过合理的建筑布局和设计、搭配使用高效美观的绿化方式、配合不同植物的组合以及设置合理的水景，可在一定程度上减少热岛强度，为人们的室外生活、休憩提供一个良好的环境。图6.5-3为某住宅小区项目室外热环境模拟（建筑表面温度分布）。这个计算结果是通过建立三维建筑模型，并设置合理的绿地面积、水景，然后借助CFD计算流体力学软件计算得到的。在设计过程中，往往有多种备选方案。通过室外热环境的模拟，可以对这些方案的性能进行较全面的分析和比较，从而选择一个热环境最好的方案。

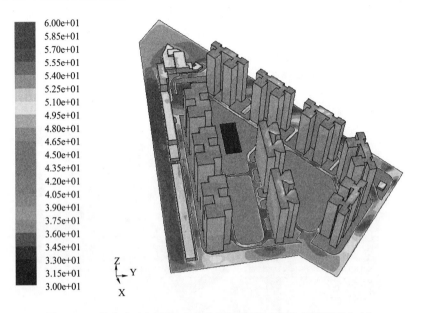

图 5.9-3　某住宅小区项目室外热环境模拟（建筑表面温度分布）

3. 日照模拟

图 5.9-4 是某小区模拟分析后得到的区域日照时间分布图，不同颜色表示不同的日照时间。国家建筑标准中对不同用途的日照时间有强制要求。通过日照模拟，合理确定建筑的相对位置，降低相互遮挡作用，在满足国家标准规定的基础上使所有建筑房间的日照时间更长，增加室内人员的健康水平。

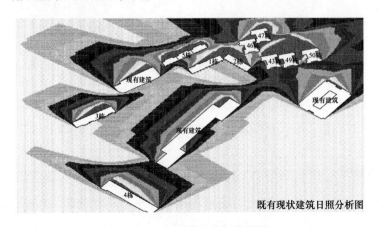

图 5.9-4　日照模拟分析结果图

4. 采光模拟

图 5.9-5 是在阳光透过窗户在室内各表面的自然采光亮度图，不同颜色表示亮度不同。各表面亮度与最大亮度位置与材料表面反光性能有关。在满足采光率指标的基础上通过模拟分析优选窗户的位置和大小，同时也考虑日照时间最优，按不同时间室内亮度的分布情况，来确定遮光/遮阳帘的开启关闭时间和电光源照明分区控制，使室内达到更好的采光和热舒适效果。也可以根据模拟结果改变室内各表面的反光系数，达到更舒适的视觉效果。

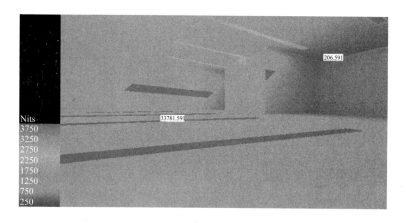

图 5.9-5　某项目的室内采光亮度图

5. 室内风场模拟

利用 CFD 计算流体力学软件，在设计方案的过程中，虚拟显示出不同风速、风向作用下的室内风场。通过对模拟结果的分析，发现通风良好的位置、通风不畅的位置。然后，再通过修改窗户的大小、位置或设置捕风窗等局部构造，来改善设计方案的通风效果。

图 5.9-6　某住宅平面布置的风速模拟图

6. 建筑冷热负荷

采用当地气象数据对建筑整体或单独房间全年 8760h 的负荷情况进行模拟计算，得到冷热负荷，可据此结果合理选择采暖和空调设备和控制系统。图 5.9-7 是某建筑的实时负荷计算结果，水平坐标为月日。

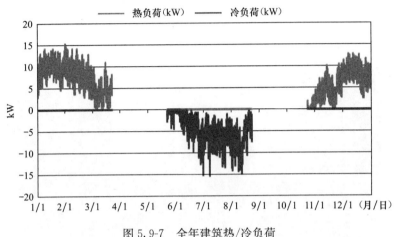

图 5.9-7　全年建筑热/冷负荷

同样，可以模拟计算不使用采暖和空调情况下的自然室温，并在此基础上确定有效利用围护结构（热工）和被动措施的方案。图 5.9-8 中红色是全年室外气温，蓝色是自然室温，当自然室温达不到舒适状态时，需要开启采暖和空调设备。

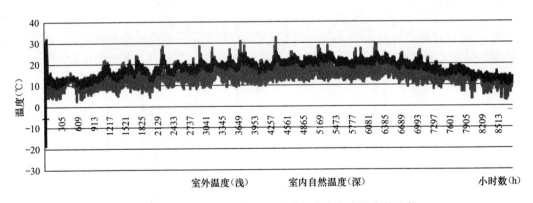

图 5.9-8　无采暖和空调情况下室外温度和室内温度的比较

7. 室内热舒适/空气品质模拟

通过建筑物理模拟还能解决很多技术问题。如可以使用物理模拟计算热舒适度，以热舒适指标 PMV 衡量热环境质量。用来比较和评价空调系统与恒温恒湿恒氧系统的效果优劣。图 5.9-9 是恒温恒湿系统中安装在顶棚的毛细管辐射末端。通常认为，使用辐射系统可以使室内空气和墙壁温度分布得更均匀，可整体提高室内的热舒适度水平。

图 5.9-10是模拟计算 PMV 舒适度结果，可以看出，使用毛细管辐射系统的确可以达到热舒适度较高且分布比较均匀的效果（只有阳台处略差）。

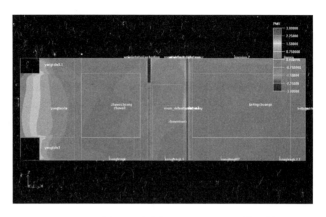

图 5.9-9　毛细管辐射末端　　　　图 5.9-10　房间夏季热舒适度（PMV）模拟结果

8. 噪声模拟

对于一个项目的开发，室外交通噪声是一个比较烦恼的问题。但可以噪声模拟来预测室外噪声。首先，建立项目的建筑模型；然后，设置道路的车流量；最后，使用噪声模拟软件来计算出项目场地范围内的噪声高低。

图 5.9-11 为武汉某小区建筑位于高架路和两条新建道路所围三角形区域内，为了保证今后居民的正常生活环境，因此做声环境模拟分析，分析后的结果见图 5.9-12。由分析结果确定需要采取的相应措施，以使环境噪声符合国家居住建筑标准要求。

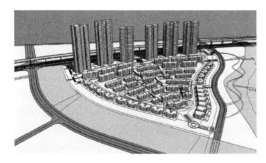
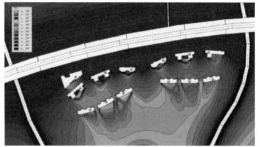

图 5.9-11　小区位置模型图　　　　　图 5.9-12　小区噪声分布图

9. 建筑全年能耗模拟

建筑方案确定后，围护结构等参数和使用情况等都定下来，就可以做能耗计算了。国家和地方对公共建筑和居住节能都有具体的节能要求，而具体能节能多少需要参照建筑和设计建筑的对比分析来确定。参照建筑是按满足国标规定的一个建筑物理模型。

某案例计算结果见表 5.9-2。可以看出，采取了节能措施后的设计建筑分项能耗相对于参照建筑都有不同程度的节能率。总体算下来，本项目设计建筑能耗比参照建筑节能 24.36%。

建筑能耗（电）比较表

表 5.9-2

耗电量种类	参照建筑耗电量（kWh）	设计建筑耗电量（kWh）	节能率（%）
制冷	754565	497944	34.01
制热	333863	282564	15.37
辅助加热	38881	22918	41.06
风机	181308	148049	18.34
泵与其他设备	14718	12362	16.01
办公设备	1026651	838793	18.30
照明	945660	690170	27.02
总和	3295646	2492800	24.36

根据表 5.9-2 可以计算出设计建筑年耗电量占参照建筑年耗电量比率为：100%－24.36%＝75.64%，满足《绿色建筑评价标准》GB/T 50378—2006 优选项 5.2.16 "建筑设计总能耗低于国家批准或备案的节能标准规定值的 80%" 的要求。同时，根据现行的 LEED V3 的新建建筑评价标准，可得 7 分。满足《绿色建筑评价标准》GB/T 50378—2006 优选项 5.2.16 "建筑设计总能耗低于国家批准或备案的节能标准规定值的 80%" 的要求。而根据最新版《绿色建筑评价标准》GB/T 50378—2014 评分项 5.2.6 "合理选择和优化供暖、通风与空调系统，评价总分值为 10，根据系统能耗的降低程度评分"。该条文主要评价内容是供暖、通风与空调系统，不含设备和照明。因此，根据上面的数据，计算能耗降低程度 27.17%，可得 10 分。同时根据现行的 LEED V4 的新建建筑评价标准，可得 10 分。

5.10　建筑室内环境系统

狭义上的建筑环境设备系统指暖通空调和燃气设备；而广义上的建筑环境设备则是指建筑内与健康和舒适有关的相关机械、电器设备和系统控制的综合，也就是第 2.2 节人类工效学中的 "机"。在广义的基础上，建筑室内环境系统是实现健康、舒适、高效、便利和节能的具体工具，但在实际使用中还需要合理选择系统组成、优化运行控制方案，做好全年运行的策略计划，并实施节能措施。

5.10.1　建筑室内环境系统设计

在本章中，将影响光（自然光、照明）、声（隔声、吸声）、热（冬季、夏季）、湿（加湿、高温除湿、常温除湿、防结露）、空气质量、水质量（生活用水、热水、饮用水）、自动和智能控制、节能措施等项都列入建筑室内环境系统中，从预防疾病、舒适愉快、工作效率、心理健康和节能效果的角度提出对建筑结构、设备、系统和控制的要求，并对建筑室内环境的设计和改善方案进行效果评估，以确保实际使用效果。

涉及建筑环境的诸多因素相互关联，一个设备会与多项性能相关联，以窗户为例，开窗位置、朝向、大小、可开面积、透光率、传热系数、得热系数、隔声性能及调节控制措施，就与采光、通风、冬季得热、夏季得热、隔声和建筑能耗密切相关，忽略一项性能可能会造成建筑环境中存在不舒适现象。

还有电光源的选取，需要和日光采光互补，也要考虑不同使用条件下的光舒适度问题。在光源的选取上，不仅要满足光照度的要求，还要掌握好照明质量，照明效果，要从人视觉舒适的角度出发，选择合适的光谱颜色，考虑不同空间方向的亮度差异，创造更好的光环境，减少眼睛疲劳，保护视力。光源照明要掌握好光源与环境色彩之间的关系，除了亮度以外还要考虑由于照明引起的热量问题。很多情况下，不同时间、不同场合的使用场景照明要求是各不相同的，不同环境场景之间的转换需要控制来配合联动。日光照明亮度会随时间变化，在室内靠窗户的工位位置的亮度可能是没有阳光工位位置的 10 倍，而且光源和灯具被灰尘污染后其亮度也会大幅度下降。因此，定期使用仪器测试评估照明效果并保持定期清洁维护是必要的。

建筑环境是一个整体，其先后顺序是先做围护结构的方案，满足建筑节能、采光、自然通风、全年能量平衡的基本要求；然后是被动措施，根据自然调节的季节和昼夜变化情况，进行舒适性和节能调节；最后是建筑环境设备系统，也就是机械、设备和控制的综合体，这个系统设计用来无微不至地达到用户想要的要求。但是，由于使用中用户的健康和舒适性使用要求并不完全与物理条件相吻合，因此还需要从心理学角度，从专业人员的经验角度进行判断和调整，消除"负面清单"各项内容，提高使用者的满足程度，也提高环境的健康、舒适和学习工作效率水平。

除了满足围护结构（热工）-被动措施-机械系统的设计顺序外，对光、声、热、湿和空气质量、能耗也要有一个相应的工作程序，以保证能在整体水平下得到最佳的结果。一个例子是窗户的选择（见图 5.10-1），窗户是一个影响建筑能耗、影响采光、影响视野景观、影响声环境、影响通风及影响透过性的一个重要部品，其性能的选择要通过各项设计步骤，每个不同的步骤都有可能对先前的结果进行调整修改，需要重新再做一遍设计程序，以便同时满足先前和现在的要求。

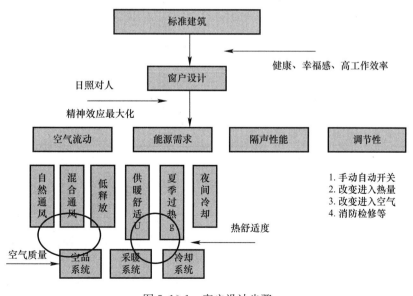

图 5.10-1　窗户设计步骤

建筑环境最主要的部分是建筑以最合理的方式利用自然资源，合理使用围护结构（热工）措施和被动调节措施，为机电系统最终保证全年使用效果打下一个良好的基础。以热舒适为例，根据第 3.3 节内容，可以在建筑设计中考虑以下措施：

1. 结构蓄热容量

建筑构造蓄热量大，可以减少室内温度的变化范围，扩大舒适区范围。温暖气候条件下，高蓄热量在夜间通过被动通风带走热量，使表面降温，可延长第二天白天的室内低温时间。夏天房间通过长时间的夜间通风，带走白天的蓄热降低表面温度，而冬天则保持表面温度温暖，以达到较高舒适度。根据每个房间的朝向和使用情况，优化建筑中每个房间的热性能设计。蓄热可作为节能措施的一部分使用，通过辐射加热或冷却楼板和墙体结构来激活它。

2. 湿度和直接蒸发

热舒适度受室内空气中含水量的影响很大。相对湿度会在很大程度上影响舒适感，特别在湿热地区。即使是正常温度下处于高相对湿度时，也是不舒适的，例如：25℃对应 95％相对湿度，仍然会感到不舒适的闷热。在炎热和干燥气候带地区，直接蒸发与自然对流通风、烟囱效应和刮风引起的被动通风相结合，可以对室内起到冷却作用。在欧洲北部和中部的气候条件下，在住宅中通常没有必要使用加湿和除湿。

3. 被动太阳辐射

太阳直接辐射作用于人体皮肤，会产生愉快的温暖效应。冬天的温室中，直接辐射产生温暖空气会提升建筑内表面温度。而且在过渡季低温时，热辐射可以极大减少加热需求。朝向会极大地影响室内的阳光热负载，一个全玻璃幕墙办公室建筑内的朝东房间会比朝南房间高出超过 65％的太阳热负荷，这将比同建筑内朝西的房间高出 100％。在拥有大尺寸窗户的建筑中，必须采取措施防止房间过热。新技术也在试验中，最近的住宅示范项目实际效果表明，可以采取阳光可控玻璃或动态外部遮阳与自然通风（通风冷却）相组合的措施，在夏季无过热的条件下获得高采光效果。

4. 围护结构外部措施

由外墙朝向和设计用途确定建筑围护结构方案，并与外部气候、地理位置相关。房间布局和朝向基于其使用功能确定。在冬季有连续供暖的建筑，睡觉需要较低的温度，因此卧室可布置在北面方向，以减少夏季太阳得热。在南立面，可使用固定的外部遮阳（如遮阳檐）减少夏季得热，而且不会对室外景观和采光产生不利影响。室内带高蓄热的保温墙壁、屋顶和建筑基础是围护结构高效、舒适的基本要求。窗户玻璃类型由朝向、夏天和冬天的热和光的总设计策略确定。移动式外遮阳可以增强窗户的低能耗和高舒适性。应在建筑内让用户能调节立面和顶面结构（打开窗户、操作遮阳），以便能在降低能量需求、减小暖通系统容量的基础上自行调节舒适度。

5. 热缓冲区

设计不同的缓冲空间，如冬季花园或建筑入口，在那里人们可以进入、整理行李、穿衣戴帽等，其温度缓冲区的作用，减少外部气候影响对其他房间热舒适的影响。热缓冲区的设置有两项功能：针对冬季热损失的保护（在阳光好的日子能获得热量）和扩展使用空间。在过渡季和冬季，缓冲区作为一个扩展房间使用，可以作为一个热空气集热器，额外吸收热量。在夏季中缓冲区的内部温度会更高，但由于建筑的封闭结构会起到降低热效应的作用，因此在夏季节这个房间不被使用。夜间被动式通风降温可弥补这些区域的白天过热。热缓冲区拥有复杂和适应性的建筑围护结构，可以调节建筑的舒适性和能量平衡。

6. 传感器控制通风

感受新鲜空气是舒适性的一个重要因素。在夏季，轻微的空气流动通过人体，会产生凉爽、舒适的感觉，而在冬季为避免风吹不舒适，会降低空气流速。在采暖季期间使用带热交换器的机械通风机，可以非常经济和高效、节能地提供内部的通风换气，而在过渡期开窗换气可获得适当的气流速度，使人舒适。在制冷季的夜间，可使用自然通风来冷却墙壁，带走白天进入的热量。即使在炎热的夏季，良好速度的自然通风（流动的空气）也能营造出凉爽、新鲜的舒适感觉。

7. 室外景观

几乎所有内部空间都需要能通过视野与外部环境相关联，室外气候扮演不同景色的角色，这是人类的基本生活体验。建筑地理位置决定了室内气候的年度和季节变化情况。区域位置（农村、城市）给定了环境气候，微观气候对特定位置的建筑热性能有重大影响。建筑形状、朝向、材料、建筑服务和能源系统等特性是气候环境的整体结果，也就是说，室内热舒适性是由多变的环境因素（如风向和风速、太阳辐射、湿度和温度）所联合决定的。

以采暖系统为例，传统的采暖系统设计都是以房间空气温度为设计控制点，但实际情况是使用者更喜欢没有气流的辐射供暖方式，而不喜欢有吹风的对流供暖方式，特别是在长时间停留的地方，如住宅。但是辐射供暖的温度控制特点与对流供暖有很大的不同，其房间温度变化速度要缓慢得多，因此对流供暖空调使用的房间温控器并不是辐射供暖的最佳控制器。从节能角度讲，开关控制也不是辐射供暖的最好调节方式。中国北方地区冬季处于太阳净辐射负值条件，需要连续供暖以保证室内温度，因此最简便的控制是气候补偿，根据室外气候温度变化情况自动调节供水温度以相应增加或减少供热量，保持室内温度和舒适度处于合适水平。但这需要建筑具有高蓄热性热惰性指标高，而木结构建筑不具备这样的性能，因此不使用于木屋建筑。中国南方的采暖是补充性的，需要自行付费，主要用来对付室外温度下降而引起的不舒适，属于间断供暖，采暖系统要求有快速调节能力，需要增大采暖系统热容量，而房间需要使用温控器防止房间过热以节省能量消耗。因此南北方气候不同、采暖付费方式不同、系统特性也不同、使用控制都不一样，在设计上使用的节能策略也不相同。

建筑内通风总共有三个方面的作用，为建筑降温、增加人体散热、改善室内空气质量。这三方面的内容已经在第 5.4.2 节做了介绍，前两项内容一般都是用自然通风被动措施实现，而后者则是由通风换气系统保证实现，见第 5.6.3 节。在采暖和空调使用期间，使用带热回收的通风换气系统可以减少能量损失；而在非采暖和空调使用期，可以优先使用自然通风换气，除非室外空气质量不满足健康要求。另外，对建筑内湿度的控制，也可以通过通风换气系统来实现。对于使用时间和人数不确定的房间，可以根据室内的 CO_2 浓度情况按需供风。与自然通风相比，机械通风换气系统需要较多的保养维护；如不能准时维护保养，将大大降低系统性能。

在北方，以往建筑节能不高的情况下，采暖期中由于室内外温差比较大，窗户缝隙会产生一定的气流，能保证室内空气质量的一般要求。而提高建筑节能标准，房间的气密性大大提高，冷风渗透已经被控制在很小的范围内不再能满足室内空气质量要求。建筑节能的进步也带来对建筑设备系统要求的变化。从太阳辐射角度看，在高纬度地区即使室外温度只有 10℃ 的情况时，阳光过量进入也会导致室内过热。特别是夏天，这些热量会存在建筑结构中延迟后会造成夜间房间热不舒适。对这个问题最好的处理策略是遮阳，减少太阳辐射热量的进入量，而不是使用空调系统供冷做冷热对冲浪费能源。首先，应该在能量平衡层面上做决策，设计或不设计遮阳措施，建筑空调系统的设计容量和能耗会有巨大的差别。即使是空调制冷量能达到温度控制要求，但空调条件下的热舒适度还是远低于遮阳条件下的自然舒适度，因为空调无法消除温度在建筑空间内的不平衡分布，即空间局部过热或过冷，都会引起热不舒适（见第 2.2 节）。一个好的建筑，应该在全年 8760h 中，通过热工和被动措施使自然舒适时间（不使用采暖和空调但满足热舒适）最大化。这对住宅和某些商业设施从节能角度来讲是合适的，但对办公和学习场所而言，由于工作和学习效率是第一位的，其被动措施主要是用来提高舒适度要求。

暖通空调系统的选型设计不是固定要求涵盖的，应根据使用场合来确定其健康、舒适、高效和便利性要求。物理参数只是健康环境的必要条件而不是充分条件，更高标准是促进身心健康、保证舒适度和提高工作学习效率为中心的，要以用户的使用感受做改善依据，系统要具备一定的调节控制能力适应不同用户的舒适喜好和使用条件变化（如灯具变脏等）。采暖和空调的供热和供冷形式（辐射、对流或组合）更多需要客户根据舒适度感受和使用特点来选择，确定综合控制要求。室内空气质量除了用感官评价外，还要用专业测试数据来评估。通风换气系统的最低要求是去除人体活动产生的污染（以 CO_2 为代表），而由于建筑材料、家具和装饰而产生的污染物（甲醛、TVOC 等）则主要由正确选择材料减少释放来对应，而不是释放到空气中，再由通风换气系统或净化器来处理。

评估建筑环境要从卫生性、舒适性、工效和心理性四个角度出发，要确定好次序，因为这些功能要求会在一定程度上出现相互矛盾的情况。对建筑环境对生理器官和疾病的影响是健康范围，这些影响一部分是显现的，而大部分是潜现的。显现部分，比如严重的污染气味会让人们睁不开眼，噪声和眩光让人们远离，这些用本能反应就可以处理。而潜现部分，如甲醛的危害、长期视疲劳、肺部损伤则只有在得了白血病、戴了眼镜、慢性肺阻发作后才被认识到，悔之晚矣。舒适范围主要是人的生理和心理所体现的对外界环境的本能反应，如冷感觉、热感觉、冷热不平衡感觉、异味感觉、视觉不平衡感觉、听觉不舒适感觉等，这些感觉许多需要精确控制环境才能克服，而且需要良好的维护管理才能保持环境始终处于良好舒适状态。高效是在行为学和心理学研究的基础上找到的保持学习和工作效率的环境条件措施，对于学习和高人力成本的办公室，对环境改善的投入可以带来学习成绩和工作业绩的良好回报。对商业空间也存在高效效应，珠宝店需要用光环境展现珠宝玉器的华贵典雅，眼镜店需要用亮度增加眼睛的辨别能力，以促进其商业目的。便利更多的是实现其他几种目标的调节和控制方式，让使用者可以清楚、明确地理解对环境调节所需要对应的处理方式，而不是对用户做专业培训要求他们使用专业知识进行分析判断该使用那种控制功能。节能则是指实现上述目标所需要的能量消耗，以及是否存在节约的潜力。这个选择需要在建筑环境设计的开始阶段就明确，否则在后续阶段改正需要花费更大的成本。比如，控制甲醛污染，在材料和家具的选择上可以达到最好的效果，而如果没有在这个阶段做有效控制而把控制点放在机械通风换气系统或净化器上面，其结果是即使增加很多成本、增加很多维护保养措施，可实际效果还是不尽如人意，因为设备的性能都是在实验室得到的，是新设备的效果，在实际正常使用中会打很大的折扣，而且如果设备维护管理不当，还会出现其他麻烦。

设备和系统都有控制面板，由使用者做实际控制。但由于有些控制需要专业知识判断（如防止过热的遮阳时间）或需要不同设备之间的联动控制（如关窗后机械通风启动），因此需要配置自动或智能控制，以便能达到更好的效果。目前，物联网监测仪发展很快，测试数据联网已经没有技术难点，但还需要在数据层面做更多的工作，融合各种数据，进行专业分析得到优化控制条件，提升使用效果和使用效率。如室内环境参数（光、声、热、湿、空气质量等）与人体数据（体温、脉搏、血压等）可以评价环境对健康的直接影响，解决诸如好睡眠的环境要求等问题，这是大健康发展方向。而室内环境数据与气象和气候数据相结合，可以提供更好的实时控制方案，提高建筑节能水平；室内环境数据与其他联网设备相结合，可构建全面智慧化建筑服务体系，增加智能控制和能源控制水平，提升售后服务能力。智能控制要解放使用者，在云平台的基础上，获取更多的资源信息，在更大程度上使用数据驱动，实现最优控制结果。使用者只是在特殊情况下才介入控制，而不是控制器不离身时时刻刻做调节控制。以往各个环境参数之间，各种环境设备和系统之间缺乏一个顶层评价体系，因此各个参数、各个设备和系统都是独立控制，相互之间存在负面影响和作用，无法实现整体最优。而健康环境体系，以健康、舒适、便利、节能为基本评价要素，整体审核系统和控制逻辑，因而可以实现建筑整体环境的便利化控制，为建筑使用者带来最大化的价值提升。

以住宅的温湿度独立控制系统（恒温恒湿系统）为例，设计者的想法是把热量控制和湿度控制分离开来，可以在更大程度稳定地调节房间舒适度，并同时增加建筑围护结构的性能提高建筑节能水平。但在实践中：

（1）这种系统是作为暖通系统单独实施的，其需要全年运行，这样即使建筑的冷热负荷不大，但全年运行的能耗还是比其他用户自行控制的能耗要高；

（2）减少了自然舒适。这种系统不让用户开窗或把可开窗部分设计的很小，剥夺了用户和自然空气的接触；

（3）与具体生活内容相矛盾。这种系统内部空间都是密闭的，而生活中的开抽油烟机、长时间洗浴和吃火锅都会打破系统的温湿度稳定和平衡；

（4）舒适度调节。要么是物业全楼各户一种供应状态，要么控制非常复杂一般人无法掌握，没有便利性可言；

（5）维护。这种系统连续运行，需要懂技术、负责任的维护服务，而一般物业公司很难胜任，用户自己也无法实现，第三方服务则成本很高。目前，北京的项目中已经出现停止恒温恒湿服务，改为只提供供暖服务的例子。因此，片面从一种环境舒适角度出发、片面控制物理参数角度，是无法实现健康、舒适、高效和便利、节能综合效果最佳的。

建筑内用水系统含三个部分：一是生活中以洗浴和洗衣为代表的生活用水；一是以饮用和做饭为代表的饮用水；还有就是提供生活热水。不同的用水有不同的质量要求，不论出厂前做了怎样的控制，自来水在用水点只能达到无细菌、无味、无悬浮物的基本要求。除此以外，在建筑内还有一些水系统，如采暖和空调系统中的存水、热水系统中的存水、蓄水罐中的存水，这些水可能是与自来水系统连接在一起的。如果设计不当，一处污染是可以扩散到其他系统的。也就是说，采暖系统中的细菌可能会扩散到自来水中，被饮用到身体里。在水的分级使用上，要避免不同质量的水相互扩散，要使用有性能保证的隔断阀（普通单项阀做不到）隔绝不同等级的水系统。对饮用水要采取过滤（去除悬浮物）、净化（去除不利化学物质）、纯净（去除水分子以外的物质）等工序进行处理。而对生活用水的主要处理是去除铁锈、颗粒和硬度。水处理设备也要定期地检查和维护。另外，水路系统必须采取措施，防止漏水造成损失。漏水是目前建筑内最常见的故障，由于事先无法确定准确的漏水位置，因此使用漏水报警器也无法杜绝漏水问题，更好的办法是在供水管路上安装流量切断保护阀，当出现实际流量偏离实际使用情况（如长时间流水或连续流水量超过正常值）时，自动切断供水。从人与水的关系角度看，也存在健康、舒适、便利和节水的问题，其解决策略与其他健康环境部分类似。

总之，建筑室内环境系统由光、声、热湿、空气质量、水等多个系统，以及控制和对策组成。由于是物理系统，因此在设计、安装验收和实际使用中都采用物理指标来衡量其技术水平，但这并不意味着不需要考虑空间占用者的评价。恰恰相反，空间占用者的预防疾病、舒适愉快、人机工效和心理健康是建筑室内环境系统设计的核心目标，而物理指标只是一个中间过程。明确了这一点，也就找对了建筑室内环境系统的真正价值，也就可以对千变万化的建筑室内环境作出最佳的方案。建筑的最大价值是对空间占用者的健康起促进作用，而不是相反。

5.10.2　验收、运营和维护

健康环境的验收是在其他专业验收的基础上进行的，再以健康、舒适、高效、便利和节能的评价标准，对环境整体的表现予以检查，发现问题并及时改正。这个验收在现场进行，贯穿整个施工过程中，比如在装饰和暖通系统施工中出现的会导致污染物释放（如气味非常浓的胶粘剂等）和转移（如灰尘进入暖通系统管道）的施工过程会受到制止，直到改正为止。健康环境中，对采光、隔声和通风换气量的要求，都是可以用仪器在现场测试的，空气质量可以采用现场采样实验室分析的方法实现，而采暖、空调效果、结露情况不是在任何时间都可以测试评价的。目前的手段是邀请专家和测试人员，去现场查找可能会导致出现不健康、不舒适、不便利和不节能的情况，比如存在潜在有毒物质的装饰材料\反光效果不正确的地面材料等，尽早发现，及时处理、解决。在正式交工使用前，应对整个建筑实施强制通风，每平方米通风量达到 4300m³ 后，才能有效保证把装修过程中产生的污染物清理干净，这大概需要 15 天的时间，对空气温度的要求是大于 5℃。强烈建议，在施工过程中检查现场施工质量。这样可以评估包括提供的每个产品和服务是否与设计要求相符合，也就是需要进行现场工程质量控制。这种控制应在整个施工期间内进行，允许在完工前进行返工修改。经验表明，不受控制的工程会导致能量消耗比设计估算值高 10%～20%。

施工结束后，供应商应提供系统安装、维护和使用手册，并对用户进行使用培训。这个手册应包含系统的详细技术信息，以便第三方人员可以依据这个手册在未来实施维护管理和维修服务，甚至是系统改造升级。应制定一个系统维护管理制度，定期做好维护工作，以便使系统可以正常发挥其作用，避免未能及时维护保养所造成的效果下降、能耗升高的情况。特别是通风换气系统，过滤网堵塞后会出现过滤下降、风量减少、噪声和能耗升高等不利情况。要为今后的检修提供足够和方便的维护空间，要在系统寿命周期内的制定维护保养计划。最终建筑能耗明显取决于建筑内的用户行为和所安装的建筑设施。经验表明，同一栋楼内不同用户行为的能耗会差 2 倍或更多。重要的是，要帮助用户进行简单监测，提高建筑设施使用效率。对能量消耗和一些舒适参数（例如，室内的温度和湿度、CO_2 浓度）应进行定期监测，监测器安装在建筑可见的地方或使用手持仪器进行测量。如使用了可再生能源，也建议对其监测。这些监测可让建筑用户了解是否有负面性能出现。通过监测数据，可以调整优化系统，提高使用效果、降低能源消耗。一般，在使用后的第 1～2 年做系统测试优化工作。对健康环境来讲，每隔 3 年应做一次健康环境的专业检查。

一般，建筑具有 50 年以上的寿命，机械设备系统的正常寿命周期是 10～15 年，而装修工程大概是 8～12 年，建筑部品则具有较长的使用寿命。建筑部品和设备在整个生命周期中应具有使用维护简单、便利的特点，最大程度发挥其性能作用。

在新建和改造建筑设计时，应考虑室内环境调节的方式，应采用或优先采用尽量简单的使用维护方式，有最长使用寿命的设计方案。尽量使用自然能源方式进行调整控制，最好利用自限制原理的调整方式，使其可以自动改变控制量，自动达到设定范围。

以室内环境为例，设计应尽量增加不开启采暖和空调设备运行的时间，尽量使用自然通风。这些是可以通过改变建筑设计做到的，而且这样做的结果是不使用机械设备，也减少了人为控制，延长了设备使用年限，减少维护。通过改变建筑中的蓄热能力，可以使全天室内温度变化更稳定更合理。但是要做好平衡计算，否则在冬季有利的措施，在夏季可能会变成不利的措施。对机电设备而言，应使用性能稳定可靠的产品，而慎重采用最新的智能产品。控制器应有最合理的控制界面，简单人性化，不会产生误解，无须记忆。设备应建立档案，对使用、维护和维修应有计划，有记录。

建筑设备主要通过采暖、制冷、通风、照明、供电、供水、卫生设备、给水排水、通信、噪声控制、安全和消防等，为人们营造一个舒适、安全的工作和生活环境。建筑设备的状态对于保持室内环境处于良好状态是十分重要的，不良的状态将会导致设备运行效率的降低，引起舒适度下降、能耗增加和设备寿命降低。

维护方针：在设计初期就需要把未来的维护需求都要考虑到，维护必须合理地进行规划与组织以达到客户的整体目标。通常在设计阶段就制定一个初步的维护方针，可以确保设备有适当安全的措施，提供鉴别以及检验设备的办法，掌握设备需求等信息。

维护策略：维护策略是管理和维护方面的细节，其包括：满足法律规定、保证建筑使用者及设备维护者的健康和安全性、明确主要设备的正常性能范围、充分利用资源、资产维护。

维护计划：计划的维护是有组织的、可控制的，并且有公认的步骤，有几种类型：预防性维护、修复性维护、调节性维护、直接维护、预定维护、突发性维护、设计性维护。实际维护计划可能是多种维护的组合，要根据具体情况来做决定，要考虑可能得到的资源。

有许多标准用来判定建筑设备系统的性能和状态，例如是否能按最初拟定的要求反应正确的工作状态。从系统监测的能量消耗和其他数据也用来提供反馈，作为维护方式的一部分。因此需要提供系统供应商提供系统操作和维护手册。

维护工作可由物业管理人员或专业承包商进行。以下是一个项目维护工作清单：

（1）日常检查及工程设备维护；

（2）灯具更新；

（3）5 年一度的电器检修；

（4）便携式仪器检测；

（5）给水排水管道及排水设施、设备监测；

（6）电气安装的检查与管理；

（7）紧急事件反应及报警处理；

（8）设备安装现场监理；

（9）能源管理；

（10）防火系统及设备的使用测试及监测；

（11）故障修复。

维护的控制管理是一个不间断的行为，按照管理体系的要求，要求明确任务及责任并建立工作程序及报告格式，从而实现稳定、有效的控制。维护控制通常需满足双重审核：

（1）系统审核负责检查维护系统的详细正规程序（如：有计划的维护程序，记录保存及管理流程），以确保满足法律规定及用户要求；

（2）状态审核（如：成本目标、反应时间、设备停机维修时间及记录），监控维护系统的工作状态。

应参考国家法定规定的内容，制定检测和测试内容：

1）火灾：需要对火灾报警系统进行常规检测和调试，并且调试需做好记录。喷淋系统和灭火器同样需进行检测和调试。烟感系统也需要定期检测和记录其可行性。

2）燃气安全：燃气器具和系统都要确保处于安全状态，要求保养燃气器具并记录每年的烟道检查结果。如果检查和相关记录文件必须符合法定要求。

3）给水质量检查：给水质量检查主要是阻止细菌侵入及检查水处理设备的正常工作状态。相关检测过程需要恰当管理，结果需记录保存。

4）电梯设备：检查器安全性。

5）设备的使用固定：参考设备维护与使用手册的要求。

6）通风管道的卫生：避免管道成为污染源，二次传播污染。

建筑设备维修是最需要管理的工作之一，高质量的维护项目需要具有相关能力的人担任。一个能胜任的工作者，应经过良好的技术培训，具备丰富的经验，能够圆满安全地完成指定的工作内容。

环境的良好状态离不开设备正常运行的支持，但目前许多建筑内设备缺乏系统和有计划的维护和维护管理，缺少管理制度和记录文件，往往不能充分发挥设备的正常功效，达到设计使用效果和正常能耗水平。

扩展阅读：恒温恒湿恒氧住宅

经常有高端地产项目描述自己是"恒温恒湿恒氧"，其特点如"在全置换独立新风系统力抗雾霾、24h提供鲜氧的同时，更能实现恒温恒湿恒氧的效果。针对温度的调控，其地源热泵系统、天棚毛细管网系统和外窗外维护系统带来了四季如春的舒适。地源热泵利用地下110m地源温度场。对室内进行加温、降温，保持室内温度常年控制在22～26℃，节能环保。而顶棚毛细管网利用热辐射原理，均匀地洒射到屋内的每个角落，使屋内达到了恒温，有效控制室内温度。此外，由断桥铝合金和双银中空Low-E玻璃组成的外围护系统，有良好的断热性能，起到冬天室内暖流不流失的效果。与此同时，负氧离子空气系统和独立新风系统，保持室内湿度常年控制在30％～70％。这样的房间自然能拒绝干燥，尽享四季温润。"一时间，恒温恒湿恒氧好像就是高舒适的代名词，部分恒温恒湿恒氧项目也受到用户的接受和肯定。

实际上，恒温恒湿恒氧受到用户欢迎的真正原因，是这种系统采用了平稳度更高的辐射供热/供热方式，并消除了引起人不舒适的风速和空调噪声。另外，24h通风换气可以使室内空气质量有保证，减少室内的不良气味。设备系统按项目集中设置，控制维护服务由物业公司完成，取消用户控制环节，让用户更便利。但是，这种模式也受到另外一些业主的诟病，温度调节能力差、窗户小、不能开窗通风，使用不当墙壁会结露，甚至不能在家里吃火锅。另外，由于恒温恒湿恒氧住宅无论家里有没有人都需要24h不停运行，即使其冷热负荷不大，但连续运行其总能耗也很高。另外，设备不停运行，其设备折旧费用也会增加。因此，恒温恒湿恒氧住宅不符合健康第一的评价观念。恒温恒湿恒氧住宅还只是以机械论的角度看待问题，想借助于物理参数就想解决生理和心理问题，因此不一定能提高环境的整体健康水平。

　　除项目外，也有些业主选择安装恒温恒湿恒氧系统。对其进行调查发现，实际上这些客户并没有真正要求房间内的温度和湿度恒定不变，没有人真正使用温湿度计测量环境。他们的要求主要体现在不喜欢吹风、听不得噪声、不愿意复杂控制、喜欢新技术、高大上的概念令人骄傲和自豪等方面上。

扩展阅读：空调睡眠模式

　　当空调处于制冷运行模式时，选用"睡眠"功能后，在室内温度到达设定温度或已经运转 1h，设定温度将自动升高 1℃；再运转 1h 后，再升高 1℃。当运转总时间达 8h 后，将停止运转，在 8h 内共升高 2℃；如果空调处于制热运行模式，则在睡眠方式下运转 1h 后，设定温度降低 2℃，再运转 1h 后再降低 3℃。当运转总时间达 8h 后，空调将停止运转。在 8h 内共降低 5℃。

　　睡眠模式的原因是：静坐、躺着和睡眠时人体散热量是不相同的，其散热量分别为 58.2、46、40W/m²。散热量越大，需要的散热就越多，需要的舒适温度就越低。而从睡觉前的静坐到躺着，到睡觉及熟睡，新陈代谢产生的热量越来越少，因此需要的舒适温度也不断提高。在睡眠前使用空调睡眠模式，可以避免设定空调固定温度造成的睡眠后不舒适，甚至冻醒的情况发生。

本章参考文献

1. 柳孝图. 建筑物理. 北京：中国建筑工业出版社，2010
2. 刘加平. 建筑物理. 北京：中国建筑工业出版社，2009
3. 彦启森，赵庆珠. 建筑热过程. 北京：中国建筑工业出版社，1986
4. 《住宅采暖室内空气温度测量方法》DB 11/ T 745—2010（北京市地方标准）
5. 《建筑隔声评价标准》GB/T 50121—2005. 北京：中国建筑工业出版社，2005
6. 张寅平. 中国室内环境与健康研究进展报告 2012. 北京：中国建筑工业出版社，2012
7. 中国环境科学学会室内环境与健康分会组织. 中国室内环境与健康研究进展报告 2013～2014. 北京：中国建筑工业出版社，2014
8. 韩爱兴. 中国建筑节能政策及展望. 会议 PPT，2014
9. 《公共建筑节能改造技术规范》JGJ 176—2009. 北京：中国建筑工业出版社，2009
10. ［英］英国皇家屋宇装备工程师学会. 可持续发展的绿色建筑环境与设备概论. 李百战，罗庆译. 重庆：重庆大学出版社，2009
11. 本书编委会. 公共建筑节能设计标准宣贯辅导教材. 北京：中国建筑工业出版社，2005
12. 马大猷. 噪声与振动控制工程手册. 北京：机械工业出版社，2002
13. 吴硕贤. 建筑声学设计原理. 北京：中国建筑工业出版社，2004
14. 吕玉恒. 噪声控制与建筑声学设备和材料选用手册. 北京：化学工业出版社，2011
15. 《民用建筑隔声设计规范》GB 50118—2010. 北京：中国建筑工业出版社，2010

第6章 室内环境健康评价

6.1 室内环境健康评价原则

建筑评价体系就是整体评价建筑的好坏，建筑体系涉及使用者、政府管理者和环保组织的要求，其核心价值见图 6.1-1。从政府管理者的角度出发，建筑首先应该是节省资源保护现有环境，以保持建筑资源消耗与社会整体的能源政策相一致，其核心目标是建筑节能；从绿色地球保护组织的角度出发，建筑应该是生态化、可持续的，建筑不应给地球生态环境带来负面影响，其追求目标是生态建筑；而从建筑使用者的角度出发，建筑本身应该对人的生活、工作和学习有正面促进作用，建筑环境应该远离疾病、感觉舒适、工作高效便利、心理健康，其追求目标是健康建筑。

不同建筑体系在三个维度上的权重是不同的，如中国绿色三星标准，主要原则是"四节一环保"，节地、节材、节水、节能和环境保护，侧重方向是"节能建筑"；而WELL评价体系，则是主要强调建筑的健康要素。

室内环境健康中的"健康"是指广义健康，其包括：疾病预防、生理舒适、环境效率和心理健康。其评价指标从单个物理量转变成效果评价，以空间占用者的体验、感受、健康收益作为评测项，包括：

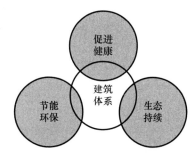

图 6.1-1 建筑体系分类

（1）卫生性评价。从疾病预防的角度控制空气和水的质量、材料中有害物质的限量、室内用品的副作用和环境维护过程中的不良效果；

（2）舒适性评价。以环境物理量和美学来评价，但已经不是单一的温度、湿度参数而是与人们感知有关的舒适，如光舒适、声舒适、热舒适及消除不舒适因素，产生审美愉悦；

（3）工效性评价。以建立无障碍设施、提高环境的工作、学习和生活效率、确定合理的作业尺寸和实现以人为本的设计理念进行评价；

（4）心理学评价。以人的健康认知和行为、身体检查和环境监测、亲近自然、避免职业伤病、工作压力管理进行评价。通过室内环境评价将找到建筑环境中对人体健康有益的因素，发现对人体健康不利的因素，加强优点，改正缺点，使室内环境对人的健康真正有益。因此，健康评价也是"人性"评价。

目前，标准建筑设计体系中，控制的是可测量的物理量，如温度、照度、噪声、湿度、新风量等，但这些参数不是人体感官所能直接感受的。人往往不能分辨所呼吸的空气中是否含有有害物质，而新风系统所保证的是"新风量"，而不是空气中污染物的浓度，或者是进入我们肺部的空气质量。"新风量"不足以保护我们远离疾病危害，而只有从预防疾病的角度出发，从污染的发生源、发生量、控制浓度、处理措施全链条出发才能起到实际效果。而某些环境要从实际出发而不能从数字出发评价其效果，如桌子挥发甲醛，室内净化器具有很好的净化能力，但人在桌子上面看书，桌子释放的甲醛会先经过人的嘴部呼吸，而后空气才被净化器吸入净化，即使净化器出风口再洁净，也不能减少对人体的危害。材料中含有有害的环境激素，如增塑剂，这些激素虽然不会从产品内释放到空气中，但在使用产品时，激素会通过皮肤或者口腔进入身体，对人的器官功能起到破坏作用。对这种危害，是不能使用产品生产厂家的宣传信息做防护的，而只能采用如世界卫生组织等疾病预防权威机构的资料做控制。有些机电设备在使用中也会有副作用产生不利的作用，如高压静电除尘器会释放出臭氧，而臭氧也是一种有害物质，有时副作用对健康的不利影响甚至会大于主作用对健康的有利影响，对于是否使用这类产品，必须从预防疾病的角度做整体评价。室内环境管理产生的负作用也经常会被忽视，一块被细菌污染的抹布会把细菌释放到所有擦过的表面。不及时清理净化器滤网，也会产生二次污染危害健康。以上内容需要采用卫生性（疾病预防）评价指标。

　　人的皮肤上有冷热神经细胞，可以感觉到冷、热，但是无法准确分辨空气温度。冷和热神经细胞所感受的实际上是身体的散热量与环境的平衡关系，也就是热舒适度。空气温度对热舒适度的影响程度最大，但其他因素的影响也不能忽略，尤其是有些因素会在局部产生不舒适感。要提高用户对冷热的满意度，应该采用热舒适指标衡量。对于光而言，照明设计所确定的指标是照度，但实际上对人感觉有影响的还有光源光谱、环境内不同区域的照度对比和颜色搭配等，这些因素很难在设计时完全控制住。比如，很难掌控在实际工程使用光源的性能，一般也不去现场测量实际工况。在这样的情况下，很难保证眼睛的生物安全性（频闪、蓝光作用等）、疲劳性（照度不足）、生物周期（色温不对）唤醒等。因此，也需要使用光舒适来衡量环境健康质量。对声环境也存在类似的问题，只用噪声量指标，无法对噪声源定位，也很难消除敏感人群的不舒适。以上内容需要采用舒适性评价指标。

　　美是能够使人们感到愉悦的一切事物，它包括客观存在和主观存在。美是事物促进和谐发展的客观属性与功能激发出来的主观感受，是这种客观实际与主观感受的具体统一。事物具有促进和谐发展的属性与功能是自然美，加工事物使它形成促进和谐发展的属性与功能是创造美，促进和谐发展的思想与情感是心灵美，创造和谐发展的行为与实践是行为美，追求和谐发展的精神是内在美，有利于和谐发展的仪表是外在美。要努力开发自然美、积极创造美、弘扬心灵美、实践行为美、培养内在美、修饰外在美。人的审美追求，在于提高人的精神境界、促进与实现人的发展，在于促进和谐发展、创建和谐世界，在于使这世界因为有我而变得更加美好。这是和谐审美观的基本观点。建筑装饰环境展现给我们的上述美观感受和失败的反面"丑"。审美是一种主观的心理活动的过程，是人们根据自身对某事物的要求所做出的一种对事物的看法，因此具有很大的偶然性。建筑装饰环境的最终审美结果决定了人的主观满意度，这就是审美评价指标。

智力活动水平越高，对周围环境的指标要求也越高，如果环境水平不能达到要求，则智力活动的效率就会降低，这就是环境工效。其包括：学生在教室的学习效果、程序员的编程速度和错误率、卧室睡眠质量等。而室内环境空间布置不好，家具和设备的使用性不好会使人们在工作中容易产生疲劳，导致肌肉骨骼系统疾病（MSD）。很多环境控制设备上的控制界面使我们非常迷惑，不知道该如何正确选择使用相应的功能。还有人群中会有老人、丧失某项功能的人，因此环境中需要按无障碍方式设计以适应这种人文关怀。以上内容均需要工效学评价。

健康是人处于良好的状态，生理和心理是相互影响的。其主要作用方式是在体内产生生物激素，以此影响生理器官功能。因此要在现在和未来保持良好的健康状态，必须具有良好的健康认知和健康行为。从认知到态度，从态度到行为。好的健康认知使我们有把握自己健康的信心，也愿意为提高健康水平去实施行动（如身体锻炼、积极治疗）。对身体状态（体重、运动量、心率、睡眠时间和质量）的经常检查，及环境质量（温度、湿度、CO_2 和 PM2.5）的连续监测是必要的，展现了我们对健康的重视也将提升我们的健康水平。阳光会影响人体中的生物激素浓度，调整生物钟至正确的时刻，亲近自然对人体健康有非常重要的作用。压力管理也是心理健康的重要内容，工作和生活中的压力会导致对抗癌症和修复 DNA 的荷尔蒙分泌减少，降低免疫力水平。无论是我们的家人还是办公室的职员，都需要采取措施去降低工作和环境中的压力。以上内容是心理健康评价。

建筑相关活动受到政府法规的监管，建筑主要性能必须满足强度、功能、能耗等方面的最基本要求。随着技术进步，法规要求的性能指标也在不断提高。由于是针对所有建筑提出的基本要求，而高性能建筑（如健康建筑）的技术指标远超过法规指标，因此在需要在法规之外另做技术工作。健康环境的设计、建造和改善，就属于这种情况。

设计学科按专业领域分类。涉及建筑环境的设计方法包括：工业设计、交互设计和体验设计。工业设计注重功能、外形和材料，交互设计注重易懂性和易用性，体验式设计则注重情感在设计中的影响。而以人为本的设计是一种设计理念，其意味着设计以充分了解和满足用户的需求为基础。用户往往并不知道自己的真正需求，也不清楚他们将要面对的困难，这才是设计中最难做的事。以人为本的设计原则是尽可能避免限定问题，要不断地反复验证，寻找问题的真相。以人为本设计的解决方法是快速测试不同的概念，每次测试后都有所改进，从而找到问题的所在，这样产品和服务才能真正满足用户需求。表 6.1-1 是以人为本设计与专业设计的区分。

以人为本设计与专业设计的区别　　　　　　　　　　　　表 6.1-1

体验设计	
工业设计	这是一些侧重点不相同的领域
交互设计	
以人为本的设计	为确保设计符合潜在用户需求和能力的一种设计流程

因为健康环境是基于建筑使用者总体健康水平进行评价的，因此健康环境的设计也是一种以人为本的设计。这是与以往的建筑环境的物理指标设计所不同的。在传统的建

筑设计类似工业设计，其设计目标是可以量化的物理参数值，其评测由仪器确定，没有使用者参与。因此建筑传统设计只能保证物理性环境，而使用者要求的是健康性环境。物理性环境无法避免交工后出现的各种不健康、不舒适、低效率、难使用情况，不能保证建筑内人的健康水平。

健康是有层次的，较低级的健康是不患疾病或者减轻疾病的影响，其次是使生理器官感觉舒适和愉快，再往上面是高品质（效率）的工作、学习和生活，最上面是使心理处于良好的状态。目前，大部分情况下使用的健康概念是针对第一种情况，也就是疾病预防，改善环境条件，减少疾病产生率，如降低 PM2.5 的浓度、减少肺癌发病率。但这种作用的效果是不全面的，一个健康认知不清楚的人，如果一直吸烟，实际上吸烟产生的危害要比 PM2.5 大得多，可许多人还是更愿意谈论 PM2.5 环境污染，宁可购买净化器也不愿意戒烟。而实际上，戒烟可以更大程度地提高健康水平。传统的环境观念是确定一个物理指标，认为把实际条件控制到这个指标就是最好了，而不是从减少疾病、舒适愉快、工作效率、身心健康的健康促进来评价环境的好坏。前者提出了一个"正面清单"，要求环境所逐一达到的物理指标，但这还是不够的；还需要列出一个对健康不利的"负面清单"，需要逐一克服。如，正面清单要满足通风量要求，而负面清单则是要消除新风机噪声的影响。只有这两个清单的要求都满足，才能达到室内环境"健康"的结论。

健康环境设计或审核是实现以人为本建筑环境的一个最新的设计理念。把身体和心理的健康作为设计的第一要素，在此基础上对诸多设计要素进行审查和评判，因此需要从整体设计角度出发，提出问题、分析问题、得出解决方案，并能以此为依据对设计中相互矛盾和冲突的地方给出解决策略。健康环境概念的提出解决了绿色建筑体系中健康-能源-环境三者之间的次序问题，对绿色建筑的落地实施有积极的指导意义。有关整体目标的更多内容，可参见第 7 章主动式建筑体系介绍。健康环境设计是基于国家设计标准基础之上的，其主要设计要求"正面清单"和"负面清单"所涉及的内容可参见本章后面内容。健康环境体系的实施是建立在标准建筑设计与建造体系之上的，其工作流程和内容见图 6.1-2。

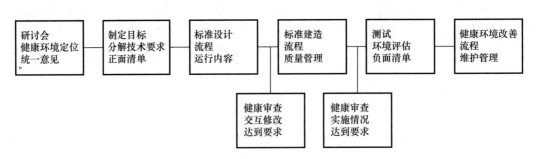

图 6.1-2　健康环境体系工作流程和内容

室内健康环境的目标是健康促进，也就是说长久在室内的情况下，空间占用者的健康水平要比在其他室内环境内高。要想做到这一点，不仅是物理环境指标，还要在心理健康等方面做实际的工作，空间占用者也要融入整个体系的工作内容之中，起到参与作用。其建筑健康促进的最终结果必然是，把我们生活、学习、工作的室内环境真正变成提高和改善人们健康和提高健康的福地。

6.2 室内环境美学

刚柔交错，天文也。文明以止，人文也。观乎天文以察时变；观乎人文以化成天下。

——《易经》

本章节论述方法是：以生态主义＋人文主义有机结合为哲学基础，侧重于从生活的维度探讨建筑的室内环境美学问题，或者是从生活的维度探讨居住的美学与健康的关系。简单来说，即从美的角度回答什么是健康的建筑室内环境！

欣赏美、感受美是人的基本需求之一。美妙的音乐、震撼的雕塑、悦心的绘画都能给人以美的享受，在感受美的过程中，人的心灵得以涤荡、趣味得以陶冶、心理得以调节。艺术欣赏能满足人审美的需求，是人精神生活的重要内容，经常欣赏艺术有助于心理健康。艺术对人潜移默化的滋养，对个性养成有积极影响，可以愉悦精神、提升理解力、优化心理结构。

建筑的室内环境艺术和其他艺术门类也是一样，可以给居住者以精神的愉悦、心理结构的优化。而且，建筑室内环境与人的生活更是息息相关，难以割舍。因此，建筑美学因素对人们心理健康的影响权重不可忽视。在建筑与室内设计中，室内环境美离不开人文主义和生态主义有机结合，只有在实践中真正做到宜居、利居、乐居，才能实现健康建筑的美学目标。

下面简单介绍一下建筑里的生态主义和人文主义。

1. 建筑生态学

随着西方发达国家高速经济增长而导致严重的生态破坏和环境污染，给徘徊在形式与语言纠葛中的建筑学奉献上了新的建筑思潮的土壤。

20世纪50年代后，生态主义的建筑观念与绿色设计的主张被提出。20世纪60年代美籍意大利建筑师保罗·索勒瑞在《建筑生态学：人类想象中的城市》一书中将建筑学与生态学首次结合起来，把生态学（Ecology）和建筑学（Architecture）两词合并为"Arology"，提出"生态建筑学"的新理念。1969年，美国风景建筑师麦克哈格的《设计结合自然》一书，则正式标志了生态建筑学的诞生。《设计结合自然》一书强调了人类对大自然的责任，以生态原理为基础的环境理论和规划设计方法将设计与生态相结合。

麦克哈格写道："如果要创造一个人性化的城市，而不是一个窒息人类灵性的城市，我们须同时选择城市和自然，不能缺一。两者虽然不同，但互相依赖，两者同时能提高人类生存的条件和意义"。

生态主义的建筑设计或建筑室内环境设计包含两方面的内容：

（1）设计师必须要有环境保护意识，最大限度地节约资源，减少制造垃圾（广义上的垃圾）；

（2）设计师要创造生态环境，使人能够接近自然，满足人们对回归自然的渴望。通过对生态学的认识分析，生态设计的原则可以归纳为协调共生原则、能源利用最优化原则、废物生产最小化原则、循环再生原则、持续自生原则。

2. 人文主义

是一种哲学理论和一种世界观。是指社会价值取向倾向于对人的个性的关怀，注重强调维护人性尊严，提倡宽容，反对暴力，主张自由平等和自我价值体现的一种哲学思潮与世界观。人文主义以人，尤其是个人的兴趣、价值观和尊严作为基本出发点。

人文美或者人文主义的美学就是指人类文化中的先进部分和核心部分及先进的价值观及规范一切有人的文化活动还给人以美感，都可成为人文美。让人们感受到人类文化的精华，感受到人文的关怀（重视、尊重、关心、爱护）这就是人文美的体现。简单地说，一切自然形成作用于人的感官使人预愉悦、产生感情共鸣的称为自然美，一切有人的文化活动给人以美感的都是人文美。拥有这样的美感的建筑，即有人文主义精神的建筑或建筑室内环境。

存在——它究竟为何站立（建筑性格、艺术装饰、空间美学）

位置——它为何站在这里（地域特征、场所精神）

功能——它正在这里做什么（功能美）

形式——它如何存在（形式美）

生态——它如何持续存在（生态高技术、生态低技术）

我们将按以上 5 类范畴九个环节逐条论述建筑室内环境美学。

6.2.1　建筑性格

建筑性格是由建筑物的外部观看和内在目地之间的密切联系所决定的特性。正如沙利文建筑师所描述的那样："外部面貌是内在目地的镜子"。性格是一种表达建筑物同类性关系的特征，这种表达的一致性是贯彻始终的，宛如一个人的性格那样，把他所表现出来的那些特点综合起来，就形成他自己的那种独特性格。一个建筑物的性格是建筑物中那些显而易见的所有特点综合起来而形成的。从某种意义上说，任何建筑都有性格，因为每个建筑都存在着它区别于其他建筑的东西。但是，从严格的建筑学意义上说，通常是指那些具备"与众不同"的和"表里一致"的性格。特别是那种表达意图是："一清二楚"和"贯彻始终"的性格。

优秀的建筑物使人处于正常状态的情绪之中，譬如好的学校必然使孩子们乐于学习，必然把造型和色彩结合起来，在他们中间产生一种宁静和快乐的学习气氛。一个设计很好的教堂，则会有助于各种礼拜仪式。设计好的住宅不但易于处理家务，而且倾向于使整个家庭生活在悠闲、愉快轻松的情绪之中。工厂和办公机构的设计应具有人情味，不仅能提高工作效率，同时是他们不会感到是"工资奴隶"或"生产机器"，能感受被他人的尊重和认同。正确反映合适的情绪应该是一切建筑性格类型的基础。

要把一座建筑物设计的有性格，首先需要设计师充分认识建筑物在社会生活和个人生活中的地位，必须知道与每种建筑类型相适应的该是什么样的情绪。具体塑造的方法，诸如历史记忆、体量效果、复杂与简单、线条韵律、色彩效果、重量与支持等。有三个至关重要的性格根源：

1）恰当的主从关系

一个具有适当性格的优秀建筑物，必须始终保持主要目标的鲜明性，可以使主要的形式更有可能表达恰当的性格，以控制住整体并帮助建筑物述说它应有的"身世"。

2）正确的尺度

设计师也需要仔细处理每一建筑的尺度，充分地给建筑物予以正确的情绪和正确的性格，比如，住宅的尺度就不能适宜机场航站楼的尺度。

3）将功能表现得直接、透彻

如果任何建筑的功能一目了然并合乎逻辑，那就能表达建筑物的正是本性，而建筑正是社会生活的一面镜子。如果社会中的所有建筑都具有真实的性格，那么社会本身就会同样引人入胜。

6.2.2 艺术装饰

如果一个人被抛弃在一个孤岛上，他就不会专为自己而去装饰他的小茅屋或是他自己，不会去寻花，更不会去栽花，用来装饰自己。只有在社会里，人才想到不仅要做一个人，而且要做一个按照人的标准来说是优秀的人（这就是文化的开始）。要被看作优秀的人，他就须有把自己的快感传达给旁人的愿望和本领，他就不会满足于一个对象，除非他能把从那对象所得到的快乐拿出来和旁人共享。

——伊曼努尔·康德

现实的美是不纯的、分散的、平淡的，不能令人满意的，而艺术的美是纯粹的、集中的、强烈的、理想而令人难忘的。艺术是生活的客观反映，生活是艺术的创作源泉。艺术来源于生活而高于生活，生活又得益于艺术反馈而进步。纵观人类的艺术历史，可以说艺术绝不能与生活脱节，否则艺术会失去基础的生命养分与光华；而生活永远是艺术参照、借鉴的动力与灵感的来源。人类生活正是因为艺术的存在，才丰富精神内涵，思想变得越加文明、充实，而艺术的审美观念，在推进着社会向更高的文明层次发展。

一个空间的室内设计如果没有一个艺术主题，便犹如一幅画没有了灵魂、一首歌缺乏优美的主旋律。艺术的魅力在于它是美的代表，是生活的延伸。他是生活提炼出来的精髓，正如矿石历经千锤百炼而成精钢一样。

因此，建筑室内环境中运用艺术主题后，建筑空间的体验立刻升华了。艺术赋予生活意义，艺术可以提升人的幸福感。建筑空间赋予艺术主题，不仅是视觉盛宴，更多的是空间升华为有意义的空间。建筑室内环境也因为艺术的存在而从宜居变得乐居起来。古往今来，众多优秀建筑室内范例中，艺术都是装饰室内环境的重要手段。

艺术装饰的5项原则：功能性原则、协调统一原则、比例原则、空间层次原则、个性原则。

6.2.3　空间美学

"三十辐，共一毂，当其无，有车之用。埏埴以为器，当其无，有器之用。凿户牖以为室，当其无，有室之用。故：有之以为利，无之以为用。"

——老子《道德经》

建筑理论家布鲁诺·赛维明确指出：建筑不应被当作"雕刻品或绘画那样来评价，也就是说，当作单纯的造型现象，就其外表进行表面的品评"，"建筑的特殊性，即与雕刻、绘画的区别点"，才是"建筑独特的重要的本质特点"。而这个使建筑有别于其他艺术的独有特点，就是空间，即人们能够进入其间并展开活动的那个空的三维部分。生活在建筑空间中的人们，他们的活动实际上是他们在空间中进行的整个生理、心理和精神活动。建筑的审美本质是介入式审美。

舒尔茨提出，至少可以分辨出五种空间概念：实体行为的实用空间（Pragmatic Space），直接定位的知觉空间（Perceptual Space），环境方面为人形成稳定形象的存在空间（Existential Space），物理世界的认识空间（Cognitive Space），纯理论的抽象空间（Abstract Space）。在此论述基础上，"空间"似乎的确可以占据建筑学的中心地位。但是舒尔茨所讲的"空间"，更多地不是指实体三维物理空间，而是一种包含了事物内在意义的"空间"。

安藤忠雄说：为了获得生活的丰富，我追求一种简洁的美学。我的建筑也具有几何的简洁性，但我通过引入不同因素追求复杂性，这种混合正是人与自然的真实状态。

6.2.4　地域特征

人类只有一种文明作参照时，人类的灾难也就开始了。捍卫人类文化的多样性和人类生活的共同感，世界受到单调和均一性的威胁，必须保留文化的多样性。

——列维·施特劳斯

建筑的地域性，就是文化的多样性的意义。狭义来讲，建筑是一个地区的产物，地球上是没有绝对抽象的建筑，只有具体的某个地区的建筑，它总是扎根于具体自然环境之中，受到所在地区的地理气候条件的影响，受具体的地形条件与自然条件，以及地形地貌和城市已有的建筑地段人文环境所制约的，这是形成一个建筑形式和历史风格的一个基本来由。

从人类建筑文化的历史进程来看，建筑地域文化是无法被割裂的，但它又不是静止不变的，更多地表现为建筑地域文化表征的动态演化，并伴随着社会的进步、文明的提升、建筑技术的发展同时演化。它既包含社会观念、审美价值、生活心态等精神因素，也包含当地的地理生态环境、建筑技术材料等因素。此外建筑地域文化本源、文化机制、文化因子的差异，建筑文化变异和文化选择不同等众多深层次文化因素，也都不可避免地影响建筑的形态特征。建筑地域性面对文化全球化的挑战，表现出自身地域文化的顽强生命力和精彩丰富的文化多样性特征。

地域特征建筑的意义在于，能恢复人类丰富多彩的文化差异；与此相反，世界迅速均质化的大潮使历史培育起来的固有的地域文化丧失殆尽，枯萎了。设计者在设计中强调文化的差异性和多元性，某种意义上就是加强了建筑的使用者自我价值的肯定与赞赏。不论是在大型的公共建筑中，还是在小型的居住建筑里，都能从建筑散发的地域气息寻找到心灵的滋润，从而丰富了建筑的美学概念，延展了建筑的美学内涵。不仅是建筑的物理性能促进使用者的身体健康，艺术与文化，尤其是有地域特征的艺术与文化，更能也同样能利于心理健康。

当代的地域性建筑也同时汲取了现代建筑的建筑材料、技术手段和建造方式，呈现出地域性建筑理念的自我更新能力。许多优秀的地域性建筑都呈现了"你中有我，我中有你"的兼收并蓄姿态。

有机建筑就是这样一个现代建筑流派。它扎根土地、沐浴阳光，是一种崇尚自然并且赋予生命活力的建筑，自然是有机建筑流派设计的灵感源泉。任何活着的有机体，它们的外在与内在形式结构都为设计提供了自然且不破坏的思想启迪，有机建筑与造型理论由"自内设计"理念有密切的关系。也就是说，每一次设计都始于一种理论、一种概念，由此向外发展，在变化中获得形式。不仅如此，建筑本身就是一个有机的、不可分割的整体。

6.2.5　场所精神

人的基本需求在于体验其生活情境是富有意义的，艺术作品的目的则在于保存并传达意义。

——诺伯·舒尔兹

"场所"这个字在英文的直译是 PLACE，其含义在狭义上的解释是"基地"，也就是英文的 SITE。在广义的解释可为"土地"或"脉络"，也就是英文中的 LAND 或 CONTEXT。谈建筑，要从"场所"谈起。"场所"在某种意义上，是一个人记忆的一种物体化和空间化。也就是城市学家所谓的"SENSE OF PLACE"，或可解释为"对一个地方的认同感和归属感"。

讨论人的居所健康与舒适，不仅要研究环境的物质性，更要从神性的角度，研究居住环境的精神向度，即存在感或称"场所精神"。场所不是抽象的地点，它是由具体事物组成的整体，事物的集合决定了"环境特征"。场所的特点也非常符合格式塔心理学。简而言之，"场所"是质量上的整体环境，不能把整体场所简化为所谓的空间关系。功能、结构组织等各种抽象的分析范畴，这些元素不是事物的本质。设计师需要设计的不仅是一个房子或空间，更应该是一个视觉化的"场所精神"。新时代的建筑师或室内设计师的任务是创造"富有意义的场所"。每一个场所都是唯一的，呈现出周遭环境的特征，这种特征由具有材质、形状、肌理和色彩的实体物质和难以言说的一种以往人们体验产生的文化联想共同组成。因此，场所不仅具有建筑实体的形式，还具有精神上的意义。"回归诗意的栖居"场所的概念，作为存在空间的具体化，有空间和特征两方面：空间指场所元素的三度布局（主要指它的拓扑特性）；特征指氛围（是该空间的界面特征、意义和认同性）。

因此，建筑的场所感，就是研究建筑的空间和其氛围。研究空间，主要是研究它的拓扑特性。即"近体性"、"分离性"、"连续性"、"闭合性"、"内与外"。因为空间是由三个向度（包含潜在的三个向度）边界围合而成，作为一个体素由相对位置表明。诺伯舒茨说："在我的日常生活中，我们提到空间一词，几乎必用上下左右等这样的前置词，这些词语标明了空间的抽象本质是拓扑关系"。

建筑作为场所的重要特征方面之一是氛围，氛围概念定义：

（1）空间的界面特征；

（2）空间的意义；

（3）空间的认同性。

构成场所的三个基本组成部分：

（1）静态的实体设施：场所的实体建构即物质空间；

（2）活动：建筑与景观如何被人们使用。其活动类型、使用效率、生活方式，身处其中的人们如何互动以及文化习俗如何影响；

（3）含义：一个复杂的层面。首先是人意向和体验的结果。大多数的场所特征，起源于人们对场所实体和功能方面的反应。

场所之所以为场所，是因为人能感受到场所传递的场所感。场所感是人通过与场所的相互作用，即视觉、听觉、嗅觉、触觉以及其他行为活动所得到的一种感知，包括方位感、领域感、安全感、亲切感、归属感等。空间不一定是场所，但场所一定是空间。场所是积极的空间，健康活力的、促进人们交往的、满足人们各种活动需求的地方。场所是具有清晰特性的空间，是生活发生的地方，是由具有物质的本质、形态、质感及颜色的具体的场所组成的一个整体。

6.2.6　功能美

有两大美学教条是束缚人的：一是认为只有一种可接受的视觉艺术形式或风格，还有一种是认为所有的风格都具有同等的合法性。风格的多样化是我们内在需要的多样化的自然结果。

——阿兰·德波顿

因为建筑不同于绘画或雕塑，绘画是鉴赏式审美，而建筑需要介入式审美。因此，人们在建筑中活动如何能达到健康、舒适或超越这些，这些动因与因素变得格外重要。"它到底在这里做什么？它做得怎么样？"这样的对话，就是人的需求与建筑的基本对话，以及人对于建筑的功能需求。

建筑功能是指建筑体现使用价值的本质内容，即包括建筑提供的各种使用要求及人在使用建筑中产生的艺术审美的精神要求。建筑的功能分为使用功能、精神功能、城市功能（环境功能）。

建筑的使用要求，即功能性首先是与建筑的使用者，人的行为密不可分的。不同的行为也决定了建筑的功能设计因素。如：居住、餐饮、娱乐、会议、运输、展览等。建筑的使用功能分为两个部分：

（1）满足使用对象的使用要求：尺度特征、功能分区、人流组织、生活方式；

（2）使用空间的组成：主要空间、辅助空间、交通空间。

1. 尺度特征

建筑空间布局符合建筑类型的尺度特点，如宗教建筑交通建筑、住宅建筑都有他们不同的、差异的尺度特点。相关的尺寸特征见图 6.2-1～图 6.2-4。

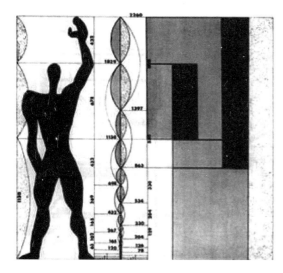

图 6.2-1 人体尺寸图

图 6.2-2 教堂的尺度

图 6.2-3 住宅的尺度图

图 6.2-4 会议厅的尺度

2. 功能分区

将空间按不同使用功能要求进行分类，并根据它们之间联系的密切程度加以组合、划分。功能分区的原则是：分区明确、联系方便，并按主、次，内、外、闹、静关系合理安排，使其各得其所。还要根据实际使用要求，按人流活动的顺序关系以及建筑基地的地貌地质状况来妥善布置。空间组合与划分时常以主要空间为核心，次要空间围绕主要空间。对外联系的空间要靠近交通枢纽，内部使用的空间要相对隐蔽。路易斯康将空间区分为"服务的"和"被服务的",把不同用途的空间性质进行解析、组合,体现秩序,突破了学院派建筑设计从轴线、空间序列入手的陈规。

3. 功能布局与建筑基地的关系

将建筑的主要功能(或室内活动频繁)朝向景观良好的方向,并且采用大跨度开放式的建筑结构模式以赢取最好的室内外自然景观的沟通(图 6.2-5)。反之,在嘈杂的建筑基地,建筑的对外沟通则应该减弱,建筑布局采用外封闭内开放的模式就比较有利,如中国北方民居"四合院"模式。

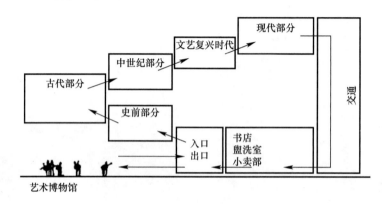

图 6.2-5 艺术博物馆功能分区

4. 流线组织

各种公共建筑的使用性质和类型尽管不同,但都可以分成主要使用部分、次要使用部分(或称辅助部分)和交通联系部分三大部分。设计中,应首先抓住这三大部分的关系进行排列和组合,逐一解决各种矛盾问题以求得功能关系的合理与完善。在这三部分的构成关系中,交通联系空间的配置往往起关键作用。

建筑流线是在建筑设计中经常要用到的一个基本概念。建筑流线俗称动线,是指人们在建筑中活动的路线,根据人的行为方式把一定的空间组织起来,通过流线设计分割空间,从而达到划分不同功能区域的目的。如医院的流线,机场航站楼的流线。都是按人在建筑中的行为轨迹来安排建筑中房间功能的布局。好的流程设计,可以让建筑的使用不出现障碍与滞塞,可以给使用者带来身心愉悦。反之,不流畅的流程设计,使用的不便利会影响人的情绪。这些都被认为是健康舒适建筑所必备的因素之一。图 6.2-6 为某展厅流线组织设计图。

6.2.7 形式美

一切的艺术,只有一个目的,即为最高的艺术——生活的艺术,做出自身的贡献。人,需要艺术,艺术帮人提高生活质量。

——房龙《人类的艺术》

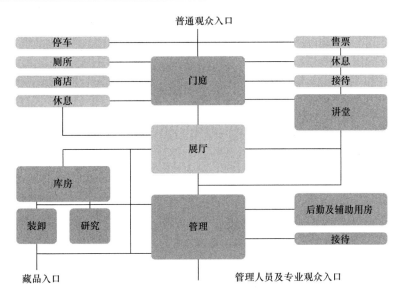

图 6.2-6　展厅流线组织设计

感受美、欣赏美是人的基本需要之一。艺术欣赏能满足人审美的需求，是人精神生活的需要。因为审美关照的是现实与生活的幸福，审美重视人的身体感受与反应，同时也关注人的心理健康的调节。人对于审美的需要符合马斯洛需求层次的生理需要（第一级）+安全需要（第二级）。美妙的音乐、雄壮的雕塑、动人的绘画、和谐的建筑都能给人以美的享受。在欣赏美的过程中，人的心灵得以净化，情趣得以陶冶，心理得以调节。生活中人们如果能经常欣赏美、体验美，将有助于人们心理健康。

最早的古代罗马建筑学家维特鲁威，在《建筑十书》中论述：建筑有一个"三位一体"的美学基础——适用、坚固、美观。以后的理论与实践者用它来寻找功能完善、结构先进和富有创新精神的优秀设计。最重要的是这三个至关重要的原则统一在整体观念下，即"三位一体"。建筑的健康舒适课题与建筑室内环境的形式美关联最密切。建筑形式美法则定义是：一个建筑给人们以美或不美的感受，在人们心理上、情绪上产生某种反应，存在着某种规律。建筑物是由墙、门、窗、台基、屋顶等诸多要素构成的。这些要素具有一定的形状、大小、色彩和质感，建筑形式美法则就表述了这些要素的组合规律。

由于本书重点论述的是建筑室内环境的美学如何影响身心健康，尤其是心理健康。本章节仅论述"统一"。其他建筑形式美的原则如：均衡、比例、尺度、韵律、风格、色彩等，不必累述。

任何艺术的感受都必须具有统一性，这早已成为一个大家公认的艺术评论原则，而且是一个非常重要的原则。最伟大的艺术，往往就是把最繁杂的多样变成最高度的统一。一个建筑师的首要人物就是把那些业已存在的多样性解构成引人入胜的统一，俗话说"化繁为简"与"惜墨如金"。具体来说，建筑设计或室内环境设计的统一手法有：

（1）简单几何形状的统一；

（2）运用形状的协调；

（3）建筑材料与色彩质感的协调；

（4）功能需要与外观表情的统一。

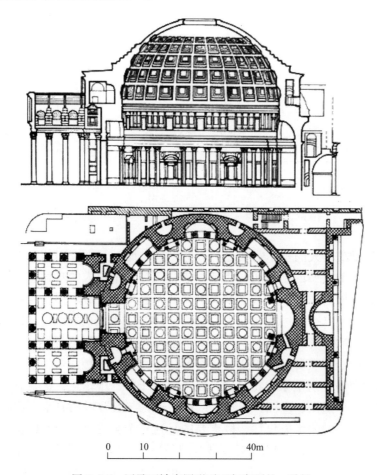

图 6.2-7　罗马万神庙圆形平面与穹顶的一致性

扩展阅读：瓦尔斯温泉浴场

1996 年，卒姆托设计了瓦尔斯温泉浴场为了与周围环境更好地融为一体，这个有点类似采石场洞穴的浴室用玻璃作为屋顶，在室内也可以看到周围的雪山和松林，并且将建筑的一部分埋入地下。所用的材料，是当地出产的一种灰色的石英岩。卒姆托用厚实的水平石板砌成墙体，和浴池的水平线相呼应。石头出自大山，石屋建在大山里，热泉从山中涌出，流入灰色石板界定出的方格中。山、石、水就这样被他有机地统一了起来。然而统一中又处处有差异和对比：冷漠的坚硬石块和温暖的流淌泉水的对比，色调深沉的粗糙石材表面与暖色调的光滑黄铜扶手的对比，都营造出一种戏剧性的效果来。再加上灯光的设计，自然光的利用，明暗的转换，氤氲的水汽、鳞动的波光，使得那些粗粝的石墙边界也变得温柔起来。置身于大山的怀抱中，享受着温暖水流的爱抚，这是怎样的一个令身心欢愉的绝佳境界，实在是大师之作。

（http://www.verydesigner.cn/case/21941）

扩展阅读：禅意餐厅

　　上海某中餐素食餐厅的室内设计采用了极简的手法，运用东方美学的元素，打造了一种具有禅意意境性格的就餐环境。这样一种"清心寡欲"的设计风格无疑为"素食"餐厅打上了一个鲜明的性格标签。而且从内至外都是"表里如一"的节制简朴。如同环境在自我述说："我为清心节制而存在"。通过恰当的环境性感的塑造，很好地回答了设计的存在感的问题。

（http://max.book118.com/html/2015/1015/27339695.shtm）

6.2.8　生态建筑室内环境中的高技术

　　注重生态的建筑设计，存在两种不同的倾向：一种是乡村类型，一种是城市类型。

乡村类型——对应"生态决定论"（低技术）

城市类型——对应"技术决定论"（高技术）

高技术"技术决定论"是指从技术与科学的立场来对待自然界相互作用的调整任务，即"少费多用"思想，即用较少的物质和能量，追求更出色的表现。"技术决定论"的城市型生态建筑具有两大特点：

（1）"少费多用"；

（2）具有一定反地域倾向。

这一类型宣扬的是"生态建筑离不开高技术支持，高技术是现代生态建筑发展的强大动力。"

图 6.2-8　法属新喀里多尼亚的吉巴欧文化中心

6.2.9　生态建筑室内环境中的低技术

低技术是相对于高技术而言的，建筑中低技术的应用，从开始起，就一直伴随着人类的建筑活动，人们在长期的建筑实践中，总结出许多有益的经验，借助于各种自然力来达到自己所要追求的建筑目标。它不影响周围的自然环境，可以用最少的人力、物力、财力而达到一定的目的。因此，也始终是人类建筑技术中的主要内容。在中国古代的传统民居中，也不乏利用自然物理现象等低技术手段来改善室内环境质量的例子。

时至今日，人类社会虽然已经进入高科技的信息化时代，但这些看似原始的低技术却仍在发挥着积极的作用。尤其是在倡导可持续发展的今天。这种经济、便利、与自然的协调，又带有明显地方特色的低技术，正受到人们越来越多的关注。

综上所述，在高技术与低技术的选择方面，我们提倡的原则是充分运用"被动式建筑"与"主动式建筑"的技术手段，在设计中做到"被动优先主动优化"。同时，注意设计技术的选择适宜性（因时、因地、因人而异），设计者不能机械地执行某条规则。

建筑环境的美学原则，如果发散开来论述，其外延是极其宽广的。以上探讨的仅仅是基于建筑室内环境的美学因素（或者说与美学有关联的心理学范畴），视野是基于健康舒适维度的。着重讲述了人文美与生态美的构成和方法；既论述了对使用者的直接关怀，也论述了对使用者的"终极关怀"（人类未来命运的关怀）。作者认为，每一个独有的项目里生态美与人文美时刻是交织发挥作用的，不能片面、孤立地运用某一个方面。作为

图 6.2-9 苏州拙政园室内泉水井——土空调

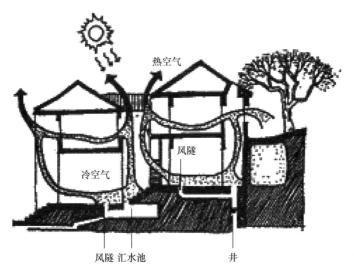

图 6.2-10 民居的良好的自然通风处理

新世纪的设计者，需要有机、合理地运用这些知识，同时怀着一颗始终"关怀"的心。只有这样，才能设计出既有人文美又符合生态美的作品。为人类创造出更美好、更有意义的生活环境。

健康是重要的外在善，也是通往幸福生活的必由之路。建筑又是人们生活离不开的物质条件，因此健康建筑是幸福生活的物质基础。而我们本章节探讨的建筑的美或愉悦是健康建筑的重要组成，正如司汤达所言："美是对幸福的承诺！"。

6.3 室内环境卫生性评价

卫生是非常宽泛的概念，在本章节论述卫生是基于室内环境，目的是减少疾病的发生。环境中很多因素与某项疾病的发生有关，环境卫生性评价就是面对这种情况，提出应对措施，以减少疾病发生的几率。如室内空气中甲醛浓度过高会导致肺癌和其他疾病发生，在确定对策之前要确定：环境中的甲醛都是从哪里来（污染源）的？每种来源的量有多少（释放量）？量与什么因素相关？甲醛是以哪种方式进入到体内的？有什么措施可以减少甲醛进入人体的数量？而实际情况可能是这样：木板材释放甲醛；释放量是 $0.15mg/(m^2 \cdot h)$，而房间使用板材量为 $3m^2$，总释放量为 $0.45mg/h$；室内的温度湿度和风速会影响甲醛释放量；桌子由上述材料制成，在桌子上看书、写字时，释放的甲醛会被吸入肺部，人在其他位置时会从空气中吸入甲醛；新风和净化器可以有效减少室内空气中甲醛的浓度，但人在桌旁时两者作用都不是很大。疾病预防是卫生部门的职责之一，但遗憾的是，对于住宅和办公空间尚不在中国卫生法定监管范围之内，因此这部分建筑空间的疾病预防问题只能由建筑所有方或者建筑使用者自行解决。

从疾病发生根源看，室内环境主要有以下几个方面：

（1）空气和水中的污染物；

（2）建筑装修、家居和家纺、用品材料中的有害物质；

（3）室内电器设备所释放的有害物质（如净化器使用中产生的臭氧等）；

（4）环境维护过程中产生的有害物质（如不清洁抹布导致的细菌扩散等）。

食品安全属其他学科，不在本章节讨论范围之内，而人-人之间的传染在正常情况下发生概率极低也未进行讨论。室内环境的卫生学评价就是对以上 4 项疾病风险的相关因素进行衡量，找出规律特点，确定解决对策。

1. 室内空气质量对策

室内空气中含有对人体有害的物质大概可分成几类：

（1）由于建筑和装饰材料、室内用品释放到空气中的有害物质，如甲醛、TVOC 等；

（2）由于生活和工作过程中释放到空气中的污染物质，如 CO_2、不良气味、细菌等；

（3）由于室外污染在室内增加的污染物质，如 PM2.5 和建筑附件工厂等污染源释放的有害物质。这三类有害物质的处理对策是不同的，另外湿度也可以看成是一种污染物，但在冬季和夏季的情况是不同的。在冬季，水蒸气向室外扩散，造成室内含湿量不足，相对湿度低；而在夏季，水蒸气在室内聚积，室外也向室内渗透，造成室内空气含湿量过大，相对湿度过高。由于湿度的本质是水蒸气，在空气质量控制技术措施上与其他污染产品是一样的，因此也可以作为空气质量问题处理。

通风和新风在概念上是有区别的，在第 5.4.2 节中介绍了三种通风目的，以改善室内空气质量为目标的通风称为新风。暖通空调标准，如《民用建筑供暖通风与空气调节设计规范》GB 5037—2012 中给出了最小新风量的指标，见第 5.4.2 节。最小的含义是指，这个风量所解决的是上述第（2）项指标，最小的概念是指如果要解决其他的问题可能需要更多的风量。这种处理的控制指标既可以是新风量，也可以是室内空气中的 CO_2 浓度．一般情况下 CO_2 浓度控制在 $800 \sim 1200ppm$ 的水平。也可以采用 CO_2 浓度来按需调节新风量多少，称作"按需供风"，这样可以节约能源消耗。在可以使用自然通风的情况下，应优先使用自然通风改善空气质量，只有在自然达不到指标要求的情况下，才使用机械新风系统。一般意义上，将同时考虑进风和排风平衡的机械通风系统称为新风系统。即使是单向流新风系统，进风和排风也都是平衡的，在气流的分布上是统筹考虑的。而只考虑单向的通风机，即使带管道也不能称为新风系统。在局部污染或总体影响较小（风量小或时间短）的情况下，可以只考虑送风或排风，而不考虑两者平衡，如住宅中的卫生间、厨房，办公室中的设备间等。

对应上述第（1）种污染，虽然增加新风量可以降低甲醛等污染物在室内的浓度，但还是无法杜绝健康损害，其原因如下：

A. 污染释放位置，污染源可能在呼吸器官和皮肤旁边，即使新风再大，也无法减少呼吸或皮肤接触危害；

B. 不知道总污染释放量，无法确定降低到标准浓度指标所需要的新风量。

因此，处理第（1）种污染必然是同时对材料污染释放总量（承载率）和新风量有要求，或者是在上述标准最小新风量的基础上确定污染释放总量。比如在新风换气次数 $0.5h^{-1}$ 的条件下，按表 5.6-7，室内建材（含地板、墙壁、家具等）即使全部使用相当于 F☆☆☆（E0）的材料，其使用总量也不能超过地面面积的 2 倍。

选择建筑材料和家具时要遵循第 4 章节相关内容，其释放性和具体物理性能对室内空气质量和其他健康环境因素具有很大影响。应对建筑建设中特别是建筑装饰中所使用的材料和家具进行审核，检查其具体使用的材料是否能满足健康性要求，同时不要忘记对辅助材料的审查和施工工艺的管理。毕竟在中国室内装修后，70% 以上的室内甲醛浓度超过国家空气质量标准要求。第 5.6 节对室内空气质量提出了全面管控要求，不只是甲醛污染，TVOC 实际上常见的就有数十种有害物质。美国家具协会 BIMFA 给出了 TVOC 中可能出现的有害成分，见表 6.3-1。从表 6.3-1 可以看出，目前的建筑和装饰材料中潜在含有很多污染成分，有害成分在有机产品中是难得到有效控制的，要在室内空间避免出现这些污染物，最好的方法是使用无害的天然材料，或者减少装饰材料的使用量，或者始终保持室内外通风换气量，以有效控制室内各种污染物的浓度水平。

家具中可能存在的挥发性有害成分　　　　　　　　　　　　表 6.3-1

物质种类	化学物名称
芳香烃	苯、甲苯、苯乙烷、间、对二甲苯、邻二甲苯、正丙苯、1，2，4-三甲苯、1，3，5-三甲苯、2-乙基甲苯、苯乙烯、萘、4-苯基环乙烯
脂肪烃	n-正己烷、n-正庚烷、n-辛烷、n-壬烷、n-正癸烷、n-十一烷、n-正十二烷、n-十三烷、n-正十四烷、n-正十五烷、n-正十六烷、2-甲基戊烷、3-甲基戊烷、1-辛烯、1-癸烯
环烷烃	甲基环戊烷、环己烷、甲基环己烷
萜烯	3-蒈烯、α-蒎烯、β-蒎烯、苎烯
醇类	2-丙醇、1-丁醇、2-乙基-1-己醇
二醇类/醇醚	2-乙二醇单甲醚、2-乙二醇单乙醚、2-丁氧基乙醇、1-甲氧基-2-丙醇、2-Butoxyethoxyethanol
醛类	正丁醛、戊醛、己醛、壬醛、苯甲醛
酮	甲基乙基酮、甲基异丁基酮、环己酮、苯乙酮
卤代烃	三氯乙烯、四氯乙烯、1，1，1-三氯乙烷
酸类	己酸
酯类	乙酸乙酯、醋酸丁酯、醋酸异珍酯、2-乙酸乙氧乙酯、TXIB（2，2，4-三甲基 1，3-戊二醇二异丁酸酯）
其他种类	2-正戊基呋喃、四氢呋喃（THF）、1，4-二氯代苯

目前，家具的污染是室内污染的一个重要来源，家具的污染释放测试需要体积很大的实验舱，需要一个比较复杂的流程，整个测试需要经过 28 天的过程。在国外，国外家具必须符合环保要求，因此市面上销售家具的种类并不是很多，而学校和医院使用的家具必须是最高环保等级的。而中国家具标准，则是以原材料合格作为评判依据，相比先进国家标准差距十分明显。因此，在选择家具上绝对不可掉以轻心，特别是针对以化工原材料生产的家具产品。

目前，市场上出现一些不使用含甲醛胶粘剂的木制品材料和家具。有些材料和家具通过了美国和欧洲的相关材料认证，这些是可以放心选用的。但要注意，有些号称环保的新产品，有可能是使用不常见的污染物替代了常见污染材料，使测试变得困难。如在油漆中以二甲苯替代苯，在胶粘剂中以含氨材料替代含甲醛材料。这是非常不负责任的恶劣措施。要注意了解厂家产品宣传的技术原理，如有些墙面材料号称可以消除甲醛，而实际上这些产品只是在其中增加了一些活性碳成分，即使能吸收一些污染物可也是非常容易饱和，饱和后就不会再有功效了。

对应于第（3）类污染，特别是 PM2.5 污染，其具体情况采用具体对应措施。许多设计采用新风系统过滤去除室外空气中的 PM2.5 后再进入室内，要求其具有 90％以上的去除率，但这样做的结果是在室外连续污染浓度较高的情况下（如室外 $500\mu g/m^3$，室内 $50\mu g/m^3$），$100m^3/h$ 的新风量一天 24h 就会产生 1.08g 的污染物，而一般情况下新风机中的滤网尺寸较小，容尘量不是很大，因此实际使用中一个滤网只能使用 1 个月。因此，需要更改运行策略，或者在室内使用辅助的净化器，减少新风系统中净化器的消耗和维护更换。尤其是新风机采用暗装时，更换滤网更是复杂难度大。也就是说，对于空气质量系统而言，一定要考虑今后使用过程中的维护问题。

《室内空气质量标准》GB/T 18883 只能作为室内空气质量的一个一般性检测条件，在许多情况下，许多难以忍受的异味并不是这个标准列出的污染物。因此，需要从疾病预防和用户舒适的角度去看待室内空气质量问题。

2. 材料、家具和室内用品中的有害物质

这里讲的有害物质是指建筑材料、家具和室内用品中包含但并不释放到空气中的有害物质。这些有害物质存在于材料中，随着人与材料的皮肤接触、使用（如盛水容器泡水）和自然老化，对人们产生健康威胁。之前新闻报道过奶瓶中存在的双酚 A 就是一种环境激素，其对身体的危害在第 4.3 节已经进行了介绍。

环境激素（见第 4.4 节）会在接触液体或与人体接触时释放出来，特别是儿童可能会舔或啃家具，有害物质可能会进入到儿童的身体里面产生很大的危害。食品器皿中含有害物质，也会把污染带入人体产生危害。厨房和卫生间中的材料会更容易接触细菌，如果不能很好地维护，会孳生繁殖细菌并向外部散发，因此这些地方的设备和房间表面有必要使用抗菌材料和及时清洁灭菌。

室内材料、家具和室内产品的选择必须以健康性作为第一重要的选用要素，其他功能只能放在次要位置。尤其是儿童桌子，如果片面选择鲜艳的产品，其中很可能还有重

金属铅等有害成分，而儿童通过皮肤、呼吸甚至是舌头接触这些有害成分，使身体受到健康危害。

天然材料是指自然界原来就有未经加工或基本不加工就可直接使用的材料。如木材、橡胶、棉花、沙子、石材、蚕丝、煤矿、石油、铁矿、亚麻、羊毛、皮革、黏土、石墨等。许多天然材料已经使用由数百上千年的历史，因此其特性为人类所熟知，其对人体的不良作用也为人们所掌握。天然材料或主要由天然材料制成的产品，其与人体接触不会对人的健康起到不利的作用，可以放心使用。另外，可以就地取材，使用当地所生产的天然材料，减少运输所产生的碳排放。还有，许多天然材料还是可回收利用的材料，可以减少对环境的不利影响。传统建筑中使用的绝大部分是天然材料。传统建筑根据当地的气候特点、智慧积累产生出独特的建筑类型，传统建筑对天然材料的使用方式值得借鉴学习。

3. 电器、设备在使用过程中产生的有害物质

许多人选择使用超声波加湿器改善空气湿度，但实际上其并没有直接产生水蒸气分子，而是将液态的水变成微小颗粒——可以在空气中飘浮的水颗粒，水颗粒在空气中吸收热量进行汽化。飘浮水颗粒的直径与 PM2.5 相近，可以被吸入肺部。这种颗粒在空气中飘浮时，会吸收空气中的有害物质，增强危害。而有人愿意在超声波加湿器的水箱中添加香水、消毒剂，这些成分被呼吸到肺部会导致肺部感染疾病。在韩国就曾经出现过加湿器添加杀菌剂造成几十人肺部感染的案例。

同样存在问题的还有在家庭中使用的高压静电除尘器。许多厂家号称出口只有微量的臭氧生成，甚至有些产品还有权威部门的测试数据。但是在使用中仍然出现室内臭氧味很浓的情况，这表明臭氧浓度并没有得到有效控制，其原因可能是出厂时的臭氧处理装置的效率很高，而使用一段时间后效率会下降，此时臭氧发生量会增加。

值得注意的产品还有很多，例如使用负离子除尘的净化产品，号称可以去除空气中的颗粒物，实际演示表明其可以把不透明的雾霾变成透明的空气，可是这里有个问题，雾霾中的颗粒物究竟去了哪里？实际上，负离子把小微粒变大，但仍飘浮在空气中而并没有收集去除，大颗粒还是会继续产生危害。

4. 环境清洁和清洁用品产生的有害物质

抹布没有及时清洗，细菌就会在抹布上繁殖。而如果再使用这个抹布擦桌子，细菌就会散布到桌子上。同样，人们使用各种化学品用于洗浴、浴室清洁、驱赶蚊虫，但是这些产品中同样会产生有害物质，会危害人们的健康。这些内容介绍已经在第4章和第5.6节中做过介绍。如果环境清洁措施不当，我们反而会受到其负面作用的损害。

5. 饮用水的质量

如果人们使用自来水作为饮用水的原水，那么对水安全性的担心是完全可以被理解的。虽然国家对自来水制定了106项理化指标，可从水厂到用户终端还是有多种污染的可

能。况且，在自来水的水源地，也存在无法避免诸如抗生物、生物激素污染的情况。因此，在用水末端使用净化产品，保证饮用水的质量是完全必要的。

6. 其他潜在疾病

在第 2.1 节中介绍了由于湿度、光源、噪声不当对身体器官的不良影响，包括细菌繁殖增加的疾病风险，光源和照度不良对眼睛器官的损害，以及噪声对听力器官的损伤。这些内容都是在预防疾病层面上所要解决的。

本章内容只是讨论室内环境预防疾病的评价原则，这些原则可以扩展到 6 项内容之外的其他健康风险因素的评价上。不良因素可使用第 5.2 节所描述的现场测试方法进行测试，进行数据分析并找出真正原因。借助前面章节中的基础知识，使用本章节的方法可以从疾病导入的源头，如呼吸器官、皮肤器官、口舌开始，从人健康风险的角度来重新审视我们周围的环境、系统设备、室内用品和维护保养的健康风险，可以产生新的思维方式和行动，更好地保护我们的身体器官免受不良环境的损害。卫生性评价的主要内容见表 6.3-2。除表中内容外，实际环境中可能导致疾病发生的因素都需要进行评价，如特定病人对环境的特殊要求等。

卫生性评价的主要内容

表 6.3-2

类别	评价项	问题来源	对策
空气	甲醛等污染	装修材料、家具、室内用品释放	低释放材料、承载率
	CO_2	人呼吸和燃气设备	新风或通风
	局部污染源	厨房、卫生间、设备间	排风机
	PM2.5 等	室外污染源	进风过滤或净化
	潮湿	室内潮湿源或表面温度过低	具体对应
	二次污染	空调、净化器内部污染	按计划清洁
	杀虫剂	蚊香中含环境激素	慎重使用
	臭氧等	使用电器设备	正确选用设备
细菌	灰尘中细菌孳生	细菌源、适合条件	抗菌材料、消除根源、改变环境、杀菌设备
	清洁计划	清洁设备潜在风险	正确选择、按期清洁
	清洁用品	污染物会扩散	正确选择
水	饮水污染	自来水原水、管道等污染	水处理设备和功能阀
激素	环境激素	相关材料中析出	正确选用材料
光源	照明灯具	频闪、蓝光和紫外线	正确选用光源、及时更换

扩展阅读：

世卫组织：预防中国每年 300 万的过早死亡

世界卫生组织的一份最新报告表明：癌症、心肺疾病、脑卒中、糖尿病等慢性非传染性疾病依然是全球最主要死因，很多死亡都发生过早，而且是可以避免的。2012 年，全球因慢性非传染性疾病导致的死亡多达 3800 万，其中中国占 860 万。

让人触目惊心的是，中国因慢性病死亡的男性中 39％和女性中 31.9％均属过早死亡，即死于 70 岁之前。也就是说中国每年有 300 万人因患上某些本可预防的疾病而过早死亡。"这份报告如当头棒喝。我们必须立刻采取有力行动，防止数百万中国人在生产力最高的年华，死于一些本可预防的疾病。要预防这些疾病，只需要改变一些常见的不良生活习惯：吸烟、酗酒、不健康饮食、身体活动不够等。"世界卫生组织驻华代表施贺德博士表示。

慢性非传染性疾病对个人、家庭、卫生系统、甚至是整个经济和社会发展，都有着重大影响，在疾病负担更为严重的中低收入国家尤其如此。世行估算，2010～2040 年之间，中国仅通过将心脑血管疾病的死亡率降低 1％，即可产生 10.7 万亿美元的经济获益。"像中国这样冉冉上升的经济体，面临着一种现实存在的风险：如果不立刻采取行动来减少非传染性疾病负担，那么疾病导致的过早死亡、生产力低下和劳动力不足，将会抵消经济发展和高速增长带来的经济利好。"世界卫生组织总干事陈冯富珍博士在访问北京期间表示。

"在某些领域，中国正在逐步推进，比方说，最近北京和全国控烟工作都开展了一些有力行动。这些控烟条例一旦实施，会极大影响中国的吸烟率。"施贺德博士表示。"但还需开展更多工作，才能应对中国慢性病激增背后的其他因素，才能制止住慢病海啸来势汹汹的脚步。"施贺德博士表示。

2013 年，世卫组织成员国确定了 9 个降低慢性病相关死亡和疾病负担的自主性全球目标，计划到 2025 年实现。其中，包括到 2025 年将慢性非传染性疾病死亡率降低 25％的整体目标，以及降低主要风险因素流行率的分目标。但中国某些重点风险因素的流行率高到令人担忧：超过一半男性吸烟（虽然女性吸烟者仅 2％）；11～17 岁青年人中超过五分之四（83.8％）身体活动不够；成年人中近五分之一（20.2％）血压升高。

为应对慢性非传染性疾病的风险因素，世卫组织推荐一系列"最划算"／极具成本效益性、影响很大的干预措施，包括：全面实施《世界卫生组织烟草控制框架公约》、以不饱和脂肪代替反式脂肪、限制或禁止酒类广告、促进母乳喂养（以减少儿童肥胖）、开展项目提高大众的饮食及锻炼意识、通过筛查预防宫颈癌。投资于卫生系统，尤其是投资于初级卫生保健，提供便民服务也是迎击慢病的一个重要武器。

"我们很清楚应采取哪些措施来应对慢性病流行。现在，我们只需要行动起来，将这些措施付诸实际。如果我们无法实现全球目标，降低慢性病相关的过早死亡，那就相当于我们未能成功解决 21 世纪发展面临的一个重要挑战。"施贺德博士总结道。

(http://health.sina.com.cn/zl/news/jkxz/2015-01-21/1402236.shtml)

6.4　室内环境舒适性评价

本章节所涉及的环境舒适性有两个含义：一个是可以用生理感官感觉到的，如眼睛视觉、鼻子嗅觉、耳朵（听觉）、皮肤（冷热）等；一个是环境空间审美带来的愉快轻松。而实际环境指标超出正常范围所导致的疾病和生理器官损害在第 6.3 节中进行讨论。

生理感官感受的舒适程度是可以用心理感受（满意度）来表示的，这就是舒适度概念。反之，单纯的物理量如空气温度不能与人们的生理或心理感受准确对应，也就是说虽然我们感觉到冷，但是我们不能感知目前的空气温度多少度。而处于不同活动状态（如静坐和跑步）时，虽然空气温度相同，但我们感觉的冷热却不相同。类似的，我们能感觉到不同照度，但我们处于不同行为时（如看书、聚会、休闲）需要不同的照度，照度不对眼睛容易疲劳，长久疲劳会导致近视、老花等眼睛性能下降的情况。舒适是一种心理状态，但完全的"舒适"是不存在的，人们最容易感觉到的是不舒适，比如说噪声使听觉出现不舒适的情况。解决噪声问题的方案是通过试验确定多大的噪声会对人们产生影响，按大部分人可以接受的水平确定噪声限定值。但声舒适的结论并不只是这样简单，某些情况下我们必须从室内人员反应的问题出发，找到问题的根源，比如是楼上的脚步声导致楼下人员的不舒适，其解决方法就是增加楼板的抗撞击能力，以克服这类问题。常见的不舒适问题已通过研究变成了物理参数控制指标，但在实际建筑环境中还有一些不舒适的问题需要现场查找发生原因，并提出解决对策。比如，对旅馆房间隔声的投诉对应，首先需要了解的是出现问题的声学频率特性，之后再逐步确认隔声不足的问题是墙壁隔声量不够，还是有空洞传声，或者是出现了吻合频率，之后才能对症下药解决问题。舒适性评价的原则是使用者满意度。与环境物理量指标有关，但这只是必要条件而不是充分条件。满意度低就是舒适不能达到要求，通过研究分析可以找到与这个问题相对应的物理参数，比如听觉舒适与噪声大小有关联，空间愉快感与环境装饰美学表现有关。美学内容可参见第 6.2 章节。

　　与健康环境相关的设计内容包括围护结构（热工）、被动措施、机电系统三个组成部分。对围护结构而言，其基本要求是在满足法规要求的基础上尽量提升性能，主要工作包括：选择合适的围护结构；满足节能指标要求；满足采光日照、隔声等基本生活和工作要求；满足其他建筑性能要求。围护结构在全年平衡的基础上最终确定。而被动措施则是可以在使用中调节的，用以平衡白天与黑天、冬季与夏季的不同使用要求，如冬季夜晚使用的保温窗帘、夏季使用的可开关遮阳篷、夏季使用的电风扇等。而机电系统则是针对前两项措施不能覆盖的时间或空间所配备的机械设备和控制系统，如即使使用遮阳帘后，其室内温度仍然达不到舒适要求，此时需要开启空调。机电系统包括：各类设备和系统集成；满足共性和个性使用要求；使用便利性；建筑自动和智能控制；使用维护管理等。鉴于建筑分为内外两个部分，而本书所述建筑环境主要是针对建筑内部而言，对新建建筑而言，部分工作需要与建筑设计相结合，而对既有建筑改善而言，其工作范围一般在建筑结构施工完成后进行。表 6.4-1 是健康环境涉及的相关要求内容，也就是"正面清单"和"负面清单"内容。

涉及健康环境的相关因素　　　　　　　　　　　　　　　　　表 6.4-1

分项	正面清单	负面清单
美学	装修和陈设	
光	采光、日照时间、日光均匀度、照明照度、灯源质量	眩光、照度不均匀、光污染、环境颜色管理、过热

续表

分项	正面清单	负面清单
声	围护结构隔声、室内吸声性能	室内噪声源、围护结构声缺陷
热湿	自然舒适建筑措施	
	热舒适度（空气温度、湿度、气流、平均辐射温度）、合理的末端形式	不良气流、不均匀温度、不均匀辐射、防止过热、防止表面结露
控制	提高便利性和效率、数据服务	避免复杂化、按需集成
能耗	围护结构热工、被动措施管控、机电系统能效和控制	做好设备和系统的维护管理

健康环境的设计方式是以人为本式的设计，与传统的物理设计方式有所不同。物理设计方式是列出设计目标，通过设计和建造过程实现这个目标。设计目标可以称之为"正面清单"，其包括：足够的日照时间、采光系数、照明照度、室内噪声、温度、湿度、通风量、空气质量、能耗等。但是正面清单中每项指标的实现并不意味着得到用户的满意认可，因为在设计中会有很多细节不可能一一涉及，各种部件、设备和系统存在着干涉情况，外部环境也与设计预估有所不同。如使用者可能对实际环境中的噪声难以忍受，而实际噪声源却是设计时很难精确确定的。因此，为了克服这些不舒适，需要根据使用者的感受及设计者的经验，确定一个"负面清单"，要最大程度让使用者认可，就是要验收调试和使用中一一消除负面清单上的罗列项。健康环境中，优良的物理参数性能只是"必要条件"，也就是说一个健康环境一定要达到的条件，而不是"充分条件"，也就是说达到了这个条件也不一定达到健康环境的四项评价标准。而必要条件只能是以人为本为基础，达到以环境健康学要素作为衡量标准的满意度指标。要实现健康环境的目标，就要在传统建筑的设计和建造中增加"健康审查、监理、验收、改善和管理"内容，这是一个连续的时间链条，不能中断。

在第3.3节中介绍了不同气候区域使用建筑措施扩大舒适区的科学原理，技术措施使用得当可扩大建筑在自然条件（不使用采暖、制冷、机械通风系统）下的自然舒适时间长度。自然舒适免于使用设备系统控制，也不需要进行维护工作，而且没有能耗，因此是首要选择。以对严寒和寒冷地区为例，为充分利用照射到室内的太阳辐射，在阳光直射表面使用蓄热性好的材料或者是低温相变蓄热材料，将白天的太阳辐射吸收待晚上室内空气温度下降后自动释放出来，可以利用太阳辐射减少采暖能耗。室内地面材料在没有地板采暖的情况下，应根据具体使用要求选择地面吸热性合适的材料（见第4.2节内容）。在地下室或其他湿度较大的房间，可使用石膏材料做外表面材料，其具有一定的吸湿性能，可在一定程度上吸收水分避免结露长霉。只要房间保持通风，就可以实现吸湿-放湿循环保持室内湿度稳定，要掌握好材料使用量，材料吸湿会饱和，饱和后就不会再吸收水分，也就没有调节性了。

建筑空间往往需要隔声以保证私密性。要正确使用建筑材料隔声，以保证其具有良好的隔声性能，如为提高石膏板隔墙的隔声性能，两侧应使用不同厚度的石膏板以避免共振产生隔声下降问题。要注意隔声板中间不要出现空洞，产生声音衍射，降低隔声效果。对人员较多的区域或房间，防止环境嘈杂降低混响时间，需要安装足够的吸声材料。

所选用的吸声材料性能应该予以保证。

　　木结构建筑的蓄热容量较低，因此其需要配置的采暖和空调系统也与蓄热量大的砖石混凝土建筑不相同，由于其蓄热量低因此其所选配的采暖和空调设备的容量要更大一些，室内环境温度波动也会更大一些。在寒冷的冬季，不连续使用的情况下，为了快速提升室内温度需要使用壁炉或燃气加热的对流末端。

　　在不同气候区，由于冬季和夏季的温度不同，太阳辐射量不同，从节能的角度出发围护结构的传热系数（或热阻）和窗户的传热系数（主要是冬季）和得热系数（或遮阳系数）需要有限制值。表 6.4-2 是对应上海所在的夏热冬冷地区中国和美国对这些参数的限制性要求。

中国和美国节能标准对围护结构性能的要求　　　　　表 6.4-2

围护结构		传热系数 [W/(m²·K)]				
标准		ASHRAE90.1-2010		GB 50189—2005		
屋面	无阁楼	0.273		0.700		
	金属建筑	0.313				
	带阁楼	0.153				
墙、地面以上	重质墙	0.701		1.000		
	金属建筑	0.477				
	钢框架	0.477				
	木框架	0.506				
墙、地面以下		—		$R \geqslant 1.2$		
楼板	重质楼板	0.606	室外模板	1.0		
	工字钢	0.295				
	木框架	0.290	室内模板	—		
接地楼板	不供暖	1.265	$R \geqslant 1.2$			
	供暖	1.560				
不透明门	平开门	3.977	—			
	非平开门	8.239				

外窗	垂直窗墙比 0%~40%	热传系数 [W/(m²·K)]	遮阳系数 SHGC	垂直窗墙比	热传系数 [W/(m²·K)]	遮阳系数 SHGC (东、南、西/北)
	非金属窗框	3.69	0.25	窗墙比≤0.2	4.7	—
	金属窗框 a	3.41		0.2<窗墙比≤0.3	3.5	0.48/—
	金属窗框 b	5.11		0.3<窗墙比≤0.4	3.0	0.43/0.52
	金属窗框 c	3.69		0.4<窗墙比≤0.5	2.8	0.39/0.48
	—	—	—	0.5<窗墙比	2.5	0.35/0.43
天窗	玻璃突起天窗 0%~2.0%	6.64	0.39	3.0		0.35
	2.1%~5.0%	6.64	0.19			
	塑料突起天窗 0%~2.0%	7.38	0.65			
	2.1%~5.0%	7.38	0.34			
	玻璃和塑料 0%~2.0%	3.92	0.39			
	不突起天窗 2.1%~5.0%	3.92	0.19			

对于建筑内墙和地面所使用的材料，要根据使用位置进行日光条件下的光舒适性审查。引入阳光窗户附近的地面不要使用反射性高的地板材料，以防止地面产生眩光。当建筑进深尺寸较大时，如果建筑层高较高，可考虑开高位窗使用发射板和白色表面，以便利用漫反射把光引入建筑内部。为了提高教室等空间的自然采光水平，教室的内表面应使用反光性好的浅色涂料，双侧开窗，以提高采光均匀性。在建筑顶部和外墙合理使用辐射隔热涂料，增大发射比例，减少通过围护结构传到室内的热量。

第2.2节人类工效学中介绍了热舒适、光舒适和声舒适的范围和控制要素，第5.2节介绍了现场测试方法。室内环境舒适性评价从两个角度出发，一是达到整体舒适的控制条件，另一是克服局部不舒适的处理措施。举例说明，空调系统会出现第2.2节中图2.2-3所描述的风速导致的不舒适，要克服这种不舒适，可使用冷暖辐射替代空调系统，而且使用冷暖辐射还可以取消房间内的风机，房间里不再有空调运转噪声，也会提高室内声舒适水平，特别是可以提高睡眠质量。某类建筑室内环境系统的使用可提高某项舒适度水平，但与此同时可能也会导致另一项舒适水平下降。因此，舒适性必须在整体层面上考虑，在解决"正面清单"后，还要消除"负面清单"项目。

在实现各项舒适的过程中，主要工作有三项：一是整体满足各舒适性指标要求；二是消除局部不舒适现象；三是选择合适的建筑室内环境系统方案和优质的设备。在舒适性设计和实施时，要考虑个体在舒适性方面有一定的差异性，因此系统要有一定的舒适调节能力。在达到舒适性指标的同时，也要考虑所消耗的能量，可以制定不同的系统方案，选择性价比最好的系统和设备。

扩展阅读：广州城市办公环境健康调研报告

越秀地产与南方都市报联合主办、中山大学环境科学与工程学院提供技术支持，主要调查对象范围覆盖广州天河CBD与东风路传统商务区写字楼近5万人的"城市办公环境健康调研报告"结果显示，高达97.7％的被调查者对自己的工作环境的健康情况表示关心，其中关注办公环境空气质量的有77.8％，关注办公景观和绿化的有62.4％，关注采光照明、电磁辐射的分别有46.1％与43.7％，成为最受白领关注的四大要素。

此外，困扰被调查者的主要问题包括候梯时间长、停车难、空气质量差、空调忽冷忽热、环境绿化不足等。这导致办公室综合征的普遍出现，调查中，三成白领感到头痛头晕，四成患有颈椎疼痛，过半则困倦、嗜睡。

对此，报告提议，相关部门应构建一套专门针对办公室室内空气品质的评价体系，加大绿色建材、绿色建筑的推广力度，出台相关规范标准，重点发展办公环境改善技术，规范环境标志产品；开发商应该严格按照相关建筑标准规范，鼓励采用绿色建筑标准，科学、有效地进行楼盘的开发利用。同时，建议适量增加健身设备的同时，也要增加娱乐休闲区和员工饭堂，合理安排电子设备的布局等。

(http://finance.chinanews.com/life/2014/08-14/6491842.shtml)

6.5　室内环境工效性评价

本章节所涉及的环境工效性有三项内容：

一是确定对需要工作、学习和生活最适合的环境条件，可以使工作、学习和生活的效果更好，比如可以使睡眠质量更好，单词的记忆量更大；

二是减少环境对职业工作人体的伤害（职业疾病）能力，比如要减少桌面工作产生的肌肉骨骼系统疾病（MSD）；

三是无障碍设施，使环境对具有某项低能力的人员能正常使用室内环境。

无障碍设计就是针对特殊人群的设计，是 1974 年由联合国组织提出的新设计主张。无障碍设计强调在科学技术高度发展的现代社会，一切有关人类衣食住行的公共空间环境以及各类建筑设施、设备的规划设计，都必须充分考虑具有不同程度生理伤残缺陷者和正常活动能力衰退者（如各类残疾人、老年人）群众的使用需求，配备能够应答、满足这些需求的服务功能与装置，营造一个充满爱与关怀、切实保障人类安全、方便、舒适的现代生活环境。

根据第六次全国人口普查数据，推算了 2010 年末中国残疾人总人数及各类、不同等级的残疾人数，其数据为：全国残疾人总数为 8502 万人，其中视力残疾 1263 万人，听力残疾 2054 万人，言语残疾 130 万人，肢体残疾 2472 万人，智力残疾 568 万人，精神残疾 629 万人，多重残疾 1386 万人。各残疾等级人数分别为：重度残疾 2518 万人，中度和轻度残疾人 5984 万人。

每个人都有可能在某方面具有暂时或长期的能力缺陷。如很多人因视力问题而戴眼镜，有些人急性肢体受伤，也有长时间听刺耳音乐而发生的听力问题。无障碍设计就是针对"特殊人群"的设计。不是争论哪些建筑是否需要考虑特殊设计，而是设计者应该更加清楚地了解"特殊人群"的需要。不同的身体缺陷还可能会造成设计中的相互冲突，如为了方便轮椅使用者移走人行道的边石，而这会失去视障者的标志提醒物；听力有困难的人喜欢安静的空间，但是视障者则希望四处有声音的回应，以帮助他们定位。

无障碍设计的七个普遍指导性原则如下：

原则 1：平等使用。不区分特定使用族群与对象，提供一致而平等的使用方式。

原则 2：通融性。对应使用者多样的喜好与不同的能力。

原则 3：简单易懂的操作设计。不论使用者的经验、知识、语言能力、集中力等差异，皆可容易操作。

原则 4：迅速理解。与使用者的使用状况、视觉、听觉等感觉能力无关，必要的资讯可以迅速而有效率地传达。

原则 5：容错。不会因错误的使用或无意识的行动而造成危险。

原则 6：效率。有效率、轻松又不易疲劳的操作使用。

原则 7：规划合理的尺寸与空间。提供无关体格、姿势、移动能力，都可以轻松地接近、操作的空间。

建筑空间的使用根据使用者的要求不同而对环境参数有不同要求。如住宅内，对老人和儿童应优先考虑，提供最好的空间。而从使用要求来看，对所有区域的要求是健康，其次对老人区域的主要要求是便利（工效），对儿童的主要要求是保健和高效（在家学习时）。而舒适则是根据房间的具体使用功能确定。如卧室的第一要素是保证睡眠（工效）条件；厨房要保证油烟不释放到其他区域；卫生间要控制潮湿不孳生细菌。每个区域的位置不同、朝向不同、空间特征也不同，虽然可以使用机电设备进行调控，但实际性能还是有很大差异的。因此在功能分区时应考虑这些性能差距和区域使用特点合理安排，以达到事半功倍的效果。

现代人们的生理寿命普遍增长，老年化问题在中国开始出现。老年人的问题主要有行动不便、听觉和视觉能力衰减等，针对老年人的室内环境需要有明确的认识：

（1）私密性。老年人需要一个属于自己、不被干扰的空间。

（2）社会交往。为老年人群提供进行社会交往的公共空间。

（3）可选择性。为老年人提供多种可选择性，并可进行控制的环境。

（4）标志系统。清楚和明确的方向指示，为记忆力减退的老年人提供活动上的方便。

（5）安全感和安全性。为活动能力减退的老年人提供活动的安全性，使他们有安全感。

（6）可达性和易操作。老年人活动的空间具有良好的可达性（无障碍）。常用设施，如门、窗、家电等应易于操作。

（7）适度刺激和挑战。有适度挑战性的环境会促进老年人的经常性活动。

（8）适度的声光环境。为视力和听力已经减退的老年人的活动提供方便。

（9）熟悉环境的连续性。环境的设计应保持地方传统，并成为以往生活的延续，使老年人不感到陌生。

针对上述老年人的特点，对应采取以下措施：

1）材料选择

避免采用反光性强的材料；地面材料应注意防滑，采用木质或塑胶材料为佳；局部地毯边缘翘起会造成对老年人行走或轮椅活动的干扰。避免使用有强烈凹凸花纹的地面材料，因为这种材料往往会令老年人产生视觉上的错觉。

墙面不要选择过于粗糙或坚硬的材料，阳角部位最好处理成圆角或用弹性材料做护角，能更好地避免老年人身体的磕碰。如果在室内需要使用轮椅，距地 $20\sim30cm$ 高度范围内应作墙面及转角的防撞处理。地面不要太滑避免老人因此而跌倒。

2）照明要求

老年人对照度的要求比年轻人高二三倍。因此，室内除一般照明外，还需要设置局部照明。特别是在厨房操作台和水池上方、卫生间化妆镜和盥洗池上方等地方。

为了保证老年人起夜时的安全，卧室可设低照度长明灯，夜灯位置应避免光线直射躺下后的老人眼部。同时，室内墙转弯、高差变化、易于滑倒等处应保证一定的光照。

3）室内温度

老年人新陈代谢能力下降，为保持体温需要有更高的室内温度，因此最好使用温度稳定、舒适度高的地板采暖系统。应尽量避免空调的冷风吹到人体，导致感冒或引起其他疾病发生。

4）空气质量

老年人器官功能下降，如果室内存在空气污染物，可能会刺激相应器官导致其急性反应，如咳嗽、急性肺炎、发烧等症状。因此老人房间应特殊应对，特殊保证。

5）室内色彩

老年人房间宜用温暖的色彩，整体颜色不宜太暗，因老年人视觉退化，室内光照度应比其他年龄段的使用者高一些。老年人患白内障的较多，白内障患者往往对黄和蓝绿色系色彩不敏感，容易把青色与黑色、黄色与白色混淆。在室内色彩处理时应加以注意。

6）卫生间特点

老年人洗浴宜采用在浴缸外淋浴的方式，避免在浴缸中滑倒而出现危险。考虑到老年人不能站立太长时间，浴室内应设供老年人淋浴用的淋浴凳。

7）细部设计

室内应避免出现门槛和高差变化。必须做高差的地方，高度不宜超过2cm，并宜用小斜面加以过渡。门最好采用推拉式，装修时下部轨道应嵌入地面，以避免高差。五金装备门窗、家具把手及水龙头开关等五金部件均宜选用受力方便的"棒状式"把手。走廊和卫生间应设扶手，以木质为佳，直径4cm，高度约90cm。

室内家具宜沿房间墙面周边放置，避免突出的家具挡道。如使用轮椅，应注意在床前留出足够的供轮椅旋转和护理人员操作的空间。

而以办公室布置为例，办公区域分为工作区、大会议区、小会议区、领导办公室。整个区域外围有窗户可接受阳光和户外风景，内区侧面则是建筑内墙、管道井和电梯井。靠近窗户的区域是比较好的区域，这个区域应该分配做什么？根据工作需要，大部分员工会全天在工位上工作，而领导办公室和会议室则都是间断使用的。因此，最好的位置应该留给最需要工作效率的员工，这些员工得到的日照量大，可以看到户外风景，因此可以保持比较好的情绪状态。同样，可以为开发人员配置噪声低、外部干扰少的区域，以便使他们可以集中精力做好创造性工作。

目前，大部分建筑和装饰设计的空间按功能分区，一般只考虑空间大小、行为活动和私密性的需要，而往往忽略了实际环境对身心健康的影响。许多空间分割只考虑材料硬性区隔，而忽略了空气流动、日光、冷暖不均匀分布、异味等因素，造成不利健康和工作效率的效果。这种设计忽略了健康因素，其对健康的满足仅限于供暖和空调。认为只要把暖和冷送到分割空间即可满足使用者的感觉要求，而从未考虑过环境对健康的不良影响。以图6.5-1为例，采用深颜色的地面材料，光散射性不好，对会议室和下部两个房间的采光影响很小。而会议室中，未考虑人员连续开会时空气质量恶化的影响；下侧的单人和双人房间没有阳光和通风。由于安全原因，平时大门紧闭，即使打开窗户也无法形成良好的过堂通风。而以上两个房间由于通风差，气味污染也会比较大，办公环境健康性不佳，长此以往会给工作人员带来心理和身体上的损害。

图 6.5-1　某办公室布置图

建筑空间布局要考虑以下因素：建筑空间的功能性要求的朝向、建筑光环境（提高采光率、满足照度要求、优化照明光源、避免眩光等）、建筑声环境（室外隔声、室内隔声、室内吸声等）、建筑热环境（温度合适可调、避免和减少热不舒适）、建筑湿环境（湿度合适、避免建筑内表面结露）、空气质量（避免和减少污染源、提升污染处理能力等）、材料和家具（低污染释放、符合人体工学、不含有害物质）、装饰布置（活动便利、位置合理）、控制和管理（控制器位置、便于环境管理）等。

以卧室朝向为例，在没有采暖设施的地区，卧室布置在朝南方位，这样的话在冬季，可以在白天获得更多的太阳辐射，储存在建筑结构内部，在晚上释放出来，保证室内热舒适。而在有采暖的地区，这个先决条件是不成立的，而且卧室的第一功能要求是保证夜间的睡眠，并且卧室很少在白天被使用（多功能房间除外）。一个良好的睡眠需要黑暗度、环境温度（空气、墙壁）、噪声、空气质量等多个因素的影响，在冬季有采暖的情况下，卧室布置在朝北和朝东的地方是比较合理的，其原因是：夏季朝南房间在白天会获得较多的太阳辐射，这些辐射热量会积蓄在建筑结构中，在睡觉时释放出来，而此时开启空调会出现忽冷忽热的效果，噪声和气流也不舒适，如果卧室朝北布置，由于比较凉爽，可能在夜间采用自然通风即可达到舒适效果而不需要使用空调，消除设备干扰，让人达到更好的睡眠质量。而卧室朝东，清晨的自然阳光照射可以自然唤醒，调整好人体生物钟，为一天工作学习、生活的良好状态打下一个基础。

而餐厅的布置，从健康角度评价也是以布置在朝东更为合适，一家老小早上在餐厅吃早餐，沐浴阳光，深度唤醒身体，同时全家进行亲情交流、相互关怀，更是锦上添花。而目前的餐厅布置在建筑内部显然不符合健康第一的理念。由于有严重的西晒，因此朝西的房间不建议做重要用途，在阳光照射大的地区，建筑设计中西侧外部最好设计连廊，这样可以对内侧的房间提供防晒保护。在风雨比较大的地区，建筑的朝向，特别是门的朝向应该合理选择，避开风向最大的方向，或者布置门厅，或者在建筑外部构建保护墙。

有研究报告指出，阳光对人的工作和学习效率有很大的影响，有阳光直射时靠窗坐的工作人员和学生的工作学习效率要比其他位置高 30% 以上，因此可以把工作要求高的人员布置在靠窗工位上。天窗可以获得更好的采光效果，有条件的环境可以优先考虑采取天窗增加采光度的设计方案。

一套功能建筑空间内的隔断要合理布置，各个房间要留有通风通道，或者采取机械通风手段，保证有一定的通风换气量，避免室内材料和人员活动产生的污染聚积影响人的感受和身体健康。人员密集且使用率变化的空间，如会议室最好使用按需要通风，使用变风量系统，根据室内空气质量确定通风量大小。

较大的平面建筑分为外区和内区，处于建筑内区，其温度可能常年会高于舒适要求，自然通风也很差，因此更需要建筑设备保证其健康和舒适环境。而夏季办公空间连续使用空调会大大降低室内的相对湿度，大部分使用中央办公的建筑夏季相对湿度甚至低于40%，干燥的环境对皮肤保护十分不利。另外，中间空调顶部送风使风口下方的人员处于很冷的不舒适状态，因此高档办公空间可考虑使用冷热辐射系统，提高建筑内的舒适度，以提高所有雇员的工作效率。

人机工效是室内健康环境的重要内容之一。从人体角度出发，如何确保生活、学习和工作过程中人的便利、轻松。无障碍可以理解为对生理能力有障碍人士的一种工效措施。人类工效学起源于欧美，最早是研究工业中使用机械设备大量生产产品时，人与机械之间的协调关系。到第二次世界大战，研究人如何在飞机和坦克舱内有效地操作和战斗，减少疲劳、提高作战能力。之后，人类工效学的实践和研究成果迅速有效地运用到空间技术、工业生产、建筑及室内设计中去。表6.5-1为室内环境工效学评价的主要内容。

室内环境工效学评价的主要内容　　　　　　　　　　　　　　表 6.5-1

评价项目	评价原则	说　明
无障碍设施	按相应国家标准	
建筑空间布局	适用使用要求	卧室应布置在适合睡眠条件的朝向
空间尺寸	人体测量尺寸	隔离、隐私，相应尺寸适合工作、学习和生活
家具用品	人体测量尺寸	特别是床、桌椅、沙发要适合人体力学
避免疲劳	避免职业病	肌肉骨骼系统疾病
环境条件	温湿度、照度、声环境等	编写软件等和日常办公要求不同
人机关系	便利控制	

扩展阅读：温哥华为特殊人群修改建筑法规

近日，加拿大温哥华颁布了一条新的建筑法令，即要求该城市所有新建的公共建筑全部采用杆式的门把手和水龙头，该法令将于2014年3月份生效。

也许大多数人还没有意识到球形把手的不便之处，但老年人和残障人士对此却深有感触。加拿大英属哥伦比亚大学的一位教授称，这项举措是基于"通用设计"的理念，目的就是为老年人、视障人士、推婴儿车的母亲等特殊人群扫除障碍，尽量减少每一个场合的局限性。而关于这项法令出台之后球形把手的命运，美国古董门把手收藏者协会会长乐观地表示：球形门把手并不会完全退出历史舞台。即使公共场所可以将球形把手都更换成杆式的，但要求所有的私人住宅都这样做好像有点过分。

(http://jianzhu.pingxiaow.com/2013/1125/2369.html)

扩展阅读：中国适老建筑实验室

　　适老建筑实验室成立于 2014 年 6 月，以中国建筑设计研究院国家住宅与居住环境工程技术研究中心为依托，是服务于老年/适老建筑设计的人体工学实验室。该实验室主要可完成包括适老建筑空间参数实验、适老建筑光环境实验、环境心理研究三个方面的实验与研究。适老建筑实验室为设计方、运营方和决策方提供了一个学术交流的平台。作为一个开放的研究平台，实验室与大学、研究院、养老院等一线的科研人员及养老设施用户共同建立了联合研究机制，以保证实验及研究成果的有效性及实用性。

　　适老建筑实验室包括，实验区：实验数据测量（主要包括：空间参数实验、光照度实验等）；展示区：适老建筑研究成果与设计元素的展示（小空间适老设计、老年环境心理等）等功能区。实验室以不同工况老年人为主要研究群体，在保证操作安全性的条件下，以"够得着的距离"、"容得下的空间"为选择人体数据的总原则，进行适老建筑空间人体工学实验与基础数据采集工作。2014 年，适老建筑实验室承接了国家标准《老年人居住建筑设计规范》编制组的实验委托，为标准中的关键参数的确定提供了数据支持。

扩展阅读：建筑室内环境对工效的影响

　　据哈佛大学 T. H. Chan 公共卫生学院健康及全球环境中心、上州医学院和锡拉丘兹大学的一项最新研究表明，室内环境质量的改善会使人们的认知功能双倍提高。研究发现，人们在良好的绿色环境中，认知功能表现比在常规环境中平均高出 101%。双盲研究评估了 24 位参与者的认知表现，他们在实验室中经历了常规、绿色以及改善通风的绿色模拟环境。研究人员测量了九个功能结构的认知能力，包括基本、应用和集中活动水平；任务导向；危机反应；信息搜寻；信息使用；解决问题；和决策。认知功能测试成绩中最大的改善发生在危机反应、信息使用和策略能力上。（常规环境，指典型的办公写字楼环境；绿色环境，指低 VOC 的环境；改善通风的绿色环境，指低 VOC、低 CO_2 浓度的环境。）

　　危机反应得分：与常规环境相比，在绿色环境中高出 97%，在改善通风的绿色环境中高出 131%。信息使用得分：与常规环境相比，在绿色环境和改善通风的绿色环境中，分别高出 172% 和 299%。决策得分：与常规环境相比，在绿色环境和改善通风的绿色环境中，分别高出 183% 和 288%。

　　联合技术公司首席可持续发展官 Mandyck 提到，"我们知道绿色建筑能够节约自然资源，将对环境的影响降至最低，并改善室内环境质量。最新研究结果还发现，绿色室内环境可以提高人们在工作效率、学习和安全的认知能力，且可成为重要的人力资源工具。改善室内环境质量的回报远远超过了初始投资。一旦建筑完工，超过 90% 与建筑相关的成本都会与室内人员相关。"

(http://www.CHGEHarvard.org/COGfxStudy)

6.6　室内环境心理性评价

　　本章节所涉及的环境心理性评价是基于健康心理学专业知识的。既然健康包含生理和心理健康，那么对心理健康的评价一定要使用心理学的评价方法，这样才能有效保证环境对空间占用者的心理健康有益。心理因素对躯体健康的影响主要表现在生物激素上，心理状态（情绪、情感等）会影响躯体中激素的浓度，进而会影响身体免疫系统和其他器官的性能，产生慢性疾病。另外对健康的认知也对人们对健康的态度，如果一个人的健康认知是积极的，认为健康是掌握在自己的手里，那么他就会做更多对健康有益的行为（健身、合理饮食等）而减少对健康不利的行为（酗酒、吸烟、吸毒等），也能够以积极的心态改变环境，使之对空间占用者的健康更有益。对在大城市水泥森林中生活和工作的人而言，大自然是心理健康的一个重要调节因素。如第 2.3 章节介绍，足够量的阳光可促使人体唤醒，调整昼夜节律，帮助我们及时消除疲劳。自然景观也可以疏解心理压力，让我们心灵放轻松。这个评价主要针对办公和公共环境，对住宅起参考作用。

　　世界卫生组织（WHO）旨在促进全人类的健康、指导国际健康运动、促进技术合作、协助政府加强卫生服务、提供技术支持、开展科学研究、制定生物与医药产品的国际标准等，通过诸多方式提升人类健康。同时它提供全球职业安全与健康的信息，包括生物制剂、噪声、辐射、化学制品、致癌物以及致敏剂信息等。其确立了职业安全与健康全球十大优先方向，包括：国际与国家政策、创建健康的工作环境、制定健康工作规范、加强职业健康服务、制定职业健康标准等。美国 OSHA，美国职业安全与健康管理局，建立联邦工作场所安全与健康标准并加以实施。我们长时间所处室内环境，无论是住宅还是办公场所都与心理健康有很大的关联，因此我们需要对室内环境按促进心理健康的目的做评价。

　　我们对心理健康和身体健康之间的关系越来越多的了解，已经改变了我们认识和理解疾病病因的方式。我们逐渐认识到了我们的生理、思想和情绪之间存在重要且复杂的关系。压力的影响更加清晰地证明了该关联性。逐渐形成的一系列证据表明压力能够通过各种机制，造成疾病，或使疾病恶化。因此，医学科学现在将压力、抽烟、活动不足、饮酒和不良饮食同样视为许多慢性疾病的主要风险因素。因为思想对人们的整体健康和舒适起关键作用，所以有助于健康精神状态的氛围可能非身体非常有益。可以直接或间接进行干预，调节压力。这包括提供有助于促进人们放松和治疗精神或情绪创伤的治疗方法，即通过制定能够提高睡眠卫生或增强利他主义和社区参与的政策，促进可以增加生理和环境因素认识的传感技术的使用，以及积极的行为变化。

　　麦基翁认为：现代疾病是"由个体自身的行为决定的（吸烟、饮食、锻炼和爱好）""健康主要取决于个人习惯的改变，如吸烟和久坐的生活方式"。他考察了富裕社会中人死亡的主要原因，发现最主要的疾病如肺癌、冠心病、肝硬化都是由行为引起的。在前

10 位死亡原因中，50％的死亡都是由行为引起的。在所有癌症死亡原因中，吸烟占 30％，饮酒占 3％，饮食占 35％，生殖和性行为占 7％。因此癌症死亡原因中，大约 75％与行为有关，尤其是癌症死亡中有 90％都是由吸烟引起的，肠癌与食用高脂肪、多肉、少纤维等饮食行为有关。而 50 年前传染病是主要致死疾病。国际劳工组织（ILO）曾发表一项调查指出，在英国、美国、德国、芬兰和波兰等国，每 10 名员工就有 1 人处于忧郁、焦虑、压力或过渡工作的处境之中；在芬兰，心理健康失调是发给伤残津贴的主要原因，50％的劳工或多或少都有与压力有关的症状，7％的劳工工作过度而导致过度劳累及睡眠失调等症状；挪威每年用于职业病治疗的费用，高达国民生产总值的 10％；在美国，37％的人报告工作压力增加了；75％～90％到医院就医的员工都会抱怨工作压力太大。据估计，每天约有 100 万的员工为了逃避压力而缺勤，每年由于压力会损失 5.5 亿个工作日。

当我们设计室内环境时，需要考虑的与心理健康因素有关的内容包括：正确认知健康和多做健康行为、尽可能多的亲近自然、对自己身体体检和对环境监测、工作压力管理等。健康信念模型（HBM）描述了健康认知与行为的关联，预测预防性健康行为，以及急性和慢性病人对治疗的行为反应。行为是一系列核心假定的结果。如：对疾病的易感性（我得肺癌的几率很高）；疾病的严重性（肺癌是一种严重的疾病）；产生行为所需付出的代价（戒烟会使我烦躁不安）；产生行为的效益（戒烟会节省金钱）；行为线索，可能是内部的（已经出现的呼吸困难症状），也可能是外部的（健康教育传单的内容）。研究表明，控制饮食、安全性行为、接种疫苗、定期做牙科检查以及有规律的进行体育锻炼等，都与个体对健康相关问题的易感性知觉有关，也与他们的信念（问题很严重）和知觉（预防性行为的效益大于代价）有关。

亲近自然：在人类历史中，直到最近，人们与生物及其周围的自然环境一直有相互影响。亲近自然是一个新兴领域，它认为我们在心理上需要有生命和生命类过程伴随我们左右。第 2.3 章节已经介绍了阳光、风景视野对我们昼夜节律、睡眠、情绪和幸福感的影响。室内环境与自然联系非常重要，该特征要求提供能够唤醒我们的自然记忆的室内设计要素，包括水景和植被，以及通向室外花园和景观区的通道。

入住后调查可以用于测量建筑有效促进并保护其使用者的健康和舒适需要的程度。调查内容包括下述使用者满意度问题：

（1）声环境；

（2）每年至少两次的热舒适，包括湿度和气流（一次在制冷季节期间，一次在供暖季节期间）；

（3）家具和空间布置；

（4）工作区光环境；

（4）气味、闷热和其他空气质量问题；

（5）饮用水获取。

便携的身体参数传感器在提高对个人健康状态的认识方面有很大帮助，使人们能够随时洞察身体的生理状态，因此可以鼓励积极的行为和生活方式改变。其测量的主要生理参数包括：体重、运动量、心跳、血压和睡眠时间和质量等。同时，也可以对室内环境参数，如空气温度、湿度、CO_2、PM2.5 等进行实时监测。

优质的睡眠对于保证身体健康是必不可少的，其以改善心理健康，对于保持全天的长期心理和身体活动能力来说是必要的，且有助于不利于健康的体重增加。为增强合理的健康工作时间，在工作（学习）任务实施上增加了时间限制，以便给身体恢复提供充足的时间。短暂休息是提高心理和身体灵敏性的一种有效、健康的方式，比咖啡更有效，且咖啡可能扰乱睡眠。为了方便保持使用者警醒，提供一个可以容纳一个或多个休闲家具的充足空间，供员工使用。

随着科学技术的进步，特别是电子计算机的飞跃发展，人在系统中的作用发生了根本性的变化，系统中的操作人员正在逐步地从直接控制人员变成监视人员和决策者，传统的体力劳动被脑力劳动所代替。人在系统中的作用不是削弱而是加强了，所产生的工作压力增高了。压力是人与环境之间的相互作用。包含生物化学的、生理的、行为的和心理的，压力具有伤害性、损伤性和具有积极的、有益的两个方面。压力源可以是短期的也可以是长期的。工作压力是指强迫人努力工作出现危险状态的外界因素。压力对情绪有影响，产生发怒、忧虑、意志消沉、智力功能降低、及对领导的愤慨等。压力对行为有影响，导致工作绩效降低、缺勤率高、工伤事故率高等。压力通过激素产生作用，对免疫系统有影响。积极的情绪与较好的免疫功能相对应；信念对疾病和康复都有直接作用；不表达情绪对健康是有害的，尤其是压力情绪下的消极情绪。

对数千高科技办公室环境下员工的研究表明，94％的人反映出办公环境至少有一种有害条件，半数以上的报告有三种。而这些被提及的条件绝大多数是科技进步的副产品，包括：工作节奏加快、噪声、心理需求以及一些重复性的动作。而重复性的动作与肌肉骨骼系统疾病的产生和恶化有很强的关联。而高科技办公环境下存在心理健康隐患，包括办公室内的噪声、不断变化的工作要求、对工作控制感的缺乏，与他人的隔离以及个人隐私的威胁等，这些变量与心理压力有直接关系，压力又反过来产生一系列的问题，如心理紧张、消极态度、工作满意度下降以及情绪困扰等。因此，办公环境应有对应措施，帮助员工解决这些困扰和压力，以提高情绪和心理状态。

我们的精神和心理状态之间存在一种重要且复杂的关系。慢性压力从神经到心血管系统，对人体有不良影响。图 6.6-1 是压力与工作结果之间的关系，保持一定的压力是必

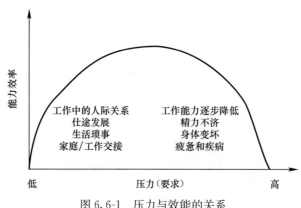

图 6.6-1　压力与效能的关系

要的，但如果压力大了，也会产生不良的结果，因此需要压力管理，合理地控制员工的压力水平。应对压力有三个步骤：压力诊断；压力缓解（减压、问题应对、情绪应对）；提高抗压能力。雇主或建筑业主有必要向员工提供一个可以解决心理和行为痛苦的现场方案，实行员工帮助计划（EAP），为合格的专业人员提供关于抑郁症、焦虑、物质使用、成瘾以及同时出现的精神健康问题提供短期的治疗和建议。在有条件的情况下，为员工提供心理咨询师减压服务。

员工帮助计划是由组织为员工设置的一套系统的、长期的福利与支持项目。其目的在于透过系统的需求发掘渠道，协助员工解决其生活及工作问题。如：工作适应、感情问题、法律诉讼等，帮助员工排除障碍，提高适应力，最终提升企业生产力。目前世界 500 强企业中，有 80％以上建立了 EAP，在美国有将近四分之一的企业员工享受 EAP。

通过上述工作，可以帮助员工做到自我压力控制压力，启发自我能效，对自己能完成某件事情的自信感。可以通过免疫抑制和生理变化-血压、心率和压力激素等的变化，自我效能调节压力；增加耐性、信念控制、接受挑战和承诺；控制对压力的反应。

在现代室内环境下，尤其是高科技办公环境下，帮助员工实现压力管理，消除不利的、有伤害性和损伤性的压力因素，保护有积极性、有益的因素，可以提供员工的工作积极性，产生更高的工作效率。设计的健康的工作环境应能消除压力，优化生产效率，因此应能根据需要，针对工作、注意力、合作和休息进行充分调整，这要求合理布置不同需求的空间以满足不同的心理要求。应在工作空间内预留私密空间，用于休息、专心工作和思考问题。在后面的扩展阅读中介绍了谷歌的办公环境，其在办公空间布置沙发、厨房、按摩椅可以帮助员工缓解工作中的压力。甚至还雇用按摩师帮助员工消除肌肉疲劳，减少患骨骼肌肉系统疾病的风险。所有这一切都是为了保证这家处于高科技领先地位公司的员工能始终保持旺盛的创造力，以便可以高效开发出新技术产品和服务，持续在行业上起到领导作用。2000 年美国花在用于压力管理的培训活动的花费已达 120 亿美元，很多企业加入了各种心理健康项目，如员工帮助计划（EAP）、家庭咨询、社区心理服务等。表 6.6-1 为室内环境心理性评价的主要内容，心理学评价与人员对象和工作（生活）性质有关，具体环境相关内容需要特殊确定，由心理学家做出最后决定。

室内环境心理学评价的主要内容 表 6.6-1

评价内容	评价原则	说　明
阳光和自然	阳光量和视野风景	对生物激素产生影响
健康认知	认知决定态度，态度决定行动	认知好有助于促进健康目标实现
健康行为	促进健康	增加健康行为，减少不健康行为
压力管理	适当压力	适当的压力使工作效率最高
检查和监测	体检和自查	健康是工作的本钱，定期体检和连续监测加上健康行为有助于持续保持良好状态

扩展阅读：谷歌的工作环境

数年来，大多数的公众或多或少都窥探到了一些在谷歌生活工作的样子：办公室里到处是旗帜、沙发、宽敞的厨房、按摩椅，甚至吊床。毫无疑问，工作在谷歌充满了自豪；谷歌不仅仅提供传统的健康保险和极其有竞争力的待遇，而且谷歌人还享有免费的早餐、午餐、晚餐、零食，办公区里免费按摩、车接车送、办公区免费健身中心，甚至还提供休憩间。

一个在谷歌总部的软件工程师，他有一个 18 个月大的孩子，他说优越的环境会促使你在工作和生活之间做出取舍。例如，他早上 9 时左右来到办公室，到下午 2 时会离开办公室和一些人去上 Salsa 拉丁舞课。然后回来，做几个小时的编程，然后和一些同事去园区里的一个酒吧，接着回来工作，大概到 19 时左右回家。他说回到家后，基本上在 22 时左右，但还要工作一段时间。对他来说，这就是谷歌工作/生活状况的缩影，假设其余的时间是用来睡觉的，那他每天和家人在一起的时间总共不到 3h。

其他谷歌人则是充分地利用了园区里的各种条件设施，生活中谷歌，呼吸着谷歌，谷歌利用它独特的餐饮机构、园区健身房、医疗条件，确保生活在这里健康和舒适，同时还表现出一种诚恳的工作道德伦理。谷歌里一个最大的吸引之处是它的食物，这不是什么秘密——事实上，由于食品的种类繁多，尤其是在总部，有人甚至拿 "Google 15"（体重控制指导）警告新员工。谷歌特别提供了全功能的淋浴设施和有锁的房间，使得谷歌人能尽可能地努力工作，基本上可以在那儿连续工作数天。一个前谷歌的承包商提示说，很多的工程师和销售团队 "都不停地督促自己和相互督促。我在那看到了很多真正有毅力，有能力的人"。很重要的一点是，他们会在园区里一次待上好几天不回家。

精彩，谷歌精心设计了它所有的办公室，让员工能通宵达旦地待在办公室里，不用为任何事情担忧——诸如他们的饥饿、健康，或者卫生保健。对于那些追求把工作—生活合为一体，而不是追求工作—生活平衡的人来说，谷歌的生活方式堪称完美。一个谷歌软件工程师强调，"没有任何妨碍你走出工作区的障碍，谷歌所做的是让你完成工作，减少你不在工作状态的情况"。员工可以调整自己的时间（比如他去上拉丁舞课），去挑选食物吃、去游泳或困的时候小睡一下。他说，"程序员很容易进入状态，但一旦你累了出了状态，你就很难回到状态了，你已经筋疲力尽了"。他说，在谷歌，园区的设计和公司的福利都明确的是为了 "让你毫无保留地献出所有精力"，让谷歌人意识到他们要做到最大的工作效率。

谷歌还让它的员工知道，不要整天地工作，不要不去玩。事实上，这可能是谷歌员工最费解的地方。谷歌的办公室不仅仅是看上去很有趣，它是确实很有趣。这位工程师告诉我，酒在园区里非常地普遍，在波利尼西亚式的酒吧里都能找到。他说，在这些酒吧里，你可以看到 "一瓶瓶的酒、威士忌，如果你努力找，园区哪里都能找到酒"。

谷歌上面所做的一切实际上就是以提升心理健康水平而做的工作。高科技企业的工作人员很容易产生心理压力，如果心理压力过大反而会出现工作效率降低的问题，因此谷歌所做的一切都有助于帮助员工保持健康，做压力管理、做员工帮助、减少非工作因素的影响、促进心理健康，使员工可以集中精力和思想在工作中，使结果最大化。

http://blog.jobbole.com/13092/

扩展阅读：智联招聘 2015 年白领 8h 生存质量调研

智联招聘发起 2015 年白领 8h 生存质量调查，分别从职场白领的工作环境、办公体验、加班情况等方面进行了调查，共收回有效问卷 13400 份。调查主要结果：

1. 工作环境满意度指数仅为 2.59（满分 5）

90 后最看重工作环境，且对目前的工作环境满意度最低。

谈及对工作环境的满意度，仅有 20.1% 的白领表示非常满意或满意，19.5% 的白领表示对工作环境非常不满意，26.9% 表示不太满意。总体来说，白领们对工作环境的满意度相对较低。其中，相较职场前辈，80 后和 90 后对工作环境的满意度明显偏低。有 40% 的 60 后白领表示对工作环境比较满意，但 80 后及 90 后白领仅有 20.6% 与 18.9% 的人表示非常满意或者比较满意。

2. 80、90 后对工作环境满意度指数低于前辈

此次调查发现，相较职场前辈，80 和 90 后对工作环境的满意度明显偏低。有 40% 的 60 后白领表示对工作环境比较满意，相对而言，80 后及 90 后的满意度指数远低于他们的前辈，仅有 20.6% 与 18.9% 的白领表示出了非常满意或者比较满意。

随着社会的不断发展进步，写字楼的设施及电脑打印等办公设备不断更新，进入职场时间较长的白领们对不断改善的办公环境满意度相对较高，而 80、90 后的职场新人成长在物质生活富足的年代，对办公环境的要求相对也较高。另一方面，随着年龄的增长，白领已经基本完成了职位的晋升，他们所处的办公环境相对较好，相对于正处于奋斗期的 80 后和初入职场的 90 后来说，办公环境的"级别"不够也是导致对工作环境满意度较低的一个影响因素。

3. 白领渴望自然光、空气清新、无噪声的工作环境

那么白领在工作环境中不满意的地方在哪里？总体来看，六成白领的工作环境中有采光，采光状况相对的较好。自然采光不足的情况可以通过日光灯等其他方式补足。

空气流通方面，仅有 26.2% 的白领表示空气清新，空气状况良好。近一半的白领表示空气不流通，22.8% 的白领表示温度过冷或过热，另外有两成的白领表示空气中有异味。现代办公楼大多采用中央空调，空气和温度统一管理，因此空气状况整体较差。

噪声状况方面，不足一半白领表示工作环境中噪声状况良好，其中 8.6% 的白领表

265

示工作环境中安静，鸦雀无声，另外 34.3% 的白领表示工作环境中偶尔有人打电话或小声沟通。27.9% 的白领表示工作环境中有人大声讨论，音量过大；另外有 29.2% 的白领表示有其他噪声，影响工作。整体来看，白领的工作环境中噪声相对较大，会影响工作。

良好的工作环境既能彰显公司的理念和品味，也能给员工带来良好的心情，给员工的工作效率带来积极的影响。智联招聘调查发现，从不同年龄段来看，90 后非常看重工作环境，94.4% 的 90 后白领表示工作环境对于选择工作时非常重要或重要。80 后在选择工作时对工作环境的重视程度不及 70 后，80 后仅有 64.1% 的白领表示工作环境非常重要或重要，而 70 后中这一比例为四分之三。60 后白领对工作环境的重视程度最低。

4. 互联网⁺时代，开机时间长、审批流程烦琐、使用不流畅，最影响白领工作效率

随着中国飞速进入了"互联网⁺"时代，白领的办公体验如何？是否享受到了变革的便利？智联招聘本次调查发现，73.2% 的白领工作中使用台式机，配备笔记本电脑的比例仅为 17.6%，还有 8% 的白领没有配备电脑设备。此外，超级本、平板 Pad 的配备比例非常低，分别只有 0.8% 和 0.4%。由此可以看出，对企业雇主来说，还有很大的空间可以通过将办公设备更新为移动性更好的笔记本电脑来提升员工的工作效率，进而提升企业的整体竞争力。

本次调查发现，24.1% 的白领开关机的时间在 30s 以下，36.9% 的白领开关机时间在 30~60s 之间，近四成白领的开关机时间超过了 1min。

此外，目前白领工作情况中无纸化程度相对较低，仅有 13.1% 的白领表示工作中所有流程通过线上实现，无须纸质审批，一半白领的工作有部分流程需要纸质的签字审批，仍有 35.1% 的白领表示所有流程必须纸质审批。

被问及使用办公电脑时最抓狂的问题时，电脑使用不流畅、时常卡顿是白领反映最多的问题，占比高达 70.2%；其次的问题是文件还未保存时电脑突然宕机，占比为 22.2%。白领办公时电脑使用流畅，思路不被打断，工作效率高。如果电脑突然死机，完成的内容没有及时保存，工作要重新做，努力都白费。对于白领来说，也是非常影响工作心情和效率的烦心事。另外，有 4.3% 的白领表示会因连续输错密码导致系统被锁而抓狂。

在办公室里，白领会遇到各种问题，这些问题或多或少都会影响到工作的心情或工作效率。因电脑老旧、性能慢而严重影响工作效率是白领们反映最多的问题，占比为 58.8%。其次是桌面堆满各种线缆导致桌面凌乱和因为办公设备发生问题或故障，需要多次找 IT 解决，占比分别为 31.4% 和 30.3%。

5. 高管工作时间一半在开会

连续开会加班，几乎无体育运动，让不少白领陷入高压状态。调查显示，不同性质企业的白领平均每天参加会议的时间差异较大。国有企业职员平均每天参加会议的时间

为 1.48h，私营/民营企业的职员平均每天参加会议的时间为 1.15h。

职务级别越高，每天参加会议的时间越长，高层管理者平均每天参加会议的时间为 4.05h，大约为每天正常 8h 工作时间的一半。资深专业人才和中层管理者平均每天花在会议上的时间为 1.57h；普通员工每天参加会议的时间最少，为 1.12h。

会议太多明显影响白领们的心情。三分之一的白领认为参加的会议大部分毫无意义，是浪费时间。32.3% 的白领参加的会议主要内容为领导传达信息，只有 27.8% 的白领参加的会议主要是正常的工作沟通，另外 6.4% 的白领参加会议主要为头脑风暴，激发创意。

6. 超过一半白领上班时间无任何运动；三分之一白领每周加班超过 5h

白领们工作时间内，进行健身操、散步、站立等运动的时间相对较少，56.6% 的白领表示根本没有时间运动，运动时间在 30min 以内的比例为 26.2%。

不同岗位白领的职位内容差异较大，在加班时间上也表现出一定的差异。调查数据显示，产品岗位的白领平均每周加班时间为 8.6h，是所有岗位中加班时间最长的岗位，其次是技术和研发岗位，平均加班时间分别为 7.6h/周和 7.4h/周。运营、设计市场、销售和财务等岗位的白领每周加班时间也超过了 6h。人资、采购、行政等岗位加班时间相对较少，每周需要加班 3h 左右。

白领级别越高，加班时间越长。调查显示，高层管理者平均每周加班时间为 12.3h，其次是资深专业人才，平均加班时间为 7.4h/周。普通员工平均加班时间相对最少，为 5.5h/周。

(http://article.zhaopin.com/pub/view/217834-26071.html)

6.7 室内环境健康对策

50 年前，对中国人健康威胁最大的是传染性疾病，国家的主要应对措施是公共环境卫生运动。而且，由于当时科技不发达，人们每天接触到的阳光、自然，每天的运动量都远高于今天的人们。50 年后，传染病的风险已经得到有效控制，而对健康的最大威胁最大的是环境和健康行为不当而带来慢性疾病和心理问题。比如，儿童近视率快速增长，吸烟和雾霾已经成为肺癌的主要原因之一。而高密度建筑室内空间带给人生理和心理上的问题也不断出现，病态建筑综合症、肌肉骨骼系统职业病、心理压力成为现代人们所面临的威胁。虽然中国人均寿命在增长，但是 1993～2008 年城乡居民的患病率也在快速增长，这说明人的健康并没有得到有效提高。前面章节中从卫生性、舒适性、工效性和心理性四个方面对室内环境健康评价做了初步的介绍，本章节将居住和办公建筑环境进行针对性分析。希望通过分析，找出环境中对健康有利和不利因素，根据实际情况在设计和改善中采取措施。

表 6.7-1 列出了影响室内环境健康的主要作用点，可供后面的实际分析所借鉴使用。

室内环境健康影响要素　　　　　　　表 6.7-1

主项	分项	主要内容
审美	审美	室内环境装饰和陈列设计满足使用者特定定位要求
天然资源	自然舒适	最大程度利用天然条件，最长时间实现自然、舒适
疾病预防	有害物释放	减少或消除污染源，对低污染物采取对应处理措施
	材料有害成分	禁止或限制使用含有害物质的材料和制成产品
	灰尘细菌潮湿	具体分析确定对策
	相关设备污染	对设备产生的二次污染要进行评价，采取对应措施
	清洁维护	正确的设备、消耗品、保养计划
舒适性	天然采光	满足标准要求，力争实现更高等级
	光舒适	正确的照明方案，确定好照度、对比照度等
	声舒适	建筑内外隔声、内部吸音、满足室内噪声标准
	热湿舒适	与人在建筑内的活动量、存在时间相适应
	消除不舒适	对可能出现的光、声、热湿环境不舒适之处做对策
工效性	无障碍	人文关怀
	最优环境	达到最佳工作学习生活效率的环境指标
	空间布置尺寸	适合人体测量尺寸的空间环境
	消除疲劳	家具措施等
	控制界面	工作内容、设备控制、环境控制的交互界面
心理学	健康认知	认知改变态度，态度改变行为，增强认知感
	健康行为	室内环境应帮助占用者克服坏行为、实现好行为
	压力调节	提供帮助设施、调节压力
	身体检查	定期体检和经常性参数监测
绿色节能	节能和生态	使用更少的资源、减少对生态的负面影响

建筑环境的要素包括：地理位置、建筑类型（高层、多层等）、方位和环境（朝向、视野等）、用途（功能、使用时间等）、健康要求水平。以民用建筑为例，幼儿园和养老建筑是健康、舒适、便利性要求最高的，体现社会的价值观。而住宅的健康水平则与业主的健康观有很大的投入，健康需要时间、资金的投入，对环境健康水平的提升就是一种健康的投入。健康环境不是一蹴而就的事，除了专业设计之外，还需要使用中不断发现问题进行改善，还需要做好维护管理工作。忽视任何一个环节都会产生不利的影响。

建筑空间的用途不同，其对空间的健康性要求也不相同。而且，受到经济性的制约，需要设计者在性能和系统选择控制方面更具有创新性，具有更大的社会责任感。健康环境的建立，一是要明确物理环境（光、声、热、湿、空气质量等）正面清单，实现法规和标准规定的指标，以对身心健康和舒适有基本的保障；二是从生理和心理学方面对影响健康因素的筛查，转换成卫生、舒适、工效和心理的内容，形成负面清单，在节能的基础上予以逐一处理，以提升建筑空间占用者的满意度，提升建筑价值。目前，健康建筑或健康环境还是一门新技术，虽然有一些理论和实践可以借鉴，但主要问题是多因素相互作用的综合集成、现场数据测试性能评价等工作还在探索状态，还需要与目前的标准建筑设计和建造体系无缝隙合作，以便把医学和心理学的成果转变成保护健康的措施。

不同建筑空间的健康环境要求是不相同的。下面主要针对居住建筑和办公建筑使用健康环境的观点给出一些具体分析和对策。鉴于健康环境研究工作还刚刚开始，另外没有甲方的实际要求和意见作为对应，因此这些分析和对策只能是很肤浅的，只能给读者一个启发和指引。

6.7.1 居住建筑

居住建筑的空间分类可按使用者：成人、儿童（学生）、老人和一般人员（家政人员、访客等），或者是正常人士、有障碍的人士。也有按使用空间来分类：卧室、客厅、餐厅、卫生间、浴室、厨房、书房、影音室等。从使用者的角度看，其对健康环境的参数指标要求是不同的，比如老人需要的采暖温度、照明照度与成年人不相同，而有障碍人士、病人需要特殊的环境条件。空间使用功能也对物理参数有明确的不同要求，如影音室需要有良好的隔声和吸音效果，书房书桌要有足够照度的照明，卧室夜间要求噪声足够低。但这些还不够，从健康环境的 5 个维度看，要充分满足其要求。第一是生理和心理健康。合理确定建筑空间的分配可以最大限度地利用自然舒适条件；热湿舒适要达到标准设计物理参数范围；空气质量应按污染物浓度衡量而不仅是新风量；材料的选择要考虑其性能与实际要求相一致；照度和噪声也要达到住宅标准要求；第二是舒适度，日光照射对身体昼夜节律影响最大，室外景观也会感染人的情绪，室内照度、照度对比、颜色配比和装饰效果对人心理满意度也有影响。环境噪声对人情绪的负面影响最大最直接，需要采取有效措施对应。异味也是一个不舒适的因素，要在设计中就采取措施防止，如正确设定不同位置的气压，使空气能有序流动控制异味传播的方向。舒适的问题在设计时不可能一一列举到，许多问题还是会在实际使用中发生。发生问题后需要做的是找出问题的真正原因，这往往需要实际测试，并对实测数据进行分析的基础上找到解决对策；第三是工效结果。对学生而言，在做作业时，成人在书房看书时，光环境和声环境对其学习效率和眼睛疲劳有很大的影响；第四是使用和控制便利控制，能尽量使用自然舒适条件减少控制设备运行，这样既节能又可以减少设备的维护管理；如果需要使用被动措施或机电系统，最便利的方法是智能运行，采用物联传感器并使用网络云服务，以获得更广泛的智能服务支持，并能扩展远程服务内容；第五是节能。所有使用的设备都需要耗费能量资源，因此需要在建筑围护、被动措施、设备和系统效率、行为智能等方面确定好节能措施，在不降低效果的基础上最大程度地减少能量消耗。

人在健康方面的最大障碍是缺乏对自身器官的健康感应，不能在身体器官受到损害的第一时间得到报告信息。影响人健康的因素包括：遗传（DNA）和身体状态、环境条件、生活行为社会状态、医疗条件和卫生政策。环境条件分为建筑外部和建筑内部，从目前情况看，城市人群每天 80% 以上的时间在建筑内度过，特别是大概有近一半的室内时间是呆在家里，因此住宅环境对健康的影响不可小觑。人对居住环境的感受是以感应器官的感觉为主，如对温度、气流、照度、噪声、气味，但对环境健康危害感受不够，人体可以感受温度过高、灯光不足、气味不适，但感受不出污染物浓度导致的高癌症风险、光源频闪和蓝光引发的近视眼等。目前，市场上还没有出现室内环境做整体健康评估的服务，有的只是对某项指标的数据测试和改善建议服务。大部分情况下，人缺乏健康意识，往往是受到健康损害后才痛下决心改善环境，如出现眼睛近视后才注意照明问题，肺部功能大幅度下降后才注意到室内空气污染问题。人的许多器官功能是单向的，在受到损害后无论如何是恢复不到原有功能的。因此在涉及建筑环境的情况下，健康第一是最重要的意识。

创造健康环境首先要确定建筑空间的使用功能和使用特点，如卧室的使用功能是保证睡眠效果，要保证夜间使用功能。要求是在晚上能安稳入眠，在清晨能自然唤醒。因此健康环境应围绕这个要求，在光、声、热、湿、空气质量上做好对应方案，并要考虑控制和使用管理方式的便利性。并要了解客户的生活习惯和行为特点，有针对性地制定对策，作为环境设计和改善工作的一部分。下面针对不同类型房间提出各项对策：

1. 卧室

卧室的主要使用功能是睡眠，使用人数一二人，主要使用时间为晚 8 时到早 8 时（节假日晚 10 时到早 10 时）。需要控制的参数（建议）有：噪声，小于 30dB，特别对睡眠不好和敏感的人，要降低噪声水平，减少室内机械噪声影响，对室外噪声较大的建筑要提高建筑维护件（主要是窗户）的隔声效果。对影响睡眠的噪声源要尽量消除，不好消除的（如电梯、下水管等）要采取措施进行隔声处理。夜间睡眠时房间的灯光要暗，对室外亮度较高的房间要加强窗帘的遮光效果。可在床头设置阅读灯，阅读照度应满足阅读和光舒适要求（见第 5.3.3 节）。电器控制器（如空调）上的指示灯照度应合适，最好有操作后自动降低照度的功能，不能影响夜间视觉。起夜时照明的小夜灯不要太亮（1～5lx），起到指示作用即可以。卧室顶部的照明灯不要太亮，不要使用冷色光源，避免蓝光把人体昼夜节律搞紊乱。卧室的墙壁颜色要合适，要有利于情绪稳定平缓，不要使用有强烈刺激性的颜色和装饰。温度控制以柔和方式为好，供暖采用辐射方式，供冷最好也使用辐射方式，评估不可行再使用空调制冷。应合理选择卧室的朝向，夏季白天太阳辐射会对建筑围护结构的加热，会在夜间把热释放出来，造成夜间睡眠期间开空调冷不开空调热的不舒适环境。在有冬季供暖的地区最好可将卧室布置朝北，这样夏天大部分睡眠时间可以不用空调。对温度略高于热舒适的卧室，可以使用电风扇，尽量避免空调吹冷风不舒适。如果卧室有朝东的窗户，早晨可以智能控制遮光窗帘打开，让清晨的阳光对身体起到一个自然唤醒作用。夜间睡觉不开窗的时候要注意卧室内的通风，特别是主卧睡眠后室内 CO_2 浓度会升高很多，应该在门下留门缝或在门上开通气口，使卧室与晚上没人的其他空间连通，这样就能保持卧室 CO_2 浓度在 1000ppm 以下。卧室材料要选择低释放性材料，入住前应按国家标准进行空气质量（甲醛、TVOC 等）的检测，达不到标准的要进行治理，消除空气污染风险。使用地毯和复合木地板时要注意下面垫层材料的环保性，如果是释放性高的垫层会连续十年危害室内空气质量。卧室地面宜使用吸热系数合适的材料，以保证脚的舒适度，木地板是合适的选择。如果使用瓷砖地面，不要使用亮光而应使用哑光瓷砖，并保证防滑系数满足要求。由于卧室的纺织品较多，因此在使用中会出现掉毛发尘的情况，特别是床下会集聚成灰尘团，床上由于有人体脱落的死皮细胞适合螨虫生长，应及时打扫和更换床具。床垫与人体接触面积大，床垫内部的材料一定要认证检查，经常有厂家把污染的黑心棉用于床垫内部填充，它会释放污染造成皮肤过敏，并特别容易会被吸入肺部。卧室布置时，要避免存在不能清洁的死角，卧室中如果需要使用杀虫剂（地板下、榻榻米中），一定要使用安全性的杀虫剂。要避免在门窗关闭时点燃蚊香驱蚊。

2. 儿童房

儿童房房间要明亮，使用黄颜色墙壁配暖色灯是一个很好的搭配方案。书写台灯质量非常重要，要使用经过认证的无频闪、无紫外和蓝光辐射危害的照明台灯，以保护儿童视力。使用台灯时，也要同时打开其他光源，使桌面和其他区域的照度差不要太大（最好控制在3∶1的范围内）。儿童对空气污染敏感，儿童房面积较小，使用木地板和家具后的承载率会很高，儿童房木地板和家具的材料一定要使用最低污染释放材料，或尽量使用天然材料制品，减少不明有机材料（涂料和油漆等）的使用，降低健康损害风险。最好在房间内配置净化器，在室外PM2.5污染较高时开启，以充分保证室内空气质量，消除甲醛、PM2.5和细菌的危害。应使用符合儿童家具标准的家具，装修也要具有防跌倒、防碰撞的设计。注重儿童房的通风和隔声设计，要保证良好的使用效果。特别要注意儿童房间的装饰，许多鲜艳的材料往往含有很多不明有机物，很难了解其成分，因此存在健康风险。从目前的情况看，中国城市儿童哮喘发病率在上升，其主要原因是接触含环境激素的材料，因此在儿童房使用的材料上要保持保守态度。

3. 餐厅

餐厅作为家庭交流的区域，现在往往被建筑和装修设计所低估，放在角落的地方。餐厅应该放在朝东靠近窗户，最好有户外阳台，以便一家人可以早上在阳光的沐浴下愉快地一起吃早餐，并能欣赏窗外风景。餐厅照明应使用暖色，高度合适，在晚上照射食物有很好的氛围和非常好的食欲。

4. 客厅

也称起居室，是主人与客人会面的地方，也是一家人交流最多的区域，它是房子的门面。客厅的摆设、颜色都能反映主人的性格、特点、眼光、个性等。客厅的照明能体现出装饰和美学效果因此非常重要，但不能忽略健康照明。客厅往往会有不同的照明照度需求，如白天要求日光采光好，而夜间又有会客模式，要求明亮；舒适模式，要求放松；看书模式，要求局部照度高，明暗照度合理；电视模式，要求图像清晰，与周围环境照度对比度高。客厅是最适合做灯光场景控制的区域。客厅的光源多，因此需要避免炫光的地方也多。靠近窗户的地面，不适合使用反光材料，以避免阳光照射产生不适炫光。不同灯光照明模式应注意环境照度和对比度，应都在合适范围之内。房间内地面、墙面和天花的光反射系数也应合理选择。各种用光情况最好使用测试的方法进行评估，并根据评估结果提出改善方案。对人数比较多的客厅要增强环境吸声处理，避免出现嘈杂（混声时间不当）的现象。由于客厅使用条件变化比较频繁，因此冬季最佳的采暖方式是地板采暖，而夏季制冷则以空调调节为佳，满足快速调节需要。如果家里只使用 1 套净化、加湿机可以放置在客厅，其他房间都敞开房门，可以达到基本平衡的效果。

5. 卫生间

卫生间的使用要求是大、小便和洗手、洗澡等要求。因此，洗手间的通风效果很重要，既要能把不良臭味派出，也能把潮湿空气排出。当然，卫生间自身的性能也是有要求的，如坐便和下水排水返水弯的水封是保证卫生间空气质量的关键。为保证良好的排风效果，一般在卫生间门下面留有一定距离的门缝或在门上开百叶通风，以保证排风气流良好。最好使用两档速度排风机，低速 24h 运行，而高速在卫生间使用后运行。要测试排风机的实际效果，可以用一张面巾放在排风机吸风口测试一下吸力的大小。冬季洗澡时，室内温度要求 26℃ 以上，而为了节能一般卫生间（浴室）不控制这么高的温度，这时最好使用浴室暖风机，快速提高空间温度满足裸体洗浴要求，暖风机的使用效果要比辐射灯好。湿式卫生间的材料应具有防湿性能，要求长期受潮而不发霉。平时不使用时，卫生间的湿度应该控制在 60% 以下。洗浴热水温度应便于稳定调节，最好使用带温度控制混水阀的调温混合器。使用节水型水龙头和洁具。卫生间设计和维护得好，应该是没有异味的，不建议在卫生间使用香味剂。洗浴完毕人离开后，应保持排风扇继续运转 6～10min，以便把潮湿空气排干净。如果排风机噪声过大，影响环境舒适性，可更换为变频排风机。另外，如果立式主排水管噪声有问题，也可以采取隔声和吸声相结合的包裹处理方式。湿式卫生间的地面必须使用防滑瓷砖，防滑系数要满足标准要求。浴室的毛巾和其他纺织品每一段时间应洗涤一次，阳光紫外线照射消灭细菌保证使用健康。卫生间应设计成无打扫死角，防止其内部发霉、生虫，成为一个破坏健康的堡垒。

6. 厨房

目前，厨房最大的问题是油烟排不干净。目前的油烟机强调大风量，但忽略气流组织和风量平衡，造成局部气流循环，因此油烟味会跑到厨房以外地区，影响环境舒适度。好的厨房应在外墙合理的位置为抽油烟机设计补风口，平衡送排风以形成良好的气流，引导油烟全部进入排烟管道，而不会泄漏到厨房以外区域。不建议在厨房设置空调，因为油烟会吸入空调内部，空调内部产生污染再把污染到处扩散。厨房应布置在不受阳光直接辐射的位置，加上足够的排风，做饭时温度不会过高。炒菜做饭完毕后应保持抽油烟机再运转 3～6min。厨余垃圾要存放在有盖子的垃圾桶内，避免蚊蝇孳生和气味扩散。厨房的地面必须使用防滑瓷砖，防滑系数要满足标准要求。接触食物的表面应使用抗菌材料。厨房应设计成无卫生死角，任何角度都可以打扫，防止其发霉、生虫成为一个污染源。应正确选择厨房抹布、洗碗布的材质，不能带来二次污染。厨房清洁剂应不含对皮肤和环境有害的物质。厨房适合使用顶部照明光源，厨房操作台案板处应有足够的照明照度。

7. 地下室

目前，地下室存在的问题主要是潮湿。潮湿的原因有两种：一种是土壤中的水分沿地面或墙面进入室内，这主要出现在老建筑内，主要原因是在地下层和外墙勒角未做好防水处理；另一种是由于土壤传热，使地下室表面比室内空气温度低，因此潮湿的空气会在墙面或地面上结露。在第二种情况下，地下室应根据情况除湿（注意不能降低空气温度）或使用辐射加热墙壁表面避免结露。结露条件并不只是空气湿度一个控制因素，表面最低温度也是一个重要因素。地下室没有自然通风，需要机械强制通风，但要避免在最热、最潮湿的时间通风，因为此时可能会把更多的水分带到地下室内。如果不能引入阳光，地下室只适合做短时间使用的场所。如果希望长时间使用，则应该做通风采光井、导光管或天窗引入自然光和新鲜空气。由于地下室没有自然通风，因此所使用的装饰材料应以低释放性材料为主。

8. 老年人房间

老年人的生理器官功能发生衰退，因此在健康环境的物理指标上应该有所调整。老年人的视觉退化，需要照度更高的照明，一般需要增加50%的照度；老年人睡眠轻，因此要求环境噪声更低；老年人代谢慢，因此冬季需要高 1~2℃的室内温度，夏季应避免空调冷风吹身体。老年人对空气污染和水污染的抵抗力下降，因此需要更好的空气质量和水质量，更好的睡眠环境条件。地面要注意防滑，要根据需要配置帮助按钮，对于高龄老人还要设置各种无障碍措施。

9. 阳台

目前，大部分居住建筑阳台都被人为封闭，这减少了居住者和自然接触的机会。对室内的舒适度产生了一些不利影响，其中之一就是没有晾晒衣服的地方，衣服在室内晾干，细小纤维会散发到室内空气中，当空气静止时灰尘会降落到桌子表面上，感观很不好，打扫也浪费时间。

对居住建筑而言，要达到环境卫生、舒适、工效、心理和节能的目标，应确定好一个工作流程顺序，先解决整体的问题，再解决局部的问题。以上只是住宅中常见问题的一般对策。在具体设计和使用过程中还会出现其他复杂问题，这些都需要按照本书的知识体系——应对处理，提出解决方案。

6.7.2 办公建筑

办公空间的健康环境要求比住宅更高，因为办公环境具有高人员密度、高工作节奏、高工作效率的特点，只有好工作环境才能让员工更加专心、更加认真地工作，发挥最佳工作和创造能力。创造性要求越高的工作，其工作环境应该越健康、越舒适，让员工可以心无旁骛地思考、产生灵感、搞好创造性工作。因此，在办公环境对环境要求最高，不仅要求卫生、舒适和工效，还要求能提升员工的心理情绪，以产生最高工作成果。而办公环境，特别是高科技办公环境又是以人工环境为主，因此需要在设计和改善中具有创造性，要多听取员工的意见，以最新医学和心理学标准来做实践指导。对环境设备和保洁应有专门人员负责管理，每年至少一次对环境情况做满意度调查，及时解决员工反映的问题。办公空间还应配置休闲区和茶水间，劳逸结合，让员工放松一下，调整一下紧张情绪，以利下面时间更好地工作。实践表明，健康、舒适的工作环境能使病假率大幅度减少，同时提升员工的工作情绪。

1. 办公区

应最大限度地使用日光照明，把全天大部分时间伏案工作的人员优先布置在有阳光照射的工位上，以提高其工作情绪。由于员工每天在办公区工作很长时间，而大部分区域是电光源照明，因此对照明光源有很高要求，首先应具有足够的照度，明亮和暗淡区对比度应在合理水平；光源的色温和显色性应满足标准要求值，不要选择频闪和蓝光不满足安全性要求的光源。工位电脑和周围环境的照度比例应处在合理范围内（见第 2.2 节），以避免眼睛疲劳。较大的办公区人员多，要配置好吸声材料和部件，以避免环境嘈杂，影响工作注意力。家具和地毯等应符合低释放标准，最好使用有认证的产品。对会产生臭氧等污染物的复印机、打印机应布置在专门的设备间内，设备间配置排风设备把污染排到室外。办公室在使用前应聘请有资质的第三方机构进行甲醛、TVOC 等污染物标准浓度检测，应使用 GB/T 18883 标准评测，不要使用 GB 50325 评测。如结果超标则应先进行空气治理，治理后再检测达标后正式使用。对室内参数波动范围大的温度、湿度、CO_2、PM2.5 应使用带显示屏的监测传感器，时刻掌握其变化情况。如果超过正常范围及时采取相应对策（如配置专业净化器等）。要调节好空调气流方向，避免吹到座位上的人员。夏季连续使用中央空调会造成室内湿度不足（相对湿度小于 40%），应另外配置加湿机提高舒适度。要根据情况在室内配置遮阳帘，避免过量阳光进入带来眩光或室内过热。当有 10% 以上的员工反映异味、光环境、噪声、冷热湿的投诉时，就需要请专业人员进行健康环境检查，以防止环境问题降低员工工作效率和情绪。应对保洁所使用的化学品进行审查，避免其含有对健康不利的成分。

2. 会议室

一般在内部区域，其最大的问题是人员密度过大，当占用时间超过 1h 后，室内空气质量会变得很差。因此，最好的方案是使用按 CO_2 浓度控制的变风量通风系统，或者至少与外围空间进行通风换气。如果因条件限制无法实现安装上述设备，则需要每小时开门通风或休息一次（类似课间休息）。会议室家具和地毯需要按最高标准配置，以避免化学污染物。会议室要安装容量比较大的空调内机，以便在夏天可以有效控制室内温度。会议室有正常使用和投影两种灯光场景，应根据不同需要配置场景并设定控制模式。不要在会议室吃饭，除非会议室内有专业净化处理机能去除食品气味。

对办公环境而言，卫生性和舒适性只是基础性的要求。在高科技办公环境下，公司对工作效果的要求员工的心理健康是一对非常突出的矛盾体，办公环境的设计和改善应该更大程度上帮助解决这个问题。因为现在的公司越来越以人力资源为竞争优势，人力成本越来越高，而大健康则是制约人力资源有效发挥作用的一个拦路虎，心理健康出现问题意味着公司将损失一部分的人力资源，将会降低经济效益。因此，未来的领先型办公环境设计和改善中将会逐步增加工效性和心理性的内容，以人为本，使环境对促进人的健康起到正向作用，帮助员工以更高的工作热情投入工作，产生更大的工作成果，给公司带来良好的经济回报。

扩展阅读：理想中的办公环境调查报告书

新浪乐居通过发布理想中的办公环境网上调查问卷和通过微博采访企业员工、企业主得到了一系列翔实的数据和意见、建议。总体来看，69.2%的网友对目前的办公环境不满意。被调查人员反映，在目前的办公环境中容易使人莫名其妙地烦恼，并出现浑身不舒服，思维迟钝等症状，希望企业在办公环境的功能设施、绿化、硬件配套等方面作进一步的改善。

1. 环境影响效率

对白领而言，几乎每天都有三分之一的时间在办公室里度过，这里是个人发挥个人创造力促进企业和个人的发展的重要空间、平台。在问卷调查中，76.9%的网友认为，办公室的环境会对办公效率影响比较大，只有不到8%的网友认为环境不会对办公效率带来影响。有网友认为，办公环境不仅对工作效率产生影响，同时它还是企业的形象、文化理念、企业责任的重要体现，还会影响到企业对人才和客户的吸引度。46.2%的网友认为，办公场所应该选择在写字楼集群区域，这里离中心区域有一定的距离，远离喧嚣和尾气污染，但是在写字楼集群区域，配套设施也会比较完善，不用担心交通问题。

2. 绿色、人性化的办公场所更受欢迎

38.5%的网友希望办公场所有阳台或花园，但是目前90%左右的写字楼里是没有的，所以有网友认为要想在这样的办公场所里办公只能是做白日梦。有46.2%的网友选择在目前的情况下，最好每个座位上都有盆景，这样的话企业投入的成本也不会太高，同时植物有防辐射的功能，对于视力和调节情绪也有很好的作用。另外，15.4%的网友认为，绿化一般就可以了。

3. 九成人拒绝严肃、安静的环境

92.4%的人都不喜欢严肃、安静的工作场所，大多数人选择了充满趣味、气氛活跃型和舒适、健康型的办公环境，这也是目前倡导的绿色办公的一项重要标准。"绿色办公室"所倡导的健康、积极、向上的办公室气氛与风气，在这里人们的心情会更加开朗，创造力也会得到更大的发挥。

4. 现实与理想相差甚远

虽然很多员工和企业主都希望在人性、绿色的办公环境里办公，但是调查显示，只

有 15.4% 的企业注重生态办公，另外有 46.2% 的企业有一些简单的行动，有 38.5% 的企业根本不注重绿色办公。绿色办公不仅仅是指办公场所的绿化较大，还包括众多的方面，例如，足够的活动空间，良好的通风换气设施，充足的阳光照射，办公室的小气候（温度在 22～25℃，相对湿度在 50% 上下），远离噪声区和严重污染区，办公室的功能设置，工作人员要有相对独立的活动空间，并具私密性等。这些方面不仅仅是企业后期能够做的，更多地可能要靠开发企业前期的设计与规划。

(http://news. dichan. sina. com. cn/2011/06/10/331607. html)

6.8 既有建筑室内环境改善

6.8.1 既有建筑环境问题

既有建筑环境中会多少存在不理想的地方。加上建筑装饰材料和系统性能下降，大概每 10 年左右需要重新装修改善。商业建筑由于营业内容的调整，也需要对环境进行重新的分配和改变。因此需要先了解既有建筑存在的问题，在重新调整和装修时，予以考虑和改善。既有建筑环境的问题，可以分为：

（1）感觉生活和工作不便利的地方，如控制开关位置不合理；家具布置使用不够方便等；

（2）身体感官感觉到不舒适的环境，如眼睛感到光的照度不够、鼻子闻到异味；

（3）心理感到不舒适的环境，如房间高度过低，心理有压抑感；对工作环境反感，不愿去上班等；

（4）只有个别人有感觉，大多数人无意识的环境，长久下来对身体健康（感冒、肺部慢性疾病等）、心理情绪有影响的环境，如室内照明不足会导致近视眼；不良房间位置的阳光照射不利于正常生物钟规律；不规律低频噪声引起失眠心神不安的问题。

既有的建筑环境的改善可从以下几个方面进行考虑：

（1）从人机工学的角度增加使用者生活和工作的便利性和舒适度，重新选择家具和改变家具、设备位置和行动路线；

（2）克服在医学上对健康有不利影响的因素，如甲醛、异味、PM2.5 等污染物；避免湿度过低或过高；

（3）影响人体舒适度的因素，如日光、气流、噪声、冷热等；

（4）增加可以提升环境占用者情绪的因素，如日光采光系数、外部景观风景、正确的装饰风格和颜色搭配；配置休闲区和相关设备；

（5）增加集中和智能控制，改善使用和维护管理。另外，建筑改造还需要考虑由于时代进步，法规对建筑结构（如节能规范）和建筑设备（设备能效等级及节水指标）所确定的要求也在不断升高，此外建筑改造还要拆除之前使用的现在证明是有害的建筑材料（如石棉等）。

对健康环境的评判按以下步骤进行：一是进行问卷调查，通过对建筑占用者或旁观调查者问题答卷的统计，查找问题所在；二进行物理参数调查，根据实际测量结果查找环境中存在不足的参数；三是专业人员针对问卷调查结果和参数实测数据，上门检查找出环境中对健康、舒适、高效、便利和能耗不利的因素，并对此提出改善方案。

室内环境问题可分为以下几个方面：（1）室内光环境差；（2）自然和机械通风差（空气质量和异味）；（3）室内过热（局部房间）；（4）噪声超标（室外源和室内源）；（5）表面结露（地下室和特殊气候下）；（6）暖通系统能耗高；（7）给排水系统问题（水质、水温不稳、细菌、潮湿、噪声、异味等）；（8）自动和智能控制不合理、不方便；（9）运行和维护不专业。受既有条件限制，建筑环境的改善可能会比新建筑设计更加困难，需要具有更多的实用经验和灵活性。相关技术内容也可以参见第6.1节的相关内容。

2015年9月，北京一个小区的地下室二层12000m²的停车场做环氧地面施工，停车场与46部电梯相通连接各单元住户。地面施工完成后，许多居民反应，在小区内和楼道中出现难闻气体，令人难以忍受。居民限令物业部门5天内解决，物业部门承受了很大的压力。而治理公司由于经验不足，一开始只在电梯内做除甲醛处理，在地下车库做通风散味处理，没有太大的效果。后来请第三方检测机构现场取样测试，做污染物浓度检测分析。实际的测试结果出人意外，实际上超标的是氨，而不是预想的甲醛或TVOC。污染源找到了，处理措施也变得容易了，以最快的速度买了10瓶白醋稀释后喷洒在停车场地面，很快气味就消失了。用户和物业公司都对处理结果很满意。做环境改善最重要的不是表面做事，而是要有针对性地做事，要有的放矢地解决用户的实际问题。

6.8.2 数据分析发现缺陷

对应既有建筑环境诊断，可按下列步骤进行：

（1）问题普查：通过问卷或者现场调研的方式初步确定环境所存在的问题，如室内噪声过大、室内采光不足或者有异味等问题；

（2）根据上面的结果开展专项内容的详细诊断，可以按光、声、热、湿、空气质量和节能等分项独立开展单项诊断工作；

（3）根据详细诊断结果，综合考虑改造工作的经济性、可实施性以及技术成熟性，提出改善建议方案。

环境诊断具有三个原则：

（1）计划性。指诊断前应做好准备工作，制定各个系统的诊断方法和诊断路线图，必要时应先进行现场勘查，根据现场情况修正已制定的方案，确保诊断方案制定的合理性和可操作性，同时也便于工作人员准备好相关的检测设备，指导现场工作的顺利开展，提高诊断效率；

（2）系统性。指诊断应优先采用综合性指标，如能耗指标、水耗指标、室内舒适度指标等，通过综合性指标容易发现建筑系统存在的问题，然后根据这些问题逐步挖掘分析，以最终确定问题原因所在；

（3）经济性。指应考虑诊断工作的经济型，尽量采用便捷的诊断手段来完成相关的诊断工作，降低诊断工作成本。如有些电器可检查其铭牌，根据其规格、型号，判断其能效等级。

诊断内容包括：室内环境、围护结构、暖通空调、给水排水、自动控制、运行管理。采用诊断手段进行诊断。实施既有建筑诊断过程中，要根据既有建筑现状，依据诊断指标特点和已有的诊断条件，采用短时数据检测和长时间数据监测相结合的方式来开展，以提升诊断的效率和质量。

（1）检测：采用检测仪器设备，如温湿度计、电能表及流量计等，对评估对象进行直接或间接的测试，以后的其性能数据的方式。对于有明确量化数据和检测方式的指标参数，如现场环境噪声、围护结构传热系数、室内照度等，应根据已有的国家或行业检测标准中提供的方法进行检测。抽样的数量可不必完全按照标准来进行，达到诊断目的就行。对于无国家或行业标准的指标参数，应根据自制的作业指导书或检测细则进行检测；

（2）核查：指对技术资料的检查及资料与实物的核对。包括：对技术资料的完整性、内容的正确性、与其他相关资料的一致性及整理归档情况的检查，以及将技术资料中的技术参数等与之对应材料、构件、设备或产品事物进行核对确认。对于难以量化、无法用仪器设备进行测量的指标参数，如无障碍设施设置等，宜采用核查的方式诊断。对于现场核查内容，应制作核查作业指导书，细化核查技术要点，包括抽样数量、核查方法和核查步骤，以规范核查工作，提高诊断效率；

（3）监测：采用仪器设备对被诊断对象进行长期的监测仪获取其运行性能水平数据的方式。在既有建筑诊断工作中，对于一些随时间变化较大的诊断指标，采用短时的现场检测或者核查无法达到诊断目的，如场地风环境、建筑突发噪声、暖通空调能耗等，需使用温度、湿度、热量表等进行长时间监测以获取运行数据，并进行最终的诊断分析。

既有建筑性能缺陷诊断流程主要包括四大类：

（1）设计不合理，具有先天设计不足，导致在建筑运行中出现问题，该类缺陷可以通过后期的调整进行优化和功能提升，如围护结构热工性能改善和提升等；

（2）建筑设备系统硬件故障导致系统无法正常工作，需要更换相关硬件设备才能确保其继续工作，这类问题是最容易发现、最迫切需要解决的问题；

（3）是系统设备能正常运行，但未达到设计和用户运行要求，可通过改善运行管理方式和系统调试等手段来提升其运行功能，即在现有基础上提高运行性能。如暖通系统如果当初系统调试不到位，能耗就会偏高；

（4）设备运行正常，但随着科技进步，其技术性能已经远低于现实情况，技术性能有很大的提升空间。最常见的是照明灯具、自来水器具，可以通过更换方式，达到节能节水的目的。

既有建筑诊断应基于"问题/现象-原因"以及"整体-局部-原因"相结合的诊断方法，即根据被诊断建筑的实际情况，一方面可以从建筑已有的问题/现象直接出发，分析问题所关联的系统和设备，然后按照可能造成此问题/现象的原因，依据由表及里、逐层递进的方式进行诊断排查，最终确定问题产生的真正原因。基于"问题/现象-原因"的诊断方法，可按下列步骤进行：

（1）现场了解和发现建筑运行存在的问题；

（2）确定问题所关联系统和设备；

（3）用排查发逐一排查可能造成问题的原因；

（4）提出改造措施建议。

以下是一些环境数据测试和改善对策的小案例，供读者参考和体会。

1. 办公室感觉很吵的改善对策

某办公室感觉室内总是很吵，同事相互说话声音不清楚，影响工作效率。经现场测试，关窗户室外室内的噪声分别为 58.0dB 和 42.2dB，符合标准要求。感觉吵的原因是因为室内吸声性能不好，混响时间太长，造成室内回声，影响听力产生不愉快感。处理措施是增加室内吸声，在吊顶、墙壁和隔断处使用吸引板，把混响时间降到标准范围（约0.5s）以内。

2. 为什么晚上可以听到隔壁家的声音

某住宅卧室在睡觉后能听到隔壁邻居家的开灯声，影响睡眠休息。经现场对室外环境噪声，两户人家的室内环境检测噪声进行了检测，其分别为 41.2、34.5、34.2dB，在合格范围内。检查发现，灯盒开在墙壁内，两个灯盒位置比较接近，两者之间的间距比较小。因此，邻居家的开关面板的机械声穿入卧室。要解决这个问题，可更换开关位置、堵上灯盒后面的孔洞，或选择使用智能触摸开关，不再出现机械开关声音。

3. 带地板供暖玻璃棚连廊冬季温度情况

北京某别墅在二楼朝南侧安装了一个玻璃连廊，此连廊位于建筑二层的西侧，顶棚与西外墙均为玻璃墙体，并均与室外相邻，北侧与女儿房相通，并在连廊的地面之下安装了地暖系统。在地暖供暖一周后对连廊的温度情况进行测试。测试包括连廊内空气温度、玻璃表面温度、通过玻璃的热流量，测试结果见图 6.8-1 的数据记录。

从图上看出，连廊空气温度在下午 3 时多达到最高值，在上午 7 时处于最低温度。这时，时间与阳光辐射的照射时间是对应的。说明玻璃连廊温度受气象条件的影响很大。

在 0～7 时，室内空气温度呈递减趋势，最低温度为 13℃，在此时间段室外温度比较低，且随时间延长而减少，此段时间室内空气的温度大于玻璃窗户温度，热量由室内空气传递给玻璃窗，玻璃窗再通过对流换热将热量散失给室外空气，通过顶棚玻璃屋顶和西侧玻璃窗损失的热量随着时间推移也逐渐增加。同时，考虑通过窗缝的冷风渗透，所以在设定供暖温度下同时考虑供暖系统调节滞后性等因素室内温度才如图所示呈递减趋势，并有通过西侧玻璃窗平均 $19W/m^2$ 的热损失。

在 7:00～14:30，室内空气呈递增趋势，最高温度为 28℃，由于在此时间段室外温度逐渐上升和太阳直射的影响，玻璃窗的温度高于室内空气的温度，热量由玻璃通过对流换热和热辐射将热量传入室内，所以室内温度呈上升趋势，其中最大传热量可达 $116W/m^2$；由于室外气流变化和天气变化对太阳直射的影响，在太阳直射被遮挡的情况

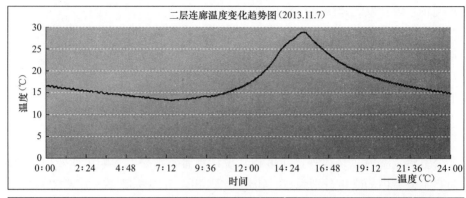

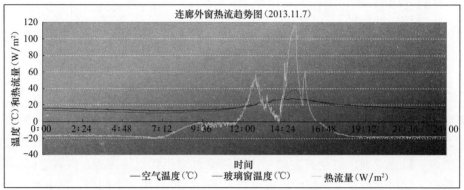

图 6.8-1　连廊温度和热流测试记录图

下则出现了如图中所示的玻璃与室内空气温差减小，而热流量减少，窗户的热流变成负值（室内向室外传热）的情况。

在 14：30～24：00，由于室外温度降温和太阳直射减少的影响，通过玻璃窗的热损失逐渐增大以及室外低温冷风的渗入，导致室内空气温度成递减趋势，其中平均散热量为 20W/㎡；

数据图中看出，室内日最高温度为 28℃，最低温度为 13℃，最大温差为 15℃，考虑到室外阴天和低温的情况下，室内的热损失将会大幅度增加，从而可能会造成由于大量的热损失，而使连廊的降温过大明显影响该环路的供热效果。

4. 卧室窗户温度低影响室内温度

卧室房间位于别墅二层的西北角，西侧和北侧外墙与室外相邻，南侧与阳光房相邻。使用温度记录仪对室内空气、地面、玻璃窗和内墙的温度进行了 24 小时连续记录，同时地面供暖，地面温度为 25.4℃（下午 16 时值），测试数据见图 6.8-2。

0：00～8：00，室内空气与地板传热基本达到平衡状态，其平均温度为 19.6℃，在此时间段室外温度比较低，且随时间延长而减少。在 8：00～15：00 室内空气呈递增趋势，最高温度为 26℃，由于在此时间段室外温度逐渐增长，通过墙体和玻璃窗的热损失也相对呈递减趋势，同时考虑 12：00 以后的太阳直射的影响，所以室内温度、地板温度、内墙壁温度以及玻璃窗温度都呈上升趋势。室内温控器设置在 23℃，在 11 点达到温度设定后停止供暖，导致 12：00～13：00 室内温度和地面温度的略微下降。

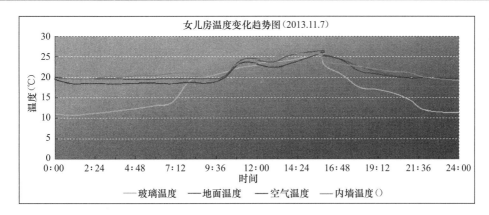

图 6.8-2 女儿房温度记录数据

15：00~24：00 由于从窗户进入的太阳辐射减少，玻璃窗向外传热，导致室内空气温度开始降低，但由于有地面供暖因此室内空气温度一致比较平缓，此时间段室内的平均温度为 21.4℃；

该房间室内温度 24 小时波动范围在 7℃ 以内，主要影响因素有两个：一是供水温度低供热量不能全天满足 23℃ 要求；二是为太阳辐射影响，太阳辐射对室内温度影响非常大。窗户玻璃热阻较低，加上夜晚不拉保温帘，因此其表面温度低，造成很大的热损失。今后使用中应在夜间拉上保温窗帘。

5. 恒温恒湿系统实测数据分析

某恒温恒湿系统样板间，使用进口辐射供冷供暖系统，地面\顶面\墙面配置了毛细管\辐射板和盘管，全年采用空气源热泵供冷供暖。配置带热回收和盘管的新风机，冬季用热水加热新风，但未配置加湿模块。建筑内面积为 $100m^2$，三个房间相通相连。

室内安装 4 个传感器，其中温湿度传感器布置在前台、展厅合办公室，温湿度和 CO_2 传感器放置在大厅和室外。前者数据在 3 月 4 日 20 时至 3 月 7 日 13 时，3 月 8 日 14 时至 3 月 11 日 7 时记录，后者数据在 3 月 5 日 16 时至 3 月 11 日 7 时记录数据。对这些数据进行分析，检测其使用效果。.

1）室外温度

室外平均温度 3.3℃，最高温度 18.3℃，最低温度 −8.4℃。室外最高温度出现在 15~16 时，最低温度出现在 6~8 时。见图 6.8-3。

2）室内温度

三个区域平均温度略有差异，分别为 19.5、20.1、19.1℃，最高温度分别为 20.7、22.5、19.6、20.8℃，最低温度分别为 17.9、18.5、17.9℃。最高温度出现在 15~16 时，最低温度出现在 6~8 时，其出现时间基本上与室外相同。由于本建筑作为办公建筑使用，因此采用白天的温度作为评价参数。白天温度升高的部分原因是太阳辐射，利用冬季的太阳能可减少系统供热。见图 6.8-4。

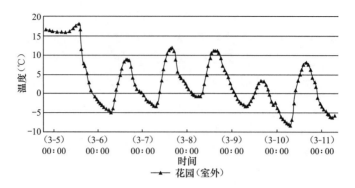

图 6.8-3　室外温度记录数据

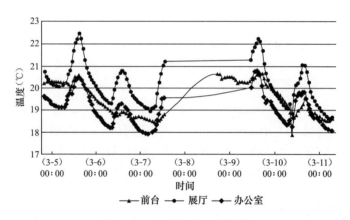

图 6.8-4　室内温度记录数据

3）相对湿度

室内 3 个区域，平均湿度分别为 38.6%、34.8%、38.1%，最高湿度 48.9%、38.9%、42.0%，最低湿度 20.7%、20.3%、23.9%。最低湿度出现在上班期间，估计是开门通风所造成的，最高湿度应该是室内出现较大水分释放情况。不同位置的湿度差主要是因为这些点温度差异的原因。见图 6.8-5。

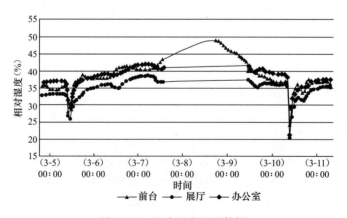

图 6.8-5　室内湿度记录数据

4）CO_2

平均浓度499ppm，最高浓度719ppm，最低浓度425ppm。浓度未超过1000ppm的国标要求，属于较好状态。其新风系统满足正常使用情况下的室内空气质量。3月6～7日由于是周末，因此全天处于较低浓度水平。每天浓度随上班开始增加，直到下班人员离开后下降。出现反复波动是由于中间有人进出，产生量增加和开门浓度降低。见图6.8-6。

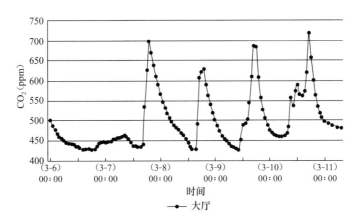

图6.8-6 室内CO_2记录数据

以人离开后的CO_2浓度降低速度数据回归估算新风系统换次次数为$0.3h^{-1}$，由于室内工作人员较少，因此空气质量仍然可以满足使用要求（见前面的CO_2数据）。

热环境评价结论：

（1）房间内全天温度比较稳定、舒适，说明温度控制系统比较有效；

（2）相对湿度满足健康条件（>30%）；

（3）新风系统满足使用情况，CO_2浓度达到优秀（<800ppm）水平。

6. 某办公室污染物测试及对策

某办公室装修后对甲醛、TVOC、苯、甲苯、二甲苯共5项指标按国标GB/T 18883进行测试。办公室设在高层建筑内，由物业提供空调和新风（一体），外部为玻璃幕墙，无可开的窗户通风。承租后装修，装修时注重材料和施工工艺的环保性能，有专门人员负责检查所使用的材料，如感官发现有污染释放过大的情况，则需要更换材料。装修后在家具进场后进行测试，测试按工作时间（有新风）和周末（无新风）两个条件进行，周末测试在房间封闭36h后进行。办公区间分为5个区域，对其中的4个区域——西区、休息区、大会议室、东区进行了测试。测试结果与国家标准GB/T 18883指标进行比较，其数据见图6.8-7。

从图6.8-7中可以发现，在无新风的情况下，所有区域的甲醛超标；大会议室、休息区、东区的TVOC超标；大会议室的甲苯超标；所有区域的二甲苯超标。而在新风情况下，所有参数都合格。有新风的情况下，TVOC、甲苯、二甲苯的浓度有明显下降（2～5倍）；而甲醛则有所下降，但下降的幅度（30%左右）却不是很大。

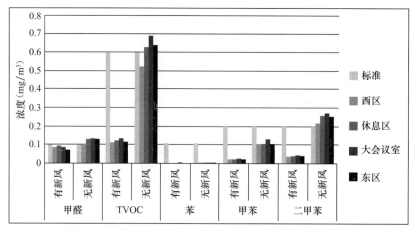

图 6.8-7　污染物测试结果

因此，在正常工作时间大厦会有新风供应，污染物的浓度在健康标准浓度以下。但如果是在周末加班，则污染物的浓度就会超标。为了防止这种现象发生，建议配置有效去除甲醛、TVOC 和二甲苯的净化器，在加班工作时使用保证空气环境健康。

7. 某建筑抗 PM2.5 性能

该建筑位于北京市昌平区某工业园 405 号，共三层，设计部在二层开放区域，物联净化新风在三楼实验室。围护结构为老式墙体，无任何保温措施，门窗系统为普通铝塑门窗。建筑设有地暖。实验房间采用净化新风机组顶送风。新风机组带有粗效和高效滤网。

测试过程：测试在春节期间进行，设计部、实验室处于无人状态，其他系统都处于关闭状态，使用物联传感器根据 PM2.5 浓度控制新风开关运行。

使用 3 个 PM2.5 物联测试仪器，3 楼实验室（物联净化新风），3 楼室外，2 楼设计部。信号通过协调器和路由器上传物联空气管理云服务器，数据下载后进行数据分析。实测数据记录结果如图 6.8-8 所示。

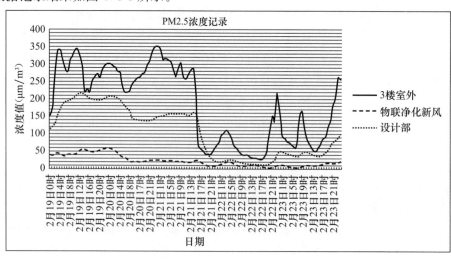

图 6.8-8　实测 PM2.5 数据记录

实测数据统计结果见表 6.8-1。

实测数据统计 表 6.8-1

	室外/物联净化新风	室外/设计部	室外 PM2.5 大于 75μg/m³ 时
平均值	9.14	2.14	8.21
最大值	34.98	7.27	18.44
最小值	2.55	0.50	2.55

采用室外/室内浓度比值评价新风机组去除 PM2.5 的效率，两个房间比值曲线见图 6.8-9。对数据处理结果见表 6.8-2。

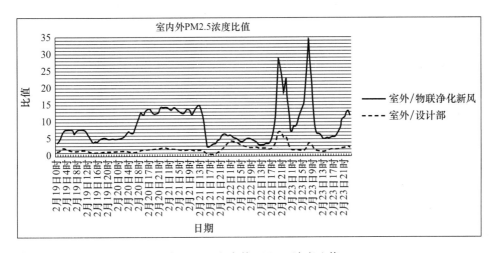

图 6.8-9 室内外 PM2.5 浓度比值

数据处理后比较表 表 6.8-2

	3 楼室外	物联净化新风	设计部	单位
平均值	186.8	23.7	106.7	
最大值	353.1	61.2	218.1	μg/m³
最小值	26.9	3.2	12.1	
记录时间	2015 年 2 月 19 日 0 时～2015 年 2 月 24 日 0 时			

按一般经验，房间抗 PM2.5 能力可按室外内 PM2.5 浓度比值衡量，见表 6.8-3。

建筑抗 PM2.5 能力分类 表 6.8-3

	1.0～2.0	2.0～4.0	4.0～6.0	6.0～8.0	>8.0
抗霾性能	普通建筑	气闭建筑	低效	中高效	高效

按本数据中，设计部＝2.14，属于不能满足净化要求的建筑。建议提高室内净化能力，保证室内人员健康。而 3 楼实验室＝8.21，高效设备，无需再做处理。而当使用时间一定时间后，过滤网性能会下降。当上述比值低于 6 时，建议及时更换设备内过滤网。

6.8.3　某写字楼环境改善建议书

1. 现场情况

某写字楼五层办公区，由两部分组成。朝北的大办公区和朝南部分的多功能区。前者长约 44m，宽 22m，朝西主要面部分为玻璃立窗和斜天窗，朝东有很大面积的窗户。其中，具有开启式窗户，中间部分是开放式办公，可以形成比较良好的通透式通风，靠南边有 4 个隔断办公区。其中，靠东的两个房间安装有新风换气机。多功能区由两个房间组成，位于玻璃安全门之外，最朝南的大房间中人员较多。

办公区中安装有中央空调，空调的温度控制器集中安装在几个位置。整个办公区装修风格简单，顶面喷涂浅灰色涂料，地面为深灰色环氧漆，隔断为玻璃和轻钢龙骨，装饰释放源处于良好状态（家具未进入时）。

建筑使用情况为会议及办公，某些区域短期可能会有很高的人员密度。有些工作人员会一天都在办公区，按甲方要求对室内空气质量进行评估，提出改善建议。建筑平面布置如图 6.8-10 所示。

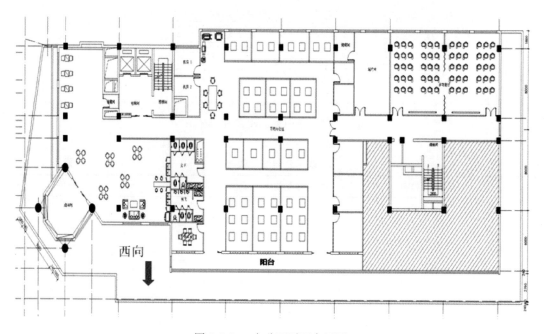

图 6.8-10　办公区平面布置图

2. 环境考察和测试

朝西部分阳台，宽度约为 2m，长约 28m，分为 3 个半区域。含固定式斜天窗、立面窗，立面窗中有两侧为向内开窗户。3 个区域顶部斜天窗内部安装电动遮阳卷帘，立式窗内部安装有手动遮阳帘。最南部的半个跨度，顶部使用铝塑板封闭遮光，下部为固定式立窗户。阳台内侧墙壁有两个出入门洞，内墙上有 5 个窗户用于内部办公区采光，内墙阳台侧贴玻璃材料。阳台顶部安装 3 台风机盘管，用于夏季降温，温控器安装在内墙北侧的玻璃装饰面上。

9 月 11 日下午 15 时，在阳台上的温度进行测试。室外为多云条件，但天空透明度较高。使用太阳能辐射测试仪对室外（开窗）、室内（关窗）的太阳辐射量进行测试。

当天的室外温度为 24℃。把全部遮阳打开、所有窗户关闭后，阳台的空气温度迅速升高，20min 后超过 33℃，而处于阳光直射处的温控器温度为 39℃。关闭遮阳后，阳台温度降为 29℃。与此同时，其他空间的空气温度为 25℃。阳台北侧封闭铝塑板内侧温度极高，表面温度达 50℃，其下部有明显的热辐射感，无法待人。阳台处天窗和窗户的框架为铝合金，其内侧温度较高。现场测试玻璃隔热性能如下：室外太阳辐射强度 870W/m²；玻璃内侧 580W/m²；遮阳帘内侧 50W/m²；全遮阳后阳台<20W/m²。可以看出，玻璃的遮阳效果较差，而遮阳帘效果尚可，但通过玻璃进入室内的热量不会全部反射到室外，部分还会留在室内升高室内温度。另外，如果全面积遮阳，则会没有采光效果。

3. 过热的改善方案

目前存在的问题：天窗和立窗的框架材料保温性能差，玻璃的隔热性能低，阳台未设排风不能将太阳热排出，南侧顶部天窗封闭结构错误，阳台内墙面不宜使用反射性强的玻璃，空调温控器不应该安装在阳光下。根据存在的问题，提出以下改善建议：

（1）斜顶遮阳根据季节、阳光照射情况集中智能控制开关。冬季可白天打开引入太阳辐射升高室内温度，但夜晚应关闭，这样可以节省能源，提高舒适度。夏季关闭以减少室内得热量，减少空调运行时间。过渡季节根据室内温度情况掌握开关。

（2）在太阳辐射较大的情况下，西侧玻璃很热，而东侧窗户温度低，此时同时打开西、和东侧的窗户，可形成较好的过堂风，增加散热和提高室内空气质量。但开空调时，不宜自然通风。

（3）考虑办公人员心理感受，遮阳要兼顾照明和减少热辐射，以能耗最少为原则。增加遮阳控制措施后，运行空调可将无人的阳台温度控制在 30℃ 以下，相邻有人办公区温度可低于 28℃，并且相邻办公区有较好的自然采光。为此，建议在立窗贴阳光膜，而斜天窗不贴膜。立窗遮阳帘使用手动控制，由办公区的人员具体掌握，阳光膜可以减少约 80% 的热量，减少约 30% 的可见光，但由于立面面积较大，贴膜减少的光照不是很大。相邻办公区玻璃内侧根据今后使用感受，如有过热存在，则配置百叶遮阳帘应对。

（4）南侧铝塑板内部增加 50mm 厚泡沫保温板，减少外部热量传入。

（5）改变空调温控器位置，远离太阳辐射。

4. 通风和空气质量方案

（1）就目前的未布置办公家具的情况看，所使用材料污染释放程度不大，正常使用出现甲醛、TVOC 超标的风险不大，但具体事宜需要在家具到位后再具体测试评估；

（2）大部分区域敞开式办公，大办公区东西侧有窗户，可形成较好的自然通风通路。但有几个分割区间玻璃严密区隔，在两人使用关门的情况下，20～30min 就可能出现 CO_2

超标的可能，建议在墙壁可开口位置开口，安装通风口（类似空调风口）或排风扇，以改进内部区的空气质量；

（3）多功能厅和大办公区的使用人数可能会较多，建议配置 CO_2 探头，根据数值显示情况，在超过 1000～1200ppm 时，手动打开窗户通风，保证室内空气新鲜；

（4）当室外 PM2.5 超标时，室内也会升高，因此建议在各个区域配置空气净化器，保证室内空气质量；

（5）建立室内空气质量管控制度，确定空气质量负责人员，专人负责开关窗、开关遮阳帘、开关净化器及设备运行管理。对新采购家具提出低污染释放要求，建立保洁制度，避免外部污染源带入室内。

本项目改善内容如下：

（1）立窗贴膜；

（2）阳台温控器位置改变；

（3）阳台内侧根据情况配置百叶帘；

（4）阳台南侧封闭板增加内保温结构；

（5）阳台增加排气口；

（6）设置 CO_2 和 PM2.5 空气质量探头；

（7）根据气候情况开窗自然通风；

（8）配置空气净化器；

（9）建立管理控制制度和确定负责人。

6.9　未来展望

人生最大的财富不是金钱而是健康。建筑价值的高低在很大程度上取决于其对健康促进的作用大小。50 年前，传染病是最主要的死亡因素，而现在的主要死亡的因素变成了恶性肿瘤、脑血管病、心脏病和呼吸系统疾病等慢性疾病，而这些慢性病的原因并不是公共卫生因素造成的，很多是与室内环境污染、不健康行为有关。慢性疾病的给人带来的痛苦时间更长，这正是未来对人类的重大挑战之一。人生理寿命的增长并不意味着生命质量同步增长，目前中国的生理寿命已接近发达国家，但在健康寿命（生命质量）方面，与先进国家相比有 10 年以上的差距。以疾病治疗和预防为主的卫生概念正在被健康和福利概念所替代，健康管理才是提高健康寿命和生命质量的有效技术手段。

随着科技进步，越来越多的人进入城市，进入各式各样的建筑工作，一天有 80% 以上的时间是在建筑内度过，因此建筑对健康的影响是不能忽略的。现在所讲的环境健康，主要是讲室内空气质量，只是从疾病预防的角度对建筑提出要求，而未来必定是全方位的健康理念，包括：疾病预防、舒适愉快、人机工效和心理健康。这样，才能给建筑空间占用者提供最大的帮助，使他们在建筑中可以得到公正的对待，促进他们的健康水平，而不是减低他们的健康水平。在先进国家，由于制定了有效的管理政策，加强健康教育，建筑内的环境健康水平得到有效保证。比如，美国职业安全与健康管理局（OSHA）把办公室数据录入人员的上肢肌肉骨骼系统损伤（MSD）列入职业病，如果雇主预防措施不利导致雇员产生疾病，雇主负有赔偿责任。只有在这种法律机制之下，才能促进室内健康环境水平的提高。

许多建筑评价体系试图确定一系列物理指标来衡量、评价建筑室内环境健康程度，但这可能只是一厢情愿，因为对评价人员而言，如果缺乏跨行业知识，在很大程度上评价就会变成一个数字游戏。很多评价使用专业计算机模拟分析，但一些分析结果却明显与常识相违背。

目前中国处于建筑的高速增长期，国外的先进技术、理念都来到中国显神通。而中国则处于一个发展不平衡的阶段，地标建筑的外观已经与世界接轨或者领先世界，但在建筑的理论体系、材料性能、建筑与健康关系等方面却反而是产生更大的距离。建筑设计和建筑运行结果之间的差距也很大，这说明改善室内环境健康还有大量工作要做。

在未来，要把建筑性能与空间占用者全方位健康真正联系在一起，这还需要做很多的工作，首先需要邀请医学专家、心理学家加入健康环境评估的队伍，从医学、心理学的角度探索人-建筑-环境之间的相互关系，并提出改善这种关系的具体措施。建筑与现代健康之间的准确关系还需要深入研究，才能得出更多结论。另外，还要引进大气气候学的成果，找出建筑室内环境舒适度和节能的精确关系，这样既可以改善了室内环境，也对建筑节能起到事半功倍的效果。

如同谷歌办公建筑，许多高科技公司在建筑室内环境健康方面做了许多榜样性的工作，从他们的实践中我们可以学到许多有益的知识，也会引导我们未来的工作。建筑室内环境对健康影响的研究越深入，就可能带给建筑环境占用者更多的健康价值。每个人的健康都需要自身的行为支持，未来的建筑也一定建立在以人为本、以健康为重点的设计精神之上。在未来，室内环境健康评价工作将会逐步建立起程序化体系，通过评价达到健康促进的目的。

本章参考文献

1. 安藤忠雄. 安藤忠雄论建筑. 白林译. 北京：中国建筑工业出版社，2003

2. 王育林. 地域性建筑. 天津：天津大学出版社，2008

3. S. E. 拉斯姆森. 体验建筑. 刘亚芬译. 北京：知识产权出版社，2003

4. 常怀生. 环境心理学与室内设计. 北京：中国建筑工业出版社，2000

5. 陈望衡. 我们的家园：环境美学谈. 南京：江苏人民出版社，2014

6. 托伯特·哈姆林. 建筑形式美的原则. 邹德侬译. 北京：中国建筑工业出版社，1982

7. 亨德里克·房龙. 人类的艺术. 李晗编译. 北京：中国和平出版社，1996

8. 王晓华. 生态主义与人文主义的和解之路. 深圳大学学报（人文社会科学版），2006. 10

9. 邓波，罗丽，杨宁. 诺伯格-舒尔茨的建筑现象学述评. 科学技术与辩证法，2009. 4

10. 董治年. 当代建筑环境设计的觉醒. 中华建筑报，2012. 11

11. 常怀生. 环境心理学与室内设计. 北京：中国建筑工业出版社，2000

12. 刘盛璜. 人体工程学与室内设计（第二版）. 北京：中国建筑工业出版社，2004

13. 马素贞，孙金金，汤民. 既有建筑绿色改造诊断技术. 北京：中国建筑工业出版社，2015

14. 李保峰，李钢. 建筑表皮—夏热冬冷地区建筑表皮设计研究. 北京：中国建筑工业出版社，2010

15. 台湾内政部建筑研究所. 绿建筑评估手册—基本型（2015 版）. 台北：台湾内政部建筑研究所，2015

16. 台湾内政部建筑研究所. 绿建筑评估手册—住宅类（2015 版）. 台北：台湾内政部建筑研究所，2015

17. 台湾内政部建筑研究所. 绿建筑评估手册—旧建筑改善类（2015 版）. 台北：台湾内政部建筑研究所，2015

18. 林黛羚. 改造老房子—完成一辈子的梦想家. 济南：山东人民出版社，2012

19. 段恺，任静，张金花，王志勇，崔新阳，李江宏，李坚. 北京市既有居住建筑节能改造效果测试及经济能效分析. 施工技术，2012，41（376）

20. 张晓，李朝阳，陈启宁. 新加坡城市交通无障碍设计及启示. 现代城市研究，2012

第7章　主动式建筑体系

7.1　主动式建筑体系简介

2002 年 5 月 2 日，由 40 多个国家的建筑师、跨国企业、科研机构、建筑院校等组成了"Active House"国际主动式建筑大联盟（www.activehouse.info），总部在欧洲布鲁塞尔，为非盈利组织。2010 年 6 月 25 日，来自 40 多个国家的地区的著名建筑师、跨国企业、科研机构、建筑院校代表等汇集哥本哈根，召开了主动式建筑联盟大会，共同讨论未来建筑发展话题。

主动式建筑理念是由国际主动式建筑联盟提出，它是未来新建建筑的一个总体指导原则，是一种应对能源和气候挑战的前瞻性建筑理念。主动式建筑理念倡导未来建筑应该实现气候平衡、居住舒适、感官优美、具备充足的日光照明和新鲜的空气，即建筑将以建筑使用者的健康与舒适感受为核心，实现能耗效率与最佳室内气候之间的平衡，同时保证建筑以动态方式适应周围环境，实现碳中和。在这一理念指导下，建筑将自主生产能源，以可持续发展形式利用资源，有效改善人们的健康水平和居住舒适度。它将有效地沟通人类与生存环境关系，促进未来技术与普通生活常识之间的良性互动。

目前，主动式建筑联盟已正式出版了两本指导书——《主动式建筑细则（住宅）》和《主动式建筑指南》。这两本书详细解读了主动式建筑的愿景、展现影响主动式建筑发展变化的关键原则，并确定了主动式建筑的技术规范。

主动式建筑的愿景，是让建筑为居住者创造更为健康和舒适的生活环境，且不会对气候和环境造成负面影响，从而推动未来走向一个更清洁、更健康、更安全的世界。主动式建筑理念通过重视能源、室内气候和环境因素，为设计和改建有利于人类健康和生活幸福的建筑提出了目标性框架，其包含的意义如下：

➢ 舒适

建筑室内环境能够促进居住者健康、舒适感和幸福感

建筑室内空气质量良好，适宜的热气候，舒适的视觉和声环境

建筑提供的室内气候易于被居住者控制并同时能产生环境效益

➢ 能源

建筑具有高能源效率并易于控制

建筑的可持续性能效超过法定规定的最低能效

建筑可利用多种能源，且与整体设计融为一体

➢ 环境

建筑对生态环境和人文资源的影响最小化

建筑能够避免破坏生态

建筑更多使用可再生、可循环的材料

主动式建筑提出的一个目标框架，适用于新建筑设计和旧建筑的改造，提出重点都应放在室内外环境和能源有效利用，使建筑对人类健康、安全和幸福有正面贡献。主动式建筑在室内气候条件、能源消耗和对环境影响三者之间相互作用的基础上进行评估。

1. 舒适——创建更健康更舒适的生活

我们一生有 90% 的时间是在室内度过的，因此室内气候的质量对我们的健康和舒适性有着很重要的影响。一个良好的室内气候是主动式建筑的关键要素。主动式建筑要求在白天丰富阳光和新鲜空气进入室内，从而改善了室内气候的质量。应尽量减少夏季过热和优化室内温度，在冬季避免不必要的能源消耗。

2. 能源——对建筑能源平衡产生积极影响

主动式建筑是"供大于求"的建筑，即能源产出多于消耗的建筑。主动式建筑考虑到建筑的全生命周期能源消费总量，其能源性能和能源供应对全球气候变化、提高能源供应可靠性及降低全球能源消费有重要意义。主动式建筑是通过设计、节能和技术产品的集合优化，使用尽可能少的能源，并尽可能利用可再生能源。

3. 环境——对生态环境正向影响

主动式建筑考虑对建筑全生命周期的评估。主动式建筑与周边环境和文脉形成最佳的良性互动关系，致力于优化资源利用和其在全生命周期对整体环境的影响，这意味着对环境，土壤，空气和水的任何危害最小化。

主动式建筑从概念到实现要经过多个步骤，业主、开发商和设计者要通过这些步骤相互了解、相互合作，才能达到最后的理想结果。其程序工作内容见图 7.1-1，包括九

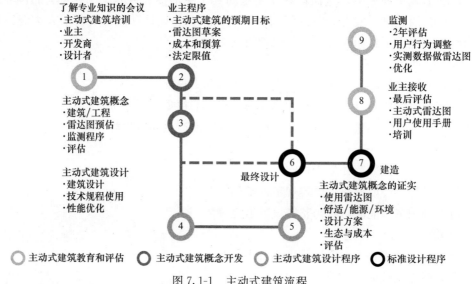

图 7.1-1　主动式建筑流程

步，其中两个步骤与传统方式一致：

7.2 主动式建筑雷达图

主动式建筑在建筑设计和建筑完成阶段，都需要考虑如何积极整合三大原则。主动式建筑雷达图，是显示建筑设计和实际运营结果的好工具。项目设计初期，可以先根据法定规定要求值、其他项目参考值或者已有监测值，绘制出参考雷达图，在此基础上确定项目的实际要求值。当建筑投入使用时，雷达图也是有效的监测工具，可以评价和改进该建筑的能耗。作为一种评估工具，它可以清晰展示一体化的参数设计对主动式建筑的重要性。

雷达图显示主动式建筑三个原则需达到的要求标准。各项目标标准可以被量化为四个层级，其中数值1是最高级别，数值4为最低。如果每项原则中的参数好于或等于设想中的最低数值时，说明这是一个主动式建筑。主动式建筑最理想的标准，是所有参数和推荐值都处于最低数值。

主动式建筑雷达图汇集了评价主动式建筑性能的三个原则，每个原则又分为多个子项，对每个子项参数打分评判，最后得出每个子项的技术水平，显示建筑的"主动性"水平。

对主动式建筑理念下建造的建筑进行评价，包括三个主要原则：舒适、能源和环境。每个原则下分别还有3个子项，一共9个参数，通过对各个子参数性能数据的处理得到雷达图上的等级分。9个子项如下：

舒适：1.1 日光；1.2 热舒适度；1.3 空气质量。

能源：2.1 能源需求；2.2 可再生能源；2.3 一次能源性能。

环境：3.1 环境负荷；3.2 耗水量；3.3 可持续建设。

1. 计算

建筑物必须计算9个子参数的每一个数值。计算可以使用主动式建筑的计算工具。主动式建筑联盟成员可免费获得这个工具，也可以利用国家标准认证方法或其他标准的计算工具，对9个参数进行计算打分。

2. 分值

由得分情况确定一个建筑能否被评定为主动式建筑，其9个参数被量化等级划分为四个层次。对于每个参数，1分是最高水平，4分是最低水平。按评分标准进行计算以获得实际得分。要取得主动式建筑资格，9个参数每项都要满足最低的数值要求。

3. 雷达图绘制

使用主动式建筑的计算工具可以绘制出雷达图（图 7.2-1）。对其他设计解决方案，可以使用 www.activehouse.info 中的主动式建筑的计算分析软件进行设计，特殊性能计算数据包括在软件其中。

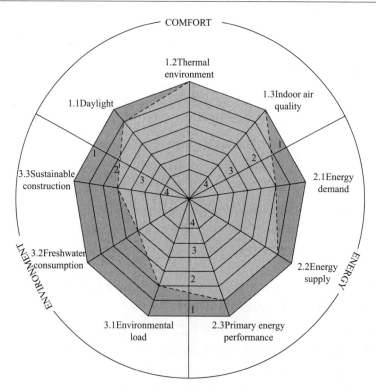

图 7.2-1　主动式建筑雷达图

表 7.2-1 是主动式建筑各参数的评判标准打分。每个建筑中包括需要评定的多个房间或区域，根据主动式建筑评价要求，以平均值或最低值作为评分的依据，以获得最终得分。

主动式建筑评分表　　　　　　　　　　　　　　　　　　　表 7.2-1

主项	分项参数		评判分数
舒适性	采光	1.1.1　采光系数	1 个房间在工作台平面上的平均采光系数作为评价值 1. DF＞5％平均值 2. DF＞3％平均值 3. DF＞2％平均值 4. DF＞1％平均值 使用有效的日光模拟软件计算采光系数
		1.1.2　直接日光可行性	主要居住房间中最小的一个，阳光提供应该介于秋分和春分之间： 1. 至少 10％可能日光时间 2. 至少 7.5％可能日光时间 3. 至少 5％可能日光时间 4. 至少 2.5％可能日光时间 按英国标准《建筑照明——第 2 部分：日光测试规定》BS 8206—2：2008 进行

主项	分项参数		评判分数
舒适性	热环境	1.2.1 最高作用温度	最高室内温度界限指阶段内外部温度 T_{rm} 处于 12℃ 及以上。 对于客厅，厨房，书房，卧室等住宅中无空调和带自然（交叉或上下）通风，室内最高作用温度是： 1. $T_{i,o} < 0.33 \cdot T_{rm} + 20.8℃$ 2. $T_{i,o} < 0.33 \cdot T_{rm} + 21.8℃$ 3. $T_{i,o} < 0.33 \cdot T_{rm} + 22.8℃$ 4. $T_{i,o} < 0.33 \cdot T_{rm} + 23.8℃$ T_{rm} 的滑动平均室外温度在 "3.11 节，外部温度、滑动温度，EN 15251：2007"。 对于住宅楼配有空调的客厅等，作用温度最大值： 1. $T_{i,o} < 25.5℃$ 2. $T_{i,o} < 26℃$ 3. $T_{i,o} < 27℃$ 4. $T_{i,o} < 28℃$ 卧室（尤其是在夜间），对比上面低 2℃ 对于高温敏感人群当睡觉或试图入睡时，可能是最佳的。另外，在厨房超过上面温度在一定时期内可以允许，例如在烹饪过程中。 该系统应设计成实现上述温度值，用户可以选择其他设置温度。 参考：EN 15251：2007
		1.2.2 最低作用温度	最低室内温度界限指阶段内外部温度 T_{rm} 处于 12℃ 以下。 对应住宅内的客厅、厨房、学习房、卧室等，最低作用温度应为 1. $T_{i,o} > 21℃$ 2. $T_{i,o} > 20℃$ 3. $T_{i,o} > 19℃$ 4. $T_{i,o} > 18℃$ 该系统应设计成实现上述温度值，用户可以选择其他设置温度
	室内空气质量	1.3.1 新鲜空气标准	新鲜空气供应根据在客厅、卧室，书房等房间以人为的主要污染来源及被占用时间长度，按下述 CO_2 浓度数值限定： 1. 超过室外 CO_2 浓度 500ppm 2. 超过室外 CO_2 浓度 750ppm 3. 超过室外 CO_2 浓度 1000ppm 4. 超过室外 CO_2 浓度 1200ppm
能源	能源需求	2.1 年能量需求	1. $\leqslant 40kWh/m^2$ 2. $\leqslant 60kWh/m^2$ 3. $\leqslant 80kWh/m^2$ 4. $\leqslant 120kWh/m^2$
	能源供给	2.2 能源供应来源	1. 建筑中 100% 或以上的使用能源来自小区或附近的可再生能源系统 2. 建筑中 ≥75% 的使用能源来自小区或附近的可再生能源系统 3. 建筑中 ≥50% 的使用能源来自小区或附近的可再生能源系统 4. 建筑中 ≥25% 的使用能源来自小区或附近的可再生能源系统
	一次能源利用	2.3 年一次能源效益	1. 建筑中 $< 0kWh/m^2$ 2. 建筑中 $0 \sim 15kWh/m^2$ 3. 建筑中 $15 \sim 30kWh/m^2$ 4. 建筑中 $\geqslant 30kWh/m^2$

续表

主项	分项参数		评判分数
环境	环境负荷	3.1.1 建筑全生命周期一次能源消耗	1. $<-150kWh/(m^2 \cdot a)$ 2. $<15kWh/(m^2 \cdot a)$ 3. $<50kWh/(m^2 \cdot a)$ 4. $<200kWh/(m^2 \cdot a)$
		3.1.2 建筑全生命周期全球变暖潜能值（GWP）	1. $<-30kg\ CO_2-eq/(m^2 \cdot a)$ 2. $<10kg\ CO_2-eq/(m^2 \cdot a)$ 3. $<40kg\ CO_2-eq/(m^2 \cdot a)$ 4. $<50kg\ CO_2-eq/(m^2 \cdot a)$
		3.1.3 建筑全生命周期臭氧消耗潜能值（ODP）	1. $<2.25E\text{-}O7kg\ R_{11}-eq/(m^2 \cdot a)$ 2. $<5.3E\text{-}O7kg\ R_{11}-eq/(m^2 \cdot a)$ 3. $<3.7E\text{-}O6kg\ R_{11}-eq/(m^2 \cdot a)$ 4. $<6.7E\text{-}O6kg\ R_{11}-eq/(m^2 \cdot a)$
		3.1.4 建筑全生命周期光化学臭氧生成潜力（POCP）	1. $<0.0025kg\ C_3H_4-eq/(m^2 \cdot a)$ 2. $<0.0040kg\ C_3H_4-eq/(m^2 \cdot a)$ 3. $<0.0070kg\ C_3H_4-eq/(m^2 \cdot a)$ 4. $<0.0085kg\ C_3H_4-eq/(m^2 \cdot a)$
		3.1.5 建筑全生命周期酸化潜力（AP）	1. $<0.010kg\ SO_2-eq/(m^2 \cdot a)$ 2. $<0.075kg\ SO_2-eq/(m^2 \cdot a)$ 3. $<0.100kg\ SO_2-eq/(m^2 \cdot a)$ 4. $<0.125kg\ SO_2-eq/(m^2 \cdot a)$
		3.1.6 建筑全生命周期富营养化（EP）	1. $<0.0040kg\ PO_4-eq/(m^2 \cdot a)$ 2. $<0.0055kg\ PO_4-eq/(m^2 \cdot a)$ 3. $<0.0085kg\ PO_4-eq/(m^2 \cdot a)$ 4. $<0.0105kg\ PO_4-eq/(m^2 \cdot a)$
	水资源消耗	3.2.1 建筑使用中新鲜水消耗最小化	对应国家规定的建筑年平均水消耗指标进行计算 1. 减少使用≥50%（对应平均值） 2. 减少使用≥30% 3. 减少使用≥20% 4. 减少使用≥10% 百分率＝(国家规定－建筑消耗)/国家规定×100%
	可持续建设	3.3.1 再生使用量	以重量计，所有建筑材料（建筑中材料的重量加权）的再生含量是： 1. ≥50% 2. ≥30% 3. ≥10% 4. ≥5% 80%的建筑重量应该被核算（在再生部分，我们核算使用前，使用中和使用后回收的部分）
		3.3.2 采购职责	1. 100%的木材有 FSC、PEFC 认证，80%的新材料有 EMS 认证 2. 80%的木材有 FSC、PEFC 认证，50%的新材料有 EMS 认证 3. 65%的木材有 FSC、PEFC 认证，40%的新材料有 EMS 认证 4. 50%的木材有 FSC、PEFC 认证，25%的新材料有 EMS 认证

7.3 主动式建筑实践

主动式建筑理念的目的是在全球任何地方都可以创造可持续主动式建筑。目前，欧洲、美洲和中国按照主动式建筑理念设计建造了许多示范性建筑，其中包括位于中国河北省廊坊市位于威卢克斯（中国）有限公司的办公楼（见第 1 章介绍）。建立在不同气候带，不同地域的示范性建筑，为主动式建筑理念提供了许多切实可行的建议。

1. 丹麦绿色灯塔案例

绿色灯塔项目是迄今为止丹麦第一个按照碳中和理念设计的公共建筑，位于哥本哈根市内的哥本哈根大学校园内，是威卢克斯集团"VELUX Model Home 2020"六个未来示范项目中，第二个完成的生态可持续节能示范建筑。该建筑为三层的圆形建筑，总建筑面积 950m²，具体用途为哥本哈根大学科学系学生的学习、生活、就业监管咨询中心。绿色灯塔项目是无二氧化碳排放的零排放生态型建筑。

绿色灯塔的目标在于展示节能型建筑需求和建筑质量、健康室内气候以及良好的日光，是可以通过可持续和创新的建筑设计方法达到平衡的。绿色灯塔是 2009 年哥本哈根召开的联合国气候变化峰会（COP 15）的一个带有政治性的展示项目，已于 2009 年的 10 月 20 日正式交付使用运营，同年荣获丹麦工业联合会颁发的"DI 2009 建材创新合作奖"。2012 年荣获 LEED 金级认证，成为丹麦首座获得 LEED 金级认证的可持续建筑。

图 7.3-1 丹麦零排放生态建筑——绿色灯塔

绿色灯塔的创作来源于"日晷"，克里斯坦森建筑设计事务所的设计师们，根据"日晷"创作了其圆柱外加倾斜顶面的造型，充分地表现出建筑与太阳之间的密切关系。项目合作各方希望该建筑竣工后，成为哥本哈根、丹麦及至整个欧洲环保建筑的榜样，故命名为"绿色灯塔"。

1）圆柱体的建筑外形：

该建筑的设计目标是实现最佳的能耗效率、建筑质量、健康的室内气候，和良好的采光条件。也就是说，绿色灯塔在设计之初，就是一个具有强烈展示功能的建筑。既要展示建筑各个不同立面接受日照、采集太阳能即时的数据变化，又要具备较好的建筑功能，最佳形状就是做成圆柱形。

图 7.3-2　绿色灯塔内部的中庭

2）中庭

绿色灯塔采用了大中庭设计，其用意有五点：

一是根据其用途刻意设计出一种开敞、通透、开放的空间；

二是为参观者聚集时提供集中讲解的功能；

三是采用烟囱效应自然通风；

四是为了提高整个建筑内部自然采光的均匀度；

五是解决了竖向的交通组织。

3）绿色灯塔佩戴的艺术品

丹麦国家建筑规范里，有一个有趣的规定：每栋公共建筑，可以拿出相当于预算1.5％的资金来做艺术装饰。为此，丹麦国家艺术院的两名艺术家，为建筑做了一个名为"仪器"的艺术雕塑，这个雕塑看起来像一个探测器，其主体由 8 个"手臂"组成，每个手臂上装有 30 面小镜子。艺术家说，如果天空晴朗、阳光灿烂，仪器每一个"手臂"上，会在一年内的两天的时间里，由两面小镜子投影在中庭的地板上形成一个圆形的光环。

4）采光设计

建筑的内部照明以自然采光为主，结合丹麦当地的光气候条件，除了在建筑立面安装了适量的竖窗，还在建筑的顶部，设置了一定数量的威卢克斯智能太阳能动力屋顶窗，这无疑给建筑的中庭，带来了巨大的光照度的变化。太阳能动力屋顶窗，完全由太阳能供电无需布线，而一次充电可保证窗户开启 300 次，从而保证长期阴雨天气，窗户也可正常使用，与窗体匹配安装了隐藏式太阳能动力室外遮阳卷帘，能有效阻挡 90％的热量进入室内。

绿色灯塔项目能耗概念设计以实现二氧化碳零排放为目标。作为可持续、无碳、环保的建筑，必然会把能源的消耗与使用，作为一个重点课题来研究。其解决方案如下：

图 7.3-3　位于绿色灯塔中庭顶棚最显眼处的艺术雕塑——仪器

（1）绿色灯塔能源使用的总体思路：绿色灯塔的能源设计总体原则，一是降低能源需求；二是尽量使用可再生能源；三是高效使用化石能源。

（2）良好的围护结构保温性能：丹麦地处北欧，气候比较寒冷，建筑良好的保温性能是建筑节能的重要环节。为此，绿色灯塔在外墙设计，门窗选择上花了大量的时间。这里值得一提的是，太阳热的采集和防止问题。在夏天，太阳过热是负面的，此时我们需要太阳的光线，却要求把太阳的热量隔绝在室外；而在冬天，我们在需要太阳光线的同时，也需要太阳的热量。因而，使用所有时间都是一个传热系数的 Low-E 玻璃，不能全面解决问题，绿色灯塔采用了与窗户相匹配的多种智能电控室内外遮阳、隔热窗帘等产品。

（3）太阳能集热板：近 $300m^2$ 的南向屋顶面积，除了少部分用作屋顶天窗采光外，大部分用于安装太阳能集热板和光伏电池。绿色灯塔项目上的太阳能集热板，满足了建筑本身的热水需要。同时，夏天建筑本身使用剩余的来自太阳的热量，将通过管道传入地下的季节性蓄热设备，以备冬天使用。

（4）太阳能光伏电池：绿色灯塔的屋顶上 $45m^2$ 的太阳能光伏电池是建筑物主要能量来源，可满足照明、通风和维持热泵的运转需求。

（5）热泵：热泵主要用来太阳热能及地热能的循环利用，实现建筑物的供热和制冷，从而保证了季节性储热的优化利用。

（6）相变地板：在丹麦的气候条件下，建筑内的地板可以用作热储存器，尤其是在冬天，把白天的热量储存在地板内，可以使得第二天工作期间，不再使用过多的热源来加热建筑。同时，地板供热比起空气供热来，人的感觉要舒适一些。

（7）季节性蓄热技术：项目使用了季节性蓄热技术，这项技术的实质，是在夏天太阳能量过剩的时候，将一些热能以一定的形式储存在地下，待到冬天能源短缺时，再行放出来使用。这个技术如果说在丹麦还不算有多大实用价值，那么在中国的大部分夏天有着充足日照、冬天又非常寒冷的地区，则有着巨大的价值。

（8）能源中控系统和能耗记录系统：整体建筑约以 $100m^2$ 为单位，分为 9 个区域，均设有光感、温感、风感、二氧化碳等若干个探头，对这些区域进行监控，一旦发现有需要，比如说光照不够、温度不够、空气质量不好，这些探头就会把信息发到中央处理中枢的电脑上，该电脑再根据室外的气候情况，通过自控系统，采取开关窗、启闭窗帘、启闭电灯等措施，使用最佳策略，来改善室内气候。同时，能源的使用记录系统，还将随时记录各个区域的供热、热水、通风、照明等项的耗能情况，以供分析和研究。

（9）绿色灯塔的能源数据：绿色灯塔项目供热消耗指标初步估计为 $22kWh/(m^2 \cdot a)$。按预计方案，下列能源可以满足热能供应需求：

- 35％为可再生能源太阳能，来自于屋顶上的太阳能光伏电池。
- 65％为热泵热能，由储存在地下的太阳能热能供给，对生态环境不会造成威胁。
- 热泵可将区域热能利用效率提高约 30％。

这一能源设计是整个丹麦进行的首次崭新尝试，是一次具有真正意义的试验。从长远来看，此方案可被推行至欧洲大部分地区的办公楼和厂房建设项目，并将成为未来二氧化碳零排放问题的创新解决方案而得到更广泛的应用。这一方案设计仍在不断完善之中。

俄罗斯首栋主动式建筑

俄罗斯首栋主动式建筑设计初衷是为俄罗斯住宅建筑树立一个新标准。它的设计以主动式建筑原则为基础，力求节能、健康的室内气候和环保问题的均衡处理，从各方面提高建筑质量和住户的美好感受。俄罗斯首栋主动式建筑是一个样板性项目，旨在证明通过合理设计与规划，利用俄罗斯市场上现有的建筑材料和建筑技术，完全可以建造一座节能高效并拥有健康室内气候的住宅。完成后的外观见图 7.3-4。

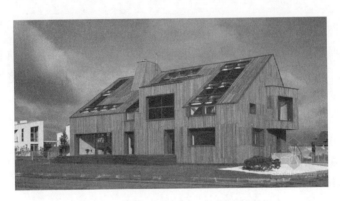

图 7.3-4　俄罗斯首栋主动式建筑外观图

从房屋设计上来看，主动式建筑中传统理念通过现在手段得以体现，彰显了其独特魅力。房屋布局兼顾了功能性和特色性。规则的建筑平面满足了斜坡屋顶和建筑高度翻番的要求。建筑特色体现内与外的关系，展示形态与光照的相互作用。通过威卢克斯屋顶窗的策略布置，当人们从一个房间进入另外一个房间，可以感受环境带来的独特美感，可仰望清晰的天空景象。建筑外观稳固而紧凑，建有辅助区域，与房屋的不同功能相联系，包括游廊、夹层和烟囱。房屋为东西走向，配南向斜坡屋顶。

该项目总建筑面积：229m²，分为两层。第一层为公共区，设有厨房、客厅和办公区域；第二层为私密区，配有一个主卧和两个次卧。客厅从视觉上与两个楼层相互贯通，确保了充足的光照。立窗进行了精心布置，可以让用户欣赏到美丽的山景和周围的树林。屋顶窗则将光线引入了房屋深处。图7.3-5为室内图片，图7.3-6为建筑设计平面和立面图。

图7.3-5　室内图片

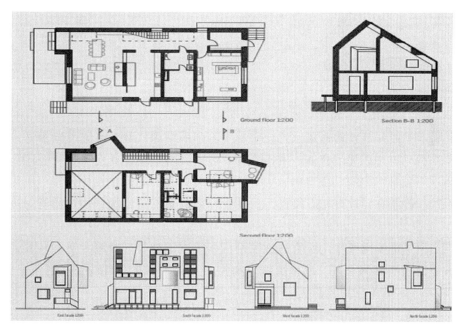

图7.3-6　建筑平面图和立面图

建筑的南侧立面和斜坡屋顶在智能采光设计中占有非常重要的地位。精心布置的屋顶窗和立面窗，以及集成的威卢克斯太阳能集热器可以充分利用太阳提供的免费能源。建筑立面也具有积极主动的品质，对创造宜人的室内气候具有至关重要的作用。它有效利用太阳热能和烟囱效应创造舒适的通风效果。屋顶窗和立面窗安装了智能电控遮阳产品，可以根据气温、太阳光照方向和用户需求自动调整采光效果。

屋顶和立面采用的均质材料参考了俄罗斯传统建筑风格。这种建筑风格符合生态规律，木制墙面经久耐用，且碳排放率较低。木制框架结构是特意选定的，因为多层墙壁结构可以将冷桥效应降到最低。为获取所需热量，内墙使用了特重型石膏板。

通过科学的日照和通风设计，此项目创造了一个健康和舒适的室内气候环境。通过精心布置窗体位置，建筑师使室内不同区域呈现出不同光照效果，同时又可以确保用户欣赏到周围不同方向的风景。通过与顾问工程师的密切合作，以及利用 3D 模拟技术测试室内气候效果，设计达到了最佳水平。在项目组内部，主动式建筑原则创造了一个平台，建筑师、工程师和能源技术专家的密切合作成为创造性设计过程不可或缺的一部分。这种科学组合，有助于利用市场上最具环保性的产品和方案。炎热夏季的气温舒适度是通过自然通风实现的，空气对流和烟囱效应确保了最大换气率。为营造舒适的室内气候，所有屋顶窗和立面窗都安装了室内外窗帘和遮阳篷。夏季的强光和高温可以通过智能自动控制的遮阳装置得以抵消。

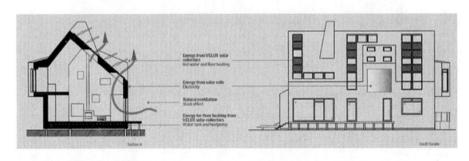

图 7.3-7　自然通风示意图

智能控制系统调节自然通风水平，实现了舒适的室内气候。系统可以根据室内二氧化碳的水平自动打开或关闭窗体。威卢克斯智能电控屋顶窗、立面窗和所有遮阳产品都被集成到这个独具特色的系统当中。智能控制系统操作界面简单友好，用户可以很容易观察产品的工作状态并进行相应操作。房间中使用的系统可以根据用户的喜好进行调节设置。

为营造舒适的室内气候，所有屋顶窗都配备了内部和外部窗帘和遮阳装置。该建筑配备了先进的智能控制系统。该系统可以根据二氧化碳水平，自动控制建筑室内气候。威卢克斯 INTEGRA 电动屋顶窗、墙面窗和所有遮阳产品都被整合在这个特别的系统之中。

充足的室内的阳光，需要自由调控。威卢克斯窗帘与屋顶窗配合使用，可将热量损失降低 21%。不仅增加用户的舒适感，还可节省取暖费。威卢克斯室外遮篷式遮阳帘有效阻碍热量传播，当阳光抵达玻璃前便被阻挡下来，既可以阻止热量传播，又确保了室内凉爽、通风。最重要的是，它并不妨碍用户欣赏外部风景。

充沛的阳光可以创造一种轻松、愉悦的室内居住环境。建筑朝向和设计有助于更加积极地利用阳光。因为阳光的有效利用，建筑内部大部分区域仅需基本照明水平，大大降低了能源消耗。

图 7.3-8 天窗示意图

设计人员利用日光系数（DF）指标对房间的照明效果进行了展示。日光分析结果表明，所有白天使用房间的日光系数都在 5% 以上。屋顶窗为房间中部提供了高水平日光照明。研究表明，家居环境高水平日照效果有利于用户健康，并且可以提高警觉性和安全感。

一座主动式建筑应该具有较高的能源利用率，大部分所需能源应来自内置在建筑中的可再生能源或来自附近的集体能源系统。建筑利用了内置在总体设计中的多个能源。免费的太阳能是建筑的主要能量来源。促成正能量平衡效果的因素包括一个高效的热力泵，提供热水的太阳能集热器和一个发电的 PV 太阳能光伏电池系统。

威卢克斯太阳热能系统为家庭生活提供热水和房间取暖，该系统致力于能源利用效率的最大化、改善美学感受和操作的便利性。威卢克斯太阳能集热器提供的热能可以为建筑提供 65% 的热水。

建筑的朝向和设计使其可以更大程度地利用太阳光照。窗体应该看作能源贡献的一个组成部分。它们的位置经过了精心布置，确保科学、合理的热能利用和自然通风效果。由于日光的充分利用，建筑内部大部分区域的基本照明要求得到了最大限度的降低。高

图 7.3-9 阁楼天窗（内部）　　　图 7.3-10 阁楼天窗（外部）

度密封的建筑结构对热量消耗具有至关重要的作用。墙壁采用多层结构，具有很高的绝缘效果。内墙中添加了高压制作的石膏材料，进一步提高轻质木框架结构的热能效率。

为检测利用太阳能建筑的能量平衡，必须测算总体能量框架。这意味着，我们不仅要考虑窗体导致多少热量损失，同时还要考虑窗体对冬季取暖的作用。俄罗斯被动建筑研究所实施的一项能量测算表明，取暖期取暖消耗的能量是 $38kWh/(m^2 \cdot a)$。

计算数据显示这栋建筑总能耗为 $110kWh/(m^2 \cdot a)$，这个数字大约是现有建筑法规规定的俄罗斯建筑平均能耗的 $1/7 \sim 1/8$。

该建筑对环境和文化资源产生的影响极小。它使用的建筑材料具有很高的回收率，而且具有自行回收和再利用能力。屋顶和立面采用了相同的建筑材料，沿袭了俄罗斯传统的建筑方法。这个建筑方法也具有经济、适用的特点，木质墙面经久耐用，二氧化碳排放较低。建筑采用了桩基础，软木松框架采取就地组装方式。

图 7.3-11　主动式建筑框架施工照片

2. 德国汉堡老建筑改造

建设地点：德国汉堡市威廉斯堡区 Katenweg 14 号

老建筑竣工时间：1954 年

改建时间：2010 年

原建筑面积：102m²

改造后面积：189m²

LightActive House 位于德国汉堡威廉斯堡区，改造前的建筑 Katenweg 14 号是有着 55 年历史的传统半独立式住宅，现在它已经是一栋全新、现代的碳中和示范建筑。LightActive House 是基于实现零碳排放目标而改建的，目的是利用最少的技术为用户提供愉快、健康的室内气候环境。

图 7.3-12　改建前照片

图 7.3-13　改建后日景照片

项目改建前，对原有地块进行了重新划分，并按适当比例进行了部分扩建；老建筑的基本结构大部分得到了保留，原来的附属建筑被彻底改造；庭院被划分为休闲娱乐和菜园两个区。新建的附属建筑大大增加了起居空间和建筑的有效使用面积。同时，在整个能源概念设计中担负着中心角色。改造设计保持了原有建筑的基本结构，同时采用了模块化延伸模式。

图 7.3-14　附属建筑——开放式餐厅

模块改造有多种实现方式，可以根据居住者的经济能力、能耗计划和面积扩建需求，对房间自由设计和延伸，所不同的只是面积大小、材质和建筑技术等问题。安装于屋顶的太阳能动力屋顶窗透过新建的垂直开放式空间将自然光引入室内，使住户在一天之内能够体验不同的光照效果；楼梯像家具一样摆放在中心区域，一扇面对花园宽约5m的玻璃幕墙让居住空间的视野更加开阔；大尺寸的起居空间和窗体将新建筑与周围环境联系起来，改造后，建筑的总窗体面积从过去的18m²增加到了60m²。新建附属建筑取代了过去的配房，由预制木质框架结构支撑，通过门廊与原有建筑相连。

LightActiveHouse致力于利用再生能源自主提供全部所需能源，同时又不会失其高品质生活要素，如日光照明、新鲜空气等。老式建筑总能耗通常都很高，而实现上述目标的前提是确保较低的总能耗，因此这个改建项目面临着十分特别的挑战。为满足《德国节能法案》规定的标准，在建筑原有的石灰石外墙上加了保温绝缘层，以现代幕墙代替老式窗户，新型预制屋顶结构取代了过去的屋顶。

新建的附属建筑保证了LightActiveHouse的能源供应，弥补了现有结构分配上的不足。可再生能源提供了取暖、热水、房屋设备、照明和家庭用电等所有能量需求。在LightActive House的设计理念中，日光照明设计扮演着重要角色。项目初期设计阶段，

图 7.3-15　首层起居室改建楼梯间

图 7.3-16　首层起居室改建实景照片

利用先进的日光模拟分析软件，并融入了建筑设计动态过程，关注日光的优化利用，通过充足的日照与开阔的视野让住户充分体验昼夜交替和季节的变化。

合理利用并有效控制日光，可以明显降低人工照明需求，冬季还可以获得有益的日光辐射，巧妙地利用日光是大幅降低建筑能源消耗的最佳手段之一。

图 7.3-17 改建后屋顶间实景照片

本章参考文献

1. 臧海燕. 丹麦零排放生态建筑——绿色灯塔. 建筑学报，2010. 1
2. 臧海燕. 德国汉堡老建筑改造. 建筑学报，2011. 10
3. 臧海燕. 俄罗斯首栋主动建筑. 建筑学报，2013. 3

附录 I 常用建筑材料热工指标

选择合适的建筑性能指标值对确定建筑性能至关重要。常用建筑材料热工性能见下。

序号	材料名称	干密度 ρ_0 (kg/m³)	计算参数			
			导热系数 λ [W/(m·K)]	蓄热系数 S（周期24h）[W/(m²·K)]	比热 c [kJ/(kg·K)]	蒸汽渗透系数 μ [g/(m·h·Pa)]
1	2	3	4	5	6	7
1	混凝土					
1.1	普通混凝土					
	钢筋混凝土	2500	1.74	17.20	0.92	0.0000158 *
	碎石、卵石混凝土	2300	1.51	15.36	0.92	0.0000173 *
		2100	1.28	13.50	0.92	0.0000173 *
1.2	轻骨料混凝土					
	膨胀矿渣珠混凝土	2000	0.77	10.54	0.96	
		1800	0.63	9.05	0.96	
		1600	0.53	7.87	0.96	
	自然煤矸石、炉渣混凝土	1700	1.00	11.68	1.05	0.0000548 *
		1500	0.76	9.54	1.05	0.00009
		1300	0.56	7.63	1.05	0.000105
	粉煤灰陶粒混凝土	1700	0.95	11.40	1.05	0.0000188
		1500	0.70	9.16	1.05	0.0000975
		1300	0.57	7.78	1.05	0.000105
		1100	0.44	6.30	1.05	0.000135
	黏土陶粒混凝土	1600	0.84	10.36	1.05	0.0000315 *
		1400	0.70	8.93	1.05	0.000039 *
		1200	0.53	7.25	1.05	0.0000405 *
	页岩陶粒混凝土	1500	0.77	9.65	1.05	0.0000315 *
		1300	0.63	8.16	1.05	0.000039 *
		1100	0.50	6.70	1.05	0.0000435 *
	浮石混凝土	1500	0.67	9.09	1.05	
		1300	0.53	7.54	1.05	0.0000138 *
		1100	0.42	6.13	1.05	0.0000363 *
1.3	轻混凝土					

序号	材料名称	干密度 $\rho_0 (kg/m^3)$	计算参数			
			导热系数 λ [W/(m·K)]	蓄热系数 S (周期 24h) [W/(m²·K)]	比热 c [kJ/(kg·K)]	蒸汽渗透系数 μ [g/(m·h·Pa)]
1	2	3	4	5	6	7
1.4	加气、泡沫混凝土	700	0.22	3.56	1.05	0.000000998 *
		600	0.19	2.76	1.05	0.000111 *
2	砂浆和砌体					
2.1	砂浆					
	水泥砂浆	1800	0.93	11.26	1.05	0.000021 *
	石灰、水泥复合砂浆	1700	0.87	10.79	1.05	0.0000975 *
	石灰砂浆	1600	0.81	10.12	1.05	0.0000443 *
	石灰、石膏砂浆	1500	0.76	9.44	1.05	
	保温砂浆	800	0.29	4.44	1.05	
2.2	砌体					
	重砂浆砌筑黏土砖砌体	1800	0.81	10.53	1.05	0.000105 *
	轻砂浆砌筑黏土砖砌体	1700	0.76	9.86	1.05	0.00012
	灰砂砖砌体	1900	1.10	12.72	1.05	0.000105
	硅酸盐砖砌体	1800	0.87	11.11	1.05	0.000105
	炉渣砖砌体	1700	0.81	10.39	1.05	0.000105
	重砂浆砌筑 26、33 及 36 孔黏土空心砖砌体	1400	0.58	7.52	1.05	0.0000158
3	热绝缘材料					
3.1	纤维材料					
	矿棉、岩棉、玻璃棉板	80 以下	0.050	0.59	1.22	
		80~200	0.045	0.75	1.22	0.0004880
	矿棉、岩棉、玻璃棉毡	70 以下	0.050	0.58	1.34	
		70~200	0.045	0.77	1.34	0.0004880
	矿棉、岩棉、玻璃棉松散料	70 以下	0.050	0.46	0.84	
		70~120	0.045	0.51	0.84	0.0004880
	麻刀	150	0.070	1.34	2.10	
3.2	膨胀珍珠岩、蛭石制品					
	水泥膨胀珍珠岩	800	0.26	4.16	1.17	0.000042 *
		600	0.21	3.26	1.17	0.00009 *
	沥青、乳化沥青膨胀珍珠岩	400	0.16	2.35	1.17	0.000191 *
		400	0.12	2.28	1.55	0.0000293 *
	沥青、乳化沥青膨胀珍珠岩	300	0.093	1.77	1.55	0.0000675 *
	水泥膨胀蛭石	300	0.14	1.92	1.05	

序号	材料名称	干密度 ρ_0 (kg/m³)	计算参数			
			导热系数 λ [W/(m·K)]	蓄热系数 S (周期 24h) [W/(m²·K)]	比热 c [kJ/(kg·K)]	蒸汽渗透系数 μ [g/(m·h·Pa)]
1	2	3	4	5	6	7
3.3	泡沫材料及多孔聚合物					
	聚乙烯光沫塑料	100	0.047	0.69	1.38	
		30	0.042	0.35	1.38	
	聚氨酯硬泡沫塑料	50	0.037	0.43	1.38	
		40	0.033	0.36	1.38	
	聚氯乙烯硬泡沫塑料	130	0.048	0.79	1.38	
	钙塑	120	0.049	0.83	1.59	
	泡沫玻璃	140	0.058	0.70	0.84	0.0000226
	泡沫石灰	300	0.116	1.63	1.05	
	炭化泡沫石灰	400	0.14	2.06	1.05	
	泡沫石膏	500	0.19	2.65	1.05	0.0000375
4	木材、建筑板材					
4.1	木材					
	橡木、枫树（横木纹）	700	0.23	5.43	2.51	0.0000562
	橡木、枫树（顺木纹）	700	0.41	7.18	2.51	0.0003
	松、枞木、云杉（横木纹）	500	0.17	3.98	2.51	0.0000345 *
	松、枞木、云杉（顺木纹）	500	0.35	5.63	2.51	0.000168
4.2	建筑板材					
	胶合板	600	0.17	4.36	2.51	0.0000225
	软木板	300	0.093	1.95	1.89	0.0000255 *
		150	0.058	1.09	1.89	0.0000285 *
	纤维板	1000	0.34	7.83	2.51	0.00012
		600	0.23	5.04	2.51	0.000113
	石棉水泥板	1800	0.52	8.57	1.05	0.0000135 *
	石棉水泥隔热板	500	0.16	2.48	1.05	0.00039
	石膏板	1050	0.33	5.08	1.05	0.000079 *
	水泥刨花板	1000	0.34	7.00	2.01	0.000024 *
		700	0.19	4.35	2.01	0.000105
	稻草板	300	0.105	1.95	1.68	0.0003
	木屑板	200	0.065	1.41	2.10	0.000263
5	松散材料					
5.1	无机材料					

续表

序号	材料名称	干密度 ρ_0(kg/m³)	计算参数			
			导热系数 λ [W/(m·K)]	蓄热系数 S（周期24h）[W/(m²·K)]	比热 c [kJ/(kg·K)]	蒸汽渗透系数 μ [g/(m·h·Pa)]
1	2	3	4	5	6	7
	锅炉渣	1000	0.29	4.40	0.92	0.000193
	粉煤灰	1000	0.23	3.93	0.92	
	高炉炉渣	900	0.26	3.92	0.92	0.000203
	浮石、凝灰岩	600	0.23	3.05	0.92	0.000263
	膨胀蛭石	300	0.14	1.80	1.05	
	膨胀蛭石	200	0.10	1.28	1.05	
	硅藻土	200	0.076	1.00	0.92	
	膨胀珍珠岩	120	0.07	0.84	1.17	
	膨胀珍珠岩	80	0.058	0.63	1.17	
5.2	有机材料					
	木屑	250	0.093	1.84	2.01	0.000263
	稻壳	120	0.06	1.02	2.01	
	干草	100	0.047	0.83	2.01	
6	其他材料					
6.1	土壤					
	夯实黏土	2000	1.16	12.99	1.01	
		1800	0.93	11.03	1.01	
	加草黏土	1600	0.76	9.37	1.01	
		1400	0.58	7.69	1.01	
	轻质黏土	1200	0.47	6.36	1.01	
	建筑用砂	1600	0.58	8.30	1.01	
6.2	石材					
	花岗岩、玄武岩	2800	3.49	25.49	0.92	0.0000113
	大理石	2800	2.91	23.27	0.92	0.0000113
	砾石、石杰岩	2400	2.04	18.03	0.92	0.0000375
	石灰石	2000	1.16	12.56	0.92	0.00006
6.3	卷材、沥青材料					
	沥青油毡、油毡纸	600	0.17	3.33	1.46	
	地沥青混凝土	2100	1.05	16.31	1.68	0.0000075
	石油沥青	1400	0.27	6.73	1.68	
		1050	0.17	4.71	1.68	0.0000075
6.4	玻璃					
	平板玻璃	2500	0.76	10.69	0.84	0
	玻璃钢	1800	0.52	9.25	1.26	0
6.5	金属					
	紫铜	8500	407	323.5	4.2	0
	青铜	8000	64.0	118.0	3.7	0
	建筑钢材	7850	58.2	126.1	4.8	0
	铝	2700	203	191.0	9.2	0
	铸铁	7250	49.9	112.2	4.8	0

＊：测量值

附录Ⅱ 主要城市气象参数

城市	参数	1	2	3	4	5	6	7	8	9	10	11	12	年值
北京	平均温度（℃）	−3.8	−1.6	7.7	14.4	19.4	24.5	26.5	25.6	20.4	12.9	5.4	−0.5	12.6
	平均湿度（%）	42.7	39.4	34.7	49.9	58.9	56.6	79.1	74.1	65.5	55.6	55.6	45.4	
	降雨量（mm）	3.0	3.4	10.7	5.5	23.6	91.0	235.6	118.6	71.1	16.4	0.2		579.1
上海	平均温度（℃）	4.5	6.3	9.9	15.3	20.7	24.3	27.5	27	24.4	18.9	13.6	7.4	16.7
	平均湿度（%）	75.8	70.9	78.1	73.1	75.9	81.6	80.9	82.3	76.5	72.6	66.7	66.1	
	降雨量（mm）	22.8	81.5	58.1	72.5	117.7	183.5	102.1	111.5	61.1	291.7	20.4	50.5	1173.4
成都	平均温度（℃）	5.8	8.2	12.8	16.1	21.1	23.8	25.8	25.1	21.5	17.9	13.6	7.1	16.6
	平均湿度（%）	79.2	80.2	75.1	75.9	73.6	78.8	83.6	85.6	85.6	82.9	80.1	79.7	
	降雨量（mm）	1.2	4.7	7.6	42.2	99.0	182.1	525.5	228.3	196.2	27.1	21.8	7.6	1343.3
广州	平均温度（℃）	13.9	14.2	18.3	22.4	26.1	27.2	28.8	28	27.4	24.3	20.1	15.4	22.2
	平均湿度（%）	74.1	74.3	83	84.1	79.3	84.5	81.8	83.3	77.9	60.8	67.6	61	
	降雨量（mm）	3.8	8.0	174.2	282.8	300.6	228.2	318.9	395.5	231.0	5.0	42.2	105.2	2095.4
重庆	平均温度（℃）	8.1	10.3	13.7	18.7	23	25.2	28.1	27.6	24.1	18.4	14.6	9.2	18.4
	平均湿度（%）	84.9	81.8	76.7	80.8	74.5	81.2	77.1	75.7	80.7	83.2	84.9	85.9	
	降雨量（mm）	9.3	29.0	3.4	114.8	126.6	241.6	81.1	62.6	194.5	91.0	56.8	16.2	1026.9
南宁	平均温度（℃）	13.9	14.4	18.2	22.7	26.2	28.1	27.9	28.1	27.3	23.4	18.7	14.9	22.0
	平均湿度（%）	77.3	77.5	85.4	81.9	79	79.7	84.8	76.7	76.1	80.5	81	66.2	
	降雨量（mm）	17.0	26.4	82.2	148.5	138.6	198.0	265.3	271.2	128.5	17.6	211.2	64.8	1569.3
哈尔滨	平均温度（℃）	−18.8	−14.5	−2.6	7.8	14.3	20	22.9	21	14.7	5.1	−6.7	−14.8	4.0
	平均湿度（%）	73.8	77.8	55.1	48.7	54.4	65.5	74.6	75.4	68.1	55.6	67.4	73.4	
	降雨量（mm）	2.1	16.5	8.8	10.8	73.5	86.4	198.0	125.7	31.5	58.2	18.3	3.7	633.5
济南	平均温度（℃）	−0.5	3.1	9.2	15.8	21.8	26.5	27	26.2	22.4	16.5	8.4	1.3	14.8
	平均湿度（%）	53	54.6	43.6	45.7	47	56.2	78	76.8	67.4	61.3	52.4	54.9	
	降雨量（mm）	15.4	18.5	4.4	11.3	68.5	64.9	384.3	100.3	12.8	20.5	33.9	1.2	736.0
乌鲁木齐	平均温度（℃）	−12.4	−9.2	−2.1	9.8	16.4	21.5	23.7	22.9	17.2	7.9	−1.4	−9.7	7.1
	平均湿度（%）	81.7	73.9	74.9	54.6	45.8	46	44.4	42.1	46.6	58.7	74.4	79	
	降雨量（mm）	7.1	11.7	13.2	69.2	27.1	31.3	23.3	29.2	12.7	16.6	44.5	15.0	300.9
沈阳	平均温度（℃）	−11.5	−6.5	1.7	10	16.7	21.5	25.7	23.2	17.2	10.2	1	−7.6	8.5
	平均湿度（%）	67.5	63.4	58	50.8	54.6	71.8	74.9	75.7	73.8	61.2	63	57.7	
	降雨量（mm）	4.1	24.8	18.5	55.1	19.2	51.7	216.3	176.3	106.4	96.3	17.0	2.4	788.1
南京	平均温度（℃）	2.2	4.5	8.9	15.7	20.6	24.8	28.6	27.7	23.5	16.9	10.5	4.9	15.7
	平均湿度（%）	75.5	76.6	69.4	72.8	70.7	77.3	79.8	81.4	74.7	72.5	78.6	69.1	
	降雨量（mm）	17.8	69.9	42.9	22.8	110.1	172.6	229.6	115.5	67.0	22.4	17.2	10.6	898.4

城市	参数	1	2	3	4	5	6	7	8	9	10	11	12	年值
贵阳	平均温度（℃）	5.7	7.1	11.4	16.2	19.5	22.6	24	23.1	20.8	16.2	12.3	6.9	15.5
	平均湿度（%）	79.1	78.1	74.9	76.1	77.5	76.2	75.8	77.4	78	81.6	75.2	84.4	
	降雨量（mm）	11.4	17.3	37.9	43.6	224.2	191.7	26.4	123.7	81.6	53.2	45.9	31.4	888.3
昆明	平均温度（℃）	8.9	10.4	14.9	17.7	18.8	20.1	20	19.7	18.2	16.5	11.6	8.4	15.4
	平均湿度（%）	64.6	64	50.6	52.9	69.3	75.4	81	80.6	80.6	78.5	72.9	69.8	
	降雨量（mm）	9.6	0.8	7.5	9.9	113.3	78.5	155.9	153.9	70.7	168.6	8.0	28.0	804.7
西宁	平均温度（℃）	−6.9	−4.8	2.3	8.2	12.1	15.6	17.7	16	11.9	5.9	−1.2	−6.3	5.9
	平均湿度（%）	46.5	41.5	50.1	51.6	53.5	61.8	64	71.7	70.7	60.4	58.6	50.1	
	降雨量（mm）		1.3	0.9	18.6	67.6	68.1	74.5	107.9	54.9	10.5	6.7	2.6	413.6
兰州	平均温度（℃）	−5.5	0.7	5.8	12.5	17.4	21.3	22.4	21.1	16.9	10	3	−3.1	10.2
	平均湿度（%）	51.3	48.7	52.1	45.3	51.6	52	59.5	61.2	56.9	70.3	61	49.5	
	降雨量（mm）	0.8	2.5		9.8	30.6	40.3	65.7	36.0	62.4	2.9	3.5	1.0	255.5
西安	平均温度（℃）	−0.4	2.2	8.1	15.2	20.9	24.7	26.7	26.6	20.3	14.7	8.2	1.3	14.0
	平均湿度（%）	66.1	57.2	64.8	69.4	64.2	64.0	72.9	67.2	75.2	77.4	65.7	71.7	
	降雨量（mm）	0.9	12.4	5.5	19.3	139.6	27.0	119.3	30.5	23.1	14.5	31.8		423.9
太原	平均温度（℃）	−4.3	−0.5	6.1	12.6	18.7	21.6	24.0	22.2	17.7	10.1	3.3	−2.2	10.8
	平均湿度（%）	44.9	43.3	43.4	46.1	46.3	63.3	70.4	74.1	67.9	64.2	58.1	46.3	
	降雨量（mm）	2.3	1.5		33.7	13.1	90.3	167.6	55.6	102.5	14.2	6.5		487.3
福州	平均温度（℃）	11.4	11.7	13.9	18.3	23.2	26.3	29.0	28.8	26.1	22.8	18.2	13.6	
	平均湿度（%）	72.8	76.3	85.1	79.8	77.5	80.9	76.2	76.2	73.3	71.2	69.9	76.0	
	降雨量（mm）	3.7	44.3	103.7	122.0	244.4	196.5	72.9	139.5	53.3	3.0	64.0	90.2	1137.5
武汉	平均温度（℃）	4.6	5.4	11.0	17.3	22.0	26.2	29.7	28.6	24.3	18.4	12.2	6.7	17.2
	平均湿度（%）	76.7	77.4	76.2	72.1	77.4	77.5	74.0	77.6	74.0	78.4	73.8	63.2	
	降雨量（mm）	22.4	43.9	90.1	145.7	153.9	256.6	316.2	136.0	207.8	5.6	54.6	1.4	1434.2
呼和浩特	平均温度（℃）	−12.2	−8.4	−0.8	9.0	15.9	21.3	22.3	20.4	15.3	6.9	−2.8	−9.0	6.5
	平均湿度（%）	59.0	56.3	40.6	38.3	32.3	45.2	63.4	71.0	59.8	49.1	53.9	55.5	
	降雨量（mm）	5.2		3.6	1.9	7.8	96.0	192.6	144.0	97.3	9.0	7.2		564.6
南昌	平均温度（℃）	5.9	6.8	10.6	17.4	21.8	25.7	29.4	28.5	24.9	20.0	13.7	7.9	17.7
	平均湿度（%）	76.6	80.6	86.1	78.6	79.9	81.7	74.8	78.2	75.9	75.6	74.7	60.3	
	降雨量（mm）	26.9	110.1	238.5	203.0	190.1	366.9	83.1	30.5	26.7	11.1	89.2	55.7	1431.8
郑州	平均温度（℃）	1.5	3.4	8.1	15.3	21.5	25.9	27.0	25.7	21.6	15.3	7.5	2.9	14.6
	平均湿度（%）	56.4	59.5	55.5	54.9	63.6	63.9	77.8	82.1	74.7	74.1	76.7	51.1	
	降雨量＊（mm）	9.0	12.0	27.0	42.0	53.0	68.0	152.0	125.0	72.0	42.0	26.0	10.0	638.0

说明：除降雨量外数据来自《中国建筑热环境分析专用气象资料集》，降雨量来自2013年统计年报。＊数据来自"天气网"。

附录Ⅲ 室内环境健康准则

室内环境会从生理、心理和社会交往方面影响相关人员的健康水平，专业人员对室内环境中与健康相关的因素敏感，他们会从技术角度出发找到不利健康的因素，并在设计和改善阶段中给出处理意见。室内环境健康具体问题非常复杂和零散，无法确定其实际涉及范围，但需要确定基本准则，以便能保证室内环境健康评价技术工作不偏离专业方向，这就是"室内环境健康准则"要做的事。

一、基本知识和理念

1. 人的健康不仅是没有疾病或虚弱，而是身体、心理和社会交往处于良好的状态。环境健康是指室内环境因素对环境占用者的健康起到促进而不是削弱作用；

2. 环境健康是每个人应有的权益，其核心是维护和促进自己和他人的健康；

3. 每个人都有权对室内外的环境污染、生态退化和管理不善提出批评意见和改善要求；

4. 儿童、成人、老年人和特殊人群对环境健康的要求指标是不同的，应不同对待；

5. 生活、睡眠、脑力工作和学习等不同状态对环境健康的要求指标也是不同的；

6. 应定期进行人员健康体检和环境健康检查评价；

7. 室内环境空气质量差可能会导致建筑物综合征，引起急性健康问题，应当及时改进；

8. 生活、工作和学习长时间处于不合适环境下，会导致效率低下、职业损伤和健康下降；

9. 应尽量多的接触和享受健康的自然环境资源，如日光、风景、微风和适合温湿度，改善人的生理和心理状态；

10. 长期在不利的室内环境中生活、工作和学习有可能会出现抑郁、焦虑等心理情绪，应有针对性改进；

11. 室内环境应有利于和促进人员之间的工作和社会交往；

12. 对严重影响环境健康的因素应及时消除或改善；

13. 管理者应加强环境健康信息教育，帮助环境占用者获取、理解、甄别、应用环境健康信息、识别健康影响因素，使其能看懂环境参数数据，看懂产品、设备和控制的标识和使用说明书。

二、环境健康性评价

1. 环境健康要素：空气和水、阳光和照明、舒适和工效、膳食和运动、心理和社交；

2. 环境健康的评价分类：疾病源、舒适感、工效性和心理满意度；

3. 环境健康的指标由生理、心理、工效和社会学指标来衡量评价，但只有一部分能被人直接感受和体验到，其他需要专业评价；

4. 环境使用者的健康影响结果和体验感受物理量部分在测量和分析计算后可转换算成生理、心理或社会学参数，之后提出改善方案；

5. 环境健康的设计指标只是必要条件，环境使用者的体验满意度是充分条件；

6. 各项环境健康评价结果用对健康影响的程度表述，包括：不可接受、可接受和需要改善；

7. 环境健康评价由专业人员按详细评判标准规定的内容和程序进行。

三、环境健康的基本要求

1. 针对不同气候应采取合适的建筑被动策略，最大限度利用自然资源增加舒适度；

2. 正确选择建筑材料，有效利用其优异性能，尽量避免其不利性能；

3. 从健康角度确定室内空气质量标准指标和测试条件；

4. 室内应严格禁止吸烟及其他严重危害空气质量的人为行为；

5. 室内必须保持一定的通风换气量，以避免室内空气污染浓度积聚；

6. 建筑装饰材料、胶粘剂、家具和生活用品中会释放污染物，应对其释放量进行限制或对房间内的使用总量进行核算，避免空气污染浓度超标；

7. 建筑装饰材料、家具和生活用品中要避免包含铅、汞、环境激素等有害物质，应避免其通过皮肤接触等进入人体，造成健康损害；

8. 对室内湿度进行控制，除保证人体健康舒适外，还要防止室内结露和干燥对建筑和室内物品的损害；

9. 室内的燃烧应最小化，减少其对空气质量的负面作用；

10. 建筑物应满足一定的气密性要求，避免不利影响，提高建筑寿命和节能；

11. 建筑应有足够大面积的可开关窗户，增加新鲜空气进入量和快速排出室内污浊空气；

12. 建筑入口处应设置清洁措施，避免外部污染带入建筑内部；

13. 装修施工工程应进行防污染管理，避免装修中污染进入暖通空调系统或建筑物其他部分，今后难以完全清除；

14. 装修完成后应对建筑内部进行大容量空气吹扫冲洗，把污染物尽量排放到室外；

15. 机械通风换气系统应由专业人员设计、安装和验收，工程竣工应达到设计要求。系统应有尽量高的置换和通风效率；

16. 室外空气进入室内前应进行有效净化过滤，去除有害成分。室内循环的空气也应净化过滤，避免污染物在设备内部积累；

17. 对局部污染源应采取污染隔离和排风装置措施，防止其不当扩散；

18. 在有高标准空气质量要求及有特殊污染源的区域，应配置有针对性的空气净化装置；

19. 饮用水质应符合健康标准要求，口感、外观、污染物和细菌含量必须达标；

20. 应根据原水性能配置合适的水处理装置以保证饮用水质量，应对出水质量进行定期检查，及时更换滤芯及其他消耗性元件；

21. 生活用水的水质应满足健康、舒适和节能要求，使用必要的水处理装置和水力部件；

22. 日光对昼夜节律、产生生理激素等有不可替代的作用，人每天应有一定的日光暴露量，室内环境应满足最低天然采光率要求并尽可能多地利用日光；

23. 住宅、教室等室内的日照时间必须满足建筑标准要求；

24. 窗户开口位置和开口率要使室内天然采光率满足建筑标准要求；

25. 对影响室内热舒适和光舒适的日光采用有效的可调节遮阳措施；

26. 避免日光、照明灯产生的炫光对眼睛产生不利影响；

27. LED光源发出的紫外线、蓝光等生物危害应控制在指标范围内；

28. 不同用途、不同时间应采用不同色温的光源；

29. 光源的显色指数以太阳光谱为基础作对比，高显色指数可提高使用者光舒适度水平；

30. 合理选择室内表面材料的光反射率，达到光舒适的效果；

31. 不同用途房间、房间中不同位置有不同的光照度指标要求。一个区域中不同表面的照度对比应处于合适范围内；

32. 对高精度和连续工作位置，应采用低炫光度设计；

33. 电光源昼夜照明的区域，其光照强度在进行视黑素比率换算后，满足工作人员最小日照量要求；

34. 建筑围护结构的隔声性能应满足相关标准性能指标，保证室内噪声达标；

35. 室内噪声源产生的噪声应满足声舒适要求，无法满足的需要采取声学处理措施；

36. 对有特殊要求的区域或房间应根据其声学性能要求，增加空间的吸声或/和隔声性能；

37. 对异味源要采取封闭或隔离措施，防止异味进入其他区域，影响嗅觉舒适；

38. 热舒适指标比起空气温度来，能更好地评价室内热湿环境质量水平；

39. 长期使用的空间应设置采暖和/或空调系统，以提高热舒适度；

40. 不同区域应进行独立的温度或热舒适控制，满足不同人员和不同活动状态的热舒适要求；

41. 室内环境应满足必须的无障碍设计要求；

42. 长时间使用的书桌、床、沙发等，要符合人类工效学原理，避免导致骨骼肌肉疲劳和其他职业病；

43. 为达到最佳效率，不同生活、工作和学习状态需要室内光、声、热环境舒适和空气质量参数的适当组合；

44. 食物储存和处理设备应具有抗菌功能、易于清洁，避免或减少细菌的繁殖及相互污染；

45. 室内应尽量设置健身活动区域和设备，鼓励空间占用人每日室内运动达到活动量要求；

46. 管理者应鼓励和支持自行车、步行等交通形式，提供支持政策，促进员工身体健康；

47. 良好睡眠是每天健康生活、工作和学习的基础，应予以重视和支持；

48. 身体健康不只是个人的事，也是家庭成员、社会组织的事，相互之间应互相监督、帮助和支持；

49. 亲近自然的环境可以帮助人融入自然，减少心理压力实现心理平衡；

50. 合理布置空间，满足不同的心理安全距离要求，增加工作和社会交往适应度；

51. 环境中人文和亲自然展示可提升环境占用人的愉悦和心理满意度；

52. 企业文化可以帮助员工增进社会交往适应度，增进团队内部和谐；

53. 管理者应支持身体健康即时监测，相关人员掌握自己的生理和心理状态，可更合理地安排工作和生活计划；

54. 管理者通过室内设施、组织活动，可以帮助员工调节工作压力；

55. 管理者应组织和鼓励成员参与慈善、公益、拓展等活动，增强爱心和社会交往；

56. 采用创新模式，提升环境参数对占用人者生理、心理和社会交往的正面作用水平。

四、环境健康管理和改善

1. 环境健康管理和改善应由专人负责，并接受全体环境占用人的监督和评判；

2. 对室内空气质量进行连续监测和对应控制，将参数波动限定在一定范围之内；

3. 采取有效措施防止室内出现灰尘、霉菌、细菌、病毒等有害健康的成分；

4. 对室内虫害进行有效控制措施，防止杀虫剂对人产生健康危害；

5. 新增的装修、家具、用品的污染释放量或有害物质含量应符合相关标准，对不满足要求的需要调换或做减害处理；

6. 所有环境表面和设备都应该是可清洁、可维护的，要消除清洁死角和危险性维护工作；

7. 采用合适的室内环境清洁制度和管理制度，由专人负责实施；

8. 清洁用品、设备在使用中产生的二次污染应该是可控和安全的；

9. 鼓励采用智能控制和网络服务以提高环境管理水平和实际使用效果；

10. 鼓励环境占用人说出他们的感受体验，记录数据和统计分析，欢迎所有人参与改善活动；

11. 定期调查空间占用人的体验、感受和满意度，并根据调查结果提出改善方案；

12. 支持引入第三方专业评估环境健康水平。

后记和致谢

作者从事建筑环境设备行业十余年，一直有一种技术纠结，对环境系统的认真设计、精确安装调试、实际环境物理测试似乎并不是用户想要的结果。找不到和用户一致的利益点让技术工作者气馁。本书的初衷就是想探讨这一问题，以解决作者十余年的困扰。2014年，接触绿色建筑、接触欧洲和美国有关健康建筑体系的资料，并有幸参观丹麦威卢克斯中国公司新办公楼，中国第一个主动建筑（Activehouse）体验中心。这个建筑25％的外墙、屋顶是开窗面积，其产生的日光效果在精神上震撼了我，使我开始意识到建筑环境与精神（心理健康）之间有密切的联系。之后，通过对生理学、预防医学、健康心理学、气候学、建筑材料学和建筑物理、各种建筑评价体系的资料收集和学习，终于找到了前面问题的答案——好的室内环境是在生理和心理学能打动用户，能促进健康的室内环境，而之前我所提供的都是物理层面上的东西，两者并不在一个评价基础上。

如果室内环境的设计、建造和维护以健康促进为根本，那么两者的价值和利益就完全一致了。为了室内环境健康最大化，对室内环境的投资转化为对健康的投资，这样的投资将会在未来得到丰厚的健康保障回报。本书的内容围绕室内环境健康促进这个主题，收集和整理与之相关知识内容，这是一个巨大的思想转变，犹如母亲生产一样，写作过程中不断出现思想阵痛，好在有朋友们的一直支持和鼓励，才使我有完成编写的勇气。

中国改革开放30年来经济高速发展，在许多经济指标上已经在世界各国名列前茅，但中国人的健康状况还存在许多不足。虽然预期寿命在增加，但统计表明患病率和慢性疾病发生率却还是处于上升阶段，也就是说人们的身心健康水平并没有像经济指标一样快速发展。人们的健康意识、健康行为、健康状态远没有达到世界先进水平。甚至我们花了10年都没解决室内装修甲醛超标（按室内空气质量标准指标）。

本书是一本入门书，从健康管理的角度出发，对涉及室内环境中的预防疾病、舒适美学、环境工效、心理健康和节能措施的各项学科做一些浅显的介绍，希望能帮助相关人士了解这些远离建筑业的专业知识，希望能帮助读者开阔视野，重新审视室内环境的评价标准，建立以身心健康为第一要素的工作流程，让建筑真正产生健康促进作用。在室内环境健康促进的基础上，重新整合健康管理技术和建筑设计、材料、环境设备与智能控制技术，可以进行疾病预防、环境舒适度和审美、工效学和心理健康的测量和评价，可以从光（日光、照明）环境、声环境、热湿环境、空气质量方面整体上设计和改善环境的健康促进水平。本书的其他作者都是这些方面的专家，今后将会加强合作，做好室内环境平台整合工作。希望这些工作有助于降低儿童近视眼率、消除室内异味、提高环境舒适度水平，乃至像谷歌办公场所所做的一样，通过构建更好的工作环境提高员工的满意度，激发他们的工作热情。

在本书写作过程中，与许多的朋友进行了非常有价值的交流。大部分朋友关心书中内容如何落地，这也是作者今后工作的方向。作者认为现有室内环境行业模式是通用的产品和服务模式，并未考虑用户的使用感受。而未来室内环境行业的发展方向则是体验模式。体验存在于个人心中，是个人在形体、情绪、知识上参与的所得。体验模式就是企业以服务为舞台、以商品为道具，为客户创造出令人难忘的体验。而健康的室内环境的最大价值就是给客户最好的体验。而由于物联网、大数据和云平台的技术进步，使得企业与客户的交流成本大大降低，室内环境的商业体验模式完全可以创新实现。

本书编写过程得到广大企业和朋友们的大力支持，特别感谢威卢克斯（中国）有限公司和中关村绿色建筑创新技术联盟。前者提供了大量研究资料并撰写本书第 7 章介绍主动建筑体系，后者平台将在今后技术推广中起到重要作用。除主编外，以下作者参与本书编写工作：浦实（第 1.1 节）；郎宇福（第 5.5 节大部分内容）；田波（第 5.7 节）；殷明刚（第 5.9 节）；阮亚琼（第 6.2 节和第 6.4 节部分内容）；赵金彦、臧海燕、郭成林（第 7 章）；陈庆（第 5.5 节和第 5.9 节部分内容）；刘志军（第 4.4 节）；宋哈楠（第 5.3 节部分内容）。感谢田德祥教授、谭洪启教授、苗元华博士、张保红先生、李和全先生和朱江卫董事长对本书稿所提的宝贵意见。感谢中信建筑设计研究总院有限公司王凡先生的支持。由于主编学疏才浅，涉及知识面又很广泛，因此书中不可避免出现问题和错误，敬请广大读者批评指正。另外，为了与读者更好地交流，本书编写者注册了同名"室内环境健康指南"的微信公众号，希望能更好地为大家服务。

最后，对上述人士表示衷心感谢，大家的帮助使我能组织完成本书编写，这也正是你们的骄傲成果。

何　森

《室内环境健康指南》主编